よくわかる
電気磁気学

石井　良博　著

電気書院

まえがき

　電界や磁界などは目には見えず，これらの電気磁気学の現象は数式で記述されることが多いので理解することが難しいと思われがちである．私の自学と教員としての経験から（電気磁気学に限らないが）理解の早道は問題を解くことであると確信している．そのような意図から本書は例題や章末の問題を多くし，さらに解答の解説を詳しくわかりやすくした．その分，本文の解説をややスリムにした．本文では基本的な理論のみを議論し，例題で法則の応用例を紹介したり，法則の導出を行った．また章末問題では読者が問題を解きながら step by step で理解を深め，より高度な理論を把握できるようにした．

　章末問題には難易度に応じて★〜★★★を付した．また問題の番号が小さい場合に，後の節で学ぶ知識も必要な問題には☆を付した．問題を解くときの参考にしてもらいたい．解答の解説では，わかりやすくするために関連した式の番号をできるだけ多く示したが，これは，その式を天下り式に使うことを勧めているのではない．むしろ問題を解くことによって，式の意味や活用のし方を理解することを強く望む．

　例題はもちろん，章末問題の解答にも図を多用した．その理由は，問題を解くときには，問題文を読みながら図を描き，図を見ながら（数式の計算に注意を奪われることなく）考える習慣を身につけて欲しいからである．問題には実際の機器や自然現象の原理に関係する題材を多く含めるように努力した．電気電子工学や物理学への興味を少しでも喚起できれば幸いである．

　電気磁気学の法則は，ベクトルや微積分などの難解な数式で書かれている場合が多く，法則そのものも難しいと誤解されがちである．本書では電気磁気学の法則を段階的に理解できるように，最初は初級の

数学のみを用いて説明し，理論についての基本的なイメージができ上がった後にそれを拡張するようにした．

　高専の低学年の学生を対象に電気磁気学の講義をしてきた経験を基に，初学者でも理解しやすく，また電気・電子工学の技術者として十分なレベルの大学・高専用のテキスト・参考書をめざして執筆を開始したが，最初の意図が本書にどの程度反映されたか気がかりである．読者のご批判を仰ぎたい．

　最後に，本書の執筆にあたり先輩各位の文献や資料を参考にさせて頂いた．ここに厚くお礼を申し上げる．また今回，執筆の機会を与えて下さった株式会社電気書院の金井秀弥氏をはじめ関係各位に深謝申し上げます．

2015年11月

石井　良博

目　　次

付表 ·· x
　　A-1　物理定数の概略値 ·· x
　　A-2　よく使われる単位の接頭記号 ·· x

第1章　電荷と力　　　　　　　　　　　　　　　　　　　　　　　*1*

1-1　クーロンの法則 ··· 2
1-2　3個以上の点電荷に働く力 ··· 4
　　章末問題 1 ··· 8

第2章　電界と電位（基礎編）　　　　　　　　　　　　　　　　　*11*

2-1　電界と力 ·· 13
2-2　クーロンの法則と電界 ··· 14
2-3　電気力線 ·· 15
2-4　電気力線とガウスの法則 ·· 17
2-5　電位，電圧と電界 ·· 23
2-6　点電荷のまわりの電位 ··· 27
　　章末問題 2 ·· 30

第3章　電界と電位（拡張編）　　　　　　　　　　　　　　　　　*45*

3-1　電界が一様でない場合の電位と電界の関係 ···················· 47
　　3-1-1　電位から電界を計算 ·· 47
　　3-1-2　電界から電位を計算 ·· 48
3-2　3次元空間で変化する電界と電位 ································· 49
　　3-2-1　電位から電界を計算 ·· 49

目次

  3-2-2 電界から電位を計算 ……………………………………… 52
 3-3 電荷と電界の関係（発散とガウスの法則） ……………………… 54
 3-4 ラプラスの方程式とポアソンの方程式 ………………………… 59
 章末問題 3 ……………………………………………………………… 62

第 4 章 真空中の導体系と静電容量　　69

 4-1 導体の性質 ……………………………………………………… 71
 4-2 静電誘導および静電遮蔽 ……………………………………… 71
 4-3 電気影像法 ……………………………………………………… 80
 4-4 静電容量，コンデンサ ………………………………………… 83
 4-5 コンデンサの接続 ……………………………………………… 85
  4-5-1 並列接続 ……………………………………………… 85
  4-5-2 直列接続 ……………………………………………… 85
 4-6 コンデンサに蓄えられるエネルギー ………………………… 86
 4-7 電位係数 ………………………………………………………… 87
 4-8 容量係数と誘導係数 …………………………………………… 88
 章末問題 4 ……………………………………………………………… 91

第 5 章 誘電体　　103

 5-1 誘電体および誘電率 …………………………………………… 105
 5-2 分極電荷および電束密度 ……………………………………… 106
 5-3 誘電体の中の電荷と電気力線 ………………………………… 109
 5-4 分極 ……………………………………………………………… 110
 5-5 誘電体の境界面における電界および電束密度 ……………… 113
 5-6 静電エネルギー ………………………………………………… 116
 5-7 仮想変位法による力の計算 …………………………………… 117
 章末問題 5 ……………………………………………………………… 122

第6章　電流　　　**131**

- 6-1　電流 …………………………………………… 133
- 6-2　抵抗とオームの法則 …………………………… 134
- 6-3　抵抗の接続 ……………………………………… 134
  - 6-3-1　直列接続 ………………………… 134
  - 6-3-2　並列接続 ………………………… 135
- 6-4　ジュールの法則 ………………………………… 136
- 6-5　抵抗率と導電率 ………………………………… 137
- 6-6　電流密度と再びオームの法則 ………………… 138
- 6-7　電流密度とキャリア …………………………… 139
- 6-8　抵抗の温度係数 ………………………………… 141
- 6-9　電流密度が一様でない場合の抵抗 …………… 142
- 章末問題 6 ………………………………………… 145

第7章　磁性体と磁界　　　**155**

- 7-1　磁極とクーロンの法則 ………………………… 158
- 7-2　磁極と磁界，磁力線 …………………………… 159
- 7-3　磁気双極子モーメントと磁性体の磁化 ……… 162
- 7-4　磁束と磁束密度，磁化，および透磁率と磁化率 … 164
- 7-5　磁気におけるガウスの法則と発散 …………… 167
- 7-6　強磁性体 ………………………………………… 167
- 章末問題 7 ………………………………………… 169

第8章　電流と磁界　　　**177**

- 8-1　右ねじの法則 …………………………………… 179
- 8-2　アンペアの周回積分の法則 …………………… 180
- 8-3　ビオ・サバールの法則 ………………………… 184
- 8-4　磁気回路 ………………………………………… 186
- 8-5　磁束密度が一定でない場合の磁束の計算 …… 189

目 次

　　　章末問題 8 ………………………………………………………… 192

第 9 章　電磁力と電磁誘導　　203

- 9-1　磁界中の電流に作用する力およびフレミングの左手の法則……… 205
- 9-2　ループ電流による磁気モーメント …………………………… 207
- 9-3　磁界中を運動する荷電粒子 …………………………………… 209
- 9-4　ローレンツ力 …………………………………………………… 210
- 9-5　電磁誘導 ………………………………………………………… 210
- 9-6　ファラデーの電磁誘導の法則 ………………………………… 212
- 9-7　レンツの法則 …………………………………………………… 212
- 9-8　渦電流 …………………………………………………………… 213
- 9-9　表皮効果 ………………………………………………………… 215
- 　　　章末問題 9 …………………………………………………… 217

第 10 章　インダクタンスと静磁エネルギー　　235

- 10-1　自己誘導と自己インダクタンス ……………………………… 237
- 10-2　相互誘導と相互インダクタンス ……………………………… 238
- 10-3　インダクタンスの接続 ………………………………………… 241
  - 10-3-1　直列接続 ……………………………………………… 241
  - 10-3-2　並列接続 ……………………………………………… 242
- 10-4　静磁エネルギー ………………………………………………… 244
- 10-5　静磁エネルギーと力（仮想変位法）………………………… 246
- 　　　章末問題 10 ………………………………………………… 249

第 11 章　電磁波　　263

- 11-1　変位電流 ………………………………………………………… 266
- 11-2　マクスウェルの方程式 ………………………………………… 267
- 11-3　波動方程式とマクスウェルの方程式 ………………………… 271
- 11-4　平面電磁波 ……………………………………………………… 273
- 11-5　ポインティングベクトル ……………………………………… 275

目 次

章末問題 11 ……………………………………………… 277

章末問題解答 …………………………………………… 287
参考文献 ………………………………………………… 462
索　引 …………………………………………………… 464

付　表

表 A-1　物理定数の概略値

真空の誘電率	$\varepsilon_0 = 8.854\,187\,83 \times 10^{-12}$ F/m
素電荷（電子の電荷の絶対値）	$e = 1.602\,189\,2 \times 10^{-19}$ C
電子の質量	$m_e = 9.109\,534 \times 10^{-31}$ kg
真空の透磁率	$\mu_0 = 4\pi \times 10^{-7}$ H/m
真空中の光速度	$c = 2.997\,924\,58 \times 10^8$ m/s
重力加速度	$g = 9.8$ m/s^2
プランク定数	$h = 6.626\,069\,3 \times 10^{-34}$ J·s

表 A-2　よく使われる単位の接頭記号

テラ	tera	T	10^{12}	ミリ	mili	m	10^{-3}
ギガ	giga	G	10^9	マイクロ	micro	μ	10^{-6}
メガ	mega	M	10^6	ナノ	nano	n	10^{-9}
キロ	kilo	k	10^3	ピコ	pico	p	10^{-12}

第 1 章　電荷と力

　この章では，「電気」の＋－と量を表す**電荷**，および電荷の間に働く力について説明する．数式による計算だけでなく，図を描きながら考える習慣も身につけよう．

第1章 電荷と力

1-1 クーロンの法則

図 1-1 のように，2個の点電荷 Q_1, Q_2 [C] が真空中に r [m] の距離で置かれているとき，両電荷の間には次のような力が働く．

$$F = \frac{Q_1 Q_2}{4\pi\varepsilon_0 r^2} = 9 \times 10^9 \frac{Q_1 Q_2}{r^2} \ [\text{N}] \tag{1-1}$$

この関係式を**クーロンの法則**といい，この力を**クーロン力**または**静電力**という．

ここで，$\varepsilon_0 = 8.85 \times 10^{-12}$ F/m は**真空の誘電率**である．**図 1-1 (a)** のように Q_1 と Q_2 が同じ符号であれば F は反発力となり，**同図 (b)** のように反対の符号であれば F は引力となる．

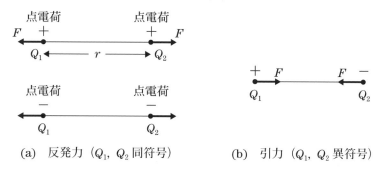

(a) 反発力（Q_1, Q_2 同符号） (b) 引力（Q_1, Q_2 異符号）

図 1-1 点電荷に働く力（クーロン力）

＜例題 1-1＞ 2×10^{-6} C と -3×10^{-6} C の点電荷が 10 cm 離れて置かれている．2個の点電荷に働く力の大きさを計算せよ．また，この力は引力か反発力か答えよ．

＜解答＞ 力の大きさは，クーロンの法則の式 (1-1) から次のように得られる．

$$F = 9 \times 10^9 \times \frac{2 \times 10^{-6} \times 3 \times 10^{-6}}{0.1^2} = \underline{5.4 \text{ N}}$$

また，2個の電荷が異符号であることから，<u>引力</u>が働くことがわかる．

＜例題 1.2＞ 水素原子では，図 **1-2** に示すように電子は陽子から $F = 8.23 \times 10^{-8}$ N の引力を受けて，円軌道を描いて回転している．電子と陽子の間の距離を計算せよ．

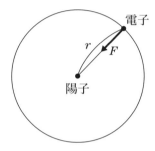

図 **1-2** 水素原子

＜解答＞ 電子と陽子の間の距離を r と仮定すると，力の大きさはクーロンの法則の式（1-1）から次のように得られる．

$$F = 9 \times 10^9 \times \frac{(1.6 \times 10^{-19})^2}{r^2} = 8.23 \times 10^{-8}$$

これより，

$$r^2 = 9 \times 10^9 \times \frac{(1.6 \times 10^{-19})^2}{8.23 \times 10^{-8}} = 2.8 \times 10^{-21}$$

よって

$$r = \underline{5.29 \times 10^{-11} \text{ m}}.$$

第1章 電荷と力

1-2　3個以上の点電荷に働く力

3個以上の点電荷に働く力を考えるには，クーロンの法則と**重ね合わせの原理**を用いる．すなわち，ある電荷に働く力は，他の電荷から受ける力をクーロンの法則を用いてそれぞれ計算し，それらを**方向も考慮して合成**することによって得られる．それぞれの力を計算するときには，注目している2個の電荷以外についてはその存在を無視する．重ね合わせの原理は，力のほかにも多くの物理量に適用される．

> **＜例題 1-3＞** $Q_1 = 1 \times 10^{-5}\,\mathrm{C}$, $Q_2 = 2 \times 10^{-5}\,\mathrm{C}$, $Q_3 = 3 \times 10^{-5}\,\mathrm{C}$ の3個の点電荷を1mの間隔で一直線上に，左から順番に並べるとき，それぞれの点電荷に働く力の向きと大きさを計算せよ．

＜解答＞　最初に Q_1 に働く力について考える．**図 1-3** に示すように，Q_1 と Q_2 の間には反発力が働くので，Q_1 が Q_2 から受ける力 F_{12} は左向きで，その大きさは次のようになる．

$$F_{12} = 9 \times 10^9 \times \frac{1 \times 10^{-5} \times 2 \times 10^{-5}}{1^2} = 1.8\,\mathrm{N}.$$

同様に Q_1 が Q_3 から受ける力 F_{13} も左向きで，その大きさは次のようになる．

$$F_{13} = 9 \times 10^9 \times \frac{1 \times 10^{-5} \times 3 \times 10^{-5}}{2^2} = 0.675\,\mathrm{N}.$$

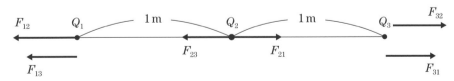

図 1-3　直線上に並んだ3個の点電荷に働く力

3個以上の点電荷に働く力

したがって，Q_1 に働く力 F_1 は重ね合わせの原理を用いて次のように合成する．すなわち，F_{12} と F_{13} は同じ方向であるから，Q_1 に働く力 F_1 は左向きで，大きさは次のようになる．

$$F_1 = F_{12} + F_{13} = 1.8 + 0.675 = \underline{2.48\,\text{N}}.$$

次に Q_2 に働く力を計算する．Q_2 が Q_1 から受ける力 F_{21} は右向きで，大きさは $F_{21} = F_{12} = 1.8\,\text{N}$ である．Q_2 が Q_3 から受ける力 F_{23} は左向きで，大きさは次のようになる．

$$F_{23} = 9 \times 10^9 \times \frac{2 \times 10^{-5} \times 3 \times 10^{-5}}{1^2} = 5.4\,\text{N}$$

F_{21} と F_{23} は反対向きであるから，Q_2 に働く力 F_2 の大きさは次のようになる．

$$F_2 = F_{23} - F_{21} = 5.4 - 1.8 = \underline{3.6\,\text{N}}$$

いま，F_2 は F_{23} から F_{21} を差し引いたので，F_2 の向きは F_{23} と同じ左向きである．

Q_3 に働く力を計算する．Q_3 が Q_1 から受ける力 F_{31} は右向きで，大きさは $F_{31} = F_{13} = 0.675\,\text{N}$ である．Q_3 が Q_2 から受ける力 F_{32} も右向きで，大きさは $F_{32} = F_{23} = 5.4\,\text{N}$ である．したがって，Q_3 に働く力 F_3 も右向きで，大きさは次のようになる．

$$F_3 = F_{31} + F_{32} = 0.675 + 5.4 = \underline{6.08\,\text{N}}.$$

第1章 電荷と力

<例題 1-4> 図 1-4 (a) のように，辺の長さが a [m] の正三角形 ABC の 2 つの頂点 A, C には Q [C]，頂点 B には $-Q$ [C] の点電荷が置かれている．C 点の電荷 Q と B 点の電荷 $-Q$ に働く力をそれぞれ計算せよ．

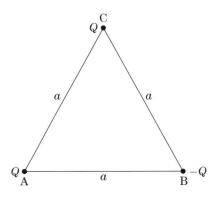

図 1-4 (a) 正三角形の頂点に位置する点電荷に働く力

<解答> 最初に C 点の電荷 Q に働く力を計算する．図 1-4 (b) に示すように，C 点の電荷 Q は A 点の電荷 Q から反発力 f，B 点の電荷 $-Q$ から引力 f を受ける．2 つの力 f を方向にも考慮しながら合成することを考えるとき，△WXY，△WXZ ともに △ABC と相似なので正三角形であることに気付く．したがって，合成力 F_C も f に等しいので，次のように得られる．

$$F_\mathrm{C} = f = \frac{Q^2}{4\pi\varepsilon_0 a^2} \text{ [N]}.$$

3個以上の点電荷に働く力

次に，B 点の電荷 $-Q$ に働く力を計算する．図 **1-4(b)** に示すように，B 点の電荷 $-Q$ は，A 点，B 点の両電荷から引力 f を受ける．今度は合成力 F_B は，正三角形 $\triangle$WXY の高さの 2 倍である YZ に等しいので次のように得られる．

$$F_B = \sqrt{3}\,f = \frac{\sqrt{3}\,Q^2}{4\pi\varepsilon_0 a^2}\ [\mathrm{N}].$$

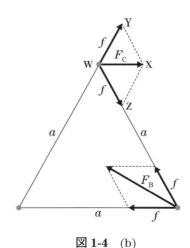

図 **1-4** （b）

第 1 章　電荷と力

章末問題 1

1 $Q_1 = 2\times10^{-5}$ C, $Q_2 = -3\times10^{-5}$ C の 2 個の点電荷が $r = 25$ cm の距離で置かれている．点電荷に働く力について次の問に答えよ．

(1) 力は反発力か引力か？（★）

(2) 力の大きさを計算せよ．（★）

2 $Q_A = 6\times10^{-6}$ C の正電荷をもった粒子 A のそばに，別な粒子 B を近付けたところ，2 粒子の距離が $r = 15$ cm のとき $F = 20$ N の引力が働いた．粒子 B の電荷の大きさ Q_B を計算せよ．（★）

3 同じ大きさの点電荷を 12 cm の距離で置いたとき，電荷の間に 2.5 N の力が働いた．電荷の大きさを計算せよ．（★）

4 水素原子では，陽子（電荷 e [C]）を中心とする円軌道を描いて，電子（質量 m [kg]，電荷 $-e$ [C]）が回転している．次の問に答えよ．

(1) 電子の軌道半径を r [m] として，陽子と電子の間の引力を計算せよ．さらに，この引力が円運動の向心力であることから，r と電子の速度 v の関係を導け．（★★）

(2) (1)から導かれる r と v の関係と Bohr の量子条件（$mvr = \dfrac{h}{2\pi}$）から，r と v の値を計算せよ．ただし h はプランクの定数である．（★★★）

5 点電荷 $Q_1 = 1\times10^{-5}$ C の右側に $Q_2 = -2\times10^{-5}$ C の点電荷を $r = 1$ m の間隔で置いている．さらに $Q_3 = 4\times10^{-5}$ C の点電荷を置くことにより，Q_1 に働く力を 0 にしたい．Q_3 の置く位置を計算せよ．（★★）

6 $Q_1 = 1.6\times10^{-5}$ C と $Q_2 = 2.5\times10^{-5}$ C の点電荷が $d = 90$ cm 離れて置かれている．次の問に答えよ．

(1) 2 個の電荷の間に 3 個目の点電荷 Q_3 を置く場合，Q_3 に力が働

かないときの Q_1 と Q_3 の間の距離を計算せよ．（★★）

(2) このとき Q_1 に働く力も 0 になるための Q_3 を計算せよ．（★★）

7 図 1-5 に示すように，辺の長さが a [m] の正方形 ABCD の 3 つの頂点 A, B, D に Q [C] の点電荷，頂点 C に $-Q$ [C] の点電荷を置く．次の問に答えよ．

(1) 頂点 A の電荷に働く力を計算せよ．（★★）
(2) 頂点 B の電荷に働く力を計算せよ．（★★★）

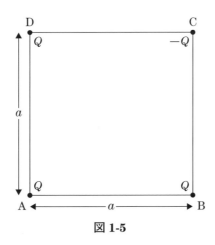

図 1-5

第2章　電界と電位（基礎編）

　本章では，電荷と力に関係する電界，および電荷とエネルギーに関係する電位，そして電界と電位の関係について説明する．また，電界が一定の場合および点電荷による電界と電位などの基礎的な場合に限定して議論し，さらに拡張した理論については次章で扱う．本章は，電気磁気学の理論の中で，最も重要で，最も理解が難しい部分の一つである．問題を解きながら，電界や電位が見えてくる能力を身につけよう．

第2章　電界と電位（基礎編）

☆この章で使う基礎事項☆

基礎 2-1　クーロンの法則

r [m] 離れて置かれた点電荷 Q_1, Q_2 [C] の間に働く力 F は式 (1-1) のクーロンの法則により表される．

$$F = \frac{Q_1 Q_2}{4\pi\varepsilon_0 r^2} = 9 \times 10^9 \frac{Q_1 Q_2}{r^2} \ [\mathrm{N}] \tag{1-1}$$

2-1 電界と力

電荷 q [C] に F [N] の力が働くとき，q の置かれた場所の**電界**の強さ E は次のように定義される．

$$E = \frac{F}{q} \text{ [V/m]} \tag{2-1}$$

電界 E は力 F と同じベクトル量であり，大きさと方向を有する．電荷 q が正のときは，E と F は同じ向き，負のときは反対向きである．

<例題 2-1> $q = 5 \times 10^{-6}$ C の電荷に $F = 0.6$ N の力を与えるために加える電界の大きさを計算せよ．

<解答> 電界の大きさは，式 (2-1) から，次のように得られる．
$$E = \frac{F}{q} = \frac{0.6}{5 \times 10^{-6}} = \underline{1.2 \times 10^5 \text{ V/m} = 120 \text{ kV/m}}.$$

<例題 2-2> 電界の方向が西向きで大きさが $E = 250$ V/m の位置に，$q = -3 \times 10^{-3}$ C の電荷を置く．この電荷に働く力の大きさと向きを計算せよ．

<解答> 力の大きさは，式 (2-1) から，次のように得られる．
$$F = |q|E = 3 \times 10^{-3} \times 250 = \underline{0.75 \text{ N}}.$$
電荷が負なので，力の向きは電界と反対方向の<u>東向き</u>である．

第2章 電界と電位（基礎編）

2-2 クーロンの法則と電界

クーロンの法則によると，2個の点電荷 Q, q [C] が真空中に r [m] の距離で置かれているとき，両電荷の間には式 (1-1) で表される力が働くことを 1-1 節で説明した．この現象を電界を用いて考えると，次のようになる．

点電荷 Q は，その周囲に電界を作っている．点電荷 q は，q の置かれている位置の電界 E から力 F を受ける．もちろん，この F は式(1-1) の F と等しい．このことを数式で表すと次式のように書ける．

$$F = qE = \frac{qQ}{4\pi\varepsilon_0 r^2} \quad [\text{N}] \tag{2-2}$$

式 (2-1) および式 (2-2) から，Q が q の位置に作った電界 E の大きさが

$$E = \frac{F}{q} = \frac{Q}{4\pi\varepsilon_0 r^2} \quad [\text{V/m}] \tag{2-3}$$

また，電界 E の向きは，Q から遠ざかる方向であることがわかる．

＜例題 2-3＞ $Q = 3\times 10^{-5}$ C の点電荷から $r = 6$ m 離れた位置の電界を計算せよ．

＜解答＞ 式 (2-3) から電界が次のように得られる．

$$E = \frac{Q}{4\pi\varepsilon_0 r^2} = 9\times 10^9 \times \frac{3\times 10^{-5}}{6^2}$$

$$= \underline{7.5\times 10^3 \text{ V/m} = 7.5 \text{ kV/m}}.$$

2-3 電気力線

電気力線を用いると，電界の方向をわかりやすく表示できるばかりでなく，電界の大きさを表したり，電界を計算することもできる．電気力線の性質を次に挙げる．

> **電気力線の性質**
> (1) 電気力線上の点における接線の方向が電界の方向である．（図 2-1(a)）
> (2) 電気力線は正電荷に始まり，負電荷に終わる．（図 2-1(a)）
> (3) 電気力線の密度（電気力線と垂直な面における，$1\,\mathrm{m}^2$ あたりの電気力線の本数）は，電界の大きさを表す．すなわち，図 2-1(b) に示すように，ΔN 本の電気力線が $\Delta S\,[\mathrm{m}^2]$ の面積を通り，電気力線が ΔS と垂直であるとき，電界の大きさは $E = \dfrac{\Delta N}{\Delta S}\,[\mathrm{V/m}]$ である．
> (4) 真空中の 1 C の正電荷から（負電荷に），電気力線は $\dfrac{1}{\varepsilon_0}$ 本発生する（吸い込まれる）．

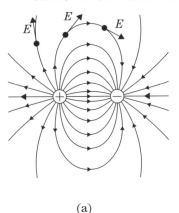

(a)   (b)

図 2-1　電気力線

第2章 電界と電位（基礎編）

> **＜例題 2-4＞** 真空中において，$Q = 3 \times 10^{-5}$ C の点電荷から出る電気力線の本数を答えよ．また，点電荷から $r = 6$ m 離れた位置の電界を，電気力線から計算せよ．

＜解答＞ 真空中の 1 C から電気力線が $\dfrac{1}{\varepsilon_0}$ 本発生することから，

$$N = \frac{Q}{\varepsilon_0} = \frac{3 \times 10^{-5}}{8.85 \times 10^{-12}} = \underline{3.39 \times 10^6 \text{ 本}}.$$

点電荷の位置を中心とする半径 $r = 6$ m の球面を考えると，$N = 3.39 \times 10^6$ 本の電気力線がこの球面（表面積 $S = 4\pi r^2 = 4\pi \times 6^2 = 452$ m^2）を貫く．球面における電気力線の密度が電界の大きさに等しいことから $E = \dfrac{N}{S} = \dfrac{3.39 \times 10^6}{452} = \underline{7.5 \times 10^3 \text{ V/m}}$ となり，これは例題 2-3 の結果と一致する．

2-4 電気力線とガウスの法則

「ある任意の閉曲面から外に出る電気力線の総数は，その閉曲面の中の電荷の総和の$\frac{1}{\varepsilon_0}$倍に等しい」これを**ガウスの法則**と呼ぶ．ガウスの法則を用いることによって，多くの場合の電界を簡単に計算することができる．以下に例を示す．

＜例題2-5＞ 半径a [m] の球の表面にQ [C] の電荷が一様に分布している．このとき，球の中心からr [m] 離れた位置の電界を計算せよ．

＜解答＞ 最初に$r > a$（球の外）の場合について考える．図2-2に示すような半径r（$> a$）の球を考える．電荷Qから出たすべての電気力線が半径rの球面を貫く．ガウスの法則によると，その本数は$N = \dfrac{Q}{\varepsilon_0}$である．したがって，電気力線の性質 (3) より$r$の位置の電界$E$は，$N$を球の表面積$S = 4\pi r^2$で割ることによって得られる．

$$E = \frac{N}{S} = \frac{Q/\varepsilon_0}{4\pi r^2} = \frac{Q}{4\pi\varepsilon_0 r^2} \quad \text{[V/m]} \tag{2-4}$$

この電界は電荷Qが点電荷である場合の電界，式 (2-3) と同じである．

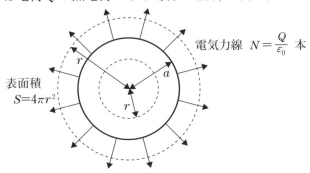

図2-2 表面に電荷が分布している球による電界

第2章 電界と電位（基礎編）

次に $r < a$（球の中）の場合について考える．図2-2に示すような半径 r $(< a)$ の球を考えると，その球の中には電荷がない．上記のガウスの法則によると，その球から出る電気力線の本数は $N = 0$ である．したがって，

$$E = \frac{N}{S} = \frac{0}{4\pi r^2} = 0 \text{ V/m} \tag{2-5}$$

まわりに多くの電荷があるにもかかわらず $E = 0$ となるのが不思議に思えるかも知れないが，図2-3に示すように半径 a の球の中の任意の点，P点の位置の電界を次のように考えると $E = 0$ になることがわかる．すなわちP点を頂点にもつ頂角の小さな円錐を考え，それが切り取る球面の電荷 Q_A と Q_B による電界 E_A と E_B は同じ大きさで互いに反対向きであることから，両者は打ち消し合う．同様の対 Q_A, Q_B は球面のどこでもつくることができるので，結局P点の電界は打ち消し合って $E = 0$ になるのである．（詳しくは章末問題2 ㊷参照.）

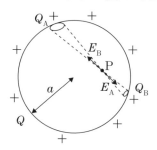

図2-3　表面に電荷が分布している球の中の電界

＜例題2-6＞　半径 a [m] の球の中に Q [C] の電荷が一様に分布している．このとき，球の中心から r [m] 離れた位置の電界を計算せよ．

＜解答＞　最初に $r > a$（球の外）の場合について考える．図2-4

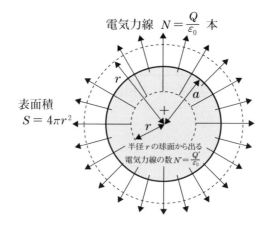

図 2-4　内部に電荷が分布している球による電界

に示すような半径 r（$>a$）の球を考える．電荷 Q から出たすべての電気力線が半径 r の球面を貫き，その本数は $N=\dfrac{Q}{\varepsilon_0}$ である．したがって，例題 2-5 と同様に，r の位置の電界 E は，N を球の表面積 $S=4\pi r^2$ で割ることによって得られる．

$$E=\frac{N}{S}=\frac{Q/\varepsilon_0}{4\pi r^2}=\underline{\frac{Q}{4\pi\varepsilon_0 r^2}}\quad[\text{V/m}] \tag{2-6}$$

この電界は電荷 Q が点電荷である場合の電界の式 (2-3) および球の表面に一様に分布している場合の電界の式 (2-4) と同じである．電荷が球対称に分布しているときは，いずれの場合も球の電荷がすべて球の中心に集まったときの電界と等しいことが，ガウスの法則から容易に理解できるであろう．

次に $r<a$（球の中）の場合について考える．**図 2-4** に示すような半径 r（$<a$）の球の中の電荷を Q' とすると，その球から出る電気力線の本数は $N=\dfrac{Q'}{\varepsilon_0}$ である．ここで Q' を計算するために**電荷密度** ρ（$1\,\text{m}^3$ あたりの電荷量）を導入する．すなわち，電荷 Q が半径 a の球の中に一様に分布しているので，Q を球の体積で割ることによって

ρ が次のように得られる．

$$\rho = \frac{Q}{4\pi a^3/3} \ [\text{C/m}^3] \tag{2-7}$$

そして，Q' は ρ に半径 r の球の体積をかけることによって次のように得られる．

$$Q' = \rho \times \frac{4\pi r^3}{3} = \frac{Q}{4\pi a^3/3} \times \frac{4\pi r^3}{3} = Q\left(\frac{r}{a}\right)^3 \ [\text{C}] \tag{2-8}$$

よって，電界は次式のように得られる．

$$E = \frac{N}{S} = \frac{Q'/\varepsilon_0}{4\pi r^2} = \frac{Q(r/a)^3}{4\pi \varepsilon_0 r^2} = \underline{\frac{Qr}{4\pi \varepsilon_0 a^3}} \ [\text{V/m}]. \tag{2-9}$$

<例題 2-7> 無限に長い糸が直線状に張られており，糸が 1 m あたり Q [C] の電荷で一様に帯電している．このとき糸から r [m] 離れた位置の電界を計算せよ．

<解答> 電荷が直線状に分布するときは電気力線は糸と垂直になるので，図 2-5 に示すような糸を中心軸とする半径 r [m]，長さ l [m] の円柱を考える．この円柱の中に含まれる電荷は Ql [C] なので，円柱の側面から出る電気力線の本数は $N = \dfrac{Ql}{\varepsilon_0}$ である．また側面積は $S = 2\pi rl$ [m^2] なので，電界 E は次式のように得られる．

$$E = \frac{N}{S} = \frac{Ql/\varepsilon_0}{2\pi rl} = \underline{\frac{Q}{2\pi \varepsilon_0 r}} \ [\text{V/m}]. \tag{2-10}$$

電気力線とガウスの法則

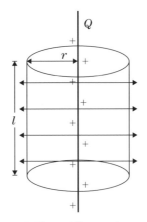

図 2-5 直線状電荷のまわりの電界

<例題 2-8> 無限に広い平面が σ [C/m^2] の**電荷密度**（1 m^2 あたりの電荷）で一様に帯電している．平面からの距離が x [m] の位置の電界を計算せよ．

<解答> この場合の電気力線は平面と垂直になるので，図 2-6 に示すような，底面積が A [m^2]，長さ $2x$ [m] の筒を考える．この筒の中に含まれる電荷は $Q = \sigma A$ [C] であるので，筒の底面から出る電気力線の本数は $N = \dfrac{\sigma A}{\varepsilon_0}$ である．また電気力線は 2 つの底面を同じ本数だけ通るので，面積は $S = 2A$ [m^2] である．したがって，電界 E は次式のように得られる．

$$E = \frac{N}{S} = \frac{\sigma A / \varepsilon_0}{2A} = \frac{\sigma}{2\varepsilon_0} \ [\text{V/m}] \tag{2-11}$$

式 (2-11) から明らかなように，E は平面からの距離 x に依存せず，一定である．

第 2 章 電界と電位（基礎編）

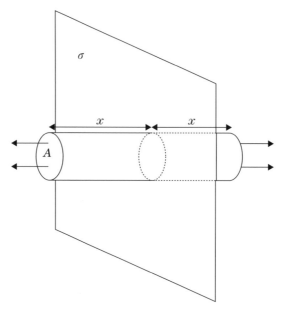

図 2-6 帯電した平面による電界

2-5 電位，電圧と電界

図 2-7 に示すように，一様な電界 E [V/m] の中に置かれた電荷 q [C] を O 点から P 点まで x [m] だけ移動することを考える．このとき，電荷 q には E と同じ方向に力 $F = qE$ [N] が作用しているので，この力にさからって電荷を移動するにはエネルギーが必要である．そのエネルギー（仕事量）は次式で表される．

$$W = Fx = qE \times x \text{ [J]} \tag{2-12}$$

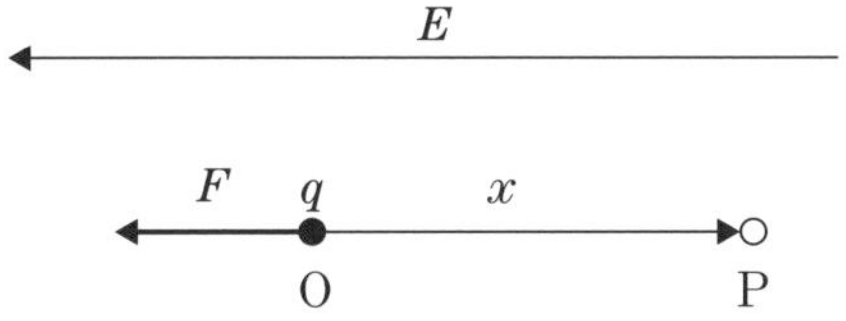

E ←

F ← q — x — ○
   O   P

図 2-7 　一様な電界の中で電荷を運ぶ

すなわち電荷 q は，O 点にあるときよりも P 点にあるときの方が W だけ高いエネルギーを有している．W は電荷 q の位置によって変化するので，**位置エネルギー**と呼ばれる．式 (2-12) を変形すると，次のように書くことができる．

$$W = q \times Ex = qV \text{ [J]}. \tag{2-13}$$

ここで

$$V = \frac{W}{q} \text{ [V]} \tag{2-14}$$

を**電位**という．単位は**ボルト** [V] である．このような位置によるエネルギーの変化を，図 2-8(a) に示すような斜面に沿って質量 m [kg] の物体を移動させる問題と比較して考えよう．斜面にある物体を水平方向に x [m] 移動すると物体の高さが h [m] となって，このときの物体の位置エネルギーは $W = mgh$ [J] となる．ここで，g [m/s^2] は重力加速度である．電位 V と位置エネルギー W の関係を同様に図 2-8(b)

に示すと，V と h，q と mg が対応する．また，電界 E は電位の傾き

$$E = \frac{V}{x} \ [\mathrm{V/m}] \tag{2-15}$$

であることに注意されたい．

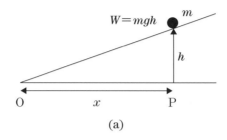

(a)

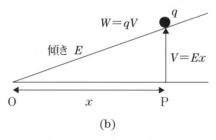

(b)

図 2-8　電界と電位，位置エネルギーの関係

電位，電圧と電界

<例題 2-9> O，A，B の 3 点は一直線上にあり，A 点，B 点はそれぞれ O 点から a, b [m] の距離にある．O 点を電位の基準とし，A 点と B 点の電位をそれぞれ V_A，V_B とする．次の問に答えよ．
(1) 電荷 q [C] を A 点から B 点まで移動するのに必要なエネルギーを計算せよ．
(2) 一様な電界 E [V/m] が，B 点から O 点に向かう方向に加えられているとき，V_A，V_B を計算せよ．

<解答> (1) 電荷 q が A 点と B 点にあるときの位置エネルギー W_A，W_B は，式 (2-14) より

$$W_A = qV_A, \quad W_B = qV_B \text{ [J]} \tag{2-16}$$

であるので，図 2-9 に示すように，q を A 点から B 点まで移動するのに必要なエネルギー ΔW は次のようになる．

$$\Delta W = W_B - W_A = qV_B - qV_A = \underline{q(V_B - V_A)} = q\Delta V \text{ [J]} \tag{2-17}$$

ここで $\Delta V = V_B - V_A$ [V] は，B 点と A 点の間の**電位差**または**電圧**という．

(2) 式 (2-15) で表されるように，電界は電位の傾きであるから

$$V_A = \underline{Ea} \text{ [V]} \tag{2-18a}$$

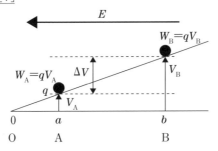

図 2-9　電界と電圧（電位差），位置エネルギーの関係

第2章 電界と電位（基礎編）

同様に

$$V_B = \underline{Eb} \text{ [V]}. \tag{2-18b}$$

＜例題 2-10＞ A 点より B 点の方が $\Delta V = 1$ V だけ電位が高い．次の問に答えよ．

(1) 電子が B 点にあるときと A 点にあるときの位置エネルギーの差を計算せよ．

(2) 電子を A 点に静止して置く．電界に加速されて電子が B 点に到達したときの電子の速度を計算せよ．ただし，電子は電界以外から力を受けないとする．

＜解答＞ (1) 電子（電荷 $-e$ [C]）が B 点にあるときのエネルギーから A 点にあるときのエネルギーを差し引くと $-e\Delta V = -1.6 \times 10^{-19} \times 1 = -1.6 \times 10^{-19}$ J となる．すなわち B 点にあるときの方が $\Delta W = 1.6 \times 10^{-19}$ J だけ位置エネルギーが低いことがわかる．このエネルギーを 1 **電子ボルト** [**eV**] という．すなわち

$$1 \text{ eV} = 1.6 \times 10^{-19} \text{ J} \tag{2-19}$$

である．

(2) エネルギー保存則によって，電子が A 点にあるときと B 点にあるときのエネルギーは変わらない．すなわち，電子が A 点から B 点に移動することによって位置エネルギーは下がるが，その低下分 ΔW が運動エネルギーとなる．これを式に表すと次のようになる．ただし電子の質量と速度をそれぞれ m [kg], v [m/s] とする．

$$\frac{1}{2}mv^2 = \Delta W \tag{2-20}$$

よって

$$v = \sqrt{\frac{2\Delta W}{m}} = \sqrt{\frac{2 \times 1.6 \times 10^{-19}}{9.11 \times 10^{-31}}} = \underline{5.93 \times 10^5 \text{ m/s}}. \tag{2-21}$$

2-6 点電荷のまわりの電位

点電荷 Q [C] のまわりの電位は次式で表される.

$$V = \frac{Q}{4\pi\varepsilon_0 r} \text{ [V]} \tag{2-22}$$

電位の基準は点電荷 Q から無限に離れた位置である. 一見すると式 (2-22) は,式 (2-3) の電界 E と $V = Er$ の関係にあるように見えるが,点電荷 Q [C] のまわりの電界 E は点電荷からの距離 r [m] に依存して変化するので,点電荷のまわりでは式 (2-15) は成り立たない. 式 (2-22) の導出は次章で行う.

<例題 2-11> 図 2-10 に示すように,A 点と B 点はそれぞれ点電荷 Q [C] から a, b [m] の距離にある. A 点と B 点の電位,および B 点と A 点の間の電位差をそれぞれ計算せよ.

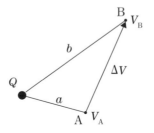

図 2-10 点電荷のまわりの電位と電圧

<解答> A 点と B 点の電位は式 (2-22) を用いて,それぞれ,次のようになる.

$$V_A = \frac{Q}{4\pi\varepsilon_0 a} \text{ [V]} \tag{2-23a}$$

$$V_B = \frac{Q}{4\pi\varepsilon_0 b} \text{ [V]} \tag{2-23b}$$

式 (2-23a) と式 (2-23b) より，電位差は次のようになる．

$$\Delta V = V_B - V_A = \frac{Q}{4\pi\varepsilon_0 b} - \frac{Q}{4\pi\varepsilon_0 a} = \frac{Q}{4\pi\varepsilon_0}\left(\frac{1}{b} - \frac{1}{a}\right) \text{ [V]} \quad (2\text{-}24)$$

<例題 2-12> 半径 a [m] の球の表面に Q [C] の電荷が一様に分布している．このとき，球の中心から r [m] 離れた位置の電位を計算せよ．ただし，電位の基準を球から無限に離れた位置とする．

<解答> この場合の電界は既に例題 2-5 で導出されている．$r > a$ の場合の電界は式 (2-4) で表され，これは点電荷 Q による電界と一致する．したがって，この場合の電位も点電荷 Q による電位と一致すると考えるのが妥当であろう．すなわち

$$V = \frac{Q}{4\pi\varepsilon_0 r} \text{ [V]}. \quad (2\text{-}25)$$

$r < a$ の場合の電界は式 (2-5) で表され $E = 0$ である．上でも述べたように，電界は電位の傾きであるので，$E = 0$ は電位が一定であることを示している．したがって，球の中の電位は**図 2-11** に示すように一定で，次式で表される．

$$V = \frac{Q}{4\pi\varepsilon_0 a} \text{ [V]}. \quad (2\text{-}26)$$

点電荷のまわりの電位

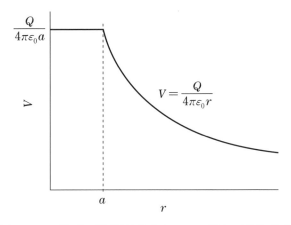

図 2-11 表面に電荷が分布している球の電位分布

第2章 電界と電位（基礎編）

章末問題 2

1 $q = 2 \times 10^{-4}$ C の電荷を $E = 15$ kV/m の右向きの電界の中に置くとき，力の大きさと方向を答えよ．（★）

2 $q = -3 \times 10^{-5}$ C の電荷に $F = 4.5$ N の力が北向きに働いた．電界の強さと向きを答えよ．（★）

3 重さ $m = 10$ g の物体に，$E = 20$ kV/m の下向きの一様な電界を加えたところ，重力とつりあった．物体の電荷を計算せよ．（★★）

4 重さ $m = 30$ g，電荷 $Q = 5 \times 10^{-5}$ C の物体を重さのないバネに吊したところ，バネの長さが $x = 2$ cm 伸びた．これに電界を加えてバネの長さをさらに $y = 5$ mm 伸ばしたい．加える電界の大きさと方向を答えよ．（★★）

5 図 2-12 に示すように，$E = 5$ kV/m の電界の中に質量 $m = 2$ g の電荷を帯びた粒子が重さのない糸で吊されている．このとき糸と鉛直方向との間の角度が $\theta = 30$ 度であった．粒子の電荷の大きさを計算せよ．（★★）

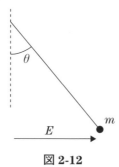

図 2-12

章末問題

6 点電荷から $r = 25$ cm 離れたP点における電界が，点電荷に向かう方向で，大きさが $E = 4\times10^5$ V/m である．次の問に答えよ．

(1) 点電荷の大きさを計算せよ．（★）

(2) P点の電位を計算せよ．（☆）

7 点電荷 $Q_1 = 2\times10^{-5}$ C から右に $d = 3$ m 離れた位置に $Q_2 = 3\times10^{-5}$ C の点電荷が置かれている．Q_1 から Q_2 に向かって $x = 1$ m の位置をP点とする．次の問に答えよ．

(1) P点における電界の大きさと向きを答えよ．（★★）

(2) P点における電位を計算せよ．（☆）

(3) 電界が0になる位置を計算せよ．（★★）

8 点電荷 $Q_1 = 4\times10^{-6}$ C から右に $d = 2$ m 離れた位置に $Q_2 = -9\times10^{-6}$ C の点電荷が置かれている．Q_1 から Q_2 に向かって $x = 50$ cm の位置をP点とする．次の問に答えよ．

(1) P点における電界の大きさと向きを答えよ．（★★）

(2) P点における電位を計算せよ．（☆）

(3) 電界が0になる位置を計算せよ．（★★）

(4) 電位が0になる位置を計算せよ．（☆☆）

9 点電荷 $Q = 2\times10^{-5}$ C が座標 $(-a, 0)$ と $(a, 0)$ の位置にそれぞれ置かれている．次の問に答えよ．ただし，$a = 40$ cm, $b = 30$ cm とする．

(1) 座標 $(0, b)$ のP点における電界の大きさと向きを計算せよ．（★★）

(2) P点に点電荷 $q = -5\times10^{-5}$ C を置いたとき，この点電荷に働く力を計算せよ．（★）

(3) P点の電位を計算せよ．（☆）

(4) P点に q を置いたときの位置エネルギーを計算せよ．（☆）

第2章 電界と電位（基礎編）

10 辺の長さが $a = 50$ cm の正三角形 ABC の頂点 A に $Q = 2 \times 10^{-6}$ C の正電荷を置いた．次の問に答えよ．

(1) 頂点 B に点電荷 $-Q$ を置いたときの，頂点 C の電界の強さを計算せよ．（★★）

(2) 頂点 B に点電荷 Q を置いたときの，頂点 C の電界の強さを計算せよ．（★★）

(3) 頂点 B に点電荷 Q を置いたときの，頂点 C の電位を計算せよ．（☆）

11 辺の長さが a [m] の正方形 ABCD の3つの頂点 A, B, C に，Q [C] の点電荷がそれぞれ置かれている．次の問に答えよ．

(1) 頂点 D の電界を計算せよ．（★★）

(2) 頂点 D の電位を計算せよ．（☆）

12 水平な面に置かれた，辺の長さが $a = 10$ cm の正六角形の全ての頂点に点電荷 $Q = 1.5 \times 10^{-6}$ C を置く．この正六角形の面に垂直な中心軸上で，正六角形から高さ $H = 30$ cm の位置を点 P とする．次の問に答えよ．

(1) 点 P の電界を計算せよ．（★★）

(2) 点 P の電位を計算せよ．（☆）

(3) 点 P に電荷 $q = 2 \times 10^{-6}$ C，質量 $m = 5$ kg の粒子を静止して置く．粒子が重力により高さ $h = 5$ cm まで落下するときの粒子の速度を計算せよ．（☆☆☆）

13 図 2-13 のように，電荷 Q [C] で一様に帯電した半径 a [m] のリングの中心軸上で，リングの中心から z [m] 離れた点を P 点とする．次の問に答えよ．

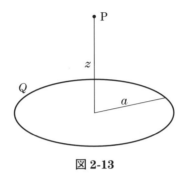

図 2-13

(1) P 点の電界を計算せよ．（★★★）

(2) P 点の電位を計算せよ．（☆）

14 水素原子の中で，電子が陽子を中心とする半径 $a = 5.29 \times 10^{-11}$ m の円軌道を描いて回転している．次の問に答えよ．

(1) 電子の位置に，陽子が作る電界の強さを計算せよ．（★）

(2) 電子と陽子の間に働く引力を計算せよ．（★）

(3) 電子の速度を計算せよ．（★★）

(4) 電子の位置エネルギー W_P と運動エネルギー W_K を計算せよ．また，電子を陽子から無限に引き離して静止した状態にするためのエネルギー（**イオン化エネルギー**）W_i を計算し，[eV] の単位で答えよ．（☆☆）

(5) 水素原子に電界 $E_0 = 500$ kV/m を加えたとき，図 2-14 のように電子の円軌道の中心と陽子が変位すると仮定する．この変位 x を計算せよ．ただし，x は a に比べて十分小さい．（★★★）

第2章 電界と電位（基礎編）

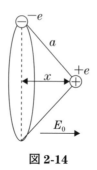

図 2-14

15 2 C と－1.8 C の電荷が置かれている．無限にまで延びる電気力線の本数を計算せよ．（★）

16 半径 a [m] の球 A の中に半径 b [m] の球 B があり，両球の中心は一致している．球 A と球 B の表面には，それぞれ Q_A，Q_B の電荷が一様に分布している．次の問に答えよ．

(1) 球の中心から r [m] の位置の電界を計算せよ．（★★）

(2) 球の中心から r [m] の位置の電位を計算せよ．（☆☆）

17 図 2-15 に断面を示すような，内外の半径がそれぞれ a, b [m] の球の間に電荷密度 ρ [C/m^3] で電荷が一様に分布している．球の中心から r [m] の位置の電界を計算せよ．（★★）

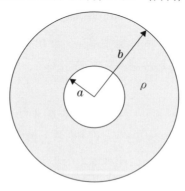

図 2-15

章末問題

18 半径 a [m] の球の中に電荷密度 ρ [C/m^3] で電荷が一様に分布している．$-q$ [C] の負電荷を持った粒子が球の中心から r [m] の距離にあるとき，

(1) 粒子に働く力を計算せよ．（★★）

(2) 球の表面にある粒子を球の中心から b [m] の位置まで持って行くのに必要なエネルギーを計算せよ．ただし，$b > a$ であるとする．（☆）

19 内部に電荷 Q_A [C] が一様に分布している半径 a [m] の球 A がある．次の問に答えよ．

(1) 球 A の中心から $r (> a)$ [m] の距離に点電荷 q [C] を置くとき両者に働く力を計算せよ．（★）

(2) 球 A の中心から r [m] の距離に，内部に電荷 Q_B [C] が一様に分布している半径 b [m] の球 B を置くとき両者に働く力を計算せよ．ただし $r > a + b$ である．（★）

20 電荷 Q [C] が一様に表面に分布している半径 a [m] の球の中に，中心を共通とする半径 b [m] の球がある．この球の中には，電荷密度 ρ [C/m^3] で電荷が一様に分布している．中心からの距離が r [m] の位置の電界を計算せよ．（★★）

21 図 **2-16** に示すように，無限に長い2本の糸が間隔 d [m] で平行に張られている．一方の糸は，1 m あたりの電荷が Q [C/m]，他方は $-Q$ でそれぞれ一様に帯電している．次の問に答えよ．

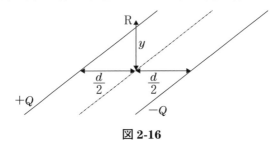

図 **2-16**

第 2 章 電界と電位（基礎編）

(1) 糸の 1 m あたりに働く力を計算せよ．（★）

(2) 一方の糸から他方の糸に向かって x [m] 離れた位置の電界を計算せよ．（★）

(3) 2 本の糸の中間の位置から高さ y [m] の R 点における電界を計算せよ．（★★）

22 中心軸を共通とする半径 a, b [m] の無限に長い円柱がある．内側の円柱（半径 a）と外側の円柱（半径 b）の表面には，電荷密度 σ_a, σ_b [C/m^2] で電荷がそれぞれ一様に分布している．中心軸からの距離が r [m] の位置の電界を計算せよ．（★★）

23 半径 a, b [m] の無限に長い同軸の（中心軸を共通とする）円柱がある（$a < b$）．半径 a の円柱の内部には電荷密度 ρ [C/m^3] で，半径 b の円柱の表面には電荷密度 σ [C/m^2] で電荷が一様に分布している．次の問に答えよ．

(1) 中心軸からの距離が r [m] の位置の電界を計算せよ．（★★）

(2) 半径 b の円柱の外側の電界が 0 になるための σ の大きさを計算せよ．（★）

24 図 2-15 に断面を示すような，内外の半径がそれぞれ a, b [m] の無限に長い円柱の間に電荷密度 ρ [C/m^3] で電荷が一様に分布している．中心軸からの距離が r [m] の位置の電界を計算せよ．（★★）

25 図 2-17 に断面を示すように，半径 a [m] の無限に長い円柱の中に電荷密度 ρ [C/m^3] で電荷が一様に分布しているが，中心軸が d [m] 平行にずれた半径 b [m] の無限に長い円柱の空洞がある．空洞の中の電界を計算せよ．（★★★）

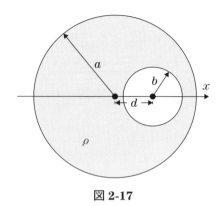

図 2-17

26 図 2-18 に示すように，半径 a [m] の無限に長い円柱の中に電荷密度 ρ [C/m^3] で電荷が一様に分布しているが，半径 b [m] の球形の空洞がある．球の中心は円柱の中心軸上にある．次の問に答えよ．

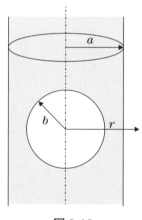

図 2-18

(1) 球の中心から，円柱の中心軸と垂直に r [m] の距離の位置の電界を計算せよ．（★★）

(2) 球の中心から，円柱の中心軸に沿って z [m] の距離の位置の電界を計算せよ．（★★）

第 2 章　電界と電位（基礎編）

27　電子を $E = 50$ V/m の電界の中に静止させて置いた．電界に加速されながら $d = 3$ cm 移動したとき，電子の持っている運動エネルギーを eV（電子ボルト）と J（ジュール）の単位で表し，そのときの電子の速さを計算せよ．（★）

28　電荷密度が $\sigma = 2 \times 10^{-7}$ C/m^2 の平面の右側に $-\sigma$ の平面が $D = 1$ m の間隔で平行に置かれている．
(1) 2 枚の平面の間および右側と左側の電界を計算せよ．（★★）
(2) 平面の 1 m^2 あたりに働く力を計算せよ．（★★）

29　$E = 3 \times 10^4$ V/m の右向きの一様な電界の中に，電界の方向と垂直に平面を置いた．この平面の電荷密度が $\sigma = 2 \times 10^{-7}$ C/m^2 のとき，平面の右側と左側の電界を計算せよ．ただし，電界が右向きのときを正，左向きのときを負とせよ．（★★）

30　ある平面の右側の電界が $E_R = 30$ kV/m で右向き，左側の電界が $E_L = 10$ kV/m で左向きの一様な電界であるとき，この平面の電荷密度を計算せよ．（★★）

31　無限に広い平面 A は電荷密度 σ_A [C/m^2] で一様に帯電している．その右側に無限に広い平面 B が平行に置かれている．平面 A と平面 B の間の電界が右向きで E_0 [V/m] であるとき，平面 B の電荷密度 σ_B および，平面 A の左側と平面 B の右側の電界を計算せよ．ただし電界は σ_A と σ_B によるものだけである．（★★）

32　x 軸と垂直に広がる 2 枚の無限に広い平面 A, B の間には電荷密度 ρ [C/m^3] で電荷が一様に分布している．電界 E の強さと x の関係を計算せよ．ただし，平面 A, B の位置は，それぞれ $x = -d$ [m] および $x = d$ [m] である．また，電界が x 軸方向を向いているときが正となるように答えよ．（★★）

33　3 枚の無限に広い平面 A, B, C が平行に置かれている．平面 A は電荷密度 σ [C/m^2] で一様に帯電している．また，平面 B と C の

間には電荷密度 ρ [C/m³] で電荷が一様に分布している．これらの平面と垂直に x 軸をとり，平面 A, B, C の位置をそれぞれ $x = -2d, -d, d$ [m] とするとき，次の問に答えよ．

(1) 電界 E の強さと x の関係を計算せよ．（★★）

(2) $x > d$ において，$E = 0$ となるための σ と ρ の関係を導け．（★）

34 2枚の帯電した平面 A, B が間隔 D [m] で平行に置かれ，その間の電界が E [V/m] で平面 A から平面 B に向かっている．それ以外の電界が 0 V/m であるとき，次の問に答えよ．

(1) 平面 A, B の電荷密度をそれぞれ計算せよ．（★★）

(2) 平面 A, B の間の電圧を計算せよ．（★）

(3) 平面 A から距離 x [m] の点の電位を計算せよ．ただし，平面 B を電位の基準とせよ．（★）

(4) 電極の間に電荷 q [C] の粒子を置いたとき，この電荷に働く力を計算せよ．（★）

(5) この粒子の質量が m [kg] であるとする．この粒子の加速度を計算せよ．（★）

(6) 平面 A に静止して置かれた粒子が x [m] の距離だけ進んだときの速度を計算せよ．（★★）

(7) 平面 A に静止して置かれた粒子が平面 B に到達するまでの**走行時間**を計算せよ．（★★）

(8) 平面 B から上記の粒子を平面 A に向かって初速 v_0 [m/s] で打ち出すとき，粒子が平面 A に最も近づくときの平面 A からの距離を計算せよ．（粒子が平面 A に最も近付くとき，運動エネルギーは 0 になる．）（★★）

第2章 電界と電位（基礎編）

35 2枚の導体板を間隔 $d = 1.5$ cm で平行に向かい合わせて電圧を上昇し続けたところ，$V = 53.3$ kV のときに火花放電を起こした．次の問に答えよ．

(1) このときの電界を計算せよ．（★）

(2) 同じ電界の強さで火花放電が起きるとすると，$V = 100$ 万ボルトの電圧を加えても，火花放電が起きないようにするためには，導体板の間隔をいくら以上にしなければならないかを計算せよ．（★）

36 電位が常に 0 である 2 枚の平面 A，B を平行に向かい合わせ，その間に電荷密度 σ [C/m^2] の平面 C を平面 A，B と平行に置く．平面 C と平面 A，B との間隔が，それぞれ a，b [m] であるとき，平面 C の電位および平面 C と平面 A の間の電界 E_A，平面 C と平面 B の間の電界 E_B をそれぞれ計算せよ．（★★★）

37 図 2-19 に示すように，固定された点電荷 $Q = 3 \times 10^{-5}$ C から $a = 2$ m 離れた A 点を質量 $m = 5$ g，電荷 $q = 1 \times 10^{-5}$ C の粒子が速度 $v_A = 25$ m/s で通過した．Q から $b = 4$ m の距離にある B 点を通過するときの粒子の速度 v_B を計算せよ．ただし，粒子にはクーロン力以外の力は働かない．（★★）

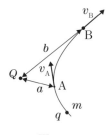

図 2-19

38 固定されている点電荷 $Q = 1.6 \times 10^{-4}$ C から $R = 3$ m 離れた位置から，点電荷 Q に向かって質量 $m = 0.2$ kg，電荷 $q = 5 \times 10^{-5}$ C の粒子を初速 $v_0 = 10$ m/s で打ち出すとき，次の問に答えよ．

(1) 最初の位置における粒子の運動エネルギー W_K と位置エネル

ギー W_P をそれぞれ計算せよ．（★）

（2）この粒子が点電荷 Q に最も近づくとき，運動エネルギーは 0 になる．エネルギー保存則を用いて，粒子が点電荷 Q に最も近付く距離を計算せよ．（★★）

39 サイクロトロンの原理を図 **2-20** に示す．中心に置かれた粒子が回転しながら何度も電極 PQ 間を通過する．粒子が半周したときには PQ 間の電圧が反転し $-V_\mathrm{m}$，1 周して戻ったときには再び V_m に戻って粒子は常に電極間で加速されるように，網状の電極 P と Q の間には交流電圧が加えられている．この装置を用いて質量 m [kg]，電荷 q [C] の粒子を加速する．次の問に答えよ．

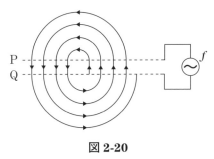

図 **2-20**

（1）最初に電極 Q に静止して置かれた粒子が電極 P に到達するときの速度を計算せよ．ただし，粒子が電極 PQ の間を通過する間の電圧は V_m で一定と見なすことができる．（★★）

（2）粒子が N 回転して電極 Q に到達するときの粒子の速度を計算せよ．（★★）

※ 粒子が回転する原理については 9 章で学ぶ．

第2章 電界と電位（基礎編）

40 静電偏向の原理を図 2-21 に示す．電子銃で $v = 6 \times 10^6$ m/s の速さまで加速された電子は長さ $l = 1.5$ cm，間隔 $d = 5$ mm の偏向板の間に加えられた電界 $E = 2$ kV/m によって y 方向に向きを変えられる．O点から $L = 20$ cm の距離にあるスクリーンに電子が衝突するときの位置 D を次の設問にしたがって計算せよ．

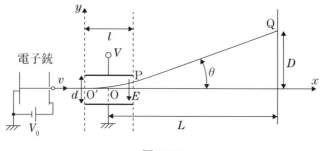

図 2-21

(1) 電子銃は陰極で静止している電子を V_0 [V] で速度 v まで加速して放射する．加速電圧 V_0 を計算せよ．（★★）

(2) 偏向板に加えている電圧を計算せよ．（★）

(3) $l = 2$ cm の範囲で電子は放物線運動を行う．電子の軌道が曲がる角度 θ の正接（$\tan \theta$）を計算せよ．（★★★）

(4) D を計算せよ．（★）

41 立体角についての問題である．図 2-22(a) に示すように P 点から見た曲面 A の立体角 Ω は，P 点を頂点とし，曲面 A を底面とする錐体が，P 点を中心とする半径 1 の球面を切り取る部分の面積のことである．単位は**ステラジアン** [sterad] である．次の問に答えよ．

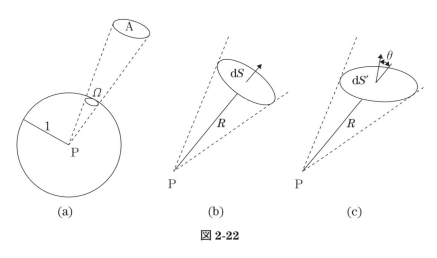

図 2-22

(1) P 点が閉曲面の中にあるとき，P 点から見た閉曲面全体の立体角はいくらか．（★★）

(2) P 点が平らな面に近づくとき，P 点から見たその面の立体角はいくらか．（★★）

(3) 図 2-22(b) に示すように，P 点からの距離 R の位置に微小面積 dS がある．dS の法線と R の線が垂直であるとき，P 点から見た dS の立体角を計算せよ．（★★★）

(4) 図 2-22(c) に示すように，P 点からの距離 R の位置に微小面積 dS' がある．dS' の法線と R の線の間の角度が θ であるとき，P 点から見た dS' の立体角を計算せよ．（★★★）

第2章 電界と電位（基礎編）

42 図 2-23 に示すような球の表面に電荷密度 σ [C/m^2] で正電荷が一様に分布している．球の中に任意のP点を考え，球面上のある微小な部分Aの面積を S_A [m^2]，P点からAまでの距離を r_A [m]，r_A の線とAの法線との間の角度を θ [rad] とする．次の問に答えよ．

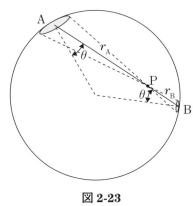

図 2-23

(1) 微小部分Aに含まれる電荷を計算せよ．（★）

(2) 微小部分AがP点に作る電界 E_A を計算せよ．ただしAの電荷は点電荷と見なすことができる．（★）

(3) P点から見た微小部分Aの立体角 Ω を計算せよ．（★★）

P点から見てAと反対側の球面上にあり，微小部分Aと同じ立体角 Ω を有する微小部分をBとする．さらにP点からBまでの距離を r_B とする．

(4) 微小部分Bの面積およびBの電荷を計算せよ．（★★）

(5) BがP点に作る電界 E_B を計算し，$\boldsymbol{E}_A$ と $\boldsymbol{E}_B$ のベクトルの和を計算せよ．（★）

第3章　電界と電位（拡張編）

　前章で議論した電界と電位の基礎的な理論を，電界ベクトルが x, y, z によって変化するような一般的な場合にも適用できるように拡張する．この章では微積分やベクトルなどの数学的な記述を用いるが，本質はすべて前章で議論したことが基礎になっているので，基になっている前章の理論式との関連に留意しながら学習しよう．

　あるいは，（理解が難しければ）本章をとばして次章以降に進んでも構わない．

第3章 電界と電位（拡張編）

☆この章で使う基礎事項☆

基礎 3-1　電界は電位の傾き

図 2-8 に示すように，電界は電位の傾きであり，次式でも表される．

$$E = \frac{V}{x} \ [\mathrm{V/m}] \tag{2-15}$$

基礎 3-2　点または球状に分布した電荷の周囲の電界および電位

点電荷または球状に分布した電荷 Q [C] から r [m] 離れた位置の電界は，式（2-3）で表される．

$$E = \frac{Q}{4\pi\varepsilon_0 r^2} \ [\mathrm{V/m}] \tag{2-3}$$

また，電位は式（2-22）で表される．

$$V = \frac{Q}{4\pi\varepsilon_0 r} \ [\mathrm{V}] \tag{2-22}$$

基礎 3-3　電気力線とガウスの法則

真空中では 1 C の電荷から出る電気力線の数は $N = \dfrac{1}{\varepsilon_0}$ 本．

Q [C] の電荷を含む閉曲面から出る電気力線の数は $N = \dfrac{Q}{\varepsilon_0}$ 本（ガウスの法則）．

基礎 3-4　偏微分

x, y, z の関数 $f(x, y, z)$ を x で偏微分するときは，y と z を定数と見なして，x で微分する．例えば

$$f(x, y, z) = ax + by^2 + cz^3 + ex^3 y^2 z$$

のとき，x, y, z による偏微分は，それぞれ次のようになる．

$$\frac{\partial f}{\partial x} = a + 3ex^2 y^2 z \ , \ \frac{\partial f}{\partial y} = 2by + 2ex^3 yz \ , \ \frac{\partial f}{\partial z} = 3cz^2 + ex^3 y^2.$$

3-1 電界が一様でない場合の電位と電界の関係

3-1-1 電位から電界を計算

2章で強調したように，**電界は電位の傾きである**．電界が一様な場合の電位と電界の関係は，**図 2-8(b)** および式（2-15）で表すことができた．電界が一様でない場合もやはり，図 **3-1** に示すように電界は電位の傾きである．したがって，次式のように電界は電位の微分で表される．

$$E = -\frac{dV}{dx} \quad [\text{V/m}] \tag{3-1}$$

式（3-1）のマイナスの記号（－）は次の理由から必要である．すなわち図 **3-1** の接線の傾きは負であるが，電界は正である（電界は電位の高い方から低い方へ向かうので，xの正の方向を向いている）．したがって，式（3-1）の右辺と左辺の符号を一致させるためにマイナスの記号が必要である．

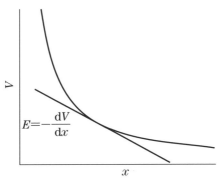

図 **3-1** 電界と電位の関係

第3章 電界と電位（拡張編）

<例題3-1> 電位が座標 x によって変化し，$V = A(D^3 - x^3)$ [V] で表されるとき，電界を計算せよ．

<解答> 式（3-1）を用いると

$$E = -\frac{dV}{dx} = \underline{3Ax^2 \text{ [V/m]}}. \tag{3-2}$$

3-1-2 電界から電位を計算

与えられた電界から電位を導き出すためには，次のように考える．**図3-2** において，$x = a$ の位置を電位の基準とする $x = b$ の位置の電位を計算するために，区間 $[a, b]$ を小さな区間に分ける．**図3-2** の幅 dx の微小な区間の中では電界は一定と見なせるので，**図2-8(b)** と同じになる．したがって，この区間の電位差は

$$dV = -Edx \text{ [V]} \tag{3-3}$$

となる．これは式（2-15）に対応する．ただし，式（3-3）の右辺には式（3-1）の場合と同じ理由でマイナスの符号が入っている．

$x = b$ の位置の電位は，小さな区間の電位差 dV を $x = a$ から $x = b$ まですべて加え合わせることによって得られる．すなわち，式

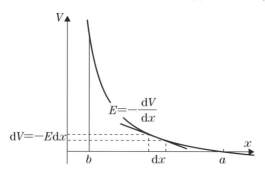

図3-2 電界と電位および電圧の関係

(3-3) を積分することによって $x=b$ の位置の電位が得られる.

$$V = \int_a^b -E \, dx \quad [\text{V}] \tag{3-4}$$

$-E$ を積分することによって電位が得られるが，ここで積分範囲について注意しよう．**下限は電位の基準の位置，上限は電位を求める位置**である．

<例題 3-2> 電位が点電荷から r [m] 離れた位置の電界は式 (2-3) から $E = \dfrac{Q}{4\pi\varepsilon_o r^2}$ [V/m] で表される．これより r の位置の電位を計算せよ．

<解答> ここで E は r の関数であることに注意して式 (3-4) を適用する．また電位の基準を $r = \infty$ とする．すなわち

$$V = \int_\infty^r -E \, dr = \int_\infty^r -\frac{Q}{4\pi\varepsilon_o r^2} dr = \left[\frac{Q}{4\pi\varepsilon_o r} \right]_\infty^r$$

$$= \frac{Q}{4\pi\varepsilon_o} \left(\frac{1}{r} - \frac{1}{\infty} \right) = \underline{\frac{Q}{4\pi\varepsilon_o r}} \quad [\text{V}] \tag{3-5}$$

これは，2章で説明した点電荷のまわりの電位を表す式 (2-22) と一致する．

3-2　3次元空間で変化する電界と電位

3-2-1　電位から電界を計算

最初に電位が平面座標 x, y の関数 $V(x, y)$ で与えられる場合の電界を導出し，次に3次元へと理論を拡張する．座標 (x, y) のごく近傍においては，図 3-3 に示すように，$V(x, y)$ の曲面は平面と見なすことができる．したがって，$V(x, y)$ の変化分は O 点からの変位 dx,

第3章 電界と電位（拡張編）

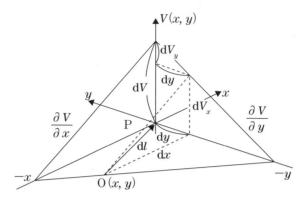

図 3-3 x, y の関数である電位とその勾配

dy に比例する．

O点 (x, y) とP点 $(x+dx, y+dy)$ の電位差 dV を次のように計算する．最初に x 方向に dx だけ移動することによる電位の変化 dV_x は，x 方向に沿って見たときの V の傾き $\dfrac{\partial V}{\partial x}$ と dx の積により得られる．すなわち，

$$dV_x = \frac{\partial V}{\partial x} dx \tag{3-6}$$

同様に，y 方向に dy だけ移動することによる電位の変化 dV_y は

$$dV_y = \frac{\partial V}{\partial y} dy \tag{3-7}$$

となる．したがって dV は次式のように，dV_x と dV_y の和で表される．

$$dV = dV_x + dV_y = \frac{\partial V}{\partial x} dx + \frac{\partial V}{\partial y} dy \tag{3-8}$$

さらに式(3-8)は次のようにベクトルの内積として表すことができる．

$$dV = \frac{\partial V}{\partial x} dx + \frac{\partial V}{\partial y} dy = \left(\frac{\partial V}{\partial x} \boldsymbol{i} + \frac{\partial V}{\partial y} \boldsymbol{j} \right) \cdot (dx \boldsymbol{i} + dy \boldsymbol{j})$$

$$= \left(\frac{\partial V}{\partial x} \boldsymbol{i} + \frac{\partial V}{\partial y} \boldsymbol{j} \right) \cdot d\boldsymbol{l} \tag{3-9}$$

3次元空間で変化する電界と電位

すなわち，電位の変化 dV が $\left(\dfrac{\partial V}{\partial x}\boldsymbol{i}+\dfrac{\partial V}{\partial y}\boldsymbol{j}\right)$ と変位ベクトル $d\boldsymbol{l}=dx\boldsymbol{i}+dy\boldsymbol{j}$ の内積として得られることから，$\left(\dfrac{\partial V}{\partial x}\boldsymbol{i}+\dfrac{\partial V}{\partial y}\boldsymbol{j}\right)$ は傾きを表すベクトル（勾配ベクトル）であると考えられる．電位の傾きが電界であるから，この勾配ベクトルは電界ベクトル $\boldsymbol{E}$ に等しい．したがって，

$$\boldsymbol{E}=-\left(\dfrac{\partial V}{\partial x}\boldsymbol{i}+\dfrac{\partial V}{\partial y}\boldsymbol{j}\right) \tag{3-10a}$$

すなわち

$$E_x=-\dfrac{\partial V}{\partial x},\quad E_y=-\dfrac{\partial V}{\partial y}\ [\mathrm{V/m}]. \tag{3-10b}$$

$\boldsymbol{E}$ が x 成分のみで，x にのみ依存して変化するような特殊な場合には式 (3-10) は式 (3-1) と一致する．

この理論を3次元空間で変化する電位 $V(x, y, z)$ の問題に拡張すれば次のようになる．

$$E_x=-\dfrac{\partial V}{\partial x},\quad E_y=-\dfrac{\partial V}{\partial y},\quad E_z=-\dfrac{\partial V}{\partial z}\ [\mathrm{V/m}] \tag{3-11a}$$

$$\begin{aligned}\boldsymbol{E}&=-\left(\dfrac{\partial V}{\partial x}\boldsymbol{i}+\dfrac{\partial V}{\partial y}\boldsymbol{j}+\dfrac{\partial V}{\partial z}\boldsymbol{k}\right)\\&=-\left(\dfrac{\partial}{\partial x}\boldsymbol{i}+\dfrac{\partial}{\partial y}\boldsymbol{j}+\dfrac{\partial}{\partial z}\boldsymbol{k}\right)V\\&=-\nabla V\\&=-\mathrm{grad}\,V.\end{aligned} \tag{3-11b}$$

ここで

$$\nabla=\left(\dfrac{\partial}{\partial x}\boldsymbol{i}+\dfrac{\partial}{\partial y}\boldsymbol{j}+\dfrac{\partial}{\partial z}\boldsymbol{k}\right) \tag{3-12}$$

第3章 電界と電位（拡張編）

はナブラと呼ばれる演算子である．また $\text{grad } V = \nabla V$ は電位の**勾配**(**gradient**) を表すベクトルである．

<例題 3-3> 電位が $V = \dfrac{Q}{4\pi\varepsilon_o r}$ [V]で表されるとき，電界の x, y, z 成分を計算せよ．ただし，$r^2 = x^2 + y^2 + z^2$ である．

<解答> 式 (3-11a) より

$$E_x = -\frac{\partial V}{\partial x} = -\frac{\partial}{\partial x}\left[\frac{Q}{4\pi\varepsilon_o(x^2+y^2+z^2)^{1/2}}\right]$$

$$= \frac{Qx}{4\pi\varepsilon_o(x^2+y^2+z^2)^{3/2}} = \underline{\frac{Qx}{4\pi\varepsilon_o r^3}} \text{ [V/m]}$$

同様に $E_y = -\dfrac{\partial V}{\partial y} = \underline{\dfrac{Qy}{4\pi\varepsilon_o r^3}}$, $E_z = -\dfrac{\partial V}{\partial z} = \underline{\dfrac{Qz}{4\pi\varepsilon_o r^3}}$ [V/m]．E_x, E_y, E_z が，それぞれ x, y, z に比例していることから電界 $\boldsymbol{E}$ が $\boldsymbol{r}$ ベクトルと同じ向きであることがわかる．また $\boldsymbol{E}$ の大きさは

$$E = |\boldsymbol{E}| = \sqrt{E_x^2 + E_y^2 + E_z^2} = \frac{Q}{4\pi\varepsilon_o r^3}\sqrt{x^2+y^2+z^2} = \frac{Q}{4\pi\varepsilon_o r^3} \times r$$

$= \dfrac{Q}{4\pi\varepsilon_o r^2}$ [V/m]であることがわかる．これは点電荷の周りの電界を表す式 (2-3) と一致する．

3-2-2 電界から電位を計算

式 (3-9) を3次元に拡張し，さらに式 (3-11b) を用いると，次式が導かれる．

$$dV = \left(\frac{\partial V}{\partial x}\boldsymbol{i} + \frac{\partial V}{\partial y}\boldsymbol{j} + \frac{\partial V}{\partial z}\boldsymbol{k}\right) \cdot (dx\boldsymbol{i} + dy\boldsymbol{j} + dz\boldsymbol{k}) = \nabla V \cdot d\boldsymbol{l}$$

$$= -\boldsymbol{E} \cdot \mathrm{d}\boldsymbol{l} \tag{3-13}$$

この関係を用いて図 3-4 の AB 間の電位差を計算するために，最初に点 A と点 B を結ぶ曲線の経路 C を考える．次に曲線 C を多くの微小区間に分け，その中の 1 つの dl について考える．ベクトル d$\boldsymbol{l}$ の大きさは微小区間の長さで，方向は微小区間と平行な向きである．この微小区間 dl における電位の変化分 dV は式 (3-13) で表されるので，A から B に至るまでの，それぞれの微小区間の dV をすべて加え合わせることによって，次式のように AB 間の電位差 V_{BA} が得られる．

$$V_{\mathrm{BA}} = \int_{\mathrm{C}} -\boldsymbol{E} \cdot \mathrm{d}\boldsymbol{l} \tag{3-14}$$

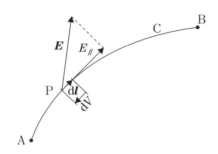

図 3-4　電界の線積分

式 (3-14) の**線積分**は次のように考えることもできる．すなわち，図 3-4 に示すように，電界 $\boldsymbol{E}$ の d$\boldsymbol{l}$ 方向成分（経路 C の接線方向成分）を $E_{/\!/}$ と置くと，$\boldsymbol{E} \cdot \mathrm{d}\boldsymbol{l} = E_{/\!/} \mathrm{d}l$ なので，図 3-5(a) のように $E_{/\!/}$ を縦軸に，経路 C に沿った A 点からの距離 l を横軸にとるとき，式 (3-14) の線積分は曲線の下の部分の面積に等しい．

静電界の場合は，V_{BA} は A と B の位置によって決まり，経路 C によって変化することのない**保存場**である．また，図 3-5(b) のような閉じた経路に沿った線積分（**周回積分**）の場合は，始点 A と終点 B が一致するので，その電位差 V_{BA} は 0 である．したがって電界の周回積分の値は C によらず常に 0 である．

$$\oint_C -\boldsymbol{E} \cdot \mathrm{d}\boldsymbol{l} = 0 \tag{3-15}$$

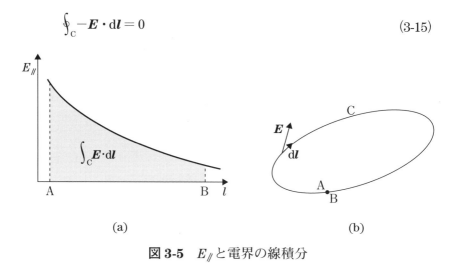

図 3-5　$E_{/\!/}$ と電界の線積分

3-3 電荷と電界の関係（発散とガウスの法則）

本節では 2-4 節で説明した，電荷と電気力線の基本的な関係の理論を一般化し，ガウスの法則を数式で表す．

3 次元で変化する電界 $\boldsymbol{E}\,(x, y, z)$ が分布する空間の座標 (x, y, z) の位置に，図 3-6 に示すような微小体積 $\Delta v = \Delta x \Delta y \Delta z$ を考え，この中から発生する電気力線を計算する．最初に電界の x 成分 E_x に注目する．図 3-6 の微小体積の左側の面から入る電気力線の数は $E_x\,(x, y, z) \times \Delta y \Delta z$，また右側の面から出る電気力線の数は $E_x(x + \Delta x, y, z) \times \Delta y \Delta z$ であるから，その差が微小体積から x 方向に発生する電気力線の数であり，次式のように得られる．

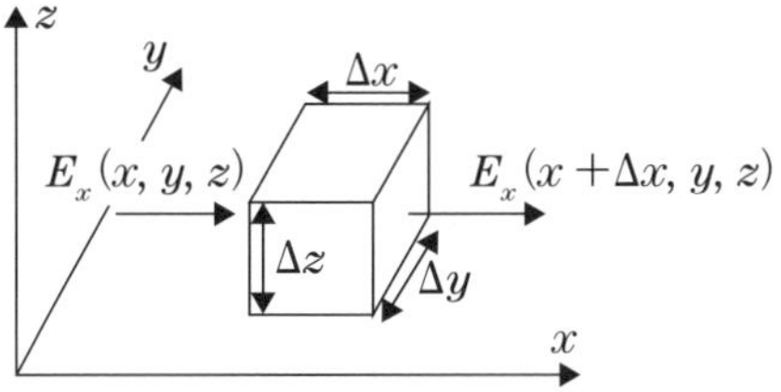

電荷と電界の関係（発散とガウスの法則）

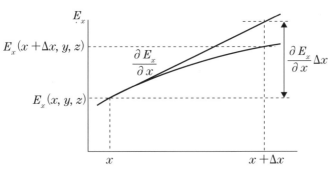

図 3-6　微小体積から発生する電気力線

$$\Delta E_x \times \Delta y \Delta z = [E_x(x + \Delta x, y, z) - E_x(x, y, z)] \Delta y \Delta z$$

$$= \left[\left(E_x(x, y, z) + \frac{\partial E_x}{\partial x} \Delta x \right) - E_x(x, y, z) \right] \Delta y \Delta z$$

$$= \frac{\partial E_x}{\partial x} \Delta x \Delta y \Delta z \tag{3-16}$$

ここで $E_x(x + \Delta x, y, z) = E_x(x, y, z) + \frac{\partial E_x}{\partial x} \Delta x$ の関係を用いた．この関係は**図 3-7**に示すように Δx が限りなく小さい場合に成り立つ．

図 3-7　$E(x + \mathrm{d}x)$ の近似計算

同様に y 方向および z 方向に発生する電気力線を導出し，すべてを加え合わせると次のように得られる．

$$\Delta E_x \times \Delta y \Delta z + \Delta E_y \times \Delta z \Delta x + \Delta E_z \times \Delta x \Delta y$$

$$= \left(\frac{\partial E_x}{\partial x} + \frac{\partial E_y}{\partial y} + \frac{\partial E_z}{\partial z} \right) \Delta x \Delta y \Delta z. \tag{3-17}$$

第3章　電界と電位（拡張編）

式 (3-17) もまた次のようにベクトルの内積として表すことができる．

$$\left(\frac{\partial E_x}{\partial x} + \frac{\partial E_y}{\partial y} + \frac{\partial E_z}{\partial z}\right)\Delta x \Delta y \Delta z$$

$$= \left(\frac{\partial}{\partial x}\boldsymbol{i} + \frac{\partial}{\partial y}\boldsymbol{j} + \frac{\partial}{\partial z}\boldsymbol{k}\right) \cdot (E_x\boldsymbol{i} + E_y\boldsymbol{j} + E_z\boldsymbol{k}) \times \Delta x \Delta y \Delta z$$

$$= \nabla \cdot \boldsymbol{E} \times \Delta x \Delta y \Delta z \tag{3-18}$$

ここで ∇ は式 (3-12) で定義したナブラである．式 (3-18) より，微小体積 $\Delta v = \Delta x \Delta y \Delta z$ から発生する電気力線の数は Δv に比例することがわかる．式 (3-18) の両辺を $\Delta x \Delta y \Delta z$ で割ることによって，1 m³ あたりの電気力線の発生量が得られる．これを**発散 (divergence)** と言い，次式で表される．

$$\mathrm{div}\,\boldsymbol{E} = \frac{\partial E_x}{\partial x} + \frac{\partial E_y}{\partial y} + \frac{\partial E_z}{\partial z}$$

$$= \left(\frac{\partial}{\partial x}\boldsymbol{i} + \frac{\partial}{\partial y}\boldsymbol{j} + \frac{\partial}{\partial z}\boldsymbol{k}\right) \cdot (E_x\boldsymbol{i} + E_y\boldsymbol{j} + E_z\boldsymbol{k})$$

$$= \nabla \cdot \boldsymbol{E}. \tag{3-19}$$

図 **3-6** の微小体積の中の電荷から発生する電気力線の本数は式 (3-18) で表される一方，電荷密度を $\rho\,(x, y, z)$ とすると，これは 2-3 節で説明した電気力線の性質 (4) から $\dfrac{\rho \Delta v}{\varepsilon_0}$ と等しくなる．したがって，

$$\nabla \cdot \boldsymbol{E} \times \Delta x \Delta y \Delta z = \frac{\rho}{\varepsilon_0} \Delta x \Delta y \Delta z. \tag{3-20}$$

よって，電界と電荷密度との関係を表す重要な関係式が次のように得られる．

$$\mathrm{div}\,\boldsymbol{E} = \nabla \cdot \boldsymbol{E} = \frac{\rho}{\varepsilon_0}. \tag{3-21}$$

電荷と電界の関係（発散とガウスの法則）

図 **3-8** に示すような，微小体積ではない閉曲面から出る電気力線の本数については次のように考える．閉曲面上の微小面積 dS における電界が $\boldsymbol{E}$ であるとき，この dS から出る電気力線の本数は，$\boldsymbol{E}$ の $\mathbf{d}\boldsymbol{S}$ に垂直な成分 $E_\perp$ と dS の積である．このことを式で表すと次式になる．

$$E_\perp dS = \boldsymbol{E} \cdot \mathbf{d}\boldsymbol{S} \tag{3-22}$$

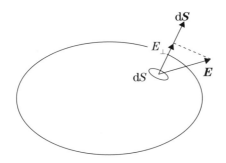

図 **3-8** 閉曲面から出る電気力線

ここで $\mathbf{d}\boldsymbol{S}$ は，dS に垂直な方向と dS に等しい大きさを持つ面積ベクトルである．閉曲面の全体から出る電気力線の本数は，式 (3-22) を閉曲面の全体 S にわたって積分することにより得られる．すなわち，

$$\int_S \boldsymbol{E} \cdot \mathbf{d}\boldsymbol{S}. \tag{3-23}$$

一方ガウスの法則によると，閉曲面から出る電気力線の本数は，閉曲面の中に含まれる電荷 Q を ε_0 で割ったものに等しい．Q は電荷密度 ρ を閉曲面で囲まれた体積 v にわたって積分することによって得られる．したがって，次式が導かれる．

$$\int_S \boldsymbol{E} \cdot \mathbf{d}\boldsymbol{S} = \frac{1}{\varepsilon_0} \int_V \rho \, dv \tag{3-24}$$

これに式 (3-21) を代入することにより，次の**ガウスの線束定理**が導かれる．

第３章　電界と電位（拡張編）

$$\int_S \boldsymbol{E} \cdot \mathrm{d}\boldsymbol{S} = \int_V \mathrm{div}\, \boldsymbol{E}\, \mathrm{d}v. \tag{3-25}$$

＜例題 3-4＞ 電荷密度が中心からの距離 r [m] に反比例し，$\rho = \dfrac{A}{r}$ [C/m^3] で与えられるとき，電界のベクトル $\boldsymbol{E}$ を計算し，さらに div$\boldsymbol{E}$ を計算せよ．

＜解答＞ 図 3-9 に示すような半径 r'，厚さ $\mathrm{d}r'$ の球殻の体積は，表面積 $4\pi r'^2$ と厚さ $\mathrm{d}r'$ の積である．したがって，その中に含まれる電荷は $4\pi r'^2 \mathrm{d}r' \times \rho$ である．これを積分することによって半径 r の中に含まれる電荷 Q' が得られるので，電界は次のように計算される．

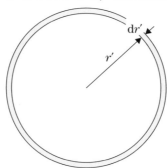

図 3-9 半径 r'，厚さ $\mathrm{d}r'$ の球殻

$$E = \frac{Q'}{4\pi\varepsilon_o r^2} = \frac{1}{4\pi\varepsilon_o r^2}\int_0^r \rho \times 4\pi r'^2 \mathrm{d}r'$$

$$= \frac{1}{4\pi\varepsilon_o r^2}\int_0^r \frac{A}{r'} \times 4\pi r'^2 \mathrm{d}r' = \frac{A}{2\varepsilon_o}.$$

電界の方向は中心から遠ざかる方向なので，$\boldsymbol{E}$ の x, y, z 成分はそれぞれ x, y, z に比例する．したがって，$\boldsymbol{E}$ は次のようになる．

$$\boldsymbol{E} = \frac{A}{2\varepsilon_o r}(x\boldsymbol{i} + y\boldsymbol{j} + z\boldsymbol{k})\ [\text{V/m}].$$

次に div $\boldsymbol{E}$ を計算する．最初に $\dfrac{\partial E_x}{\partial x}$ を計算すると

$$\dfrac{\partial E_x}{\partial x} = \dfrac{\partial}{\partial x}\left(\dfrac{Ax}{2\varepsilon_o\sqrt{x^2+y^2+z^2}}\right)$$

$$= \dfrac{A(y^2+z^2)}{2\varepsilon_o(x^2+y^2+z^2)^{3/2}} = \dfrac{A(y^2+z^2)}{2\varepsilon_o r^3}$$

同様に $\dfrac{\partial E_y}{\partial y} = \dfrac{A(z^2+x^2)}{2\varepsilon_o r^3}$, $\dfrac{\partial E_z}{\partial z} = \dfrac{A(x^2+y^2)}{2\varepsilon_o r^3}$ となるので，div $\boldsymbol{E}$ は次のように得られる．

$$\text{div}\,\boldsymbol{E} = \dfrac{\partial E_x}{\partial x} + \dfrac{\partial E_y}{\partial y} + \dfrac{\partial E_z}{\partial z}$$

$$= \dfrac{A}{2\varepsilon_o r^3}[(y^2+z^2)+(z^2+x^2)+(x^2+y^2)] = \dfrac{A}{2\varepsilon_o r^3}\times 2r^2$$

$$= \dfrac{A}{\varepsilon_o r} = \dfrac{\rho}{\varepsilon_o}.$$

以上の計算より式（3-21）が確かめられた．

3-4 ラプラスの方程式とポアソンの方程式

（3-21）式の $\boldsymbol{E}$ に（3-11b）式を代入することにより，次の式が導かれる．

$$\dfrac{\rho}{\varepsilon_o} = \text{div}\,\boldsymbol{E} = \text{div}(-\text{grad}\,V) = -\nabla\cdot(\nabla V)$$

$$= -\nabla^2 V = -\left(\dfrac{\partial^2}{\partial x^2} + \dfrac{\partial^2}{\partial y^2} + \dfrac{\partial^2}{\partial z^2}\right)V \tag{3-26}$$

∇^2 はラプラシアンといい，Δ と書くこともある．

考えている空間の中に電荷が存在しない（$\rho = 0$）場合は，式（3-26）

第3章 電界と電位（拡張編）

は式 (3-27) となり**ラプラスの方程式**と呼ばれる．

$$\nabla^2 V = 0 \tag{3-27}$$

また，電荷が存在する場合は**ポアソンの方程式**と呼ばれる．

$$\nabla^2 V = -\frac{\rho}{\varepsilon_o}. \tag{3-28}$$

＜例題 3-5＞ 半径 a [m] の球の中に一定の電荷密度 ρ [C/m^3] で電荷が分布しているとき，球の中心からの距離 r [m] の位置の電位を計算し，$r > a$ ではラプラスの方程式，$r < a$ ではポアソンの方程式が成り立つことを確かめよ．

＜解答＞ 例題 2-6 で学んだように，電界は次のように得られる．

$r < a$ では，$E = \dfrac{\frac{4}{3}\pi r^3 \times \rho}{4\pi\varepsilon_o r^2} = \dfrac{\rho r}{3\varepsilon_o}$．$r > a$ では，$E = \dfrac{\frac{4}{3}\pi a^3 \times \rho}{4\pi\varepsilon_o r^2} = \dfrac{a^3 \rho}{3\varepsilon_o r^2}$．

これを積分することにより，電位が得られる．

$r > a$ では，$V = \int_\infty^r -E \, dr = \int_\infty^r -\dfrac{a^3 \rho}{3\varepsilon_o r^2} dr = \underline{\dfrac{a^3 \rho}{3\varepsilon_o r}}$ [V]. $\tag{3-29}$

$r < a$ では

$$V = \int_\infty^r -E \, dr = \int_\infty^a -\frac{a^3 \rho}{3\varepsilon_o r^2} dr + \int_a^r -\frac{\rho r}{3\varepsilon_o} dr$$

$$= \frac{a^2 \rho}{3\varepsilon_o} + \frac{\rho}{3\varepsilon_o} \times \frac{a^2 - r^2}{2} = \underline{\frac{\rho}{6\varepsilon_o}(3a^2 - r^2)} \text{ [V]}. \tag{3-30}$$

$r > a$ では式 (3-29) を用いると

$$\frac{\partial^2 V}{\partial x^2} = \frac{\partial^2}{\partial x^2}\left(\frac{a^3 \rho}{3\varepsilon_o \sqrt{x^2 + y^2 + z^2}}\right) = \frac{a^3 \rho}{3\varepsilon_o} \frac{2x^2 - (y^2 + z^2)}{(x^2 + y^2 + z^2)^{5/2}}.$$

同様に

$$\frac{\partial^2 V}{\partial y^2} = \frac{a^3 \rho}{3\varepsilon_o} \frac{2y^2-(z^2+x^2)}{(x^2+y^2+z^2)^{5/2}}, \quad \frac{\partial^2 V}{\partial z^2} = \frac{a^3 \rho}{3\varepsilon_o} \frac{2z^2-(x^2+y^2)}{(x^2+y^2+z^2)^{5/2}}.$$

したがって，$\nabla^2 V = \dfrac{\partial^2 V}{\partial x^2} + \dfrac{\partial^2 V}{\partial y^2} + \dfrac{\partial^2 V}{\partial z^2} = 0$ となり，ラプラスの方程式が満たされた．

$r < a$ では式 (3-30) を用いると

$$\frac{\partial^2 V}{\partial x^2} = \frac{\partial^2}{\partial x^2}\left\{\frac{\rho}{6\varepsilon_o}[3a^2-(x^2+y^2+z^2)]\right\} = -\frac{\rho}{6\varepsilon_o} \times 2$$

$= -\dfrac{\rho}{3\varepsilon_o}$. 同様に $\dfrac{\partial^2 V}{\partial y^2} = \dfrac{\partial^2 V}{\partial z^2} = -\dfrac{\rho}{3\varepsilon_o}$. したがって，

$$\nabla^2 V = \frac{\partial^2 V}{\partial x^2} + \frac{\partial^2 V}{\partial y^2} + \frac{\partial^2 V}{\partial z^2} = -\frac{\rho}{3\varepsilon_o} \times 3 = -\frac{\rho}{\varepsilon_o}$$

となり，ポアソンの方程式が満たされた．

第3章 電界と電位（拡張編）

章末問題3

1 図3-10のように，間隔 D [m] で平行に向かい合わせた電極の間に電圧を加えたとき，陽極からの距離 x [m] の位置の電位が x の $\frac{4}{3}$ 乗に比例し，$x = D$ において $V = -V_D$ [V] となった．陽極の表面に質量 m [kg]，電荷 q [C] の粒子を静止して置いた．次の問に答えよ．

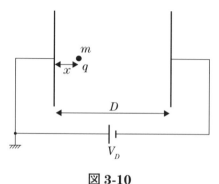

図 3-10

(1) V と x の関係を式で表せ．（★）
(2) x の位置の電界 E を計算せよ．（★）
(3) 電荷密度を計算せよ．（☆）
(4) 粒子が x の位置までたどり着いたときの速度を計算せよ．（★）
(5) 粒子が陽極から陰極まで到達するのに必要な時間（**走行時間**）を計算せよ．（★★★）

2 半径 a [m] の球の中で，電界は中心から遠ざかる方向で，電界の強さは中心からの距離 r [m] に依存せず $E = E_0$ [V/m] であるとき，次の問に答えよ．ただし，E_0 は定数である．

(1) 球の外に電荷がないとき，球の外の電界を計算せよ．（★）
(2) 電位を計算せよ．（★）

(3) 球の中の電荷密度を計算せよ．（☆）

3 電位が $V = a^2 - br^2$ [V] で表されるとき，次の問に答えよ．ただし，$r = \sqrt{x^2+y^2+z^2}$ である．

(1) 電界の x 成分を計算せよ．（★）

(2) 電荷密度を計算せよ．（☆）

4 無限に長い糸が直線状に張られており，糸が $1\,\mathrm{m}$ あたり Q [C] の電荷で一様に帯電している．次の問に答えよ．

(1) 糸から r [m] 離れた位置の電界を計算せよ．（★）

(2) 糸から r [m] 離れた位置の電位を計算せよ．ただし電位の基準を糸から R [m] 離れた位置とする．（★★）

5 半径 a [m] の無限に長い円柱の表面に電荷密度 σ [C/m^2] で電荷が一様に分布している．次の問に答えよ．

(1) 円柱の中心軸から r [m] 離れた位置の電界を計算せよ．（★）

(2) 電位を計算せよ．ただし電位の基準を円柱の中心軸から $R(>a)$ [m] 離れた位置とする．（★★）

6 半径 a [m] の無限に長い円柱の中に電荷密度 ρ [C/m^3] で電荷が一様に分布している．次の問に答えよ．

(1) 円柱の中心軸から r [m] 離れた位置の電界を計算せよ．（★）

(2) 電位を計算せよ．ただし電位の基準を円柱の表面とする．（★★）

(3) 得られた電位を用いて，ポアソンの方程式およびラプラスの方程式を確かめよ．（☆）

第3章 電界と電位（拡張編）

7 図 3-11 に示すように，$+Q$ [C/m] と $-Q$ [C/m] で帯電した半径 a [m] の 2 本の無限に長い円柱が，中心軸の間隔 D [m] で張られている．ただし，電荷は円柱の表面に一様に分布している．

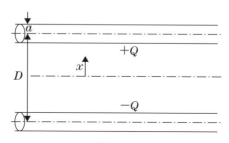

図 3-11

（1）2 本の円柱の間の中心から正に帯電している円柱に向かって x [m] の距離の位置の電界を計算せよ．（正に帯電している円柱に向かう方向を正とする．）（★）

（2）x の位置の電位を計算せよ．ただし，電位の基準を 2 本の円柱の間の中心とする．（★★）

（3）2 本の円柱の間の電圧を計算せよ．（★★）

8 図 3-12 に示すような，**電気双極子**の中心から r [m] の位置にある P 点の電位と電界を次の設問にしたがって計算せよ．ただし，$r \gg l$ である．

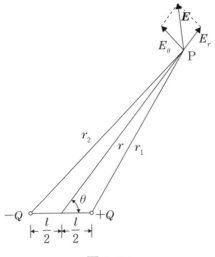

図 3-12

(1) $r_1 \cong r - \dfrac{l}{2}\cos\theta$, $r_2 \cong r + \dfrac{l}{2}\cos\theta$ と近似できることを示せ． (★★★)

(2) P点の電位は次のように近似できることを示せ．(★★★)

$$V = \dfrac{p}{4\pi\varepsilon_o r^2}\cos\theta \ [\mathrm{V}]$$

ここに，$p = Ql\ [\mathrm{C\cdot m}]$ は**電気双極子モーメント**である．

(3) P点における電界の，**図 3-12**に示すような互いに垂直なr方向成分E_rとθ方向成分E_θをそれぞれ計算せよ．(★★★)

9 電界が $\boldsymbol{E} = A(x\boldsymbol{i} + y\boldsymbol{j})\ [\mathrm{V/m}]$ で表されるとき，次の問に答えよ．ただし電位の基準をO点 $(0, 0)$ とする．

(1) O点からP点 $(a, 0)$ まで$\boldsymbol{E}$を線積分することによりP点の電位を計算せよ．(★★)

(2) P点からQ点 (a, b) まで$\boldsymbol{E}$を線積分することによりQ点の電位を計算せよ．(★★)

(3) Q点からR点 $(0, b)$ まで$\boldsymbol{E}$を線積分することによりR点の電

位を計算せよ．（★★）

(4) O点からQ点 (a, b) まで E を線積分することによりQ点の電位を計算せよ．（★★★）

10 y, z 方向には無限に広がり，x 方向については $0 < x < D$ の範囲の**空間電荷層**において，電荷密度が一定で $\rho\,[\mathrm{C/m^3}]$，また $x = D$ [m] において，電界，電位ともに 0 であるとして，次の問に答えよ．

(1) 空間電荷層においてポアソンの方程式を書け．（★）

(2) ポアソンの方程式を解くことによって，空間電荷層の中の電界を計算せよ．（★★）

(3) 空間電荷層の中の電位を計算せよ．（★★）

11 $0 < x < D$ の範囲において，電荷密度が $\rho = Ax\,[\mathrm{C/m^3}]$ で表され，$x = D$ において，電位 $V = 0$，$\dfrac{\mathrm{d}V}{\mathrm{d}x} = 0$ の境界条件が成り立つとき，次の問に答えよ．

(1) $0 < x < D$ の範囲におけるポアソンの方程式を書け．（★）

(2) ポアソンの方程式を解き，境界条件を考慮に入れることにより，$0 < x < D$ の範囲における電界 E を計算せよ．（★★）

(3) $0 < x < D$ の範囲における電位 V を計算せよ．（★★）

12 図 3-13 に示すような，電荷密度 $\sigma\,[\mathrm{C/m^2}]$ で一様に帯電している半径 $a\,[\mathrm{m}]$ の円板の中心軸上の点で，中心から $z\,[\mathrm{m}]$ 離れた位置を P 点とする．P 点の電界を次の設問に従って計算せよ．

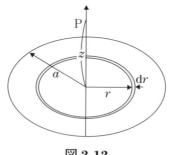

図 3-13

(1) 円板上の半径 r [m]，幅 dr [m] の円形のリングによるP点の電位を計算せよ．（★★★）

(2) 円板全体によるP点の電位を計算せよ．（★★★）

(3) P点の電界を計算せよ．（★★）

(4) 円板上の半径 r [m]，幅 dr [m] の円形のリングによるP点の電界を計算せよ．（★★）

(5) (4)の結果を積分してP点の電界を計算せよ．（★★）

第4章　真空中の導体系と静電容量

　導体における電荷の分布は電位や電界によって変化し，この電荷分布がまた電位や電界に影響を与えるので注意が必要である．特に第2章で議論した電界と電位の基礎的な理論を確認しながら学習しよう．

　また，本章で扱うコンデンサは電気回路の最も重要な部品の一つでもあり，原理および静電容量の意味について深く理解しよう．

第4章　真空中の導体系と静電容量

☆この章で使う基礎事項☆

基礎 4-1　電界は電位の傾き

図 2-8 に示すように，電界は電位の傾きであり，式 (2-15) で表される．

$$E = \frac{V}{x} \, [\text{V/m}] \tag{2-15}$$

したがって電界が 0 のとき，電位は一定である．

基礎 4-2　点または球状に分布した電荷の周囲の電界および電位

点電荷または球状に分布した電荷 Q [C] から r [m] 離れた位置の電界 E は，式 (2-3) で表される．

$$E = \frac{Q}{4\pi\varepsilon_0 r^2} \, [\text{V/m}] \tag{2-3}$$

また，電位 V は式 (2-22) で表される．

$$V = \frac{Q}{4\pi\varepsilon_0 r} \, [\text{V}] \tag{2-22}$$

基礎 4-3　電位と位置エネルギー

電荷 q [C] が電位 V [V] の位置にあるときの位置エネルギーは，式 (2-14) より，次のように表される．

$$W = qV \, [\text{J}]$$

4-1 導体の性質

導体は自由に移動できる電荷（**自由電荷**）を有するので，自由電荷が移動することによって導体の中の電界を打ち消し，その結果電位を一定にする．そのために電流の流れていない導体の中および表面の電界および電位には次の性質がある．

導体の性質

(1) 導体の内部の電界は 0 である．
(2) 導体の内部および表面の電位は一定である．
(3) 導体の内部には電荷は存在しない．導体が帯電している場合は，電荷は表面にのみ分布する．
(4) 導体の表面における電界 E は導体の表面と垂直であり，真空中ではその大きさは

$$E = \frac{\sigma}{\varepsilon_0} \ [\text{V/m}] \tag{4-1}$$

ただし，$\sigma \ [\text{C/m}^2]$ は導体の表面の電荷密度である．

4-2 静電誘導および静電遮蔽

図 4-1 に示すように，正に帯電した物体を導体に近づけると，導体の帯電した物体に近い側に負の電荷が引き寄せられ，反対側の表面に正の電荷が現れる．この現象を**静電誘導**という．静電誘導によって現れた電荷は導体内の電界を完全に打ち消し，導体内部を等電位にしている．また，孤立した導体の有する電荷の総量は静電誘導によって変化することはない．

第4章 真空中の導体系と静電容量

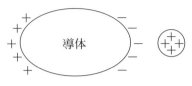

図 4-1　静電誘導

図 4-2 に示すように導体が中空で空洞の中に電荷がなければ，空洞の中の電界も常に 0 である．したがって空洞の中の電位も一定で，導体の電位と等しい．もし導体が**接地**されていれば，導体および空洞の中の電位は常に 0 で，外部の電界によって変化することはない．このように外部の電界の影響をなくすことを**静電遮蔽**（shield）という．

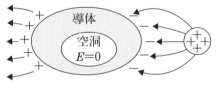

図 4-2　静電遮蔽

※ 接地について

導体を導線などで基準電位点に接続することで，電位を常に 0 に保持することを接地という．電気機器などを扱う多くの場合，基準電位点として大地を使用することから接地や**アース**（earth），**グラウンド**（ground）と呼ばれるが，基準として大地を使用しない場合にも接地という言葉が使われる．

静電誘導および静電遮蔽

＜例題 4-1＞ 図 4-3（a）に示すように，透明な容器の中まで貫通した導体の先端に平行な 2 枚の薄い金属はく（箔）を取り付けたものを**はく検電器**という．

(1) 上部の金属板に正に帯電した物体を近づけると，金属箔はどのようになるか，また，帯電体を離すとどのようになるか答えよ．ただし，金属箔は最初閉じていたものとする．

(2) 上部の金属板に正に帯電した物体を接触させると，金属箔はどのようになるか答えよ．また帯電体を離すとどのようになるか．さらに上部の金属板に手で触れるとどのようになるか答えよ．

(3) 図 4-3（b）に示すように，上部の金属板に手で触れながら正に帯電した物体を近付けると金属箔はどのようになるか．次に，触れていた手を離すとどのようになるか．さらに，帯電体を遠ざけると，どのようになるか答えよ．

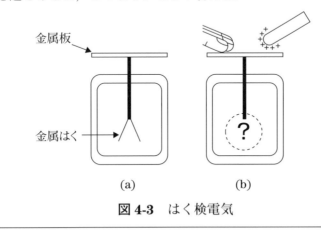

図 4-3　はく検電気

＜解答＞ (1) 図 4-3（c）に示すように，静電誘導によって上部の金属板に負の電荷が引き寄せられ，2 枚の金属箔に正の電荷が現れる．

第4章 真空中の導体系と静電容量

両方の金属箔が同じ電荷を持つので両者は互いに反発し合って図 4-3 (c) のように開く．

帯電体が離れると静電誘導もなくなるので，金属箔は再び閉じる．

(2) 帯電体が接触すると電荷が検電器に移動し，図 4-3 (d) に示すように，上部の金属板から金属箔まで正に帯電する．したがって，金属箔は開く．

帯電体が離れても，はく検電器の電荷はそのまま残るので，箔は開いたままである．

手で触れると，電荷は人体を通って大地に流れ，はく検電器の電荷がなくなるので金属箔は再び閉じる．

(3) 図 4-3 (e) に示すように，静電誘導によって上部の金属板に引き寄せられた負の電荷は人体を通って大地に流れる．はく検電器は接地された状態にある（電位は 0）ので，電界は検電器の上部の金属板と帯電体の間にだけ存在し，ほかにはほとんどない．したがって電荷も上部の金属板のほかにはほとんど存在しない．よって，箔は閉じたままである．

触れていた手を離しても電位は 0 から変わらず，検電器の電荷の分

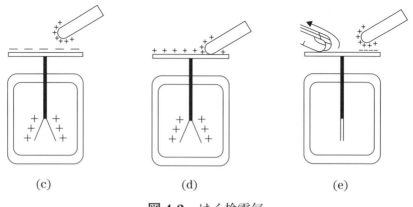

図 4-3 はく検電気

布も変わらない．したがって，箔は閉じたままである．

帯電体を遠ざけると，上部の金属板の電荷の一部が金属箔へも移動するので箔は開く．

<例題 4-2> 図 4-4 (a) に断面を示すような同心導体球 A, B がある．導体球 A, B に電荷 Q_A, Q_B [C] を与えるとき，次の問に答えよ．

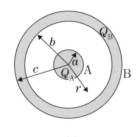

(a)

図 4-4　同心導体球

(1) 球の中心から r [m] の位置の電界を計算せよ．
(2) 導体の表面において式 (4-1) が成り立つことを示せ．
(3) 球の中心から r [m] の位置の電位を計算せよ．

<解答>　(1) 導体の性質 (3) より，導体球 A が有する電荷は導体球 A の表面に一様に分布する．導体球 A から出る電気力線は導体球 B の中に入れないので，図 4-4 (b) に示すように導体球 B の内側の面の電荷にすべて吸い込まれる．したがって，導体球 B の内側の面には $-Q_A$ の電荷が現れる．また導体球 B の外側の面には $Q_A + Q_B$ の電荷が現れ，導体球 B が有する電荷の総量は Q_B から変わらない．

第4章　真空中の導体系と静電容量

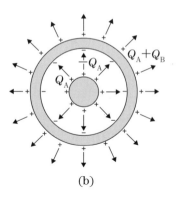

(b)

図 4-4　同心導体球

ガウスの法則を用いて電界を計算するために，例題 2-5 と同様に，半径 r の球を考える．

$r < a$ の場合は，半径 r の球の中に電荷がないので

$$E = 0 \ [\text{V/m}]. \tag{4-2}$$

$a < r < b$ の場合は，半径 r の球の中の電荷は Q_A であるので

$$E = \frac{Q_A}{4\pi\varepsilon_0 r^2} \ [\text{V/m}]. \tag{4-3}$$

$b < r < c$ の場合は，半径 r の球の中の電荷は導体球 A の表面の Q_A と導体球 B の内側の面の $-Q_A$ であるので

$$E = \frac{Q_A + (-Q_A)}{4\pi\varepsilon_0 r^2} = 0 \ [\text{V/m}]. \tag{4-4}$$

（導体の中に電界は存在しない）

$r > c$ の場合は，半径 r の球の中の電荷は Q_A と $-Q_A$ にさらに導体球 B の外側の面の $Q_A + Q_B$ が加わるので

$$E = \frac{Q_A + (-Q_A) + (Q_A + Q_B)}{4\pi\varepsilon_0 r^2} = \frac{Q_A + Q_B}{4\pi\varepsilon_0 r^2} \ [\text{V/m}]. \tag{4-5}$$

(2) 導体球 A の表面の電荷密度は

$$\sigma_a = \frac{Q_A}{4\pi a^2} \, [\text{C/m}^2]. \tag{4-6}$$

式 (4-3) に $r = a$ を代入し，式 (4-6) を用いると

$$\underline{E_a = \frac{Q_A}{4\pi\varepsilon_0 a^2} = \frac{\sigma_a}{\varepsilon_0} \, [\text{V/m}]}. \tag{4-7}$$

よって式 (4-1) が確認できた．また導体球 B の内側の面の電荷密度は

$$\sigma_b = \frac{-Q_A}{4\pi b^2} \, [\text{C/m}^2]. \tag{4-8}$$

式 (4-3) に $r = b$ を代入し，電界が導体の中に向かうことから負符号を付し，式 (4-8) を用いると

$$\underline{E_b = -\frac{Q_A}{4\pi\varepsilon_0 b^2} = \frac{\sigma_b}{\varepsilon_0} \, [\text{V/m}]} \tag{4-9}$$

が確認できた．導体球 B の外側の表面の電荷密度は

$$\sigma_c = \frac{Q_A + Q_B}{4\pi c^2} \, [\text{C/m}^2]. \tag{4-10}$$

式 (4-5) に $r = c$ を代入し，式 (4-10) を用いると

$$\underline{E_c = \frac{Q_A + Q_B}{4\pi\varepsilon_0 c^2} = \frac{\sigma_c}{\varepsilon_0} \, [\text{V/m}]} \tag{4-11}$$

が確認できた．

(3) 電位の計算において，最初に積分を使用しない解法，次に積分による解法を示す．

導体球 A の表面の電荷のみによる電位は例題 2-12 で導いたように，$r > a$ の場合は $V_a = \dfrac{Q_A}{4\pi\varepsilon_0 r}$，$r < a$ の場合は $V_a = \dfrac{Q_A}{4\pi\varepsilon_0 a}$ となる．同様に導体球 B の内側の面の電荷のみによる電位は，$r > b$ の場合は

$V_b = \dfrac{-Q_\mathrm{A}}{4\pi\varepsilon_0 r}$, $r < b$ の場合は $V_b = \dfrac{-Q_\mathrm{A}}{4\pi\varepsilon_0 b}$ となる．さらに導体球 B の外側の表面の電荷のみによる電位は，$r > c$ の場合は $V_c = \dfrac{Q_\mathrm{A}+Q_\mathrm{B}}{4\pi\varepsilon_0 r}$，$r < c$ の場合は $V_c = \dfrac{Q_\mathrm{A}+Q_\mathrm{B}}{4\pi\varepsilon_0 c}$ となる．これらの電位の変化を図 4-4 (c) に示す．

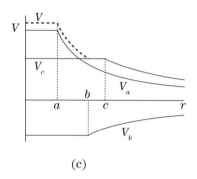

(c)

図 4-4　同心導体球の電位分布

求めている電位は $V = V_a + V_b + V_c$ であるから，次のようになる．
$r < a$ の場合は

$$V = \dfrac{Q_\mathrm{A}}{4\pi\varepsilon_0 a} + \dfrac{-Q_\mathrm{A}}{4\pi\varepsilon_0 b} + \dfrac{Q_\mathrm{A}+Q_\mathrm{B}}{4\pi\varepsilon_0 c}$$

$$= \dfrac{1}{4\pi\varepsilon_0}\left(\dfrac{Q_\mathrm{A}}{a} - \dfrac{Q_\mathrm{A}}{b} + \dfrac{Q_\mathrm{A}+Q_\mathrm{B}}{c}\right)[\mathrm{V}] \tag{4-12}$$

（導体の中の電位は一定）
$a < r < b$ の場合は

$$V = \dfrac{Q_\mathrm{A}}{4\pi\varepsilon_0 r} + \dfrac{-Q_\mathrm{A}}{4\pi\varepsilon_0 b} + \dfrac{Q_\mathrm{A}+Q_\mathrm{B}}{4\pi\varepsilon_0 c}$$

$$= \dfrac{1}{4\pi\varepsilon_0}\left(\dfrac{Q_\mathrm{A}}{r} - \dfrac{Q_\mathrm{A}}{b} + \dfrac{Q_\mathrm{A}+Q_\mathrm{B}}{c}\right)[\mathrm{V}] \tag{4-13}$$

静電誘導および静電遮蔽

$b < r < c$ の場合は

$$V = \frac{Q_A}{4\pi\varepsilon_0 r} + \frac{-Q_A}{4\pi\varepsilon_0 r} + \frac{Q_A + Q_B}{4\pi\varepsilon_0 c} = \underline{\frac{Q_A + Q_B}{4\pi\varepsilon_0 c}} \,[\mathrm{V}] \tag{4-14}$$

$r > c$ の場合は

$$V = \frac{Q_A}{4\pi\varepsilon_0 r} + \frac{-Q_A}{4\pi\varepsilon_0 r} + \frac{Q_A + Q_B}{4\pi\varepsilon_0 r} = \underline{\frac{Q_A + Q_B}{4\pi\varepsilon_0 r}} \,[\mathrm{V}] \tag{4-15}$$

積分による解法は次の通りである．

$r > c$ の場合，電界は式 (4-5) で与えられるので，電位は次のように得られ，式 (4-15) と一致する．

$$V = \int_\infty^r -E\,\mathrm{d}r = \int_\infty^r -\frac{Q_A + Q_B}{4\pi\varepsilon_0 r^2}\,\mathrm{d}r$$

$$= -\frac{Q_A + Q_B}{4\pi\varepsilon_0}\left[-\frac{1}{r}\right]_\infty^r = \underline{\frac{Q_A + Q_B}{4\pi\varepsilon_0 r}} \,[\mathrm{V}]$$

$b < r < c$ の場合は，積分範囲を $r > c$ と $b < r < c$ に分けて，それぞれの範囲の電界を用いて計算する．電位は次のように得られ，式(4-14)と一致する．

$$V = \int_\infty^r -E\,\mathrm{d}r = \int_\infty^c -\frac{Q_A + Q_B}{4\pi\varepsilon_0 r^2}\,\mathrm{d}r + \int_c^r 0\,\mathrm{d}r$$

$$= -\frac{Q_A + Q_B}{4\pi\varepsilon_0}\left[-\frac{1}{r}\right]_\infty^c = \underline{\frac{Q_A + Q_B}{4\pi\varepsilon_0 c}} \,[\mathrm{V}]$$

$a < r < b$ の場合も同様に得られる．電位は次のように式 (4-13) と一致する．

$$V = \int_\infty^r -E\,\mathrm{d}r = \int_\infty^c -\frac{Q_A + Q_B}{4\pi\varepsilon_0 r^2}\,\mathrm{d}r + \int_c^b 0\,\mathrm{d}r + \int_b^r -\frac{Q_A}{4\pi\varepsilon_0 r^2}\,\mathrm{d}r$$

$$= \frac{Q_A + Q_B}{4\pi\varepsilon_0 c} + \frac{Q_A}{4\pi\varepsilon_0}\left[\frac{1}{r}\right]_b^r$$

第4章 真空中の導体系と静電容量

$$= \frac{Q_A+Q_B}{4\pi\varepsilon_0 c} + \frac{Q_A}{4\pi\varepsilon_0}\left(\frac{1}{r}-\frac{1}{b}\right)[\text{V}]$$

$r<a$ の場合は，次のように式（4-12）と一致する．

$$V=\int_\infty^r -E\,dr$$

$$=\int_\infty^c -\frac{Q_A+Q_B}{4\pi\varepsilon_0 r^2}\,dr + \int_c^b 0\,dr + \int_b^a -\frac{Q_A}{4\pi\varepsilon_0 r^2}\,dr + \int_a^r 0\,dr$$

$$= \frac{Q_A+Q_B}{4\pi\varepsilon_0 c} + \frac{Q_A}{4\pi\varepsilon_0}\left(\frac{1}{a}-\frac{1}{b}\right)[\text{V}]$$

4-3 電気影像法

図 4-5 (a) に示すように，無限に広い平面導体から d [m] の位置に点電荷 Q [C] を置くと，平面導体の電位が一定になるように自由電荷が移動し，導体の表面に電荷が現れる．これらの電荷の代わりに，図 4-5 (b) に示すような影像電荷 $-Q$ を，導体の表面に対して電荷 Q と対称の位置に置くことによって，空間の任意の位置の電界と電位を，点電荷と**影像電荷**による電界あるいは電位の重ねあわせとして計算できる．

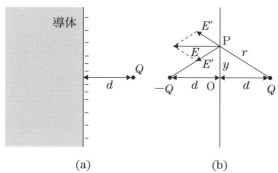

図 4-5　平面導体の電気影像

電気影像法

<例題 4-3> 図 4-5（a）の導体の表面における電界と電位および導体の表面の電荷密度を計算せよ．

<解答> 図 4-5（b）において，導体の表面上でO点から y [m] 離れたP点に，電荷 Q と影像電荷 $-Q$ がそれぞれ作る電界は $E' = \dfrac{Q}{4\pi\varepsilon_0 r^2}$ ．章末問題2 **9** の場合と同様に，三角形の相似の関係から $E : E' = 2d : r$ の比が得られる．したがって，2個の E' を次のように合成する．

$$E = E' \times \frac{2d}{r} = \frac{2dQ}{4\pi\varepsilon_0 r^3} = \underline{\frac{dQ}{2\pi\varepsilon_0 (y^2+d^2)^{3/2}}} \ [\text{V/m}] \tag{4-16}$$

電界の向きは導体の表面に垂直で<u>導体に向かう方向</u>である．

P点の電位も同様に電荷 Q と $-Q$ による電位を加え合わせることによって得られる．

$$V = \frac{Q}{4\pi\varepsilon_0 r} + \frac{-Q}{4\pi\varepsilon_0 r} = \underline{0} \ [\text{V}] \tag{4-17}$$

このことからも，電位は導体の表面で一定であることが確認できた．

導体の性質の (4) より，電荷密度は電界から次式のように得られる．ただし，電界が導体に向かっているので，導体の表面の電荷は負であることに注意して欲しい．

$$\sigma = -\varepsilon_0 E = \underline{-\frac{dQ}{2\pi(y^2+d^2)^{3/2}}} \ [\text{C/m}^2] \tag{4-18}$$

第4章 真空中の導体系と静電容量

<例題 4-4> 図 4-6 に示すような半径 a [m] の接地した導体球の中心から D [m] の距離の位置に点電荷 Q [C] を置くとき,導体球の表面の電位がどこでも 0 [V] になるように,影像電荷の大きさ Q' と位置(導体球の中心からの距離)d を計算せよ.さらに導体球が q [C] の電荷を有し,接地していない場合の影像電荷を導け.

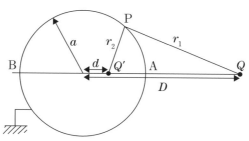

図 4-6 接地された導体球の電気影像

<解答> Q および Q' から導体球の表面の任意の点 P までの距離をそれぞれ r_1, r_2 とすると,P 点の電位は電荷 Q と Q' による電位の重ね合わせであるから

$$V = \frac{Q}{4\pi\varepsilon_0 r_1} + \frac{Q'}{4\pi\varepsilon_0 r_2} = 0 \tag{4-19}$$

したがって

$$\frac{r_1}{r_2} = -\frac{Q}{Q'} \tag{4-20}$$

このことは,r_1 と r_2 の比が一定 ($-\frac{Q}{Q'}$) であることを示す.2 点からの距離が一定の比の点の集合は**アポロニウスの円(球)**として知られ,これが導体球の表面に相当していると考える.

導体球の表面のどの点でも上式が成り立つので,r_1 と r_2 の計算が

容易な A 点と B 点に注目すると，

$$\frac{r_1}{r_2} = \frac{D-a}{a-d} = \frac{D+a}{a+d} = -\frac{Q}{Q'} \tag{4-21}$$

これから次の結果が得られる．

$$d = \frac{a^2}{D}\,[\mathrm{m}] \tag{4-22}$$

$$Q' = -\frac{r_2}{r_1}Q = -\frac{a}{D}Q\,[\mathrm{C}]. \tag{4-23}$$

接地せず孤立している導体球の電荷の総量は $q\,[\mathrm{C}]$ から変化しない．導体球の中心に

$$Q'' = q - Q' = q + \frac{a}{D}Q\,[\mathrm{C}] \tag{4-24}$$

をさらに加えると，導体球の表面の電位が一定であることに変わりなく，導体球の中の電荷の総量は q となる．

4-4 静電容量，コンデンサ

図 **4-7** に示すように，2 個の導体の一方に正電荷 $Q\,[\mathrm{C}]$，他方に負電荷 $-Q\,[\mathrm{C}]$ を与えるとき，次式に示すように両導体間の電圧 $V\,[\mathrm{V}]$ は Q に比例する．このときの比例定数 C を**静電容量**と呼ぶ．

$$Q = CV\,[\mathrm{C}] \tag{4-25}$$

静電容量の単位**ファラド** $[\mathrm{F}]$ は $[\mathrm{F}] = \dfrac{[\mathrm{C}]}{[\mathrm{V}]}$ に相当する．

電荷を一時的に蓄える働きを有するものを**コンデンサ**または**キャパシタ**と呼び，電気回路の重要な部品の一つである．

第4章 真空中の導体系と静電容量

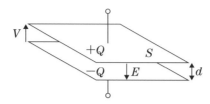

図 4-7 2個の導体の電荷と電圧,平行平板コンデンサ

<例題 4-5> 図 4-7 に示すような,面積 S [m²] の2枚の導体板が間隔 d [m] で平行に向かい合っているコンデンサ（平行平板コンデンサ）の静電容量を計算せよ．

<解答> 一方の導体板に $+Q$ [C],他方に $-Q$ [C] の電荷を与えるとき,導体板の電荷密度は $\sigma = \dfrac{Q}{S}$ および $-\sigma$ である．導体の性質の (4) から,導体の表面の電界は $E = \dfrac{\sigma}{\varepsilon_0} = \dfrac{Q}{\varepsilon_0 S}$．導体板の端の付近を無視すると,電気力線は導体板と垂直で互いに平行なので,導体板の間では電界が一定である．したがって,導体板の間の電圧は $V = Ed = \dfrac{Q}{\varepsilon_0 S} d$ [V]．よって平行平板コンデンサの静電容量は式 (4-25) より

$$C = \frac{Q}{V} = \frac{\varepsilon_0 S}{d} \; [\mathrm{F}]. \tag{4-26}$$

4-5 コンデンサの接続

4-5-1 並列接続

図 4-8 に示すように3個のコンデンサを並列に接続したときの合成静電容量を導出する．並列接続の場合は，すべてのコンデンサに等しい電圧 V [V] が加わる．このとき，各コンデンサに蓄えられる電荷は次のようになる．

$$Q_1 = C_1 V, \quad Q_2 = C_2 V, \quad Q_3 = C_3 V \text{ [C]} \tag{4-27}$$

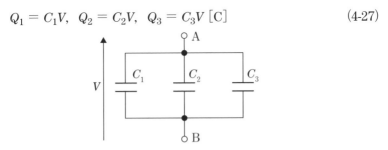

図 4-8　コンデンサの並列接続

充電されている電荷（A端子から流れ込んだ電荷）は，

$$Q = Q_1 + Q_2 + Q_3 = (C_1 + C_2 + C_3) V \text{ [C]}. \tag{4-28}$$

よって合成静電容量は次のように，各コンデンサの静電容量の和となる．

$$C = \frac{Q}{V} = C_1 + C_2 + C_3 \text{ [F]} \tag{4-29}$$

4-5-2 直列接続

図 4-9 に示すように3個のコンデンサを直列に接続したときの合成静電容量を導出する．直列接続の場合は，A端子から電荷 Q [C] が流れ込むと，すべてのコンデンサに等しい電荷 Q が蓄えられる．このとき，各コンデンサに加わる電圧は次のようになる．

$$V_1 = \frac{Q}{C_1}, \quad V_2 = \frac{Q}{C_2}, \quad V_3 = \frac{Q}{C_3} \text{ [V]} \tag{4-30}$$

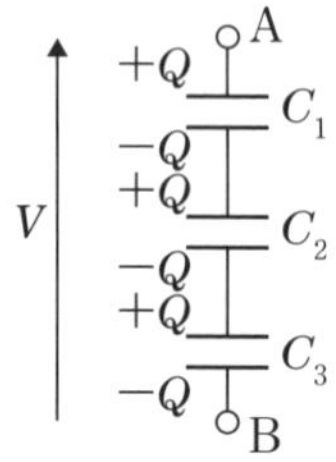

第4章 真空中の導体系と静電容量

図 4-9 コンデンサの直列接続

端子 AB 間の電圧は，

$$V = V_1 + V_2 + V_3 = \left(\frac{1}{C_1} + \frac{1}{C_2} + \frac{1}{C_3}\right)Q \ [\mathrm{V}] \tag{4-31}$$

よって，合成静電容量の逆数は次のように，各コンデンサの静電容量の逆数の和となる．

$$\frac{1}{C} = \frac{V}{Q} = \frac{1}{C_1} + \frac{1}{C_2} + \frac{1}{C_3} \ [\mathrm{F}^{-1}] \tag{4-32}$$

4-6 コンデンサに蓄えられるエネルギー

コンデンサに電荷を蓄える（充電する）とき，電荷は図 4-10 (a) に示すように負電極から正電極へ dq [C] が移動する．このとき dq は電位が V [V] だけ高くなるので電荷の位置エネルギーが $dW = Vdq$ [J] だけ増える．これは充電によってコンデンサに Vdq だけのエネルギーが蓄えられたことを意味する．コンデンサに q [C] が蓄えられているときの電圧 V は q に比例し，式 (4-25) より $V = \dfrac{q}{C}$ である．V と q の関係を図 4-10 (b) に示す．dq の充電にともなってコンデンサに供給されるエネルギー $dW = Vdq$ は図の中の高さ V，幅 dq の長方形の面積である．$q = 0$ から始めて $q = Q$ まで微少な dq ずつ電荷を運び続けるとき，コンデンサに蓄えられるエネルギーの総計は図

の三角形の面積で，

$$W = \frac{1}{2}VQ = \frac{1}{2}CV^2 = \frac{Q^2}{2C} \quad [\text{J}] \tag{4-33}$$

に等しい．また，これは

$$W = \int_0^Q V dq = \int_0^Q \frac{q}{C} dq = \frac{Q^2}{2C} \tag{4-34}$$

と計算することもできる．

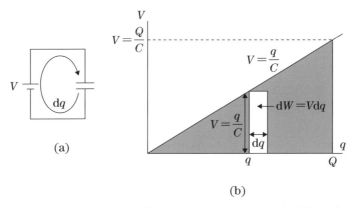

図 **4-10** コンデンサに蓄えられるエネルギーの電荷，電圧

4-7　電位係数

　真空中に N 個の導体があるとき，その中のある導体に電荷を与えると，その導体の電位が変化するとともに，静電誘導によって他の導体の電位も変化する．したがって i 番目の導体の電位 V_i を次式で表すことができる．

$$V_i = \sum_{j=1}^{N} p_{ij} Q_j \quad [\text{V}] \tag{4-35}$$

ここで Q_j は j 番目の導体に与えられた電荷，p_{ij} は**電位係数**と呼ばれ，

第4章 真空中の導体系と静電容量

j 番目の導体の電荷が i 番目の導体の電位に与える影響の度合いを示す定数である．単位は $[\mathrm{F}^{-1}]$ である．

<例題 4-6> 図 4-4(a) に示す同心導体球の電位係数を計算せよ．

<解答> 例題 4-2 より，導体球 A は $r < a$，導体球 B は $b < r < c$ であるから，導体球 A, B の電位 V_A, V_B は，それぞれ式 (4-12)，式 (4-14) で表される．したがって

$$V_\mathrm{A} = \frac{1}{4\pi\varepsilon_0}\left(\frac{Q_\mathrm{A}}{a} - \frac{Q_\mathrm{A}}{b} + \frac{Q_\mathrm{A}+Q_\mathrm{B}}{c}\right)$$

$$= \frac{Q_\mathrm{A}}{4\pi\varepsilon_0}\left(\frac{1}{a} - \frac{1}{b} + \frac{1}{c}\right) + \frac{Q_\mathrm{B}}{4\pi\varepsilon_0 c} \tag{4-36}$$

$$V_\mathrm{B} = \frac{Q_\mathrm{A}}{4\pi\varepsilon_0 c} + \frac{Q_\mathrm{B}}{4\pi\varepsilon_0 c} \tag{4-37}$$

よって式 (4-36)，式 (4-37) を用いると，式 (4-35) より

$$p_\mathrm{AA} = \frac{1}{4\pi\varepsilon_0}\left(\frac{1}{a} - \frac{1}{b} + \frac{1}{c}\right), \quad p_\mathrm{AB} = p_\mathrm{BA} = \frac{1}{4\pi\varepsilon_0 c},$$

$$p_\mathrm{BB} = \frac{1}{4\pi\varepsilon_0 c} \; [\mathrm{F}^{-1}]. \tag{4-38}$$

4-8 容量係数と誘導係数

真空中に N 個の導体があるとき，それぞれの導体に電位を設定すると，i 番目の導体の電荷 Q_i は次式で表すことができる．

$$Q_i = \sum_{j=1}^{N} q_{ij} V_j \; [\mathrm{C}] \tag{4-39}$$

ここで V_j は j 番目の導体の電位，q_{ii} は**容量係数**，q_{ij} $(i \neq j)$ は**誘導**

容量係数と誘導係数

係数と呼ばれる定数である．単位は [F] である．式 (4-39) は式 (4-35) を Q_i を未知数とする連立方程式として解くことによっても得られる．

<例題 4-7> 図 4-4 (a) に示す同心導体球の容量係数および誘導係数を計算せよ．

<解答> 式 (4-36) と式 (4-37) のそれぞれの辺の差を計算すると，

$$V_A - V_B = \frac{Q_A}{4\pi\varepsilon_0}\left(\frac{1}{a} - \frac{1}{b}\right). \tag{4-40}$$

したがって

$$Q_A = \frac{4\pi\varepsilon_0 ab}{b-a}(V_A - V_B) \tag{4-41}$$

式 (4-41) を式 (4-39) と比較することにより

$$\underline{q_{AA} = \frac{4\pi\varepsilon_0 ab}{b-a} \; [\text{F}]} \tag{4-42}$$

$$\underline{q_{AB} = -\frac{4\pi\varepsilon_0 ab}{b-a} \; [\text{F}]}. \tag{4-43}$$

次に式 (4-37) を変形し，これに式 (4-41) を代入することによって

$$Q_B = 4\pi\varepsilon_0 c V_B - \frac{4\pi\varepsilon_0 ab}{b-a}(V_A - V_B)$$

$$= -\frac{4\pi\varepsilon_0 ab}{b-a}V_A + \frac{4\pi\varepsilon_0(ab+bc-ca)}{b-a}V_B \tag{4-44}$$

式 (4-44) を式 (4-39) と比較することにより

$$\underline{q_{BA} = -\frac{4\pi\varepsilon_0 ab}{b-a} = q_{AB} \; [\text{F}]} \tag{4-45}$$

$$\underline{q_{BB} = \frac{4\pi\varepsilon_0(ab+bc-ca)}{b-a} \; [\text{F}]}. \tag{4-46}$$

第4章 真空中の導体系と静電容量

式（4-45）において $q_{AB} = q_{BA}$，また式（4-38）において $p_{AB} = p_{BA}$ である．すなわち導体 A の電荷や電位が導体 B に与える影響の大きさはその逆の場合の影響の大きさと等しいことを意味する．これを**相反定理**といい，電位係数や誘導係数以外でも成立する．

章末問題 4

1 半径 a [m] の球形のシャボン玉（導体）が Q [C] の電荷を有している．次の問に答えよ．

(1) シャボン玉の中心から r [m] の位置の電界を答えよ．（★）

(2) シャボン玉の中心から r [m] の位置の電位を答えよ．（★）

2 地球は導体であり，半径が $a = 6.4 \times 10^6$ m である．地球が $Q = 1$ C の電荷を持つときの地球の電位および地球の静電容量を計算せよ．ただし地球の表面の凹凸は無視せよ．（★）

3 半径が $a = 1$ mm の水滴（導体球）に電荷を与えたところ，電位が $V = 1$ kV になった．次の問に答えよ．

(1) 電荷の大きさを計算せよ．（★）

(2) これと同じ水滴が 2 個合体するとき，その水滴の電位を計算せよ．（★★）

4 半径 a [m] の導体球が，内半径 b [m]，外半径 c [m] の導体球の中に入っており，両者の中心は共通である．外側の球に Q [C] の電荷を与え，内側の球を接地した．このときの内側の球の電荷および外側の球の電位を計算せよ．（★★）

5 図 4-11 に示すように，平面導体の表面の点 O を原点とする座標系において，x 軸上の $a = 5$ mm の位置に，点電荷 $Q = 2 \times 10^{-6}$ C を置く．次の問に答えよ．

第4章 真空中の導体系と静電容量

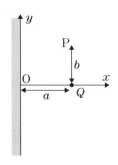

図 4-11

(1) 点電荷 Q に働く力を計算し，x の増加する方向（右向き）を正（+）の値として答えよ．（★）

(2) O 点における電荷密度を計算せよ．（★★）

(3) 点電荷 Q から平面と平行に $b = 10$ mm 離れた P 点の電位を計算せよ．（★★）

(4) 点電荷 Q を平面導体から無限に離れた距離まで移動するのに必要なエネルギーを計算せよ．（★★★）

(5) 平面導体の表面に現れた電荷の総量を計算せよ．（★★★）

6 図 4-12 に示すように導体板が直交している．座標 (a, b) の位置に電荷 Q [C] を置くとき，次の問に答えよ．

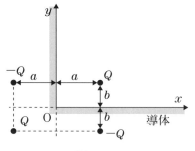

図 4-12

(1) $(-a, b)$ と $(a, -b)$ の位置に電荷 $-Q$，$(-a, -b)$ の位置に電荷 Q の 3 個の影像電荷を置くことによって，導体の表面が等電

位になることを示せ．（★★）

(2) 点電荷 Q に働く力の x, y 成分を計算せよ．（★★）

(3) 座標 (x, y) の位置の電位を計算せよ．（★★）

(4) 座標 (x, y) の位置の電界を計算せよ．（★★★）

7 接地した半径 a [m] の導体球の中心から D [m] 離れた P 点に点電荷 Q [C] を置く．次の問に答えよ．

(1) 点電荷 Q と導体球の間に働く引力を計算せよ．（★★）

(2) P 点に最も近い導体球の表面上の A 点と P 点から最も遠い導体球の表面上の B 点の電荷密度をそれぞれ計算せよ．（★★）

8 帯電していない，孤立した半径 a [m] の導体球の中心から D [m] 離れた P 点に点電荷 Q [C] を置く．次の問に答えよ．

(1) 点電荷 Q と導体球の間に働く引力を計算せよ．（★★）

(2) 導体球の電位を計算せよ．（★★）

9 電極の間隔 d [m]，面積 S [m^2] の平行平板コンデンサに電圧を加えたところ，電極の間の電界が E [V/m] であった．次の問に答えよ．

(1) 電極の電荷密度を計算せよ．（★）

(2) コンデンサに蓄えられている電荷を計算せよ．（★）

(3) コンデンサに加えられている電圧を計算せよ．（★）

(4) 静電容量を計算せよ．（★）

10 電極の間隔を 0.1 mm として 0.2 μF の平行平板コンデンサを作って 600 V の電圧を加えた．次の問に答えよ．

(1) 電極の面積を計算せよ．（★）

(2) コンデンサに蓄えられている電荷を計算せよ．（★）

(3) コンデンサに蓄えられているエネルギーを計算せよ．（☆）

(4) コンデンサを電池から切り離して（蓄積されている電荷が変化しない），電極の間隔を 0.2 mm に広げるとき，電極間の電圧とコン

第4章 真空中の導体系と静電容量

デンサに蓄えられているエネルギーを計算せよ．(☆☆)

11 同じ面積の2枚の電極を $d = 0.1$ mm の間隔で平行に向かい合わせた平行平板コンデンサに $V = 20$ V の電圧を加えたところ，$Q = 5 \times 10^{-6}$ C の電荷が蓄積された．次の問に答えよ．

(1) このコンデンサの静電容量を計算せよ．(★)

(2) コンデンサの中の電界を計算せよ．(★)

(3) 導体板（電極）の電荷密度を計算せよ．(★)

(4) 電極の面積を計算せよ．(★)

12 電極の間隔 d [m]，面積 S [m^2] の平行平板コンデンサの陰極から a [m] の位置に，厚さ t [m] の導体板を電極と平行に挿入し，電圧を加えたところ，導体板と両電極の間の電界が E [V/m] であった．ただし，$a + t < d$ である．次の問に答えよ．

(1) 電位の分布の様子を図示せよ．(★)

(2) コンデンサに蓄えられている電荷を計算せよ．(★)

(3) コンデンサに加えられている電圧を計算せよ．(★)

(4) 静電容量を計算せよ．(★)

13 半径 a [m] の導体球が，内半径 b [m]，外半径 c [m] の導体球の中に入っており，両者の中心は共通である．次の問に答えよ．

(1) 内側の球に Q [C]，外側の球に $-Q$ [C] の電荷を与えるときの両球の間の電圧を計算せよ．(★★)

(2) 静電容量を計算せよ．(★)

(3) $a = 3$ cm, $b = 10$ cm, $c = 12$ cm の同心導体球の内外の導体球の間に 5 kV の電圧を加えるとき，蓄えられるエネルギーを計算せよ．(☆)

14 アンテナとテレビ等を結ぶ**同軸ケーブル**は最も一般的な通信ケーブルであり，原理的には，**図4-13**に示すような中心軸が共通の2本の円柱導体からなる．内側の導体の半径を a [m]，外側の導体の内

径を b [m] とし，両導体の間は真空であると仮定する．内外の導体の長さ 1 m あたりに Q, $-Q$ [C/m] の電荷をそれぞれ与えるとき，次の問に答えよ．

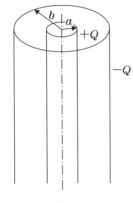

図 4-13

(1) 中心軸から r [m] の位置の電界を計算せよ．ただし $a < r < b$ である．（★）

(2) 内外の導体の間の電圧を計算せよ．（★★）

(3) 同軸ケーブルの長さ 1 m あたりの静電容量を計算せよ．（★）

(4) $a = 0.8$ mm, $b = 5$ mm の同軸ケーブルの内外の導体の間に 15 V の電圧を加えるとき，1 km の長さの同軸ケーブルに蓄えられるエネルギーを計算せよ．（☆）

15 図 4-14 に示すように半径 a [m] の導線が間隔 D [m] で平行に張られている．これも通信用ケーブルの一つで**レッヘル線**または**平行 2 線**と呼ばれる．両導線の長さ 1 m あたりに Q, $-Q$ [C/m] の電荷をそれぞれ与えるとき，次の問に答えよ．

第4章 真空中の導体系と静電容量

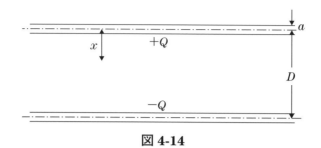

図 4-14

(1) 一方の導線の中心軸から x [m] の位置の電界を計算せよ．ただし $x < D - a$ である．（★）

(2) 両導線の間の電圧を計算せよ．（★★）

(3) レッヘル線の長さ1mあたりの静電容量を計算せよ．（★）

16 $C_1 = 5\,\mu\text{F}$, $C_2 = 10\,\mu\text{F}$, $C_3 = 25\,\mu\text{F}$ の3個のコンデンサを並列に接続したとき，次の問に答えよ．

(1) 合成静電容量を計算せよ．（★）

(2) これに 20 μC の電荷を蓄えるとき，C_2 に蓄えられる電荷を計算せよ．（★★）

17 $C_1 = 5\,\mu\text{F}$, $C_2 = 10\,\mu\text{F}$, $C_3 = 25\,\mu\text{F}$ の3個のコンデンサを直列に接続したとき，次の問に答えよ．

(1) 合成静電容量を計算せよ．（★）

(2) これに 60 V の電圧加えるとき，C_2 に加わる電圧を計算せよ．（★★）

18 3個のコンデンサを図4-15のように接続した．次の問に答えよ．

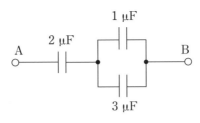

図 4-15

(1) 端子 AB の間に電圧を加えたとき，$3\,\mu\mathrm{F}$ のコンデンサに蓄えられた電荷が $6\times 10^{-6}\,\mathrm{C}$ であった．AB の間に加えた電圧を計算せよ．（★★）

(2) 合成静電容量を計算せよ．（★★）

19 2個のコンデンサ $C_1 = 5\,\mu\mathrm{F}$，$C_2 = 10\,\mu\mathrm{F}$ がある．次の問に答えよ．

(1) 2個のコンデンサを直列に接続し，$20\,\mu\mathrm{C}$ の電荷を充電するのに必要な電圧を計算せよ．（★★）

(2) このときコンデンサに蓄えられているエネルギーの合計を計算せよ．（☆）

(3) 次にこれらのコンデンサを並列に接続し直す．このときのコンデンサの端子電圧を計算せよ．（★★）

(4) このときコンデンサに蓄えられているエネルギーの合計を計算せよ．（☆）

第4章 真空中の導体系と静電容量

⒇ 3個のコンデンサ C_1, C_2, C_3 を図 **4-16** のように接続し, 3個の電池 V_1, V_2, V_3 で充電した. 次の問に答えよ.

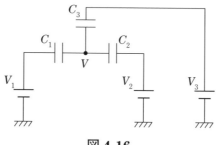

図 **4-16**

(1) コンデンサ C_1, C_2, C_3 に蓄えられる電荷 Q_1, Q_2, Q_3 を, 電位 V および電圧 V_1, V_2, V_3 [V] と静電容量 C_1, C_2, C_3 [F] を用いて表せ. (★★)

(2) Q_1, Q_2, Q_3 の間の関係式を書け. ただし, いずれのコンデンサも回路に接続される前は電荷を有していない. (★★)

(3) $C_1 = 5\,\mu\mathrm{F}$, $C_2 = 10\,\mu\mathrm{F}$, $C_3 = 25\,\mu\mathrm{F}$, $V_1 = 30\,\mathrm{V}$, $V_2 = 20\,\mathrm{V}$, $V_3 = 10\,\mathrm{V}$ であるとき, 電位 V を計算せよ. (★★★)

㉑ 半径 $a = 10\,\mathrm{cm}$ と $b = 30\,\mathrm{cm}$ の導体球 A, B が十分遠く離れて置かれ, 非常に細い導線で接続されている. これに $Q = 5\,\mu\mathrm{C}$ の電荷を与えるとき, それぞれの球の電荷および表面の電界, そして導線で接続された導体球の静電容量を計算せよ. (★★★)

㉒ 起電力が V_0 [V] の電池 E_1, E_2 と静電容量が C_0 [F] のコンデンサ C_1, C_2 およびスイッチ SW_1, SW_2 を図 **4-17** のように接続する. はじめ両方のスイッチは開いた状態であり, どちらのコンデンサも充電されていない. 次の問に答えよ.

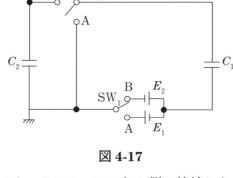

図 4-17

(1) 最初にスイッチ SW_1, SW_2 を A 側に接続した．このときコンデンサ C_1 に蓄えられる電荷 Q_1 を計算せよ．（★）

(2) 次にスイッチ SW_1, SW_2 を一旦開放した後に B 側に接続した．このとき電池 E_2 から C_2 に流れ込む電荷を q とすると，

$$V_0 = \frac{q - C_0 V_0}{C_0} + \frac{q}{C_0} \tag{4-47}$$

の関係が成り立つことを示せ．（★★）

(3) コンデンサ C_1 および C_2 に蓄えられる電荷 Q'_1, Q'_2 をそれぞれ計算せよ．（★）

(4) (1) と (2) の操作をもう一度繰り返すときに E_2 から C_2 に流れ込む電荷を q とする．このときの式 (4-47) に相当する式を導け．（★★★）

(5) (1) と (2) の操作を無限に繰り返すと，P 点の電位はいくらになるか答えよ．（★★★）

23 電圧が $U_1 = 12$ V，$U_2 = 6$ V の電池と静電容量が $C_1 = 1$ μF，$C_2 = 2$ μF，$C_3 = 3$ μF のコンデンサが**図 4-18** のように接続されている．最初は，すべてのコンデンサに電荷が蓄えられておらず，スイッチ SW_1，SW_2 が開いた状態である．

第4章 真空中の導体系と静電容量

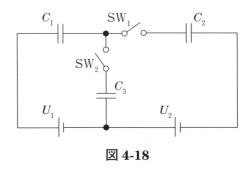

図 4-18

(1) SW_2 だけを閉じたとき，それぞれのコンデンサに蓄えられる電荷を計算せよ．（★）

(2) 次に，SW_2 を開いてから，SW_1 を閉じたとき，それぞれのコンデンサに蓄えられる電荷を計算せよ．（★★★）

24 静電容量が $C_1 = C_2 = 1\,\mu\mathrm{F}$ のコンデンサと $C_3 = 2\,\mu\mathrm{F}$ のコンデンサ，起電力が $E_1 = 6\,\mathrm{V}$ と $E_2 = 14\,\mathrm{V}$ の電池およびスイッチ SW_1，SW_2 を図 4-19 のように接続する．はじめ両方のスイッチは開いた状態であり，いずれのコンデンサも充電されていない．この状態を初期状態とする．次の問に答えよ．

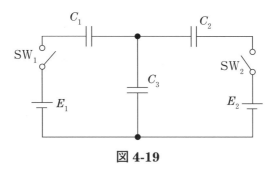

図 4-19

(1) 最初に SW_1 のみを閉じたとき，それぞれのコンデンサに蓄えられる電荷を計算せよ．（★）

(2) 次に SW_1 を開いて SW_2 を閉じたとき，それぞれのコンデンサに蓄えられる電荷を計算せよ．（★★★）

(3) 初期状態に戻してから SW_1, SW_2 の両方を閉じたとき，それぞれのコンデンサに蓄えられる電荷を計算せよ．(★★★)

25 図 **4-20** に示すように，真空中に同心導体球 A, B, C があり，導体球 A に電荷 Q [C] が与えられている．次の問に答えよ．ただし，最初はスイッチ SW_1, SW_2, SW_3 が開かれており，導体球 B, C には電荷が与えられていない．またスイッチが周囲の電界分布に与える影響は無視する．

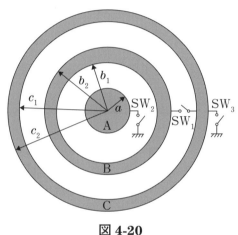

図 **4-20**

(1) 中心からの距離が r [m] の位置の電界を答えよ．(★)

(2) SW_1 を一旦閉じて再び開いたとき，中心からの距離が r [m] の位置の電界を答えよ．(★★)

(3) 次に SW_2 と SW_3 を閉じた．このときの導体 B の電位と，それぞれの導体に蓄えられている電荷を計算せよ．(★★★)

第5章　誘電体

　ガラスやプラスチックなどの絶縁体をコンデンサの電極の間に挿入すると静電容量が大きくなる．このような働きに注目するとき，絶縁体を誘電体と呼ぶ．本章では誘電体の分極や誘電体を含む系の電界，電束密度，静電エネルギーについて学習する．第2章，第4章で勉強した電界やコンデンサの基礎的な理論を確認しながら学習しよう．

第5章　誘電体

☆この章で使う基礎事項☆

基礎 5-1　導体の表面の電界

導体の表面における電界は導体の表面と垂直であり，導体の表面の電荷密度が σ [C/m^2] で真空と接している場合は電界の大きさ E が (4-1) 式で与えられる．

$$E = \frac{\sigma}{\varepsilon_0} \,[\mathrm{V/m}] \tag{4-1}$$

基礎 5-2　電気力線

真空中では 1 [C] の電荷から出る電気力線の数は $N = \dfrac{1}{\varepsilon_0}$ 本である．

基礎 5-3　静電容量

コンデンサの電圧 V [V] は蓄えられている電荷 Q [C] に比例し，静電容量 C は次式で定義される．

$$C = \frac{Q}{V} \,[\mathrm{F}] \tag{4-25}$$

基礎 5-4　コンデンサに蓄えられるエネルギー

コンデンサに蓄えられるエネルギーは式 (4-33) で表される．

$$W = \frac{1}{2}VQ = \frac{1}{2}CV^2 = \frac{Q^2}{2C} \,[\mathrm{J}] \tag{4-33}$$

5-1 誘電体および誘電率

　コンデンサの電極の間をガラスなどの**誘電体**で満たすと静電容量が大きくなる．電極の間が真空のときの静電容量を C_0 [F]，電極の間を誘電体で満たしたときの静電容量を C [F] とすると，その誘電体の**比誘電率**は次式で定義される．

$$\varepsilon_r = \frac{C}{C_0} \tag{5-1}$$

式 (5-1) からも明らかなように，比誘電率には単位がない．

＜例題 5-1 ＞　比誘電率が $\varepsilon_r = 2.2$ の誘電体で電極の間を満たしている平行平板コンデンサの静電容量を計算せよ．ただし，電極の面積は $S = 2 \text{ m}^2$，誘電体の厚さは $d = 0.01 \text{ mm}$ である．

＜解答＞　電極の間が真空のときの静電容量は第4章で導出したように，次式で与えられる．

$$C_0 = \frac{\varepsilon_0 S}{d} \text{ [F]} \tag{4-26}$$

誘電体で満たされたコンデンサの静電容量は式 (5-1) を用いて，次式で表される．

$$C = \varepsilon_r C_0 = \frac{\varepsilon_0 \varepsilon_r S}{d} = \frac{8.85 \times 10^{-12} \times 2.2 \times 2}{0.01 \times 10^{-3}}$$
$$= 3.9 \times 10^{-6} \text{ F}. \tag{5-2}$$

式 (5-2) は次のように書くこともできる．

$$C = \frac{\varepsilon_0 \varepsilon_r S}{d} = \frac{\varepsilon S}{d} \text{ [F]} \tag{5-3}$$

ここで

第 5 章　誘電体

$$\varepsilon = \varepsilon_0 \varepsilon_r \, [\text{F/m}] \tag{5-4}$$

を **誘電率** と呼ぶ．誘電率の大きさは誘電体の種類によって異なる．

5-2　分極電荷および電束密度

　電極の間に誘電体を挿入するとコンデンサの静電容量が大きくなる理由は，図 **5-1** に示すように，誘電体の表面に電荷が現れることによる．誘電体の表面に電荷が現れることを **分極** といい，現れた電荷を **分極電荷** と呼ぶ．分極電荷は 5-4 節で説明するように，誘電体から外部へ出ることはできないので，コンデンサに蓄えられている電荷は電極の電荷（**真電荷**）のみである．分極電荷が電極の電荷（真電荷）から出た電気力線の一部を吸い込むために，電極の間の電界が小さくなり，その結果電極間の電圧も小さくなるので，静電容量が大きくなる．

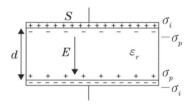

図 **5-1**　誘電体の分極，分極電荷 σ_p と真電荷 σ_i

　電束密度 を導入すると，上で説明した分極電荷，真電荷，そして静電容量が大きくなる理由を定量的に容易に理解できる．電束密度 D は常に電界 E と次の関係がある．

$$D = \varepsilon E = \varepsilon_0 \varepsilon_r E \, [\text{C/m}^2] \tag{5-5}$$

また，電界は 2-3 節で学んだように，$1\,\text{m}^2$ あたりの電気力線の本数であるが，電束密度は $1\,\text{m}^2$ あたりの **電束** の本数である．電束は電気力線と次の点で異なる．

分極電荷および電束密度

電束の性質

(1) 電束も電気力線と同様に,正電荷に始まり,負電荷に終わる.しかし電束を生じるのは真電荷のみで,分極電荷とは無関係である.(電気力線は,真電荷と分極電荷を区別しない)

(2) 1Cの正電荷から(負電荷に),電束は1本発生する(吸い込まれる).(電気力線は,真空中では1Cから$\dfrac{1}{\varepsilon_0}$本発生する.次節で説明するが,誘電体の中では$\dfrac{1}{\varepsilon}$本発生する)

(3) 電束に対しても電気力線と同様に,2-4節で学んだガウスの法則が成立する.ただし電束に関係する電荷は真電荷のみである.

(4) 導体の表面の電束密度は,導体を囲む空間の誘電率に関係なく $D = \sigma_i$ [C/m²] である.ただし σ_i は導体の表面の電荷密度である.

<例題 5-2> 図5-1に示すような,厚さ d [m],比誘電率が ε_r の誘電体を挟んだ平行平板コンデンサがある.誘電体の中の電界が E [V/m] であるとき,次の問に答えよ.ただし電極の面積を S [m²] とする.

(1) 誘電体の中の電束密度および誘電体の中を通る電束の本数を計算せよ.

(2) 電極の表面の電荷密度およびコンデンサに蓄えられている電荷を計算せよ.

(3) 分極電荷の密度を計算せよ.

第5章 誘電体

　<解答>　(1) 式 (5-5) の関係から電束密度は $D = \varepsilon E = \underline{\varepsilon_0 \varepsilon_r E}$ [C/m^2]. 電束密度は 1 m^2 当たりの電束の本数であるから，電束は $\Phi = DS = \underline{\varepsilon_0 \varepsilon_r ES}$ [C].

　(2) 電極の表面の電荷は真電荷であり，またコンデンサに蓄えられている電荷でもある．電束は真電荷の1Cから1本発生するので，電極の表面の電荷 Q は電束の本数 Φ に等しい．したがって，コンデンサに蓄えられている電荷は $Q = \Phi = \underline{\varepsilon_0 \varepsilon_r ES}$ [C]. 真電荷の密度は

$$\sigma_i = \frac{Q}{S} = \underline{\varepsilon_0 \varepsilon_r E} \, [\text{C/m}^2].$$

または電束の性質 (4) から

$$\sigma_i = D = \varepsilon_0 \varepsilon_r E \, [\text{C/m}^2].$$

　(3) 電極の 1 m^2 当たりから $\dfrac{\sigma_i}{\varepsilon_0}$ 本の電気力線が出ている．分極電荷の密度を σ_p とすると，誘電体の表面で $\dfrac{\sigma_p}{\varepsilon_0}$ 本の電気力線が吸い込まれる．その残りの電気力線が誘電体の中を通過して反対側の電極に達する．この電気力線の本数が電界に等しい．したがって

$$E = \frac{\sigma_i - \sigma_p}{\varepsilon_0} \tag{5-6}$$

の関係が成り立つ．よって

$$\sigma_p = \sigma_i - \varepsilon_0 E = \underline{\varepsilon_0 (\varepsilon_r - 1) E} \, [\text{C/m}^2]. \tag{5-7}$$

<例題 5-3>　例題 5-2 において平行平板コンデンサの電極の間が真空で，電界は同じく E [V/m] であるとき，次の問に答えよ．
(1) 電極の間の電束密度を計算せよ．
(2) 電極の表面の電荷密度およびコンデンサに蓄えられている電荷を計算せよ．

＜解答＞ (1) 真空の誘電率が ε_0 であるから電束密度は
$$D = \underline{\varepsilon_0 E} \ [\text{C/m}^2].$$
(2) $\sigma_i = D = \underline{\varepsilon_0 E} \ [\text{C/m}^2]$．また，$Q = \sigma_i S = \underline{\varepsilon_0 E S} \ [\text{C}]$．

例題 5-2 と例題 5-3 を比較すると，電界が等しい（電極間の電圧も等しい）とき，電極の間が誘電体で満たされることによって電荷 Q が ε_r 倍に増える．したがって，式 (5-1) で表されるように，**静電容量も ε_r 倍に増える**ことがわかる．

5-3　誘電体の中の電荷と電気力線

2-3 節で電気力線は，真空中では 1 C の電荷から $\dfrac{1}{\varepsilon_0}$ 本発生すると説明した．また 4-1 節では導体の性質 (4) として，真空中では導体の表面における電界は $E = \dfrac{\sigma}{\varepsilon_0} \ [\text{V/m}]$ であると説明した．

＜例題 5-4＞ 誘電率が $\varepsilon = \varepsilon_0 \varepsilon_r \ [\text{F/m}]$ の誘電体の中に，電荷 $Q \ [\text{C}]$ で帯電した半径 $a \ [\text{m}]$ の導体球が置かれている．
(1) 球の中心から距離 $r \ [\text{m}]$ の位置の電束密度を計算せよ．ただし $r > a$ とする．
(2) 球の中心から距離 $r \ [\text{m}]$ の位置の電界を計算せよ．ただし $r > a$ とする．
(3) 球の表面の電荷密度および電界を計算せよ．

＜解答＞ (1) 球から出る電束は Q 本である．閉曲面として半径 r の球を考えると，ガウスの法則により電束密度は $D = \underline{\dfrac{Q}{4\pi r^2}} \ [\text{C/m}^2]$．

第5章 誘電体

(2) 式 (5-5) から電界は

$$E = \frac{D}{\varepsilon} = \frac{Q}{4\pi\varepsilon r^2} \, [\mathrm{V/m}]. \tag{5-8}$$

もし、導体球のまわりが真空であれば電界は $E_0 = \dfrac{Q}{4\pi\varepsilon_0 r^2}\,[\mathrm{V/m}]$ であるから、誘電体の中では電界が $\dfrac{E}{E_0} = \dfrac{\varepsilon_0}{\varepsilon} = \dfrac{1}{\varepsilon_r}$ に減少することがわかる。このことから誘電体の中では **1 C の電荷から発生する電気力線は** $\dfrac{1}{\varepsilon_0 \varepsilon_r} = \dfrac{1}{\varepsilon}$ **本**と考えられる。

(3) 電荷密度は

$$\sigma = \frac{Q}{4\pi a^2} \, [\mathrm{C/m^2}]. \tag{5-9}$$

導体球の表面は $r = a$ であるので式 (5-8) から

$$E = \frac{Q}{4\pi\varepsilon a^2} \, [\mathrm{V/m}]. \tag{5-10}$$

式 (5-9) と式 (5-10) から、誘電体の中では導体の表面の電界が

$$E = \frac{\sigma}{\varepsilon} \, [\mathrm{V/m}] \tag{5-11}$$

であることがわかる。

5-4 分極

誘電体の表面に電荷が現れる現象を分極と言うことを 5-2 節で述べた。分極の程度を表す物理量として「分極の強さ」、「分極の大きさ」、あるいは単に「**分極**」を使う。

誘電体が分極しているとき、変化が起きているのは誘電体の表面だけではなく、図 **5-2 (a)** に示すように誘電体を構成するすべての原子

分極

に変化が起きている．すなわち誘電体に加えられた電界によって，誘電体を構成する原子の原子核と電子の位置が相対的に変化して原子が電気双極子になる．このとき誘電体の中では隣接した原子の正と負の電荷が打ち消し合うので図 5-2(a) のように誘電体の中には電荷はないが，表面の電荷は残ってしまう．これが分極電荷である．したがって，図 5-2(b) のように誘電体を切断すると，切断面にも新たに分極電荷が現れる．図 5-2 に示すように，分極電荷は誘電体の中を自由に移動できる電荷ではなく，5-2 節でも述べたように電極にも移動できない．

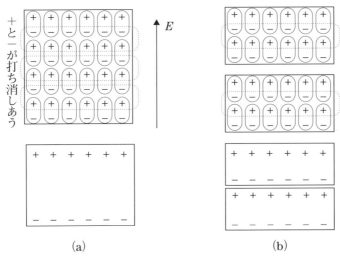

図 5-2　分極のしくみ

電気双極子は章末問題3 **8** でも紹介したが，図 5-3 のように $+Q$ と $-Q$ [C] の電荷が距離 l [m] で置かれたもので，双極子の大きさ

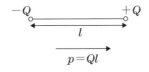

図 5-3　電気双極子モーメント

第5章 誘電体

は次式で定義する**電気双極子モーメント**で表す.

$$p = Ql \ [\text{C·m}] \tag{5-12}$$

双極子モーメントはベクトルで，図 5-3 に示すように，負電荷から正電荷に向かう方向を有する．

分極の大きさは $1 \ \text{m}^3$ あたりの電気双極子モーメントとして定義される．したがって体積 $V \ [\text{m}^3]$ の誘電体の電気双極子モーメントが $p \ [\text{C·m}]$ であれば，分極 P は

$$P = \frac{p}{V} \ [\text{C/m}^2] \tag{5-13}$$

＜例題 5-5＞ 例題 5-2 の続きである．分極電荷密度が $\sigma_p \ [\text{C/m}^2]$ のとき．次の問に答えよ．
(1) 誘電体の電気双極子モーメントを計算せよ．
(2) 誘電体の分極を計算せよ．
(3) 電束密度と分極の関係を導け．

＜解答＞ (1) 誘電体板の表面の電荷は $Q = \sigma_p \times S$. $+Q$ と $-Q$ の間の距離は板の厚さ d であるから，双極子モーメントは式 (5-12) より $p = Qd = \underline{\sigma_p \times Sd} \ [\text{C·m}]$.

(2) 体積は $V = Sd$ であるから，分極は式 (5-13) より $P = \frac{p}{V} = \frac{\sigma_p Sd}{Sd} = \underline{\sigma_p} \ [\text{C/m}^2]$．分極の方向と垂直な面に現れた分極電荷は分極の大きさに等しいことがわかる．

(3) (2) の結果および式 (5-7) より，$P = \sigma_p = \varepsilon_0 (\varepsilon_r - 1) E = \varepsilon_0 \varepsilon_r E - \varepsilon_0 E = D - \varepsilon_0 E$. したがって

$$\underline{D = \varepsilon_0 E + P} \ [\text{C/m}^2]. \tag{5-14}$$

5-5 誘電体の境界面における電界および電束密度

誘電体の境界面で電界や電束密度がどのように変化するかを考えるためのルールを理解するのが，この節の目的である．

<例題5-6> 図5-4に示すように，厚さ d [m]，誘電率 $\varepsilon_1, \varepsilon_2$ [F/m]，面積 S_1, S_2 [m²] の2個の誘電体ⅠとⅡを電極ではさんで平行平板コンデンサを作った．誘電体の境界面は電極の面と垂直である．このコンデンサに V [V] の電圧を加えた．次の問に答えよ．

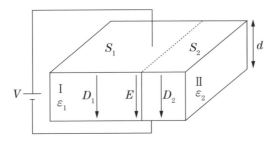

図5-4 境界面が電界と平行な2種類の誘電体における電界と電束密度

(1) それぞれの誘電体の中の電界と電束密度を計算せよ．
(2) コンデンサに蓄えられている電荷を計算せよ．
(3) このコンデンサの静電容量を計算せよ．

<解答> (1) どちらの誘電体にも同じ電圧が加わっているので，電界はどちらの誘電体でも同じである．$E = \dfrac{V}{d}$ [V/m]．式（5-5）より電束密度は $D_1 = \varepsilon_1 E = \varepsilon_1 \dfrac{V}{d}$, $D_2 = \varepsilon_2 E = \varepsilon_2 \dfrac{V}{d}$ [C/m²]．

(2) 電束の性質（4）より，誘電体Ⅰと接している電極の電荷

第5章　誘電体

密度は $\sigma_1 = D_1 = \varepsilon_1 \dfrac{V}{d}$，誘電体IIと接している電極の電荷密度は $\sigma_2 = D_2 = \varepsilon_2 \dfrac{V}{d}$．コンデンサに蓄えられている電荷は電極の電荷であるから，

$$Q = \sigma_1 S_1 + \sigma_2 S_2 = \varepsilon_1 \frac{V}{d} S_1 + \varepsilon_2 \frac{V}{d} S_2 = (\varepsilon_1 S_1 + \varepsilon_2 S_2)\frac{V}{d} \,[\mathrm{C}].$$

(3)　$C = \dfrac{Q}{V} = \dfrac{\varepsilon_1 S_1}{d} + \dfrac{\varepsilon_2 S_2}{d} \,[\mathrm{F}].$ 　　　　　　　　　　(5-15)

式 (5-15) は，誘電体IとIIの境界面でコンデンサを切断して，それらの2個のコンデンサを並列に接続したときの静電容量に等しい．

<例題 5-7>　図 5-5 に示すように，厚さ d_1, d_2 [m]，誘電率 ε_1, ε_2 [F/m]，面積 S [m^2] の2個の誘電体IとIIを電極ではさんで平行平板コンデンサを作った．誘電体の境界面は電極の面と平行である．このコンデンサに Q [C] の電荷を蓄えた．次の問に答えよ．

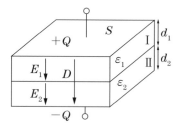

図 5-5　境界面が電界と垂直な2種類の誘電体における電界と電束密度

(1)　それぞれの誘電体の中の電界と電束密度を計算せよ．
(2)　電極の間の電圧を計算せよ．
(3)　このコンデンサの静電容量を計算せよ．

誘電体の境界面における電界および電束密度

<解答> (1) 電束密度は電極の電荷密度と等しいので，$D = \sigma = \dfrac{Q}{S}$ [C/m²]．誘電体の表面および境界面の分極電荷は電束密度に影響を与えないので，両誘電体の電束密度は同じである．式 (5-5) より電界は $E_1 = \dfrac{D}{\varepsilon_1} = \dfrac{Q}{\varepsilon_1 S}$, $E_2 = \dfrac{D}{\varepsilon_2} = \dfrac{Q}{\varepsilon_2 S}$ [V/m]．

(2) $V = E_1 d_1 + E_2 d_2 = \dfrac{Q}{\varepsilon_1 S} d_1 + \dfrac{Q}{\varepsilon_2 S} d_2 = \left(\dfrac{d_1}{\varepsilon_1} + \dfrac{d_2}{\varepsilon_2} \right) \dfrac{Q}{S}$ [V]．

(3) $C = \dfrac{Q}{V} = \dfrac{1}{\dfrac{d_1}{\varepsilon_1 S} + \dfrac{d_2}{\varepsilon_2 S}}$ [F]． (5-16)

式 (5-16) は，誘電体ⅠとⅡのそれぞれに電極をつけて 2 個のコンデンサとし，それらを直列に接続したときの静電容量に等しい．

<例題 5-8> 図 5-6 に示すように，誘電率 ε_1, ε_2 [F/m] の 2 個の誘電体ⅠとⅡがある．誘電体Ⅰの中では電界 E_1 [V/m] が境界面に対して θ_1 の角度である．誘電体Ⅱの中における電界の大きさと向きを計算せよ．

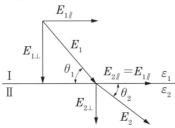

図 5-6 境界面が電界と斜めな 2 種類の誘電体における電界と電束密度

<解答> 例題 5-6 と例題 5-7 から重要な関係が示唆されている.すなわち,

(a) 電界が境界面と**平行**な場合は,境界面の両側の**電界**は互いに等しい.

(b) 電界が境界面と**垂直**な場合は,境界面の両側の**電束密度**は互いに等しい.

この関係を用いて本題を解く.最初に電界 E_1 の境界面と平行な成分 $E_{1\parallel}$ および境界面と垂直な成分 $E_{1\perp}$ を計算する.

$$E_{1\parallel} = E_1 \cos\theta_1, \quad E_{1\perp} = E_1 \sin\theta_1 \tag{5-17}$$

上の (a) の関係から,誘電体 II の電界の境界面と平行な成分 $E_{2\parallel}$ は $E_{1\parallel}$ と等しい.また,(b) より電束密度の境界面と垂直な成分 $D_{2\perp} = \varepsilon_2 E_{2\perp}$ は $D_{1\perp} = \varepsilon_1 E_{1\perp}$ と等しい.したがって

$$E_{2\parallel} = E_{1\parallel} = E_1 \cos\theta_1 \tag{5-18a}$$

$$E_{2\perp} = \frac{\varepsilon_1}{\varepsilon_2} E_{1\perp} = \frac{\varepsilon_1}{\varepsilon_2} E_1 \sin\theta_1 \tag{5-18b}$$

よって,E_2 の大きさおよび E_2 と境界面の間の角度は次の通りである.

$$E_2 = \sqrt{E_{2\parallel}^2 + E_{2\perp}^2} = E_1 \sqrt{\cos^2\theta_1 + \left(\frac{\varepsilon_1}{\varepsilon_2}\right)^2 \sin^2\theta_1} \quad [\text{V/m}] \tag{5-19a}$$

$$\theta_2 = \tan^{-1}\frac{E_{2\perp}}{E_{2\parallel}} = \tan^{-1}\frac{\varepsilon_1 \sin\theta_1}{\varepsilon_2 \cos\theta_1} = \tan^{-1}\left(\frac{\varepsilon_1}{\varepsilon_2}\tan\theta_1\right). \tag{5-19b}$$

5-6 静電エネルギー

4-6 節で導出した,コンデンサに蓄えられるエネルギーについて考える.式 (4-33) に式 (5-3) を代入し,電圧が $V = Ed$ であることを考慮すると次式が得られる.

$$W = \frac{1}{2}CV^2 = \frac{1}{2}\frac{\varepsilon S}{d}(Ed)^2 = \frac{1}{2}\varepsilon E^2 \times Sd \,[\text{J}] \tag{5-20}$$

ここで Sd が電極の間の誘電体の体積であることに注目すると，式（5-20）は誘電体の $1\,\text{m}^3$ あたりに

$$w_e = \frac{1}{2}\varepsilon E^2 = \frac{1}{2}ED = \frac{D^2}{2\varepsilon}\,[\text{J/m}^3] \tag{5-21}$$

のエネルギーが蓄えられていることを意味する．コンデンサの中に限らず，電界の存在する空間には常に式（5-21）で表される**静電エネルギー**が存在している．

5-7　仮想変位法による力の計算

図 **5-7** に示すように，電荷が蓄えられている平行平板コンデンサの中の電界が $E\,[\text{V/m}]$ である．電極の間に働いている引力 $F\,[\text{N}]$ が，電極の間を dx だけ縮めたと仮定すると，そのための仕事は

$$dW_F = Fdx \,[\text{J}] \tag{5-22}$$

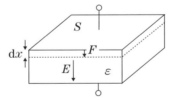

図 **5-7**　仮想変位

一方，電極の間が dx だけ縮まることによって，電極の間の体積が Sdx だけ減少する．コンデンサは電池から切り離されて電荷は変化しない，と仮定すると電極の間の電界も変化しない．（この仮定がなくても同じ結果が得られるが，考え方が複雑）したがって，電極の間に蓄えられる静電エネルギーの変化分は

第5章 誘電体

$$dW_e = -\frac{1}{2}\varepsilon E^2 \times S dx \,[\text{J}] \tag{5-23}$$

マイナスの記号はエネルギーが減少していることを表している。このときコンデンサにエネルギーの流入がないので，エネルギー保存則に注目すると，コンデンサに蓄えられているエネルギーの変化分 dW_e と力 F がした仕事 dW_F の和は 0 でなければならない。すなわち

$$dW_F + dW_e = 0 \tag{5-24}$$

式 (5-22)，式 (5-23) を式 (5-24) に代入すると

$$F dx - \frac{1}{2}\varepsilon E^2 \times S dx = 0 \tag{5-25}$$

よって

$$F = \frac{dW_F}{dx} = -\frac{dW_e}{dx} = \frac{1}{2}\varepsilon E^2 \times S \,[\text{N}]. \tag{5-26}$$

式 (5-26) より電極の $1\,\text{m}^2$ あたりに $\dfrac{\varepsilon E^2}{2}\,[\text{Pa}]$ の力が働くことがわかる。このことは章末問題 2 **28** (2) の結果と一致する。

＜例題 5-9＞ 例題 5-7 の状況において，誘電体ⅠとⅡの境界面の $1\,\text{m}^2$ に働く力を計算せよ。

＜解答＞ 図 5-8 に示すように，境界面が誘電体ⅡからⅠの方へ dx だけ移動すると仮定する。境界面に働く力 F も誘電体ⅡからⅠへ向かう方向であれば，F のする仕事は次式で表される。

$$dW_F = F dx \,[\text{J}] \tag{5-27}$$

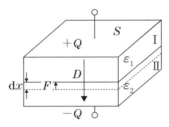

図 5-8 仮想変位による電界と垂直な境界面に作用する力の計算

また，このとき電極の間に蓄えられる静電エネルギーの変化分は，式 (5-21) を用いて次のように表すことができる．

$$dW_e = \left(\frac{D^2}{2\varepsilon_2} - \frac{D^2}{2\varepsilon_1}\right) \times S dx = \frac{D^2}{2}\left(\frac{1}{\varepsilon_2} - \frac{1}{\varepsilon_1}\right) \times S dx \ [\text{J}] \quad (5\text{-}28)$$

したがって，力 F は次のように得られる．

$$F = -\frac{dW_e}{dx} = \frac{D^2}{2}\left(\frac{1}{\varepsilon_1} - \frac{1}{\varepsilon_2}\right) \times S \ [\text{N}] \quad (5\text{-}29)$$

よって，境界面の $1\,\text{m}^2$ あたりに働く力は次式となる．

$$\frac{F}{S} = \frac{D^2}{2}\left(\frac{1}{\varepsilon_1} - \frac{1}{\varepsilon_2}\right) \ [\text{Pa}]. \quad (5\text{-}30)$$

式 (5-29) から，$\varepsilon_2 > \varepsilon_1$ のとき F は正であり，力の向きは誘電体 II から I へ向かう．反対に $\varepsilon_1 > \varepsilon_2$ のときは F は負であり，力の向きは誘電体 I から II へ向かう方向であることがわかる．結局，誘電体の境界面は**誘電率の大きい方から小さい方へ向かって力を受ける**ことがわかる．

<例題 5-10> 例題 5-6 の状況において，誘電体 I と II の境界面の $1\,\text{m}^2$ に働く力を計算せよ．ただし，電極および誘電体の寸法は図 5-9 の通りである．

第5章　誘電体

<解答>　境界面に電荷は存在しないし，境界面と電界は平行….それでも境界面に力が作用する？　仮想変位法の本領発揮！

図5-9に示すように，境界面が誘電体IIからIの方へdxだけ移動すると仮定する．境界面に働く力Fも誘電体IIからIへ向かう方向であれば，Fのする仕事は次式で表される．

$$dW_F = Fdx \text{ [J]}. \tag{5-31}$$

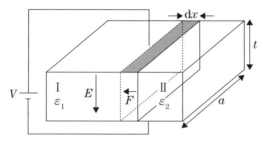

図 5-9　仮想変位による電界と平行な境界面に作用する力の計算

また，このとき電極の間に蓄えられる静電エネルギーの変化分は，式(5-21)を用いて次のように表すことができる．

$$dW_e = \left(\frac{\varepsilon_2 E^2}{2} - \frac{\varepsilon_1 E^2}{2}\right) \times at\,dx$$

$$= (\varepsilon_2 - \varepsilon_1)\frac{E^2}{2} \times at\,dx \text{ [J]} \tag{5-32}$$

式(5-32)は，境界面が移動しても電界は変わらないと仮定して導いている．すなわちコンデンサは電池に接続されたままで，電圧が一定に保たれている．そして電池から電荷dQとエネルギーdW_Qが流入していることに注意しなければならない．この場合，静電エネルギーを変化させたのはdW_FのみならずdW_Qも含まれてしまう．したがって，エネルギー保存則の式(5-24)は次のように変わる．

$$dW_F + dW_e = dW_Q \tag{5-33}$$

したがって，力Fは次のように得られる．

仮想変位法による力の計算

$$F = \frac{dW_F}{dx} = -\frac{dW_e - dW_Q}{dx} \; [\text{N}]. \tag{5-34}$$

それでは dW_Q を計算するために dQ の計算をしよう．境界面の移動によって，電極の帯状の部分（図5-9に示す幅 dx の部分）の電荷密度が次のように変化する．（例題5-2 (2) 参照）

$$d\sigma = (\varepsilon_2 - \varepsilon_1) E \; [\text{C/m}^2]$$

したがって

$$dQ = d\sigma \times adx = (\varepsilon_2 - \varepsilon_1) E a dx \; [\text{C}]$$

電圧 V で dQ を充電すると，電池からコンデンサに供給されるエネルギーは

$$dW_Q = V dQ = Et \times (\varepsilon_2 - \varepsilon_1) E a dx = (\varepsilon_2 - \varepsilon_1) E^2 a t dx \; [\text{J}] \tag{5-35}$$

式 (5-34) に式 (5-32)，式 (5-35) を代入することによって次式が得られる．

$$F = -\frac{dW_e - dW_Q}{dx} = (\varepsilon_2 - \varepsilon_1) \frac{E^2}{2} \times at \; [\text{N}] \tag{5-36}$$

よって境界面の $1\,\text{m}^2$ あたりに働く力は次式となる．

$$\frac{F}{at} = (\varepsilon_2 - \varepsilon_1) \frac{E^2}{2} \; [\text{Pa}]. \tag{5-37}$$

式 (5-36) から，$\varepsilon_2 > \varepsilon_1$ のとき F は正であり，力の向きは誘電体 II から I へ向かう．反対に $\varepsilon_1 > \varepsilon_2$ のときは F は負であり，力の向きは誘電体 I から II へ向かう方向であることがわかる．結局，電界が境界面と平行な場合でも垂直な場合でも，誘電体の境界面は**誘電率の大きい方から小さい方へ向かって力を受ける**ことがわかる．

第5章 誘電体

章末問題5

1 面積 $S = 10 \text{ cm}^2$，厚さ $d = 0.5 \text{ mm}$ の誘電体に電極を付けて平行平板コンデンサを作った．静電容量を測定したところ $C = 750 \text{ pF}$ であった．誘電体の比誘電率を計算せよ．（★）

2 比誘電率 $\varepsilon_r = 2.1$，厚さ $d = 15 \text{ μm}$ の食品用ラップを同じ面積のアルミホイルではさんで平行平板コンデンサを作った．ラップとアルミホイルの間に隙間がないとして次の問に答えよ．

(1) $C = 0.03 \text{ μF}$ のコンデンサを作るのに必要な面積を計算せよ．（★）

(2) このコンデンサに $V = 480 \text{ V}$ の電圧を加えたら，絶縁破壊を起こした．このとき，ラップの中の電界を計算せよ．（★）

3 ポリエチレンの比誘電率は $\varepsilon_r = 2.3$，絶縁耐力 $E_m = 20 \text{ kV/mm}$ である．ポリエチレンのフィルムに同じ面積の電極を設け，静電容量 $C = 0.02 \text{ μF}$，耐圧 $V_m = 300 \text{ V}$ の平行平板コンデンサを作りたい．そのために必要なフィルムの面積と厚さを計算せよ．（ただし，絶縁耐力および耐圧は絶縁体（誘電体）に加えることのできる最大の電界および電圧である．これを超えると，絶縁破壊を起こす．すなわち絶縁体に電流が流れ，通常はその熱により絶縁体が変質する．）（★）

4 真空中で，面積 $S = 2 \text{ m}^2$ の電極を間隔 $d = 0.5 \text{ mm}$ で向かい合わせた平行平板コンデンサに電圧を加え，電極間の電界を $E = 20 \text{ kV/m}$ にした．次の問に答えよ．

(1) 電極間が真空のとき，正電極の電荷密度を計算せよ．（★）

(2) 電圧を一定に保ったまま，比誘電率 $\varepsilon_r = 3$ の誘電体を電極の間にはさむとき，正電極の電荷密度（真電荷密度）および誘電体の表面の電荷密度（分極電荷密度）を計算せよ．（★）

(3) 電極の間が真空のときと，誘電体で満たしたときの静電容量をそれぞれ計算せよ．（★）

5 面積 $S = 0.5 \text{ m}^2$ の 2 枚の電極で厚さ $d = 1.5 \text{ mm}$，比誘電率 $\varepsilon_r = 5$ の誘電体をはさんだ平行平板コンデンサに $Q = 3 \text{ μC}$ の電荷を蓄えた．次の問に答えよ．

(1) 誘電体の中の電束密度を計算せよ．（★）
(2) 電極間の電界と電圧を計算せよ．（★）
(3) 負電極に接している誘電体の表面に現れる分極電荷密度を計算せよ．（★）
(4) 誘電体の分極の大きさと電気双極子モーメントを計算せよ．（★）
(5) 電極の間が真空のときと，誘電体で満たしたときの静電容量をそれぞれ計算せよ．（★）

6 図 **5-10** に示すような誘電体が，長さ $c, d \text{ [m]}$ の辺と平行に分極している．分極の大きさは $P \text{ [C/m}^2\text{]}$ である．次の問に答えよ．

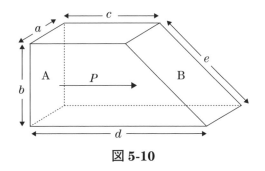

図 5-10

(1) 断面 A と B の電荷密度をそれぞれ計算せよ．（★★）
(2) この誘電体の電気双極子モーメントを計算せよ．（★）

第5章　誘電体

7 図5-11に示すように，電極の面積が$S = 0.5 \text{ m}^2$の平行平板コンデンサに，比誘電率$\varepsilon_{r_1} = 2$，厚さ$d_1 = 2 \text{ mm}$および比誘電率$\varepsilon_{r_2} = 4$の2種類の誘電体が電極と平行に挿入されている．このコンデンサに$V = 12 \text{ V}$の電圧を印加したところ，$Q = 3 \times 10^{-8} \text{ C}$の電荷が蓄えられた．次の問に答えよ．

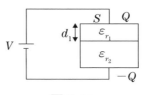

図5-11

(1) コンデンサの静電容量を計算せよ．（★）
(2) 電束密度を計算せよ．（★）
(3) 比誘電率がε_{r_1}の誘電体の電界を計算せよ．（★）
(4) 比誘電率がε_{r_2}の誘電体の電界を計算せよ．（★）
(5) 比誘電率がε_{r_2}の誘電体の厚さを計算せよ．（★★）

8 面積$S = 0.2 \text{ m}^2$の電極の間に同じ面積，厚さ$t = 1 \text{ mm}$，比誘電率$\varepsilon_r = 5$の誘電体を挿入したところ，一方の電極と誘電体の間に均一な隙間ができた．この平行平板コンデンサの静電容量が$C = 6 \times 10^{-9} \text{ F}$であるとき，隙間の大きさを計算せよ．またこのコンデンサに$V = 3 \text{ kV}$の電圧を加えているときの，隙間の中と誘電体の中の電界を計算せよ．（★★）

9 厚さ$d = 0.5 \text{ mm}$，面積$S = 1.5 \text{ m}^2$の誘電体の板を，同じ面積の2枚の金属の板ではさむことによって，$C = 6 \times 10^{-8} \text{ F}$の静電容量を有する平行平板コンデンサを作った．このコンデンサに$V = 50 \text{ V}$の電圧を加えた場合について，次の問に答えよ．

(1) コンデンサに蓄えられている電荷を計算せよ．（★）
(2) 誘電体の中の電界を計算せよ．（★）

(3) 誘電体の誘電率を計算せよ．（★）

(4) 空気中において，加える電圧を $V = 50$ V に維持しながら誘電体を図 **5-12** のように半分だけ引き抜いたとき，コンデンサに蓄えられる電荷を計算せよ．ただし，金属板の間隔は変わらないとする．（★★）

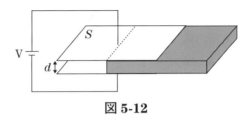

図 **5-12**

10 食塩の中ではナトリウムイオンと塩素イオンが $r = 0.282$ nm (0.282×10^{-9} m) の距離にある．食塩が真空中にあるときと水中にあるときのそれぞれについて，両イオンの間に働く力を計算せよ．ただし，ナトリウムイオンと塩素イオンの電荷は，それぞれ $+e$，$-e$ ($e = 1.6 \times 10^{-19}$ C)．また，水は連続体で比誘電率 $\varepsilon_r = 80$ として計算せよ．（★）

11 面積が $S = 0.3$ m^2 の 2 枚の電極を向かい合わせた平行平板コンデンサに，電極の間隔と等しい厚さ，比誘電率が $\varepsilon_r = 2.5$ の誘電体を挿入したところ，静電容量が 2 倍になった．この誘電体を挿入した面積を計算せよ．（★★）

12 面積が $S = 0.5$ m^2 の 2 枚の電極を向かい合わせた平行平板コンデンサに，電極の間隔と等しい厚さ，比誘電率 $\varepsilon_r = 1.5$ の誘電体を挿入したところ，誘電体の中に蓄えられるエネルギーと電極の間の空気の部分に蓄えられるエネルギーが等しくなった．誘電体を挿入した面積を計算せよ．（★★）

13 間隔 $d = 3$ mm で 2 枚の電極を向かい合わせた平行平板コンデンサに，電極と同じ面積，比誘電率 $\varepsilon_r = 1.5$ の誘電体を挿入したところ，誘電体の中に蓄えられるエネルギーと電極と誘電体の間の空気

第5章 誘電体

の部分に蓄えられるエネルギーが等しくなった．誘電体の厚さを計算せよ．（★★）

14 電極の間が真空の静電容量 $C_0 = 2\,\mu\mathrm{F}$ のコンデンサに $V = 3\,\mathrm{kV}$ の電圧を加える．次の問に答えよ．

(1) このコンデンサを電池に接続した状態で，電極の間を比誘電率 $\varepsilon_r = 5$ の誘電体で満たすとき，コンデンサに蓄えられるエネルギーの差を計算せよ．（★）

(2) コンデンサを電池から切り離して，電極の間を同じ誘電体で満たすとき，コンデンサに蓄えられるエネルギーの差を計算せよ．（★★）

15 半径 $a = 10\,\mathrm{cm}$ の導体球の外側を比誘電率 $\varepsilon_r = 3$ の誘電体が一様な厚さ $t = 2\,\mathrm{cm}$ で覆っている．導体球が $Q = 5\,\mu\mathrm{C}$ の電荷を有するとき，次の問に答えよ．

(1) 誘電体の外側の表面の電荷密度を計算せよ．（★★）

(2) 導体球の電位を計算せよ．（★★）

(3) 導体球と誘電体の境界面に働く圧力の大きさと向きを計算せよ．（★★★）

(4) 誘電体の表面に働く圧力の大きさと向きを計算せよ．（★★★）

16 図 **5-13** に断面を示すような同軸円筒導体の間が2種類の誘電体 I, II（誘電率 ε_1, ε_2 [F/m]）で同軸円筒状に満たされている．半径 a [m] の内側の導体の長さ1mあたりに Q [C/m]，内半径 c [m] の外側の導体の長さ1mあたりに $-Q$ の電荷を与える．次の問に答えよ．

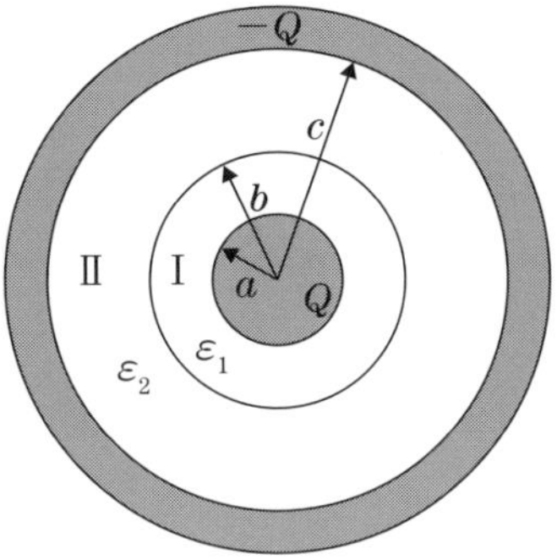

図 5-13

(1) 中心軸から r [m] の位置の電界を計算せよ．(★)

(2) 内側と外側の導体の表面，および誘電体の境界面における電荷密度を計算せよ．(★★)

(3) 内側と外側の導体の間の電圧を計算せよ．(★★)

(4) 長さ 1 m あたりの静電容量を計算せよ．(★)

(5) 内側と外側の導体の表面，および誘電体の境界面に働く力（面積 1 m² あたり）を計算せよ．(★★★)

17 図 5-14 に断面を示すように，同軸円筒導体の中が 2 種類の誘電体 I，II（誘電率 ε_1，ε_2 [F/m]）で満たされている．半径 a [m] の内側の導体の長さ 1 m あたりに Q [C/m]，内半径 b [m] の外側の導体の長さ 1 m あたりに $-Q$ の電荷を与える．次の問に答えよ．

第 5 章 誘電体

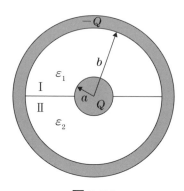

図 5-14

(1) 中心軸から r [m] の位置の電界および誘電体Ⅰ, Ⅱと接している, 内側の導体の表面における電荷密度をそれぞれ計算せよ. (★★)

(2) 内側と外側の導体の間の電圧を計算せよ. (★★)

(3) 長さ 1 m あたりの静電容量を計算せよ. (★)

18 間隔 $t = 0.1$ mm, 面積 $S = 8$ m^2（縦 $a = 2$ m, 横 $b = 4$ m）の平行平板コンデンサの電極の間に, 厚さ t, 比誘電率が $\varepsilon_r = 3$ の誘電体を挿入して電圧を加えたとき, 静電容量が $C = 0.30$ μF, 電極の間の電界が $E = 20$ kV/m になった. 次の問に答えよ.

(1) 誘電体と接している電極の表面および誘電体と接していない電極の表面の電荷密度 σ と σ_0 をそれぞれ計算せよ. (★★)

(2) 電圧を一定に保って, 誘電体を図 5-15 のようにさらに dx [m] だけ電極の間に押し込むとき, 電池からコンデンサに流れ込む電荷およびエネルギーを計算せよ. (★★)

章末問題 5

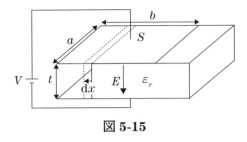

図 5-15

(3) このときコンデンサに蓄えられているエネルギーの変化分を計算せよ．（★★）

(4) 誘電体に働く力の大きさと向きを計算せよ．（★★）

19 比誘電率 $\varepsilon_{r_1}=2$ と比誘電率 $\varepsilon_{r_2}=6$ の誘電体 I，II が平面の境界面で接している．誘電体 I における電束密度の境界面と平行な成分と垂直な成分が，それぞれ $D_{1\parallel}=8.66\times10^{-8}$ C/m^2，$D_{1\perp}=1.5\times10^{-7}$ C/m^2 であるとき，次の問に答えよ．

(1) 誘電体 I における電界の大きさを計算せよ．（★★）

(2) 誘電体 II における電束密度の境界面と平行な成分 $D_{2\parallel}$ および境界面と垂直な成分 $D_{2\perp}$ 計算せよ．（★★）

(3) 誘電体 II における電束密度の大きさを計算せよ．（★）

(4) 誘電体 II における電束密度と境界面の間の角度を計算せよ．（★）

20 真空中に置かれた半径 a [m] の導体球に無限の距離から電荷を運ぶ．次の問に答えよ．

(1) 導体球の電荷が q [C] のとき，さらに dq の微小電荷を無限から運ぶのに要するエネルギーを計算せよ．（★★）

(2) 導体球の電荷が Q [C] になるまで無限から電荷を運ぶのに要するエネルギーを計算せよ．（★★）

(3) 導体球の電荷が Q [C] のとき，導体球の周りの空間に蓄えられているエネルギーを計算せよ．（★★★）

第6章　電流

　電流は電荷の流れである．電流は熱や光を発生させるばかりでなくコンピュータや通信機器などに含まれる電気・電子回路の中でも重要な役割を果たしている．さらに次章以降で説明するが，電流は磁気や電波を発生させる働きもある．

　アンペアの単位とともに多くの人に親しまれている電流であるが，本章で電流の本質を学習しよう．

第6章　電流

☆この章で使う基礎事項☆

基礎 6-1　電力とエネルギー

　エレベータが電気エネルギーで動いていることは言うまでもないことである．エレベータを2倍の高さまで上げるには2倍のエネルギーが必要であることも言うまでもないことであろう．

　それでは同じ高さを半分の時間で（2倍の速度で）上げるときはどうであろう？　高さが同じなので，必要なエネルギー（仕事量）は同じ W [J] であるが，半分の時間（$\frac{t}{2}$ [s]）で同じ仕事をしなければならないので，仕事率は t 秒間で上げる場合の仕事率 P の2倍 $\left(\dfrac{W}{t/2} = 2\dfrac{W}{t} = 2P\ [\mathrm{W}]\right)$ となる．電気の仕事率を電力と言う．

電流

6-1 電流

図 6-1 に示すように**電流**が流れているとき，導線の中を電荷が移動している．電荷が正であれば，電荷の移動方向と電流の方向は同じ，電荷が負であれば，電荷の移動方向と電流の方向は反対である．また**電流の大きさは電流の方向と垂直な断面を 1 秒間に通過する電荷の量**である．単位は [C/s] = **アンペア** [A] である．

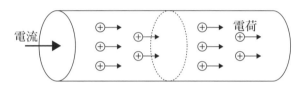

図 6-1 電流の定義

<例題 6-1> 導線の中を右向きに 5 A の電流が流れているとき，導線の断面を 3 ms の間に通過する電子の数および電子の移動する向きを答えよ．

<解答> 導線の断面を $\Delta t = 3$ ms の間に通過する電荷の量は
$$Q = I\Delta t = 5 \times 3 \times 10^{-3} = 1.5 \times 10^{-2} \,\mathrm{C}. \tag{6-1}$$
この電荷に相当する電子の数は
$$N = \frac{Q}{e} = \frac{1.5 \times 10^{-2}}{1.6 \times 10^{-19}} = \underline{9.38 \times 10^{16}} \text{個}. \tag{6-2}$$
電子は負の電荷を有するので，電子の進行方向と電流の方向は反対．したがって，電子の移動する向きは<u>左向き</u>．

第 6 章　電流

6-2　抵抗とオームの法則

導体に加える電圧 V [V] と電流 I [A] は比例し，次式で表される．

$$V = RI \text{ [V]} \tag{6-3}$$

ここで比例定数 R は導体の**電気抵抗**で単位は**オーム** [Ω] である．式 (6-3) を**オームの法則**という．また式 (6-3) は次のように書くことも出来る．

$$I = GV \text{ [A]} \tag{6-4}$$

ここで $G = \dfrac{1}{R}$ は**コンダクタンス**で単位は**ジーメンス** [S] である．

> **＜例題 6-2＞**　導体に 1.5 V の電圧を加えたとき 10 mA の電流が流れた．導体の抵抗とコンダクタンスを計算せよ．

＜解答＞　式 (6-3) より，抵抗は $R = \dfrac{V}{I} = \dfrac{1.5}{10 \times 10^{-3}} = \underline{150 \text{ Ω}}$，コンダクタンスは $G = \dfrac{1}{R} = \dfrac{1}{150} = \underline{6.67 \times 10^{-3} \text{ S}}$．

6-3　抵抗の接続

6-3-1　直列接続

図 **6-2** に示すように 3 個の抵抗を直列に接続したときの合成抵抗を導出する．直列接続の場合は，A 端子から電流が流れ込むと，すべての抵抗に等しい電流 I [A] が流れる．このとき，各抵抗に加わる電圧は次のようになる．

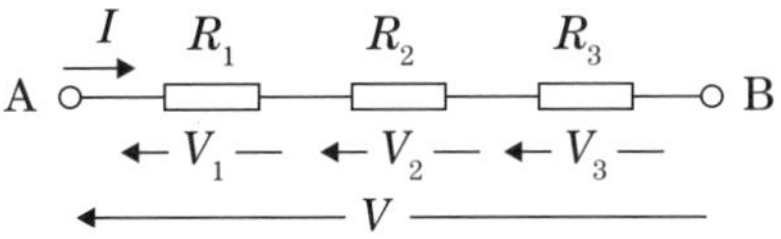

図 6-2 抵抗の直列接続

$$V_1 = R_1 I, \ V_2 = R_2 I, \ V_3 = R_3 I \ [\mathrm{V}] \tag{6-5}$$

端子 AB 間の電圧は，

$$V = V_1 + V_2 + V_3 = (R_1 + R_2 + R_3) I \ [\mathrm{V}]. \tag{6-6}$$

よって，合成抵抗は次のように，各抵抗の和となる．

$$R = \frac{V}{I} = R_1 + R_2 + R_3 \ [\Omega] \tag{6-7}$$

6-3-2 並列接続

図 6-3 に示すように 3 個の抵抗を並列に接続したときの合成抵抗を導出する．並列接続の場合は，すべての抵抗に等しい電圧 $V \ [\mathrm{V}]$ が加わる．このとき，各抵抗に流れる電流は次のようになる．

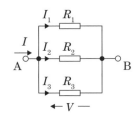

図 6-3 抵抗の並列接続

$$I_1 = \frac{V}{R_1} = G_1 V, \ I_2 = \frac{V}{R_2} = G_2 V, \ I_3 = \frac{V}{R_3} = G_3 V \ [\mathrm{A}] \tag{6-8}$$

A 端子から流れ込んだ電流は，

$$I = I_1 + I_2 + I_3 = \left(\frac{1}{R_1} + \frac{1}{R_2} + \frac{1}{R_3} \right) V$$

第6章 電流

$$= (G_1 + G_2 + G_3)V \ [\text{A}]. \tag{6-9}$$

よって，次のように合成抵抗の逆数は各抵抗の逆数の和，合成コンダクタンスは各コンダクタンスの和となる．

$$\frac{1}{R} = \frac{1}{R_1} + \frac{1}{R_2} + \frac{1}{R_3} \ [\text{S}] \tag{6-10a}$$

$$G = G_1 + G_2 + G_3 \ [\text{S}] \tag{6-10b}$$

6-4 ジュールの法則

抵抗に電流を流すと電気エネルギーが消費されて熱が発生することが知られ，電球や電熱器などに応用されている．この熱を**ジュール熱**といい，抵抗 $R\ [\Omega]$ に電流 $I\ [\text{A}]$ を流したときに1秒間に発生する熱は次式の**ジュールの法則**で表される．

$$P = I^2 R \ [\text{W}] \tag{6-11}$$

この法則は経験則であるが，次のように理論的に確認できる．図 **6-4** に示すような電気回路において，抵抗 R に電流 I を流すために，オームの法則により $V = RI\ [\text{V}]$ の電圧を加える．したがって，電荷 ΔQ が抵抗を通過すると，電荷の位置エネルギーは

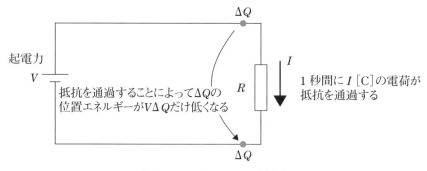

図 **6-4** ジュールの法則

$$\Delta W = V\Delta Q \tag{6-12}$$

だけ下がる．この電気エネルギーの減少分が抵抗の中で熱に変わる．一方，電流 I が流れているとき電流の定義により，抵抗を1秒間に I [C] の電荷が通過する．以上のことより，1秒間に発生する熱エネルギーは，式 (6-12) の ΔQ を I に置き換えることによって次のように得られる．

$$P = VI = IR \times I = I^2 R = \frac{V^2}{R} \quad [\text{W}] \tag{6-13}$$

電池は電荷 ΔQ の電位を上げ，電荷に $\Delta W = V\Delta Q$ の位置エネルギーを与える．このときの電圧 V を**起電力**という．

1秒間あたりに供給または消費される電気エネルギーを**電力**といい，単位は**ワット** [W] = [J/s] である．電力と時間の積はエネルギーで**電力量**といい，単位は**ワット時** [Wh] である．

6-5　抵抗率と導電率

2本の等しい導体を**図 6-5(a)** に示すように接続する．これは直列接続に相当し，合成抵抗は2倍になる．また**図 6-5(a)** は2倍の長さの導体と同等である．したがって，抵抗は導体の長さに比例することがわかる．次に，2本の等しい導体を**図 6-5(b)** のように接続すると，これは並列接続に相当し，合成抵抗は $\frac{1}{2}$ 倍になる．図 6-5(b) は2倍の断面積の導体と同等である．したがって，抵抗は導体の断面積に反比例することがわかる．よって抵抗 R [Ω] と導体の長さ l [m]，断面積 S [m^2] の間には次の関係がある．

$$R = \rho \frac{l}{S} \quad [\Omega] \tag{6-14a}$$

ここで ρ は**抵抗率**あるいは**固有抵抗**といい，寸法に関係なく導体の

第6章 電流

図 6-5　導体の断面積および長さと抵抗との関係

種類のみによって決まる定数である．単位は $[\Omega\cdot\mathrm{m}]$ である．ρ の逆数 $\sigma = \dfrac{1}{\rho}$ を**導電率**あるいは**電気伝導度**といい，単位は $[\mathrm{S/m}]$ である．σ を用いるとコンダクタンスは次のように表すことができる．

$$G = \frac{1}{R} = \frac{1}{\rho}\frac{S}{l} = \sigma\frac{S}{l} \quad [\mathrm{S}] \tag{6-14b}$$

6-6　電流密度と再びオームの法則

図 6-6 に示すように，導線の中を電流が流れているとき，電流の方向と垂直な断面の $1\,\mathrm{m}^2$ を 1 秒間に通過する電荷の量を**電流密度**といい，単位は $[\mathrm{A/m}^2]$ である．

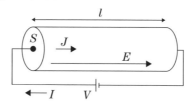

図 6-6　導体の形状や寸法と無関係なオームの法則

＜例題 6-3＞　図 6-6 に示すように，導電率 $\sigma\,[\mathrm{S/m}]$，断面積 $S\,[\mathrm{m}^2]$，長さ $l\,[\mathrm{m}]$ の導体の中の電流密度と電界の関係を導け．

＜解答＞　導体に電圧 $V\,[\mathrm{V}]$ を加え，$I\,[\mathrm{A}]$ の電流が流れたとすると，

電流密度はその定義から

$$J = \frac{I}{S} \quad [\text{A/m}^2]. \tag{6-15}$$

電界は2章で学んだように電位の傾きであるから

$$E = \frac{V}{l} \quad [\text{V/m}]. \tag{6-16}$$

抵抗率を $\rho\,[\Omega\cdot\text{m}] = \dfrac{1}{\sigma}$ とし，式 (6-3) に式 (6-14a) を代入すると，電流と電圧の間の次の関係が導かれる．

$$V = RI = \rho \frac{l}{S} I \quad [\text{V}] \tag{6-17a}$$

両辺を l で割ると

$$\frac{V}{l} = \rho \frac{I}{S} \quad [\text{V}]. \tag{6-17b}$$

式 (6-15) と式 (6-16) を代入すると，式 (6-17b) は次のようになる．

$$E = \rho J \quad [\text{V/m}] \tag{6-18}$$

あるいは

$$J = \frac{1}{\rho} E = \sigma E \quad [\text{A/m}^2] \tag{6-19}$$

これは導体の形状や寸法とは関係なく成り立つ**オームの法則**である．

6-7　電流密度とキャリア

　金属の中では電子が，半導体の中では正孔も，また電解液の中ではイオンが電流を運ぶ．これらのように電流を運ぶものを**キャリア**という．図 **6-7** に示すように断面積 $S\,[\text{m}^2]$ の導線の 1 m^3 あたりに電荷 $q\,[\text{C}]$ を有する粒子が n 個含まれており，それらが同じ速度 $v\,[\text{m/s}]$

第6章 電流

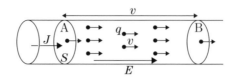

図 6-7 電流密度とキャリア

で導線に沿って進むときの電流および電流密度について考える.

　導線のある断面Aを1秒間に通過する粒子に注目すると，最初の瞬間に断面Aを通過した粒子は1秒の間に v [m] 先の断面Bまで進んでいる．最後の粒子はかろうじて断面Aにある．したがって，断面Aを1秒間に通過した粒子はすべて長さ v（体積 Sv）の導線の中にある．したがって，断面Aを1秒間に通過した粒子の数は次式で表される．

$$N = n \times Sv \ [\text{個/s}] \tag{6-20}$$

電流は断面Aを1秒間に通過した電荷の量であるから

$$I = Nq = n \times Sv \times q \ [\text{A}]. \tag{6-21}$$

両辺を S で割ることによって，電流密度とキャリア密度，キャリアの速度との関係が次のように得られる．

$$J = \frac{I}{S} = nqv \ [\text{A/m}^2] \tag{6-22}$$

式 (6-19) と式 (6-22) からキャリアの速度 v と電界 E は比例することがわかる．この比例定数を**移動度**といい，次式で定義される．

$$\mu = \frac{v}{E} \ [\text{m}^2/\text{V}\cdot\text{s}] \tag{6-23}$$

＜例題 6-4＞ 導線の $1\,\text{m}^3$ あたりに，電荷 q [C] を有する粒子が n 個含まれており，粒子の移動度が μ [m²/V·s] であるとき，電気伝導度を計算せよ．

<解答> 式 (6-19) より

$$J = \sigma E. \tag{6-24}$$

また式 (6-22), 式 (6-23) より

$$J = nqv = nq\mu E. \tag{6-25}$$

式 (6-24) と式 (6-25) を比較することによって次の関係が得られる.

$$\underline{\sigma = nq\mu} \ [\text{S/m}] \tag{6-26}$$

6-8 抵抗の温度係数

　金属の抵抗は温度とともに上昇する．一方，半導体は温度が上昇すると抵抗は下がる．その理由は，温度が上がると式 (6-26) において，金属の場合は n は変化しないが，μ が減少するので抵抗が上がる．他方，半導体の μ も金属と同様に減少するが，それ以上に n の増加が非常に大きいので抵抗が下がる．詳しくは電子工学や電子物性の本で学習されたい．温度の変化が比較的小さい範囲では抵抗の変化は温度の変化に比例し，$t\,[℃]$ のときの抵抗率は次式で表される．

$$\rho = \rho_0 \left[1 + \alpha(t - t_0)\right] \ [\Omega \cdot \text{m}] \tag{6-27}$$

ここで，α は抵抗の**温度係数**と言い，単位は $[℃^{-1}]$，ρ_0 は $t_0\,[℃]$ のときの抵抗率である．

<例題 6-5> $t_0 = 20\,℃$ における銅の抵抗率と温度係数は，それぞれ $\rho_0 = 1.72 \times 10^{-8}\,\Omega \cdot \text{m}$，$\alpha = 4.3 \times 10^{-3}\,℃^{-1}$ である．次の問に答えよ．
(1) $t = 100\,℃$ における抵抗率を計算せよ．
(2) 断面積 $S = 0.7\,\text{mm}^2$，長さ $l = 10\,\text{m}$ の導線の $20\,℃$ および $100\,℃$ における抵抗を計算せよ．

第6章 電流

<解答> (1) 式 (6-27) より

$$\rho = \rho_0 [1 + \alpha(t - t_0)]$$
$$= 1.72 \times 10^{-8} \times [1 + 4.3 \times 10^{-3} \times (100 - 20)]$$
$$= \underline{2.31 \times 10^{-8}} \ \Omega \cdot m.$$

(2) 式 (6-14a) より $t_0 = 20\,℃$ のときの抵抗は

$$R_0 = \rho_0 \frac{l}{S} = 1.72 \times 10^{-8} \times \frac{10}{0.7 \times 10^{-6}} = \underline{0.246} \ \Omega.$$

$t = 100\,℃$ のときの抵抗は次のようになる.

$$R = \rho \frac{l}{S} = 2.31 \times 10^{-8} \times \frac{10}{0.7 \times 10^{-6}} = \underline{0.33} \ \Omega.$$

6-9 電流密度が一様でない場合の抵抗

<例題 6-6> 図 6-8 に断面を示すように, 内外の半径がそれぞれ a, b [m] の導体球の内側の面と外側の面の間に電流が流れるとき, 外側に近いほど電流密度は小さくなる. 導体の抵抗率が ρ [$\Omega \cdot$m] であるとき, 内外の面の間の抵抗を計算せよ.

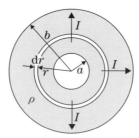

図 6-8 球状導体の抵抗

<解答> 図 6-8 に示すような半径 r, 厚さ dr [m] の球殻の抵抗

電流密度が一様でない場合の抵抗

$\mathrm{d}R$ を考える．長さ $l = \mathrm{d}r$, 面積 $S = 4\pi r^2$ を式 (6-14a) に代入すると，次のようになる．

$$\mathrm{d}R = \rho\frac{l}{S} = \rho\frac{\mathrm{d}r}{4\pi r^2} \quad [\Omega]$$

図 6-8 の導体球は，無数の球殻が重なってできていると考えると，それぞれの球殻の抵抗は直列に接続されている．したがって，導体球全体の抵抗は式 (6-7) より $\mathrm{d}R$ の総和となるので

$$R = \int_a^b \rho\frac{\mathrm{d}r}{4\pi r^2} = \frac{\rho}{4\pi}\left[-\frac{1}{r}\right]_a^b = \frac{\rho}{4\pi}\left(\frac{1}{a} - \frac{1}{b}\right) \quad [\Omega].$$

<例題 6-7> 図 6-9 に示すような，断面積が $a \times b \, [\mathrm{m}^2]$，長さ $l \, [\mathrm{m}]$ の導体がある．この導体の導電率が x に比例し，$\sigma = \sigma_0\dfrac{x}{a}\,[\mathrm{S/m}]$ で与えられるとき，この導体の抵抗を計算せよ．

図 6-9　導電率が一様でない棒状導体の抵抗

<解答>　図 6-9 に示すように，x の位置の厚さ $\mathrm{d}x$ の薄板の抵抗を考える．式 (6-14b) に σ および面積 $S = b\mathrm{d}x$ を代入すると，次のようになる．

$$\mathrm{d}G = \sigma\frac{S}{l} = \sigma_0\frac{x}{a} \times \frac{b\mathrm{d}x}{l} \quad [\mathrm{S}]$$

図 6-9 の導体が，厚さ $\mathrm{d}x$ の無数の薄板が重なってできていると考えると，それぞれの薄板の抵抗は並列に接続されていることになる．したがって導体板全体のコンダクタンスは，式 (6-10b) より $\mathrm{d}G$ の総

第6章 電流

和となるので

$$G = \int_0^a \sigma_0 \frac{x}{a} \times \frac{b\,\mathrm{d}x}{l} = \sigma_0 \frac{b}{al}\left[\frac{x^2}{2}\right]_0^a = \sigma_0 \frac{ab}{2l} \quad [\mathrm{S}].$$

したがって，抵抗は次のようになる．

$$R = \frac{1}{G} = \frac{2l}{\sigma_0 ab} \quad [\Omega]$$

章末問題 6

1 $C = 200\,\mu\mathrm{F}$ のコンデンサに $I = 3\,\mathrm{mA}$ の一定の電流を流した．コンデンサの電圧が $V = 6\,\mathrm{V}$ になるのは何秒後か．ただし最初にコンデンサは充電されていなかった．（★）

2 水の電気分解によって陽極に酸素，陰極に水素が発生する．22.4 L（リットル）の水素を得るためには $1.93 \times 10^5\,\mathrm{C}$ の電荷が必要である．0.5 A の電流で水を電気分解するとき，1時間の間に発生する水素の体積を計算せよ．（★★）

3 水素原子の中では電子が陽子のまわりを半径 $a = 5.29 \times 10^{-11}$ m の円軌道を描いて速さ $v = 2.19 \times 10^6\,\mathrm{m/s}$ で回っている．このときの電子の運動による電流を計算せよ．（★★）

4 半径 $a = 10\,\mathrm{cm}$ の球が電荷密度 $\rho = 0.2\,\mathrm{C/m^3}$ で一様に帯電している．この球が中心を含む軸のまわりに毎秒 $N = 30$ 回の速さで回転するときの電流を計算せよ．（★★）

5 $R_1 = 5\,\Omega$, $R_2 = 10\,\Omega$, $R_3 = 25\,\Omega$ の3個の抵抗を直列に接続したとき，次の問に答えよ．

(1) 合成抵抗および合成コンダクタンスを計算せよ．（★）

(2) これに $V = 60\,\mathrm{V}$ の電圧加えるとき，R_2 に加わる電圧を計算せよ．（★★）

6 $R_1 = 5\,\Omega$, $R_2 = 10\,\Omega$, $R_3 = 25\,\Omega$ の3個の抵抗を並列に接続したとき，次の問に答えよ．

(1) 合成抵抗および合成コンダクタンスを計算せよ．（★）

(2) これに $I = 2\,\mathrm{A}$ の電流を流すとき，R_2 に流れる電流を計算せよ．（★★）

7 $R_1 = 1\,\Omega$, $R_2 = 2\,\Omega$, $R_3 = 3\,\Omega$ の3個の抵抗を図 **6-10** のよう

第6章 電流

に接続した．

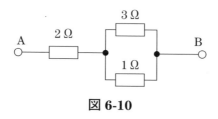

図 6-10

(1) 端子 AB の間に電圧を加えたとき，3Ωの抵抗に流れる電流が $I_3 = 1.5$ A であった．AB の間に加えた電圧を計算せよ．（★★）

(2) 合成抵抗を計算せよ．（★★）

8 一般的な電池は**図 6-11 (a)** に示すような理想的な**電圧源**（起電力 U が常に一定）と内部抵抗 r が直列に接続された等価回路，あるいは**図 6-11 (b)** に示すような理想的な**電流源**（一定の電流 I が常に流れる）と内部抵抗 R が並列に接続された等価回路で表される．

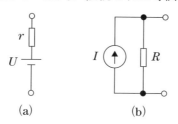

図 6-11

(1) 図 6-11 の (a) と (b) が等価であるとき，(b) の中に示す I と R を U と r で表せ．（★★）

いま，起電力 $U_1 = 1.5$ V，内部抵抗 $r_1 = 2\,\Omega$ の電池と，起電力 $U_2 = 3$ V，内部抵抗 $r_2 = 4\,\Omega$ の電池がある．

(2) これらの2個の電池を直列に接続するとき，全体の起電力 U と内部抵抗 r を計算せよ．（★★）

(3) これらの2個の電池を並列に接続するとき，全体の起電力 U

と内部抵抗 r を計算せよ．（★★）

9 $R = 500\,\Omega$ の抵抗を 1 個の電子が通過するときに発生する熱エネルギーが $W = 5 \times 10^{-16}\,\mathrm{J}$ であった．抵抗を流れている電流および，1 秒間に抵抗を通過する電子の数を計算せよ．（★★）

10 1 kWh（キロワット時）は何 J（ジュール）か計算せよ．また温度 5 ℃の水 500 g を 95 ℃まで上げるのに必要な電力量および 500 W の電力で加熱するのに必要な時間を計算せよ．ただし加熱している間の他の熱の出入りはないものとする．また水の比熱は 4.18×10^3 J/kg·K である．（★★）

11 断面積が $S = 0.7\,\mathrm{mm}^2$，長さ $l = 15\,\mathrm{m}$ の銅線の抵抗は $R = 0.369\,\Omega$ である．これに $I = 10\,\mathrm{A}$ の電流を右向きに流すときについて次の問に答えよ．ただし，銅の $1\,\mathrm{m}^3$ には $n = 8.46 \times 10^{28}$ 個の電子が含まれる．

(1) 電流密度 J を計算せよ．（★）

(2) 銅線の断面を 1 秒間に通過する電子の数 N を計算せよ．（★）

(3) 銅線に加えている電圧 V を計算せよ．（★）

(4) 電子が銅線の端から端まで進む間に失う位置エネルギー w および，1 秒間に導線の中で電子が失う位置エネルギー W を計算せよ．（★★）

(5) 銅線における消費電力を計算せよ．（★）

(6) 銅線の中の電界 E を計算せよ．（★）

(7) 電子の速度の向きを答えよ．（★）

(8) 電子の速度 v を計算せよ．（★）

(9) 電子の移動度 μ を計算せよ．（★）

(10) 銅の抵抗率 ρ および導電率 σ を計算せよ．（★）

(11) 銅線の $1\,\mathrm{m}^3$ 当たりで，1 秒間に発生する熱エネルギーを計算せよ．（★）

第6章 電流

12 100 Vの電圧で点灯しているとき、抵抗が $R = 333\ \Omega$ の電球について答えよ.

(1) この電球のワット数を計算せよ. (★)

(2) 電球のフィラメントに使用されているタングステンの0℃における抵抗の温度係数は $\alpha = 5.3 \times 10^{-3}$ ℃$^{-1}$ である. 点灯中のフィラメントの温度が $t = 2000$ ℃であるとして、$t_0 = 0$ ℃における、この電球の抵抗を計算せよ. (★★)

13 3個の抵抗 R_1, R_2, R_3 を図 6-12 のように3個の電池 V_1, V_2, V_3 と接続した. 次の問に答えよ.

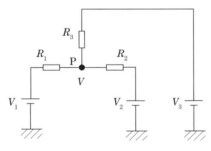

図 6-12

(1) 抵抗 R_1, R_2, R_3 に流れる電流 I_1, I_2, I_3 を、P点の電位 V および電圧 V_1, V_2, V_3 と抵抗値 R_1, R_2, R_3 を用いて表せ. (★)

(2) I_1, I_2, I_3 の関係式を書け. これは**キルヒホッフの第1法則**と呼ばれるものである. (★)

(3) $R_1 = 5\ \Omega$, $R_2 = 10\ \Omega$, $R_3 = 25\ \Omega$, $V_1 = 30$ V, $V_2 = 20$ V, $V_3 = 10$ V であるとき、電位 V を計算せよ. (★★)

14 図 6-13 に示すようなブリッジ回路において、$r_1 = 10\ \Omega$, $r_2 = 20\ \Omega$, $r_3 = 40\ \Omega$, $r_5 = 30\ \Omega$ である. また電池の起電力が $E = 2.6$ V のとき、r_1 を流れる電流 $I_1 = 100$ mA, r_2 を流れる電流 $I_2 = 80$ mA である. 次の問に答えよ.

章末問題6

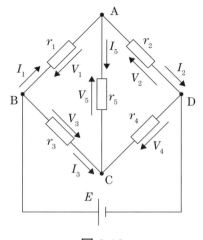

図 6-13

(1) 図において電圧の和 $V_X = V_1 + V_3 + V_5$ および $V_Y = V_1 + V_4 + V_5$ を答えよ．(★★)

(2) r_5 を流れる電流 I_5 を計算せよ．(★★)

(3) r_3 を流れる電流 I_3 を計算せよ．(★★)

(4) r_4 を計算せよ．(★★)

(5) r_4 を調節して $I_5 = 0$ にしたい．そのときの r_4 を計算せよ．(★★)

第6章 電流

15 図 6-14 に示すような，1 辺が r [Ω] の抵抗線を正三角形の格子状に接続した無限に広い網の隣り合った AB 間の抵抗を計算せよ．(★★★)

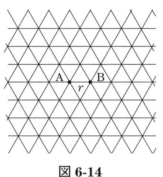

図 6-14

16 図 6-15 に示すような r_1, r_2 [Ω] の抵抗が無限に続いた回路の AB 間の抵抗を計算せよ．(★★★)

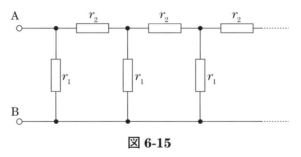

図 6-15

17 抵抗率 ρ [Ω·m] の導体からなる図 6-16 に示すような，長さ l [m] の管がある．次の問に答えよ．

章末問題 6

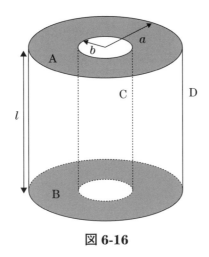

図 6-16

(1) 管の上と下の面 A, B に電極を着けたときの抵抗を計算せよ．（★）
(2) 管の内側と外側の面 C, D に電極を着けたときの抵抗を計算せよ．（★★★）

18 図 6-17 に示すような管の半分の形状の導体がある．抵抗率は $\rho\,[\Omega\cdot\mathrm{m}]$ である．断面 A, B に電極を着けたときの抵抗を計算せよ．（★★★）

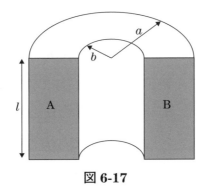

図 6-17

第6章 電流

19 抵抗率 ρ [Ω·m] の導体からなる図 6-18 に示すような円錐台がある．上下の底面に電極を着けたときの抵抗を計算せよ．（★★★）

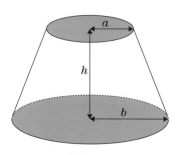

図 6-18

20 図 6-19 のように直線導線が，地面（導体）に (a) 垂直または (b) 平行に張られ，電流 I [A] が流れている．電流を運ぶ電荷の電気影像を考慮して**影像電流**がどのように流れるかを図示せよ．（★★）

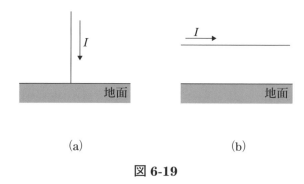

図 6-19

21 $C = 1\,\mu\mathrm{F}$ のコンデンサに交流電流を流す場合について,次の問に答えよ.

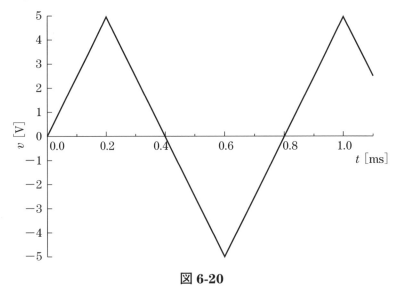

図 6-20

(1) コンデンサの端子電圧 v と時間 t の関係を図 **6-20** に示す.このときコンデンサに流れている電流を計算せよ.(★★)

(2) コンデンサに交流電流 $i = I_m \cos\omega t$ [A/m] を流すとき,コンデンサに蓄えられる電荷 Q を計算せよ.ただし $t = 0$ [s] において,$Q = 0$ [C] である.(★★)

第 7 章　磁性体と磁界

　本章および次章では磁気について学ぶ．本章で学ぶ磁気の関係式は1および2章で学んだ電気の関係式と類似しているので，電気と磁気の対応関係に注意しながら学ぶことによって理解が深まるであろう．

第7章　磁性体と磁界

☆この章で使う基礎事項☆

基礎 7-1　磁石と磁極

磁石にはN極とS極があり，棒磁石を糸で吊すなど自由に回転できるようにすると，N極は北を，S極は南を指す．

基礎 7-2　電気の復習

磁気の関係式と電気の関係式はよく対応するので，電気の主な関係式と性質を再掲する．

・クーロンの法則

$$F = \frac{Q_1 Q_2}{4\pi\varepsilon_0 r^2} = 9 \times 10^9 \frac{Q_1 Q_2}{r^2} \, [\text{N}] \tag{1-1}$$

・電界 E と電荷 q に作用する力 F

$$\boldsymbol{F} = q\boldsymbol{E} \, [\text{N}] \tag{2-1}$$

・電気力線の性質

(1) 電気力線上の点における接線の方向が電界の方向である．(図 2-1 (a))

(2) 電気力線は正電荷に始まり，負電荷に終わる．(図 2-1 (a))

(3) 電気力線の密度は，電界の大きさを表す．

(4) 真空中の1Cの正電荷から（負電荷に），電気力線は $\dfrac{1}{\varepsilon_0}$ 本発生する（吸い込まれる）．誘電率が ε [F/m] の誘電体の中では，1Cの電荷から電気力線は $\dfrac{1}{\varepsilon}$ 本発生する．

・ガウスの法則と発散

誘電率が ε [F/m] の誘電体の中では，任意の閉曲面から外に出る電気力線の総数は，その閉曲面の中の電荷の総和の $\dfrac{1}{\varepsilon}$ 倍に等しく，

☆この章で使う基礎事項☆

電界の発散は次式で表される．（誘電体の中を考えているので，式（3-21）の中の ε_0 を ε に置き換えた．）

$$\mathrm{div}\,\boldsymbol{E} = \nabla \cdot \boldsymbol{E} = \frac{\rho}{\varepsilon} \tag{3-21}$$

・電束密度と電束

誘電率が $\varepsilon = \varepsilon_0 \varepsilon_r$ [F/m] の誘電体の中では，電束密度と電界には式（5-5）の関係がある．

$$D = \varepsilon E = \varepsilon_0 \varepsilon_r E\,[\mathrm{C/m^2}] \tag{5-5}$$

また電束には次の性質がある．

(1) 電束を生じるのは真電荷のみで，分極電荷とは無関係である．
(2) 電束密度は $1\,\mathrm{m^2}$ あたりの電束の本数である．

・電気双極子と分極

電気双極子は図5-3のように $+Q$ と $-Q$ [C] の電荷が距離 l [m] で置かれたもので，電気双極子モーメントのベクトルは負電荷から正電荷に向かう方向で大きさは式（5-12）で定義される．

$$p = Ql\,[\mathrm{C \cdot m}] \tag{5-12}$$

分極の大きさは $1\,\mathrm{m^3}$ あたりの電気双極子モーメントであり，式（5-13）で定義される．

$$P = \frac{p}{V}\,[\mathrm{C/m^2}] \tag{5-13}$$

・分極，電束密度，電界の関係

分極，電束密度，電界の間には式（5-14）の関係がある．

$$D = \varepsilon_0 E + P\,[\mathrm{C/m^2}] \tag{5-14}$$

また分極の方向と垂直な断面に現れる分極電荷密度は分極の大きさと等しく，電界と次の関係にある．

$$\sigma_p = P = D - \varepsilon_0 E = \varepsilon_0 (\varepsilon_r - 1) E \tag{5-7}$$

第7章 磁性体と磁界

7-1 磁極とクーロンの法則

磁極にはN極とS極があり，N極を＋，S極を－とする．単位は**ウェーバ**[Wb]である．電荷の場合と同様に，同じ磁極どうしは反発し合うが，異なる磁極は互いに引き合う．磁極は分極電荷に対応し，常に同じ大きさのN極とS極が一緒に存在する．磁気の場合は真電荷に相当するものはない．

磁極の間にも式（7-1）のように**クーロンの法則**が成り立つ．すなわち点磁極 m_1, m_2 [Wb] が真空中に r [m] の距離で置かれているとき，両磁極の間には次のような力が働く．

$$F = \frac{m_1 m_2}{4\pi \mu_0 r^2} \quad [\text{N}] \tag{7-1}$$

ここで，$\mu_0 = 4\pi \times 10^{-7}$ H/m は**真空の透磁率**である．

＜例題 7-1＞ 長さ $l = 10$ cm，磁極の大きさ $m = 2 \times 10^{-3}$ Wb の同じ2本の棒磁石が直線上に同じ向きになるように置かれている．棒磁石の中心と中心の間の距離は $d = 30$ cm である．棒磁石の間に働く力の大きさを計算せよ．また，この力は引力か反発力か答えよ．ただし棒磁石の断面積は小さく，磁極は点磁極と見なせる．

＜解答＞ 図 **7-1** に示すように，それぞれの磁極には他方の棒磁石のすべての磁極から力を受ける．それぞれの力はクーロンの法則の式（7-1）を用いて計算できる．

$$f_1 = \frac{m^2}{4\pi \mu_0 (d-l)^2} = \frac{(2 \times 10^{-3})^2}{4\pi \times 4\pi \times 10^{-7} \times 0.2^2} = 6.333 \text{ N （引力）}$$

$$f_2 = \frac{m^2}{4\pi\mu_0 d^2} = \frac{(2\times 10^{-3})^2}{4\pi \times 4\pi \times 10^{-7} \times 0.3^2} = 2.814 \text{ N （反発力）}$$

$$f_3 = \frac{m^2}{4\pi\mu_0 (d+l)^2} = \frac{(2\times 10^{-3})^2}{4\pi \times 4\pi \times 10^{-7} \times 0.4^2} = 1.583 \text{ N （引力）}$$

したがって，棒磁石の間に働く力は次のようになる．

$$F = f_1 - 2f_2 + f_3 = 6.333 - 2 \times 2.814 + 1.583$$
$$= \underline{2.29 \text{ N （引力）}}$$

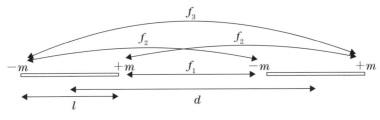

図 7-1　2 本の棒磁石に働く力

7-2　磁極と磁界，磁力線

磁極 m [Wb] に F [N] の力が働くとき，m の置かれた場所の**磁界の強さ** H は次のように定義される．

$$H = \frac{F}{m} \text{ [A/m]} \tag{7-2}$$

磁力線は，電気力線と同様に次の性質を有する．

磁力線の性質

(1) 磁力線上の点における接線の方向が磁界の方向である．

(2) 磁力線は N 極に始まり，S 極に終わる．

(3) 磁力線の密度（磁力線と垂直な面における，1 m^2 あたりの磁力線の本数）は，磁界の大きさを表す．

第7章　磁性体と磁界

(4) 真空中の 1 Wb の N 極から（S 極に），磁力線は $\dfrac{1}{\mu_0}$ 本発生する（吸い込まれる）．

<例題 7-2> 図 7-2 に示すように，長さ l [m]，磁極の大きさが m [Wb] の棒磁石がある．棒磁石の断面積は小さく，磁極は点磁極と見なせる．次の問に答えよ．
(1) 棒磁石の延長線上で棒磁石の中心から x [m] 離れた A 点の磁界を計算せよ．
(2) 棒磁石の垂直 2 等分線上で棒磁石の中心から y [m] 離れた B 点の磁界を計算せよ．

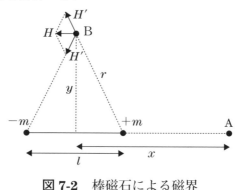

図 7-2　棒磁石による磁界

<解答>　(1) 式 (7-1) と式 (7-2) を比較することにより，点磁極 m のまわりの磁界は次のように得られる．（点電界のまわりの電界を表す式 (2-3) に対応する）

$$H = \frac{m}{4\pi\mu_0 r^2} \quad [\text{A/m}] \tag{7-3a}$$

A 点の磁界は $+m$ 極と $-m$ 極の作る磁界を加え合わせる（向きが反対なので差）ことにより得られる．

$$H = \frac{m}{4\pi\mu_0 \left(x-\dfrac{l}{2}\right)^2} - \frac{m}{4\pi\mu_0 \left(x+\dfrac{l}{2}\right)^2}$$

$$= \frac{m}{4\pi\mu_0} \left(\frac{1}{\left(x-\dfrac{l}{2}\right)^2} - \frac{1}{\left(x+\dfrac{l}{2}\right)^2} \right) \quad [\mathrm{A/m}]$$

$x \gg l$ の場合は，次のように近似できる．($d \ll 1$ のとき，$(1+d)^n \cong 1+nd$ と近似できることを用いる)

$$H = \frac{m}{4\pi\mu_0 x^2} \left(\frac{1}{\left(1-\dfrac{l}{2x}\right)^2} - \frac{1}{\left(1+\dfrac{l}{2x}\right)^2} \right)$$

$$\cong \frac{m}{4\pi\mu_0 x^2} \left[\left(1+\frac{l}{x}\right) - \left(1-\frac{l}{x}\right) \right] = \frac{ml}{2\pi\mu_0 x^3} \quad [\mathrm{A/m}] \quad (7\text{-}3\mathrm{b})$$

(2) $+m$ 極，$-m$ 極がそれぞれ B 点に作る磁界の大きさは同じで，式 (7-3a) より $H' = \dfrac{m}{4\pi\mu_0 r^2}$．図 **7-2** からもわかるように，三角形の相似から次の比が得られる．$H : H' = l : r$．したがって，

$$H = \frac{l}{r} H' = \frac{ml}{4\pi\mu_0 r^3} = \frac{ml}{4\pi\mu_0 \left[y^2 + \left(\dfrac{l}{2}\right)^2 \right]^{3/2}} \quad [\mathrm{A/m}]. \quad (7\text{-}4\mathrm{a})$$

$y \gg l$ の場合は，$\left(\dfrac{l}{2}\right)$ を無視できるので，式 (7-4a) は次のように近似できる．

$$H \cong \frac{ml}{4\pi\mu_0 y^3} \quad [\mathrm{A/m}] \quad (7\text{-}4\mathrm{b})$$

この問題は電気双極子に関する章末問題3 **8** (3) と対応している．**8** (3) の p を ml，ε_0 を μ_0 に置き換え，さらに r を x，$\theta = 0$，とすれば本例題の (1)，r を y，$\theta = 90$ とすれば (2) の結果と一致する．

第7章 磁性体と磁界

7-3 磁気双極子モーメントと磁性体の磁化

棒磁石のように,同じ大きさのN極とS極($\pm m$ [Wb])が距離 l [m] 離れて置かれているものを**磁気双極子**という.式 (7-3b), 式 (7-4b) からもわかるように,棒磁石から十分離れた位置の磁界は積 ml に比例する.磁気双極子の大きさを表す**磁気モーメント M** を次のように定義する.

$$M = ml \quad [\text{Wb·m}] \tag{7-5}$$

磁気モーメント M はベクトルで,M の向きはS極からN極に向かう方向である.

磁石にクギなどの鉄片が吸い寄せられるのは,図 7-3 に示すように,鉄片も磁石になってN極とS極が引き合うからである.このように鉄片などが磁石になることを磁化すると言い,磁界によって磁化される物質を**磁性体**と呼ぶ.磁性体が磁化した程度を表すのに,次式で定義される**磁化**(の大きさ,または強さ)を用いる.

$$J = \frac{M}{\text{磁性体の体積}} \quad [\text{Wb/m}^2] \tag{7-6}$$

磁化も磁気モーメント M と同じ方向を有するベクトルである.磁気モーメントは電気双極子モーメントに,磁化は分極に対応する.

磁化のされやすさを表す**磁化率 χ** を次のように定義する.

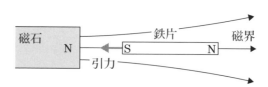

図 7-3　磁石のそばに置いた鉄片が磁化される

$$\chi = \frac{J}{H} \quad [\mathrm{H/m}] \tag{7-7}$$

磁化率の単位は透磁率の単位と等しい．磁化率を真空の透磁率 μ_0 で割った**比磁化率**がしばしば使われる．

$$\chi_r = \frac{\chi}{\mu_0} = \frac{J}{\mu_0 H} \tag{7-8}$$

<例題 7-3> 針を磁界 $H = 120$ A/m の中に置いたとき，針は磁化されて，その断面に現れた磁極の大きさが $m = 5 \times 10^{-8}$ Wb となった．針の磁気モーメント，磁化および磁化率を計算せよ．ただし針は**図 7-4** に示すような長さ $l = 5$ cm，直径 $d = 0.6$ mm の円筒形とせよ．

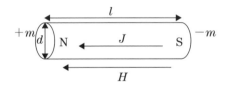

図 **7-4** 磁気双極子モーメントと磁化の大きさ

<解答> 式 (7-5) より磁気モーメントは $M = ml = 5 \times 10^{-8} \times 0.05 = \underline{2.5 \times 10^{-9}\ \mathrm{Wb\cdot m}}$．式 (7-6) より磁化は

$$J = \frac{M}{\pi(d/2)^2 l} = \frac{m}{\pi(d/2)^2} = \frac{5 \times 10^{-8}}{\pi \times (0.3 \times 10^{-3})^2} = \underline{0.177\ \mathrm{Wb/m}^2}.$$

これは断面の磁極密度（$1\ \mathrm{m}^2$ あたりの磁極）に等しく，分極と断面の電荷密度が等しいことに対応する．磁化率は式 (7-7) より

$$\chi = \frac{J}{H} = \frac{0.1768}{120} = \underline{1.47 \times 10^{-3}}\ [\mathrm{H/m}].$$ 比磁化率は式 (7-8) より，

第7章 磁性体と磁界

$$\chi_r = \frac{\chi}{\mu_0} = \frac{1.47 \times 10^{-3}}{4\pi \times 10^{-7}} = 1.17 \times 10^3.$$

7-4 磁束と磁束密度，磁化，および透磁率と磁化率

磁束と**磁束密度**は電束と電束密度に対応するが，磁界と同様あるいはそれ以上に重要な物理量である．磁束と磁束密度は次のような性質を有する．

磁束の性質

(1) 真電荷に相当する磁極は存在しないので，磁束は磁極と無関係である．

(2) 磁束は空間のいかなる場所でも生成・消滅することがないので，必ず閉じたループとなる．

(3) 磁束の単位は，磁極の単位と同じ [Wb] である．（電束の単位は電荷の単位と同じ [C].）

(4) $1\,\mathrm{m}^2$ あたりの磁束の本数を磁束密度といい，単位は **テスラ** [T] である．また磁束密度 B と磁界 H および面積 S [m^2] を通る磁束 Φ [Wb] の間には次の関係がある．

$$B = \frac{\Phi}{S} = \mu H \quad [\mathrm{T}] \tag{7-9}$$

ここで μ は**透磁率**である．μ を真空の透磁率 μ_0 で割ったものを**比透磁率**という．

$$\mu_r = \frac{\mu}{\mu_0} \tag{7-10}$$

磁束密度の単位 [T] は，磁化の単位や磁極密度の単位である

[Wb/m^2] と同じである．

<例題 7-4> 図 7-5 に示すような透磁率 μ [H/m] の磁性体の板に垂直に外部から磁界を加えたとき，磁性体の中の磁界が H [A/m] になった．次の問に答えよ．
(1) 磁束密度 B を計算せよ．
(2) 外部から加えた磁界 H_0 を計算せよ．
(3) 磁性体の表面の磁極密度 σ を計算せよ．
(4) 磁性体の磁化 J を計算せよ．
(5) 比磁化率 χ_r を計算せよ．

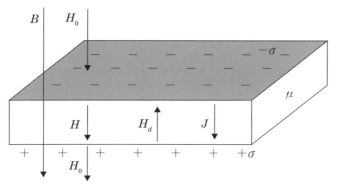

図 7-5　磁性体の板に磁界を加えたときの磁化および磁束密度

<解答>　(1) 式 (7-9) より $\underline{B = \mu H \text{ [T]}}$．

(2) 磁界が境界面と垂直なので，例題 5-7 の電束密度と同様に，磁束密度 B は磁性体の中でも外でも同じ大きさである．したがって，外部から加えた磁界 H_0 は式 (7-9) を用いて

$$H_0 = \frac{B}{\mu_0} = \underline{\frac{\mu}{\mu_0} H \text{ [A/m]}}.$$

(3) 磁性体の表面の磁極によって作られる磁界は**反磁界**と呼ばれ

第7章 磁性体と磁界

る．磁性体の中の磁界 H は，外から加えられた磁界 H_0 と反磁界 H_d の重ね合わせと考えられる．すなわち

$$H = H_0 - H_d \tag{7-11}$$

章末問題2 **28** を磁気に置き換えて考えると，$+\sigma$ と $-\sigma$ がそれぞれ磁性体の中に $\dfrac{\sigma}{2\mu_0}$ の磁界を作るので，$H_d = \dfrac{\sigma}{\mu_0}$ となることがわかる．したがって

$$\sigma = \mu_0 H_d = \mu_0(H_0 - H) = (\mu - \mu_0)H \ [\mathrm{Wb/m^2}].$$

(4) 例題7-3の結果から，分極と垂直な断面に現れる磁極の密度は磁化と等しい．したがって，$\underline{J = \sigma = (\mu - \mu_0)H} \ [\mathrm{Wb/m^2}]$．

(5) (4)の結果に $B = \mu H$ を代入して整理すると，

$$B = \mu_0 H + J. \tag{7-12}$$

両辺を H で割ることによって，

$$\mu = \mu_0 + \chi. \tag{7-13}$$

両辺を μ_0 で割って整理すると，

$$\underline{\chi_r = \mu_r - 1} \tag{7-14}$$

ただし，$\mu_r = \dfrac{\mu}{\mu_0}$．

7-5 磁気におけるガウスの法則と発散

7-2 節で説明したように，磁界および磁力線は電界および電気力線と対応し，ガウスの法則も同様に成立する．すなわち「**閉曲面から出る磁力線の総数は，その閉曲面の中の磁極の総和の $\dfrac{1}{\mu_0}$ 倍に等しい**」また，空間に分布している磁極密度が ρ [Wb/m^3] のとき，式 (3-21) と同様に磁界 H [A/m] の発散は次式で表される．

$$\mathrm{div}\,\boldsymbol{H} = \nabla \cdot \boldsymbol{H} = \frac{\rho}{\mu_0} \tag{7-15}$$

7-4 節で説明したように，磁束は磁極と無関係で，空間のいかなる場所でも生成・消滅することがない．したがって，ガウスの法則は次の通りである．「**閉曲面から出る磁束の総数は常に 0 である．すなわち閉曲面に入る磁束と出る磁束は常に等しい**」また磁束密度 B の発散は次のように常に 0 である．

$$\mathrm{div}\,\boldsymbol{B} = \nabla \cdot \boldsymbol{B} = 0 \tag{7-16}$$

磁化 J [Wb/m^2] の発散は，式 (7-12)，式 (7-15)，式 (7-16) から次のように得られる．

$$\mathrm{div}\,\boldsymbol{J} = \nabla \cdot \boldsymbol{J} = \mathrm{div}\,(\boldsymbol{B} - \mu_0 \boldsymbol{H}) = -\mu_0 \mathrm{div}\,\boldsymbol{H} = -\rho \tag{7-17}$$

7-6 強磁性体

鉄などの**強磁性体**は磁束密度 B と磁界 H が比例せず，一般に B と H の関係は図 **7-6** に示すような曲線となる．

第7章 磁性体と磁界

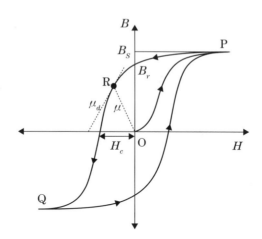

図 7-6 強磁性体のヒステリシス曲線

図 7-6 のヒステリシス曲線（磁化曲線，**B-H 曲線**）において，磁化していない状態（O 点）にある強磁性体に磁界 H を加えて大きくするにつれて，曲線 OP に沿って B も大きくなるが，やがて傾きが小さくなって**飽和**する．この最大の磁束密度が**飽和磁束密度** B_S である．H が減少すると B も減少するが，B は曲線 OP よりも大きな値である．このように H が大きくなるときと，小さくなるときの B の大きさが異なることを**履歴**または**ヒステリシス**という．

$H = 0$ になっても B は 0 とならない．このときの B の大きさを**残留磁束密度** B_r という．B を 0 にするには，反対向きに $H = H_c$ の磁界を加える必要がある．H_c を**保磁力**という．

図 7-6 において直線 OR の傾きは式（7-9）で定義される透磁率であるが，B-H 曲線の R 点における接線の傾きは**微分透磁率**と呼ばれ，次式で定義される．

$$\mu_d = \frac{dB}{dH} \quad [\text{H/m}] \tag{7-18}$$

章末問題 7

1 長さ l [m]，磁極の大きさが m [Wb] の 2 本の棒磁石が図 **7-7** のように間隔 x [m] で反平行に置かれている．次の問に答えよ．

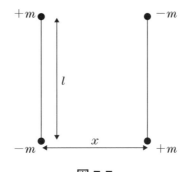

図 **7-7**

(1) 2 本の棒磁石の間に働く引力を計算せよ．（★★）

(2) 間隔が a [m] の 2 本の棒磁石を無限に引き離すのに必要なエネルギーを計算せよ．（★★）

2 長さ $l = 10$ cm，磁極の大きさが $m = 3 \times 10^{-4}$ Wb の 2 本の棒磁石が図 **7-8** に示すように直線上に間隔 $d = 30$ cm で置かれている．次の問に答えよ．

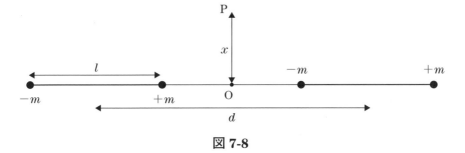

図 **7-8**

第 7 章 磁性体と磁界

(1) 2 本の棒磁石の中心である O 点の磁界を計算せよ．（★）

(2) O 点から直線と垂直な方向に $x = 20$ cm 離れた P 点の磁界を計算せよ．（★★）

3 図 7-9 に示すように永久磁石のリングを 2 等分して，わずかに引き離したときについて次の問に答えよ．ただし永久磁石は $J = 0.7$ Wb/m^2 で磁化しており，磁性体の中の磁界は $H_d = 0$ である．またリングの断面積は $S = 2$ cm^2 である．

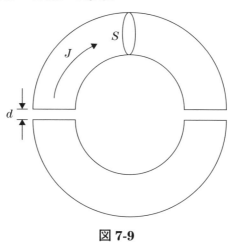

図 7-9

(1) リングの断面に現れる磁極 m を計算せよ．（★）
(2) 隙間の磁界 H_0 を計算せよ．（★）
(3) 隙間および磁性体の中の磁束密度を計算せよ．（★）
(4) 二分された磁石の間に働く力 F を計算せよ．（★★）

4 長さ $l = 10$ cm，磁極の大きさが $m = 3 \times 10^{-4}$ Wb の棒磁石が図 7-10 に示すように一様な磁界 $H = 5$ kA/m と $\theta = 30°$ の角度で置かれている．次の問に答えよ．

章末問題 7

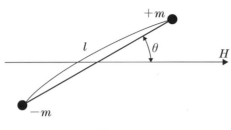

図 7-10

(1) 磁極に働く力を計算せよ．（★）
(2) 棒磁石に働く力を計算せよ．（★）
(3) 棒磁石に働くトルクを計算せよ．（★）

5 地球の中心に磁極の大きさが m [Wb]，長さ l [m] の棒磁石があると考えられる．次の問に答えよ．

(1) 棒磁石の中心軸と垂直に，中心から R [m] 離れた点における磁界の大きさを計算せよ．（★★）

(2) 地球の中心の磁石の磁気モーメントを計算せよ．ただし，赤道における地磁気の強さは 25 A/m である．また棒磁石の長さは地球の半径 (6400 km) に比べて無視できるほど小さいと考えられる．（★★）

(3) もし地球が一様に磁化した球であると考えると，地球の磁化を計算せよ．（★）

(4) 方位磁石 (自由に回転できる磁石) の北を指すのが N 極である．地球の北極は磁石の N 極か？ S 極か？ 答えよ．（★）

6 磁気モーメント M [Wb/m^2] の棒磁石を磁界 H と平行に置いた．H の向きが x 軸と平行で $H = \dfrac{H_D}{D} x$ [A/m] で変化するとき，棒磁石に働く力を計算せよ．（★★）

7 半径 $a = 5$ mm の磁性体の球を磁界の中に置いたところ，球の中の磁界が $H = 500$ A/m，磁化が $J = 1.4 \times 10^{-3}$ Wb/m^2 となった．

第 7 章 磁性体と磁界

次の問に答えよ．

(1) この球の磁気モーメントを計算せよ．（★）

(2) 磁性体の比磁化率を計算せよ．（★）

(3) 磁性体の比透磁率を計算せよ．（★）

(4) 球の中の磁束密度を計算せよ．（★）

8 ニッケルの中のすべての原子の磁気双極子が平行になると，磁化の大きさは $J = 0.643 \text{ Wb/m}^2$ である．ニッケル原子 1 個の磁気モーメントを計算せよ．ただし，ニッケル原子は 1 m^3 の中に $n = 9.14 \times 10^{28}$ 個存在する．

9 比透磁率が $\mu_r = 10$ の磁性体の板の面に垂直に $H_0 = 2 \text{ kA/m}$ の磁界を外部から加える．次の問に答えよ．

(1) 磁性体の中の磁界 H を計算せよ．（★）

(2) 磁性体の磁化 J を計算せよ．（★）

(3) 反磁界の大きさ H_d を計算せよ．（★★）

(4) **反磁界係数（減磁率ともいう）** N は

$$H_d = N \frac{\mu_0}{J} \tag{7-19}$$

で定義される．板状磁性体の反磁界係数を計算せよ．（★★）

10 反磁界係数は磁性体の形状と向きによって決まる．また**垂直な3方向の反磁界係数（N_x, N_y, N_z）の和はつねに 1 となる**．次の場合の反磁界係数を計算せよ．

(1) 無限に広い板状の磁性体．面と垂直な方向を z 軸とする．（★★）

(2) 無限に長い円柱の磁性体．円柱の中心軸を z 軸とする．（★★）

(3) 球形の磁性体．（★★）

章末問題 7

11 球形の磁性体に $H_0 = 2 \text{ kA/m}$ の磁界を外部から加えるとき，磁性体の磁化の大きさ J と球の中の磁界 H を計算せよ．ただし，球の反磁界係数は $N = \dfrac{1}{3}$ である．

(1) 磁性体の比透磁率が $\mu_r = 3$ のとき．（★★）
(2) 磁性体の比透磁率が $\mu_r = 1000$ のとき．（★★）

12 比磁化率が $\chi_r = 20$，半径 $a = 2 \text{ cm}$ の球形の磁性体を磁界の中に置いたところ，磁化の強さが $J = 0.1 \text{ Wb/m}^2$ であった．次の問に答えよ．ただし球の反磁界係数は $N = \dfrac{1}{3}$ である．

(1) 磁気モーメントを計算せよ．（★）
(2) 反磁界を計算せよ．（★）
(3) 球の中の磁界を計算せよ．（★）
(4) 球の外から加えられた磁界の強さを計算せよ．（★）
(5) 比透磁率を計算せよ．（★）
(6) 球の中の磁束密度を計算せよ．（★）

13 磁気テープや磁気カードに塗布されている典型的な強磁性微粒子の磁化は $J = 0.52 \text{ Wb/m}^2$，保磁力 $H_c = 30 \text{ kA/m}$ である．また粒子の形は長さが $l = 1 \text{ μm}$ で直径が $d = 0.1 \text{ μm}$ の円筒とみなすことができる．次の問に答えよ．ただし，(1)～(3)については，外部磁界または反磁界によって磁化の大きさは変化しないと仮定する．

(1) 強磁性微粒子1個の磁気モーメントを計算せよ．（★）
(2) 円筒の底面の磁極の大きさを計算せよ．（★）
(3) この微粒子を磁束密度が 0.1 T の磁界の中に，磁界と $30°$ の角度に置いたとき，微粒子に働くトルクを計算せよ．（★）
(4) 磁気テープなどに記録されたデータを書き換えるのに必要な磁界の大きさを答えよ．（★）

第7章 磁性体と磁界

14 図 7-11 に示すように，半径 a [m] の球形の永久磁石が，外部磁界のない空間に置かれている．磁化の大きさが J [Wb/m^2] で，その向きが上向きであるとき，次の問に答えよ．ただし球の反磁界係数は $N = \dfrac{1}{3}$ である．

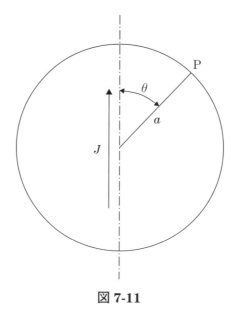

図 7-11

(1) この永久磁石の磁気モーメント M を計算せよ．（★）

(2) 球の中の磁界 H を計算せよ．また，その向きを答えよ．（★）

(3) 球の中の磁束密度 B と，この B と H から算出される透磁率を計算せよ．（★★）

(4) 永久磁石の表面で，磁化と θ の角度の位置にある P 点の磁極密度 σ を計算せよ．（★★）

(5) σ が球の中心に作る磁界を計算せよ．（★★）

15 図 7-12 に示す磁化曲線から，飽和磁束密度 B_S，残留磁束密度 B_r，保磁力 H_c のおおよその大きさを答えよ．さらに磁界が $H = 1500$

A/m のときと $H = -500$ A/m のときの透磁率 μ_1, μ_2, および $H = 0$ のときの微分透磁率 μ_d を計算せよ．（★★）

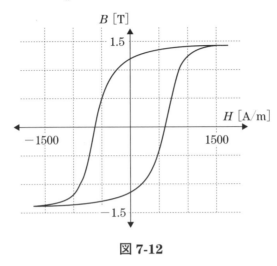

図 **7-12**

16 磁化率 χ [H/m] の磁性体でできた微小な棒を磁界 H [A/m] と平行に置いた．H の向きが x 軸と平行で x に比例して大きくなるとき，磁性体の棒の $1\,\mathrm{m}^3$ あたりに働く力が次式で表されることを示せ．

$$f = \chi H \frac{dH}{dx}\ [\mathrm{N/m^3}]$$

ただし，棒は微小なので一様に磁化され，さらに断面の直径は長さに比べて十分小さいので，反磁界は無視できると仮定する．（★★★）

17 断面積 S [m^2]，長さ l [m] の磁性体を J [Wb/m^2] まで磁化させるために必要なエネルギーを計算せよ．ただし，この磁性体の反磁界係数を N とする．（★★★）

第8章　電流と磁界

　本章では前章に引き続いて磁界について学ぶが，電流によって発生する磁界について議論する．磁界と電流の方向など，これまでとは違った概念が現れるので，頭を柔らかくして現象をイメージして欲しい．

第8章 電流と磁界

☆この章で使う基礎事項☆

基礎 8-1　周回積分

図 3-4 に示すように，電界 $\boldsymbol{E}$ の $\boldsymbol{dl}$ 方向成分（経路 C の接線方向成分）$E_{/\!/}$ を図 3-5（a）のように縦軸に，経路 C に沿った A 点からの距離 l を横軸にとるとき，式（3-14）の線積分は曲線の下の部分の面積に等しい．

$$V_{\mathrm{BA}} = \int_{\mathrm{C}} -\boldsymbol{E} \cdot \boldsymbol{dl} \tag{3-14}$$

静電界の場合は，電界の周回積分の値は C によらず常に 0 である．

$$\oint_{\mathrm{C}} -\boldsymbol{E} \cdot \boldsymbol{dl} = 0 \tag{3-15}$$

基礎 8-2　磁界，磁束密度，磁束の関係

磁界 H，磁束密度 B および磁束 $\varPhi$ の間には次の関係がある．

$$B = \frac{\varPhi}{S} = \mu H \,[\mathrm{T}] \tag{7-9}$$

8-1 右ねじの法則

　図 8-1(a) に示すような直線電流や同図(b) に示すようなコイルに電流が流れると，電流の周囲に渦のような磁界が発生する．このときの磁界と電流の方向の関係は，図 8-2 に示すような右ねじの関係にある．図 8-1 の (a) と (b) では，磁界と電流が入れ替わった関係にあることに注目して欲しい．したがって図 8-2 の**右ねじの法則**は，電流と磁界を入れ替えても成立する．

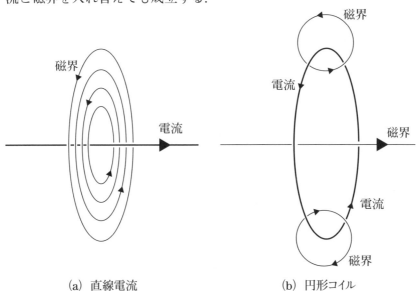

(a) 直線電流　　　　　　　(b) 円形コイル

図 8-1　電流のまわりに発生する磁界

第8章 電流と磁界

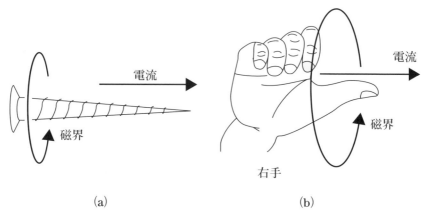

(a)　　　　　　　　　　(b)

図 8-2　右ねじの法則

電流や磁界などが紙面に垂直であるとき，その方向を表すのに図8-3に示す記号を用いる．⊙は紙面の裏から表側に向かってくることを表し，⊗はその逆の方向を示す．これらの記号は，図8-3に示すように矢じりと矢羽根を意味するようである．

図 8-3　紙面に垂直な方向の表し方

8-2　アンペアの周回積分の法則

次に磁界の大きさを計算する方法について紹介する．「ループに沿って磁界 H を周回積分（もし興味があれば 3-2 節 3-2-2 項参照）した値は，ループの中を流れる（鎖交する）電流の大きさ I に等しい」これをアンペアの周回積分の法則という．これを式で表すと，次のようになる．

$$\oint H \cdot dl = I \quad [\text{A}] \tag{8-1}$$

アンペアの周回積分の法則

＜例題 8-1＞ 無限に長い直線導線に電流 I [A] が流れている．導線から r [m] 離れた位置の磁界を計算せよ．

＜解答＞ アンペアの周回積分の法則を用いて磁界を計算する．図 8-4 に示すように，導線を中心とする半径 r の円に沿って磁界 $\boldsymbol{H}$ を周回積分することを考える．円周上で H の大きさは一定で，磁界の向きは常に円周と一致しているので，周回積分は円周の長さ $2\pi r$ と H の積となる．したがって，ここではアンペアの周回積分の法則の式 (8-1) を次のように書くことができる．

$$\oint \boldsymbol{H} \cdot d\boldsymbol{l} = 2\pi r \times H = I$$

よって，H は次のように得られる．

$$H = \frac{I}{2\pi r} \text{ [A/m]} \tag{8-2}$$

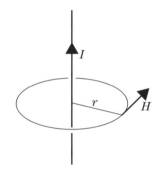

図 8-4　直線電流のまわりの磁界

＜例題 8-2＞ 透磁率 μ [H/m] の磁性体を，図 8-5 に示すような**平均磁路長** l [m]，断面積 S [m^2] のリングにし，導線を N 回巻き付けた．この**環状ソレノイド（トロイダルコイル）** に I [A] の電流を流したときの，磁界と磁束を計算せよ．ただし，リングの

第8章 電流と磁界

断面は，リングの半径に比べて十分小さく，リングの中の磁界は一定と見なせる．

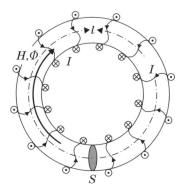

図 8-5 環状ソレノイド（トロイダルコイル）の中の磁界

＜解答＞ ソレノイドの中の磁界と磁束はリングに沿って，右ねじの法則にしたがう方向である．リングに沿って見ると H の大きさは一定で，磁界の向きは常に円周と一致しているので，周回積分は円周の長さ l と H の積となる．また図 8-5 に示すように，リングは電流 I の流れている N 本の導線と鎖交している．したがって，ここではアンペアの周回積分の法則の式（8-1）は次のように書かれる．

$$\oint \bm{H} \cdot \bm{dl} = l \times H = NI$$

よって，H は次のように得られる．

$$H = \frac{NI}{l} = nI \, [\text{A/m}] \tag{8-3}$$

ここで，$n = \dfrac{N}{l} \, [\text{m}^{-1}]$ は，1 m あたりの導線の巻き数である．

式（7-9）より磁束は次のように得られる．

$$\Phi = BS = \mu HS = \mu \frac{NI}{l} S \, [\text{Wb}] \tag{8-4}$$

アンペアの周回積分の法則

<例題 8-3> 1 m あたりの巻き数が n 回の無限に長いソレノイドに，I [A] の電流を流したときの磁界を計算せよ．

<解答> 無限長ソレノイドの中の磁界はソレノイドの中心軸と平行である．図 8-6 に示すように，ソレノイドの中の四角形 OPQR に沿って磁界を周回積分する．辺 OP の位置における磁界を H_1，辺 QR における磁界を H_2 とすると，ループと鎖交する電流がないことから，式 (8-1) の周回積分は次のようになる．

$$\oint_{\mathrm{OPQRO}} \boldsymbol{H} \cdot d\boldsymbol{l} = \int_{\mathrm{OP}} H_1 \, dx + \int_{\mathrm{QR}} H_2 \, dx = (H_1 - H_2)l = 0 \tag{8-5}$$

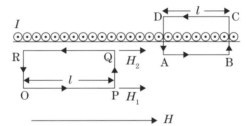

図 8-6 無限長ソレノイドの中の磁界

RO と PQ は磁界と垂直であるから，この部分の線積分は 0 である．また経路 QR と H_2 の向きが反対なので，この部分の線積分は $-H_2 l$ となる．式 (8-5) から $H_1 = H_2$ であることがわかる．OP と QR はソレノイドの中の任意の位置であるから，ソレノイドの中で磁界は変化しないと結論される．同様の計算をソレノイドの外のループで行うことによって，ソレノイドの外でも磁界は一定であることが導かれる．ソレノイドから無限に離れた位置まで磁界が変化しないので，ソレノイドの外の磁界は 0 と考えるのが妥当である．

次に，四角形 ABCD に沿って磁界を周回積分する．ソレノイドの

第8章 電流と磁界

外の磁界が 0 であるから，ソレノイドの中の磁界を H とすると周回積分は次のようになる．

$$\oint_{\text{ABCDA}} \boldsymbol{H} \cdot \mathrm{d}\boldsymbol{l} = \int_{\text{AB}} H \mathrm{d}x = Hl \tag{8-6}$$

また，ループの中に含まれる導線は nl 本であるから，鎖交する電流は nlI，したがって式（8-1）は

$$\oint_{\text{ABCDA}} \boldsymbol{H} \cdot \mathrm{d}\boldsymbol{l} = Hl = nlI.$$

よって，無限長ソレノイドの中の磁界は次のように得られる．

$$\underline{H = nI} \ [\text{A/m}] \tag{8-7}$$

8-3　ビオ・サバールの法則

図 8-7 のように電流 I [A] が流れている導線の一部 Δl が，r [m] 離れた P 点に作る磁界は次式で表される．

$$\Delta H = \frac{I \Delta l}{4 \pi r^2} \sin \theta \ [\text{A/m}] \tag{8-8}$$

ΔH の向きは右ねじの法則にしたがう．式（8-8）を**ビオ・サバールの法則**という．

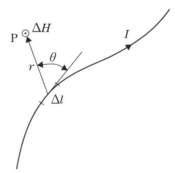

図 8-7　ビオ・サバールの法則

ビオ・サバールの法則

<例題 8-4> 半径 a [m] の円形コイルに I [A] の電流が流れているとき,コイルの中心の磁界を計算せよ.

<解答> 図 8-8 に示すように,円形コイルを m 個の微小部分に等分する.微小部分の長さは $\Delta l = \dfrac{2\pi a}{m}$ [m].この部分がコイルの中心に作る磁界をビオ・サバールの法則を用いて計算する.$r = a$, $\theta = 90°$ を式 (8-8) に代入すると,

$$\Delta H = \frac{I \Delta l}{4\pi a^2} = \frac{I}{4\pi a^2} \times \frac{2\pi a}{m} = \frac{I}{2am}.$$

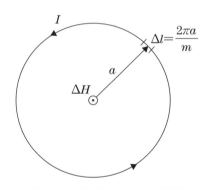

図 8-8 円形コイルの磁界

分割されたすべての微小部分が作る磁界の大きさは等しく,向きも同じであるから ΔH を m 倍することによって,円形コイル全体がコイルの中心に作る磁界が得られる.

$$H = m \times \Delta H = m \times \frac{I}{2am} = \frac{I}{2a} \tag{8-9}$$

コイルが N 回巻きであれば,それは NI [A] の電流が流れているコイルと同等であるから次のようになる.

$$H = \frac{NI}{2a} \,[\mathrm{A/m}] \tag{8-10}$$

8-4 磁気回路

7-4節磁束の性質 (2) で説明したように,磁束は空間の中で生成・消滅することがない.これは電流と同じ性質であることから,磁束の通る**磁路**を電気回路と同様に**磁気回路**として考えることによって,電気回路理論の諸法則を用いて磁束の計算ができる.

図8-9 (a) に示すような $I\,[\mathrm{A}]$ の電流が流れている N 回巻きの環状ソレノイドの磁気回路と**図8-9 (b)** に示す等価回路の対応関係を考える.例題8-2において,アンペアの周回積分の法則を用いて得られた環状ソレノイドを通る磁束の式 (8-4) は,次のように表すこともできる.

$$\varPhi = \frac{NI}{l/\mu S} = \frac{F}{R} \,[\mathrm{Wb}] \tag{8-11}$$

ここで,F は次式で表される**起磁力**を表す.

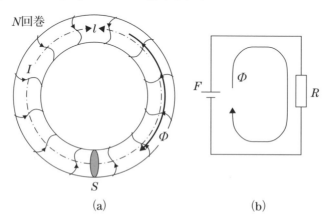

図 **8-9** 環状ソレノイドと磁気回路

磁気回路

$$F = NI \ [\mathrm{A}] \tag{8-12}$$

R は次式で表される**磁気抵抗**である．

$$R = \frac{l}{\mu S} \ [\mathrm{H}^{-1}] \ \text{または} \ [\mathrm{A/Wb}] \tag{8-13}$$

<例題 8-5> 透磁率 μ [H/m] の磁性体を長さ l [m]，断面積 S [m²] のリングにし，**図 8-10 (a)** に示すような N 回巻きの環状ソレノイドにした．このときリングに δ [m] の隙間があいた．このソレノイドに I [A] の電流が流れているときの磁束を，アンペアの周回積分の法則と磁気回路の考え方を用いて，それぞれ計算せよ．

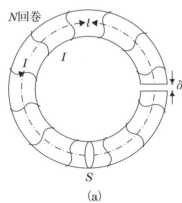

(a)

図 8-10 隙間のある環状ソレノイドと磁気回路

<解答> 磁性体の中の磁界を H_1，隙間の磁界を H_2 と置くと，アンペアの周回積分は次のように表される．

$$\oint \boldsymbol{H} \cdot d\boldsymbol{l} = H_1 l + H_2 \delta = NI \tag{8-14}$$

また断面が磁界と垂直であるから，例題 7-4 と同様に，隙間の中でも磁性体の中でも磁束密度は等しい．すなわち

$$B = \mu H_1 = \mu_0 H_2. \tag{8-15}$$

式 (8-14), 式 (8-15) から H_1, H_2 は, それぞれ次のように得られる.

$$H_1 = \frac{NI}{l + \dfrac{\mu}{\mu_0}\delta}, \quad H_2 = \frac{NI}{\dfrac{\mu_0}{\mu}l + \delta} \tag{8-16}$$

したがって, 磁束は次のように得られる.

$$\Phi = \mu H_1 S = \mu_0 H_2 S = \frac{\mu NIS}{l + \dfrac{\mu}{\mu_0}\delta} \, [\text{Wb}] \tag{8-17}$$

図 8-10(a) に示す環状ソレノイドの磁気回路を等価回路で表すと図 8-10(b) となる. ここで起磁力は式 (8-12) から $F = NI$, 磁性体の部分の磁気抵抗 R_1 と隙間の磁気抵抗 R_2 は, それぞれ式 (8-13) より次のようになる.

$$R_1 = \frac{l}{\mu S}, \quad R_2 = \frac{\delta}{\mu_0 S} \tag{8-18}$$

よって磁束は式 (8-11) より, 次のように得られる.

$$\Phi = \frac{F}{R_1 + R_2} = \frac{NI}{\dfrac{l}{\mu S} + \dfrac{\delta}{\mu_0 S}} = \frac{\mu NIS}{l + \dfrac{\mu}{\mu_0}\delta} \, [\text{Wb}] \tag{8-19}$$

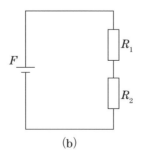

(b)

図 8-10　隙間のある環状ソレノイドと磁気回路

8-5 磁束密度が一定でない場合の磁束の計算

図 8-11 において磁束密度 B が一定であれば，面積 S を通る磁束は式 (7-9) より $\Phi = BS$ [Wb] である．B が一定でない場合は，分割した微小面積 $\mathrm{d}S$ を通る磁束 $\mathrm{d}\Phi$ を計算し，それを面積 S の全体にわたって加え合わせる（積分する）ことによって得る．

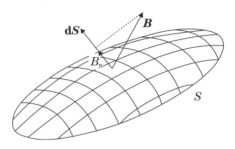

図 8-11　磁束密度が一定でない場合の曲面 S を貫く磁束

$\mathrm{d}S$ は微小なので，その中では B は一定と考えられる．したがって，$\mathrm{d}S$ を通る磁束 $\mathrm{d}\Phi$ は，面 $\mathrm{d}S$ と垂直な B の成分 B_n と $\mathrm{d}S$ の積である．すなわち

$$\mathrm{d}\Phi = B_\mathrm{n}\,\mathrm{d}S = \boldsymbol{B}\cdot\mathbf{d}\boldsymbol{S}. \tag{8-20}$$

ここで，$\boldsymbol{B}$ は磁束密度のベクトル，$\mathbf{d}\boldsymbol{S}$ は微小面積の面積ベクトルで，大きさは面積，向きは微小面積の法線の方向である．よって，面積 S を通る磁束 Φ は

$$\Phi = \int_S B_\mathrm{n}\,\mathrm{d}S = \int_S \boldsymbol{B}\cdot\mathbf{d}\boldsymbol{S} \ [\mathrm{Wb}]. \tag{8-21}$$

第8章 電流と磁界

<例題 8-6> 図 8-12 に示すような,断面が長方形のドーナツ型の磁性体に導線を N 回巻き付けて環状ソレノイドを作り,I [A] の電流を流した.ソレノイドを通る磁束を計算し,これを例題 8-2 の結果と比較せよ.ただし,磁性体の透磁率は μ [H/m] である.

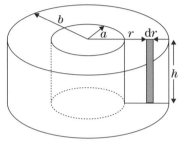

図 8-12　環状ソレノイド

<解答>　中心軸から r [m] の位置の磁界を H とすると,アンペアの周回積分の法則の式 (8-1) は次のように書かれる.

$$\oint \boldsymbol{H} \cdot d\boldsymbol{l} = 2\pi r \times H = NI \tag{8-22}$$

これより磁界は次のように得られる.

$$H = \frac{NI}{2\pi r} \tag{8-23}$$

図 8-12 に示すように,半径 r の位置に幅 dr を考え,この微小面積を通る磁束を計算する.幅 dr の中では磁界が一定と考えてよいので,磁束は次のように得られる.

$$d\Phi = \mu H \times h\,dr = \mu \frac{NI}{2\pi r} \times h\,dr \tag{8-24}$$

環状ソレノイドを通る全磁束は,式 (8-24) を積分することにより得られる.

磁束密度が一定でない場合の磁束の計算

$$\Phi = \int_a^b \mu \frac{NI}{2\pi r} \times h\, dr = \frac{\mu NIh}{2\pi}\left[\ln r\right]_a^b$$

$$= \frac{\mu NIh}{2\pi} \ln \frac{b}{a} \ [\mathrm{Wb}] \tag{8-25}$$

$\Delta = b - a \ll a$ であれば，式 (8-25) は次のように近似できる．

$$\Phi = \frac{\mu NIh}{2\pi} \ln\left(1 + \frac{b-a}{a}\right) = \frac{\mu NIh}{2\pi} \ln\left(1 + \frac{\Delta}{a}\right)$$

$$\cong \frac{\mu NIh}{2\pi} \times \frac{\Delta}{a} \ [\mathrm{Wb}] \tag{8-26}$$

ここで，$h \times \Delta = h(b - a)$ は磁性体の断面積 S に相当し，$b - a \ll a$ であることから，$2\pi a$ と $2\pi b$ は平均磁路長 l とほぼ等しい．したがって，$b - a \ll a$ の場合は，式 (8-26) は次のように近似できて，例題 8-2 で得られた式 (8-4) と同じになることがわかる．

$$\Phi \cong \frac{\mu NIh}{2\pi} \times \frac{\Delta}{a} \cong \frac{\mu NIS}{l} \ [\mathrm{Wb}] \tag{8-27}$$

第8章 電流と磁界

章末問題 8

1 電流 I が図 8-13 に示す向きに流れている.

図 8-13

(1) 周囲の磁界の様子を描け. ただし (a) と (b) は直線電流, (c) は円形コイルである. (★)

(2) $I = 5$ A のとき, (a) の電流が流れている導線から $r = 2$ cm 離れた位置の磁界を計算せよ. (★)

(3) $I = 5$ A のとき, (c) の円形コイルの中心の磁界を計算せよ. ただし円形コイルの半径は $a = 30$ cm である. (★)

2 比透磁率 $\mu_r = 800$ の磁性体で作られた断面積 $S = 0.5$ cm^2, 平均磁路長 $l = 20$ cm のドーナツ型の磁性体に導線を $N = 500$ 回巻き付けた環状ソレノイドに電流を流したとき, 磁性体の中の磁界が $H = 350$ A/m であった.

(1) ソレノイドに流した電流を計算せよ. (★)

(2) 磁性体の中を通る磁束を計算せよ. (★)

3 $I = 3$ A の電流を流すことによって $H = 1.5$ kA/m の磁界を発生する無限長ソレノイドを作りたい. 1 m あたりの巻数を計算せよ. (★)

4 直径 $D = 5$ mm のプラスチックの丸棒に導線を一様に $N = 1500$ 回巻き付けたところ, ソレノイドの長さが $l = 10$ cm になっ

た．これに $I = 0.2$ A の電流を流すとき，ソレノイドの中心付近の磁界を計算せよ．（★）

5 図 **8-14** に示すように，十分長いソレノイドに $I = 2$ A の電流を流すことにより，ソレノイドの中の磁界を $H = 8$ kA/m にする．またソレノイドの中には，断面積 $S = 3$ cm^2，長さ $l = 5$ cm，磁化の大きさが $J = 1.2$ Wb/m^2 の棒磁石を，ソレノイドの中心軸と $\theta = 30°$ の角度で置いた．

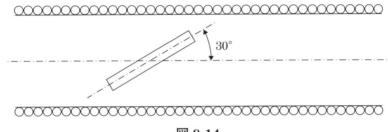

図 **8-14**

(1) ソレノイドの 1 m あたりの巻き数を計算せよ．（★）
(2) 棒磁石の磁気モーメントを計算せよ．（★）
(3) 棒磁石に働くトルクを計算せよ．（★）

6 図 **8-15(a)** のように半径 a [m] の 2 本の導線が真空中に間隔 D [m] で平行に張られており，電流 I [A] が導線の表面を互いに反対向きに流れている．

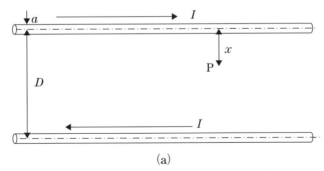

(a)

図 **8-15**

第8章 電流と磁界

(1) 一方の導線から他方の導線に向かって x [m] 離れた P 点の磁界の強さを計算せよ．また磁界の向きを示せ．（★）

(2) **図 8-15 (b)** において $\left(x = \dfrac{D}{2},\ y\right)$ の Q 点の磁界の向きと強さを計算せよ．（★★）

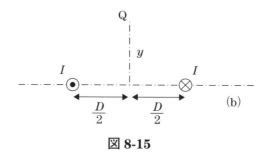

図 8-15

(3) 2本の導線の長さ1 m と鎖交する（導線の間を通る）磁束を計算せよ．（★★）

(4) 2本の導線に同じ向きに電流 I [A] が流れているとき，Q 点の磁界の向きと強さを計算せよ．（★★）

7 $N = 30$ 回巻きの円形コイルに $I = 1.5$ A の電流を流すことによって，コイルの中心の磁界が $H = 0.2$ kA/m となった．コイルの半径を計算せよ．（★）

8 半径 a [m] の円形の断面を有する導線の中を I [A] の電流が一様に流れている．

(1) 導線の中心軸から r [m] の位置の磁界を計算せよ．（★★）

(2) 超電導体に臨界磁界 H_c より大きな磁界を加えると，超電導ではなくなる．半径 $a = 1$ mm の鉛（$H_c = 63.9$ kA/m）の電線に超電導状態を壊すことなく流すことのできる最大の電流を計算せよ．（★★）

9 **図 8-16** に示すような，内外の半径が，それぞれ a, b [m] の断面を有する中空の導体に一定の電流密度 J [A/m^2] で電流が流れてい

る．導線の中心軸から r [m] の位置の磁界を計算せよ．（★★）

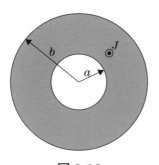

図 8-16

10 図 8-17 に断面を示すように，半径 a [m] の無限に長い円柱の中に中心軸が d [m] 平行にずれた半径 b [m] の無限に長い円柱の空洞がある．断面を電流密度 J [A/m²] で電流が一様に流れているとき，空洞の中の磁界を計算せよ．（★★★）

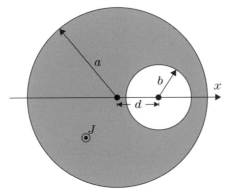

図 8-17

11 直径 $d = 30$ cm，$N = 100$ 回巻の円形コイルの中心軸を東向きにし，$I = 75$ mA の電流を流したとき，円形コイルの中心に置かれた方位磁石が北東を指した．地球磁界の大きさを計算せよ．（★★）

12 水素原子の中では図 8-18 に示すように，電子が半径 $a = 5.29 \times 10^{-11}$ m の円軌道を描いて，原子核のまわりを速さ $v =$

第8章 電流と磁界

2.19×10^6 m/s で回っている.

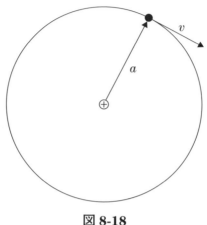

図 8-18

(1) このときの電子の運動による電流を計算せよ．(★)

(2) 電子の運動によって原子核の位置に作られる磁界の強さを計算し，方向を示せ．(★★)

13 半径 a [m] の円形コイルに I [A] の電流が流れている．円形コイルの中心軸上のP点の磁界を計算せよ．ただしコイルの中心（O点）からP点までの距離を z [m] とする．(★★★)

14 図 8-19 に示すように，半径 R [m]，N 回巻きの2個の円形コイルを中心軸が z 軸と一致するように D [m] の間隔で置き，両方のコイルに同じ向き，同じ大きさの電流 I [A] を流した．

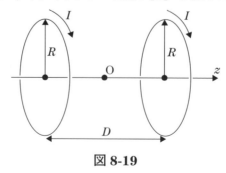

図 8-19

(1) 2個のコイルの中心O点からz [m] の距離のP点の磁界Hを計算せよ．（★★）

(2) O点において$\dfrac{dH}{dz} = \dfrac{d^2H}{dz^2} = 0$となる$D$を計算せよ．これをヘルムホルツコイルといい，磁界の一様性がきわめて高い．（★★★）

(3) ヘルムホルツコイルの中心の磁界を計算せよ．（★）

⑮　図8-20 (a)〜(d) に示すような無限に長い導線に$I = 5$ Aの電流を流したときのP点の磁界を計算せよ．ただし曲線部分はP点を中心とする半径$a = 30$ cmの円弧である．（★★）

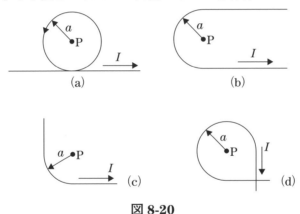

図 8-20

⑯　図8-21のように直線導線が，地面（導体）に (a) 垂直または (b) 平行に張られ，電流$I = 5$ Aが流れている．影像電流を考慮してP点の磁界を計算せよ．ただし，$r = 50$ cm, $h = 2$ m, $y = 80$ cmである．（★★）

第8章 電流と磁界

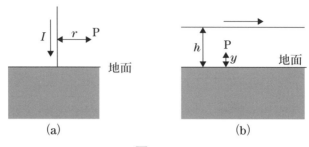

図 8-21

17 無限に長い直線導線が地面と平行に高さ $h = 50$ cm で南北の向きに張られ，電流が流れている．導線の直下の地面に置いた方位磁針が北西を指した．導線に流れている電流の向きと大きさを計算せよ．ただし地磁気の強さを 36 A/m とする．（★★）

18 図 8-22 に示すように，長さ $(l_1 + l_2)$ [m] の直線導線に電流 I [A] が流れている．次の設問にしたがって P 点の磁界を計算せよ．

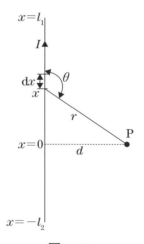

図 8-22

(1) x の位置の微小部分 dx を流れる電流が P 点に作る磁界 dH をビオ・サバールの法則を用いて表せ．（★）

(2) r, x, dx および dH を d と θ で表せ．（★★）

(3) P点の磁界 H を計算せよ．（★★★）

(4) l_1, l_2 が ∞ に近付くときの結果を式 (8-2) と比較せよ．（★）

19 図 **8-23** に示すような，$a = 5$ cm，$b = 10$ cm，巻き数 $N = 30$ 回の長方形のコイルに $I = 2$ A の電流が流れている．長方形の中心 （O 点）から $c = 15$ cm の距離の位置にある P 点の磁界を計算せよ．
（★★★）

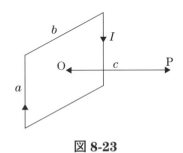

図 **8-23**

20 断面積 $S = 5$ cm^2，平均磁路長 $l = 30$ cm，巻き数 $N = 500$ 回の環状ソレノイドの中の磁界と磁束がそれぞれ $H = 350$ [A/m]，$\Phi = 4.5 \times 10^{-4}$ [Wb] であった．次の問に答えよ．

(1) ソレノイドに流れている電流 I を計算せよ．（★）

(2) 磁性体の比透磁率を計算せよ．（★）

(3) 磁性体の環に $\delta = 0.15$ mm の隙間を作った．隙間および磁性体の部分の磁気抵抗をそれぞれ計算せよ．（★）

(4) 隙間のある環状ソレノイドの磁束を計算せよ．（★）

(5) 隙間の中の磁界および磁性体の断面に現れる磁極の大きさを計算せよ．（★★）

第8章 電流と磁界

21 図 8-24 に示すような磁気回路の磁束 Φ および隙間の中の磁界 H を計算せよ．磁性体の寸法は断面積 $S = 5$ cm^2, $a = 12$ cm, $b = 10$ cm, $c = 15$ cm, 隙間 $\delta = 0.2$ mm．磁性体の透磁率は $\mu = 2.5 \times 10^{-3}$ H/m．巻き数 $N = 300$ 回の導線に $I = 250$ mA の電流が流れている．（★★）

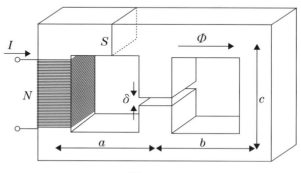

図 8-24

22 図 8-25 に示す磁気回路において，磁性体の寸法は断面積 $S = 5$ cm^2, $a = 12$ cm, $b = 10$ cm, $c = 15$ cm．磁性体の透磁率は $\mu = 2.5 \times 10^{-3}$ H/m, 巻き数 $N_1 = 300$ 回の導線に $I_1 = 250$ mA, $N_2 = 500$ 回の導線に $I_2 = 200$ mA の電流が流れている．

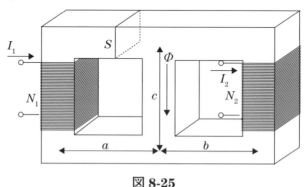

図 8-25

(1) 磁束 Φ を計算せよ．（★★★）
(2) I_2 を調節して $\Phi = 0$ とした．そのときの I_2 を計算せよ．（★）

章末問題 8

23 図 8-26(a) に示すような，長さ $l = 30$ cm, 断面積 $S = 1$ cm^2 の磁性体のリングに $\delta = 0.2$ mm の隙間がある．磁性体の磁化曲線を図 8-26(b) に示す．このリングに導線を $N = 300$ 回巻き付けて環状ソレノイドを作った．次の問に答えよ．

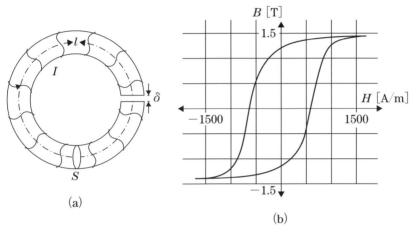

図 8-26

(1) 導線に流す電流が I [A] のときの，磁性体の中の磁界を H [A/m]，磁束密度を B [T] とする．アンペアの周回積分の法則を用いて，I, H, B の関係を導け．（★★）

(2) 導線に流す電流を十分大きくした後に $I = 0.5$ A にするときの H と B を計算せよ．（★★★）

(3) さらに導線に流す電流を $I = 0$ としたときの H と B を計算せよ．（★★★）

24 図 8-27 に示すように，真空中において $I = 5$ A の電流が流れている直線導線のそばに辺の長さが $a = 6$ cm, $b = 10$ cm の長方形のコイルを置いた．次の場合にコイルと鎖交する磁束を計算せよ．

第8章 電流と磁界

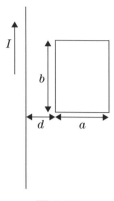

図 8-27

(1) コイルからの距離が $d = 20$ m. (★★)
(2) $d = 2$ cm. (★★★)

25 xy 方向に広がる厚さ $d = 1$ cm の導体板の中を，$J = 5$ A/m^2 の電流密度で電流が x 方向に流れている．次の問に答えよ．ただし板の厚さの中心を $z = 0$ とする．

(1) $z = 1$ cm および $z = -1$ cm の位置の磁界の大きさと向きを答えよ．(★★)
(2) $z = 2$ mm の位置の磁界の大きさを計算せよ．(★★)

第9章　電磁力と電磁誘導

　本章では磁界中の電流に作用する力および磁束の変化によって誘起される電圧や電界について学ぶ．磁界の大きさや方向の計算には前章で学んだ知識を活用する．

第 9 章　電磁力と電磁誘導

☆この章で使う基礎事項☆

基礎 9-1　電流密度とキャリアの速度

電流密度 J とキャリアの速度 v，キャリアの粒子 1 個の電荷 q の間には，次の関係が成り立つ．

$$J = nqv \ [\mathrm{A/m^2}] \tag{6-22}$$

基礎 9-2　電界と力

電界 E の中に置かれた電荷 q には次のような力が働く．

$$\boldsymbol{F} = q\boldsymbol{E} \ [\mathrm{N}] \tag{2-1}$$

磁界中の電流に作用する力およびフレミングの左手の法則

9-1 磁界中の電流に作用する力およびフレミングの左手の法則

図 9-1（a）に示すように，電流 I [A] が磁界（磁束密度 B [T]）の中を流れているとき，電流は磁界から**電磁力**を受ける．I が B と垂直である場合，導線の 1 m あたりに作用する力は次式で表される．

$$f = IB \ [\text{N/m}] \tag{9-1}$$

力 f の向きは図 9-1（a）のように，I および B の両方と垂直な方向である．図 9-1（b）に示す**フレミングの左手の法則**を用いると，f, I, B の向きの関係を容易に覚えることができる．I と B が平行な場合は電磁力は発生しない．

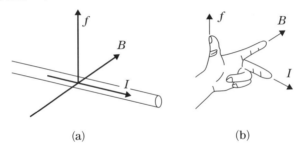

(a)　　　　　　　　(b)

図 9-1　電磁力とフレミング左手の法則

> **＜例題 9-1＞** 電流 I [A] と磁束密度 B [T] の間の角度が θ であるとき，導線の 1 m あたりに作用する力の大きさと向きを計算せよ．

＜解答＞　図 9-2 に示すように，B を I と垂直な成分 $B_\perp$ と平行な成分 $B_\parallel$ に分ける．I は $B_\parallel$ からは力を受けず，$B_\perp$ だけから次のような力を受ける．

$$f = IB_\perp = \underline{IB \sin\theta} \ [\text{N/m}] \tag{9-2}$$

第9章 電磁力と電磁誘導

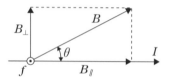

図 9-2 磁界が斜めの場合の電磁力

f の向きは,フレミングの左手の法則に I と $B_\perp$ を適用することによって,図 9-2 に示す向きとなる.

＜例題 9-2＞ 図 9-3 に示すように I [A] の電流が流れている長方形のコイルが磁界 H [A/m] の中に角度 ϕ で置かれている.コイルの各辺に加わる力の大きさと向き,さらにコイルに作用するトルクを計算せよ.

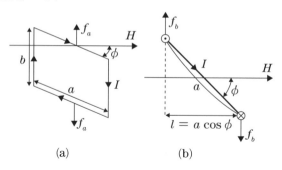

図 9-3 電流ループに発生するトルク

＜解答＞ フレミングの左手の法則を用いて導いた,長さ a の辺に作用する力 f_a の向きを図 9-3 (a) に,b の辺に作用する力 f_b の向きを図 9-3 (b) に示す.図 9-3 (b) は,図 9-3 (a) を上から見た図である.磁束密度は $B = \mu_0 H$ であるから,式 (9-2) より

$$f_a = \mu_0 I H \sin\phi \times a \ [\mathrm{N}]$$
$$f_b = \mu_0 I H b \ [\mathrm{N}].$$

f_a は上の辺と下の辺では反対向きなので，互いに打ち消し合う．f_b も左右の辺では反対向きであるが，図 9-3（b）に示すように，f_b と垂直な腕の長さが l であるので，次式で表されるトルクが発生する．

$$T = f_b l = \mu_0 I H b \times a\cos\phi \ [\text{N}\cdot\text{m}] \tag{9-3}$$

これは電流と磁界によって回転力が発生する，**モータ**の原理である．

9-2 ループ電流による磁気モーメント

図 9-4（a）のように磁気モーメント $M = ml$ [Wb·m] を磁界 H と角度 θ で置いたときのトルクは，章末問題 7 **4** において次式で表されることを導いた．

$$T = mH \times l\sin\theta = MH\sin\theta \ [\text{N}\cdot\text{m}] \tag{9-4}$$

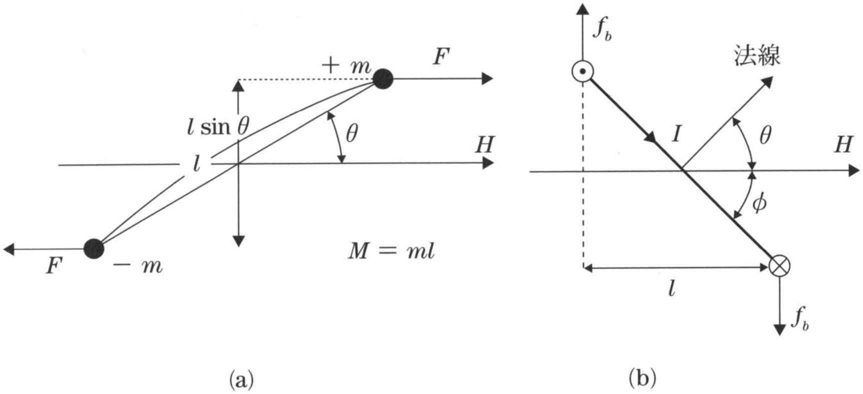

(a)　　　　　　　　　　(b)

図 9-4　電流ループによる磁気モーメント

図 9-3（b）にコイルの法線を追加したものを図 9-4（b）に示す．法線と H の間の角度を θ とすると，$\phi = \dfrac{\pi}{2} - \theta$ である．これを式 (9-3) に代入して整理すると，次のようになる．

第9章 電磁力と電磁誘導

$$T = \mu_0 IHab \times \cos\left(\frac{\pi}{2} - \theta\right) = \mu_0 IH \sin\theta \times ab$$

$$= \mu_0 IS \times H \sin\theta \; [\text{N} \cdot \text{m}] \tag{9-5}$$

ここで，コイルの面積を $S = ab$ と置いた．式 (9-4) と式 (9-5) を比較すると次の関係が得られる．

$$M = \mu_0 IS \; [\text{Wb} \cdot \text{m}] \tag{9-6}$$

このことから，I [A] の電流が流れている電流ループの磁気モーメントの大きさは $\mu_0 I$ とループに囲まれた面積 S との積で与えられることがわかる．ループの形は長方形に限定されず任意の形状でも成り立つ．また**磁気モーメント**の方向は電流と右ねじの関係にある法線の向きである．

＜例題 9-3＞ 半径 a [m]，N 回巻きの円形コイルに I [A] の電流が流れている．コイルの磁気モーメントおよび，コイルを H [A/m] の磁界の中に置いたときに発生するトルクを計算せよ．ただし，コイルの中心軸と H の間の角度を θ とする．

＜解答＞ 式 (9-6) よりコイルの磁気モーメントは次式で表される．

$$M = \underline{\mu_0 NI \times \pi a^2} \; [\text{Wb} \cdot \text{m}]$$

トルクは式 (9-4) または式 (9-5) から次のように得られる．

$$T = MH \sin\theta = \underline{\mu_0 NI \pi a^2 \times H \sin\theta} \; [\text{Wb} \cdot \text{m}]$$

9-3 磁界中を運動する荷電粒子

<例題 9-4> 電流が流れている導線に磁束密度 B [T] の磁界が導線と垂直な向きに加えられている．導線の中では電荷 q [C] のすべての荷電粒子が v [m/s] で同じ向きに運動している．1個の荷電粒子が磁界から受ける**電磁力**を計算せよ．

<解答> 図 9-5 に示すような導線を考える．導線に流れている電流を I [A] とすると，導線の 1 m に働く力は式 (9-1) から $f = IB$ [N]．一方，導線の 1 m^3 の中にある荷電粒子の数を n [m^{-3}] とすると，電流密度は式 (6-22) から $J = nqv$ [A/m^2]．また導線の断面積を S [m^2] とすると $I = JS = nqvS$ [A]．以上のことから次の関係が導かれる．

$$f = IB = nqvS \times B$$

導線の長さ 1 m の中には荷電粒子が $N = nS$ 個存在するので，1個の荷電粒子に働く力は次のように得られる．

$$F = \frac{f}{N} = \frac{nqvS \times B}{nS} = \underline{qvB} \text{ [N]} \tag{9-7}$$

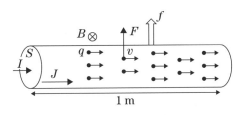

図 9-5 磁界中を運動する荷電粒子に作用する力

第9章　電磁力と電磁誘導

9-4　ローレンツ力

図 9-6 に示すように，電界 E [V/m] と磁束密度 B [T] が垂直に加えられている中を，速度 v [m/s] で運動している荷電粒子には次式で表される**ローレンツ力**が働く．

$$F = qE + qvB\sin\theta \ [\text{N}] \tag{9-8}$$

1 項目は電界 E による力 F_E で E と同じ方向，2 項目は式 (9-7) と同じ磁束密度 B による力 F_B で，v および B と垂直な方向である．$q > 0$ なので，v の方向を電流の向きとしてフレミングの左手の法則を適用すると，F_E と F_B は図 9-6 に示すように F と同じ方向である．一般的には次のようなベクトルで表すことができる．

$$\bm{F} = q\,(\bm{E} + \bm{v} \times \bm{B}) \ [\text{N}] \tag{9-9}$$

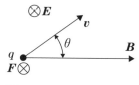

図 9-6　ローレンツ力

9-5　電磁誘導

磁束の変化または導体の運動によって電圧が発生する現象を**電磁誘導**という．

＜例題 9-5＞　長さ l [m] の導体棒が磁束密度 B [T] の中を速度 v [m/s] で運動している．図 9-7 に示すように，棒の長さ方向と B と v は互いに垂直である．

電磁誘導

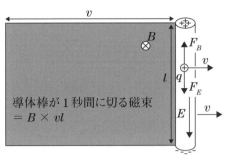

図 9-7 ファラデーの電磁誘導の法則
（磁界中を運動する導体棒に発生する電圧）

(1) 導体の中の自由に動ける荷電粒子 q [C] が磁界から受ける力の大きさ F_B と向きを計算せよ．

(2) q は F_B によって導体棒の端に集まって，この端は正に反対側の端は負に帯電する．これらの電荷によって導体棒の中に電界が発生し，電界による力 F_E が F_B を打ち消すようになると定常状態となる．このときの電界 E と向きを計算せよ．

(3) 導体棒に発生する電圧を計算せよ．（これが電磁誘導によって発生する電圧である）

<解答> (1) 導体棒とともに荷電粒子 q も右へ移動するので，フレミングの左手の法則により，荷電粒子 q には図 **9-7** に示すような上向きの力 F_B が働く．F_B の大きさは式 (9-7) より

$$F_B = qvB \text{ [N]}.$$

(2) F_B によって q は上へ移動し，導体棒の上端が ＋，下端が － となる．その結果下向きの電界 E が発生する．電界による力 F_E は $F_E = qE$ で，定常状態では F_B と等しいので，E は次のように得られる．

$$E = \frac{F_E}{q} = \frac{F_B}{q} = vB \text{ [V/m]}$$

第9章 電磁力と電磁誘導

(3) $V = E \times l = vBl$ [V] これは図 9-7 に示すように**導体棒が1秒間に切る磁束**に等しい．

9-6 ファラデーの電磁誘導の法則

ファラデーの電磁誘導の法則は「(a) **電磁誘導によって発生する電圧は，導体が1秒間に切る磁束**，または (b) **磁束鎖交数の1秒間当たりの変化に等しい**」(a) については例題 9-5 で導いた．(b) は次のような例である．

N 回巻きのコイルと**鎖交**する（コイルの中を通る）磁束 Φ が時間 t とともに変化するとき，電磁誘導によってコイルに発生する電圧は次式で表される．

$$V = -N\frac{d\Phi}{dt} = -\frac{d\phi}{dt} \, [\text{V}] \tag{9-10}$$

$\phi = N\Phi$ は**磁束鎖交数**である．本章では式 (9-10) の負符号は無視し，電圧の向きは次節で説明する**レンツの法則**にしたがって考える．

9-7 レンツの法則

「電磁誘導によって発生する電圧の向きは，回路と鎖交する磁束の変化を妨げるような電流を生じさせる向きである」これを**レンツの法則**という．

<例題 9-6> 図 9-8 に示すように，抵抗 R [Ω] で終端した導体のレールが磁束密度 B [T] の中に置かれている．この上を導体棒が v [m/s] の速さで運動している．このとき電磁誘導によって発生する電圧を計算せよ．また，流れる電流の向きを答えよ．

渦電流

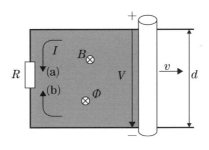

図 9-8 ファラデーの電磁誘導の法則（磁束の変化により発生する電圧）

＜解答＞ 抵抗 R とレール，導体棒で構成される回路を通る磁束 Φ に注目して，ファラデーの電磁誘導の法則を適用する．導体棒の運動によって回路で囲まれる面積は 1 秒間に vd の割合で増加する．これにともなって Φ は 1 秒間に $vd \times B$ 増加するので，電圧は

$$V = \frac{d\Phi}{dt} = vdB \,[\mathrm{V}].$$

導体棒の運動によって回路に囲まれる面積が増加して磁束 Φ も増加するので，レンツの法則によって流れる電流の向きは磁束を減らす，すなわち B と反対向きの磁界を作る向きである．右ねじの法則によって電流の向きは図 **9-8** の（a）で示される向きであることがわかる．

以上の結果は，例題 9-5 で導いた結果と矛盾しない．

9-8　渦電流

導体を貫く磁束が時間の経過とともに変化するとき，電磁誘導によって導体の中に起電力が発生し，電流が渦状に流れる．これを**渦電流**という．

第9章　電磁力と電磁誘導

＜例題 9-7＞ 図 9-9 に示すような，電気伝導度 σ [S/m] の導体でできた半径 a [m] の円板に，時間の関数である一様な磁束密度 $B(t)$ [T] が円板の面と垂直に加えられている．円板の中心から r [m] の位置の渦電流の電流密度および円板を流れる渦電流を計算せよ．ただし渦電流による磁界は無視できるとする．

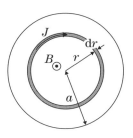

図 9-9　渦電流

＜解答＞ 図 9-9 に示すように，円板の中心から r の位置に幅 dr の環状の帯を考える．帯の長さは $l = 2\pi r$，円板の厚さを D とすると，環状の帯の断面積は $S = Ddr$ であるので，環状の帯の抵抗は $R = \dfrac{l}{\sigma S} = \dfrac{2\pi r}{\sigma \times Ddr}$．一方，帯に囲まれた円の中を通る磁束は $\varPhi = \pi r^2 \times B$ であるので，電磁誘導によって環状の帯に発生する電圧は $V = \dfrac{d\varPhi}{dt} = \pi r^2 \dfrac{dB}{dt}$．したがって，環に流れる電流は

$$dI = \frac{V}{R} = \frac{1}{2}\sigma Dr dr \frac{dB}{dt}. \tag{9-11}$$

よって，電流密度は $\underline{J = \dfrac{I}{Ddr} = \dfrac{\sigma r}{2}\dfrac{dB}{dt}\ \text{[A/m}^2\text{]}}. \tag{9-12}$

式 (9-12) より，外側に近いほど渦電流密度が大きいことがわかる．

円板全体を流れる電流は式 (9-11) を積分することによって得られる．

$$I = \int_0^a \frac{\sigma D r}{2} \frac{dB}{dt} dr = \frac{\sigma D a^2}{4} \frac{dB}{dt} \quad [\text{A}]$$

9-9　表皮効果

円柱導体に交流電流が流れているとき，電流密度は表面に近いほど高くなる．これを**表皮効果**という．表皮効果が起きる理由を次の例題を解きながら考えよう．

<例題 9-8> 図 **9-10** に示すような，半径 a [m] の円柱導体の中を一様な電流密度 J [A/m^2] で電流が流れている．次の問に答えよ．ただし，円柱導体の外の磁界は考慮に入れない．

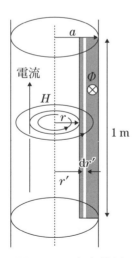

図 **9-10**　表皮効果

第9章 電磁力と電磁誘導

(1) 中心軸から r [m] の位置の磁界を計算せよ．

(2) 中心軸から r [m] の位置を流れる電流と鎖交する，長さ 1 m あたりの磁束を計算せよ．

(3) 電流密度が角周波数 ω の交流で $J = J_\mathrm{m} \sin \omega t$ [A/m^2] で表されるとき，中心軸から r [m] の位置に発生する長さ 1 m あたりの起電力（電界）を計算せよ．

＜解答＞ (1) 章末問題 8**8** と同じ．アンペアの周回積分の法則により $2\pi r H = \pi r^2 \times J$．よって $\underline{H = \dfrac{Jr}{2}\,[\text{A/m}]}$

(2) 図 **9-10** に示すように，r の位置の電流と鎖交する磁界は r の外側を通る磁界である．半径 r' の位置の幅 dr'，長さ 1 m の領域を通る磁束は $\mathrm{d}\varPhi = \mu_0 H \mathrm{d}r' = \mu_0 \dfrac{Jr'}{2}\mathrm{d}r'$．よって，$\varPhi = \displaystyle\int_r^a \mu_0 \dfrac{Jr'}{2}\mathrm{d}r'$

$= \dfrac{\mu_0 J}{2} \left[\dfrac{r'^2}{2}\right]_r^a = \underline{\dfrac{\mu_0 J}{4}(a^2 - r^2)\,[\text{Wb/m}]}$．

(3) 式（9-10）より

$$\underline{E = \frac{\mathrm{d}\varPhi}{\mathrm{d}t} = \frac{\mu_0 J_\mathrm{m}}{4}(a^2 - r^2)\omega \cos \omega t\,[\text{V/m}]}. \tag{9-13}$$

式（9-13）の起電力 E は円柱を流れる電流を妨げるように作用する．式（9-13）から明らかなように，E は中心に近いほど大きくなるので，中心付近の電流密度は小さく，表面付近で大きくなる，すなわち表皮効果が現れる．また式（9-13）から ω が大きい（高周波数）ほど表皮効果が顕著となることもわかる．

章末問題9

1 上向きの磁束密度 $B = 30$ mT の中に置かれた導線に $I = 5$ A の電流が東向きに流れている．長さ $l = 20$ m の導線に働く力と方向を計算せよ．（★）

2 図 9-11 に示すようにエナメル線で作ったコイルを永久磁石による磁界中に置き，コイルの端子 P を電池の＋極に，端子 Q を－極に接続してコイルに電流を流した．コイルが受ける力の向きを a～f の中から選んで答えよ．（★）

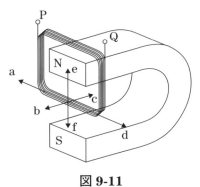

図 9-11

3 辺の長さが $a = 60$ cm, $b = 25$ cm の長方形の $N = 200$ 回巻きのコイルを図 9-12 のように，磁界 $H = 30$ kA/m の中に置き，電流 $I = 12$ A を図に示す向きに流した．H の方向はコイルの面内にあり，長さ a の辺と $\theta = 30°$ の角度である．

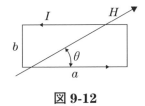

図 9-12

第 9 章　電磁力と電磁誘導

(1) それぞれの辺に働く力の大きさと方向をそれぞれ計算せよ．(★)

(2) コイルの磁気モーメントを計算せよ．(★)

(3) コイルに働くトルクを計算せよ．(★)

4　間隔 $a = 70$ cm で平行に張られている 2 本の導線に，同じ向きの電流 $I_1 = 5$ A と $I_2 = 15$ A が流れているとき，導線の 1 m あたりに働く力の大きさと向きを答えよ．(★★)

5　間隔 $a = 1$ mm で平行に張られている 2 本の導線に同じ大きさの電流が流れているとき，導線の 1 m あたりに 0.5 N の反発力が働いた．流れている電流の大きさおよび電流が同じ向きか反対向きかを答えよ．(★★)

6　断面積が $S = 0.7$ mm^2，長さ $l = 50$ cm の銅線に電流を流し，磁束密度が $B = 0.8$ T の磁界を導線に垂直に加えたところ，$f = 5$ N の力が働いた．次の問に答えよ．ただし，銅の 1 m^3 には $n = 8.46 \times 10^{28}$ 個の電子がある．

(1) 導線に流れている電流 I を計算せよ．(★)

(2) 導線の中の電子の数 N を計算せよ．(★)

(3) 電子 1 個が磁界から受ける力 F を計算せよ．(★)

(4) 電子の速度 v を計算せよ．(★)

7　図 **9-13** に示すように，間隔 $d = 15$ cm のレールの上に質量 $m = 13$ g の導体棒が置かれている．レールの面が水平から $\theta = 30°$ 傾いており，レールの面と垂直に磁束密度 $B = 0.2$ T の一様な磁界が加えられている．この導体棒が静止するために流す電流 I を計算せよ．また電池の向きを a または b から選べ．ただし，導体棒には重力と電磁力以外の力は作用しない．(★★)

章末問題 9

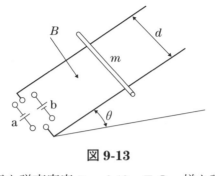

図 9-13

8 z 軸に平行な磁束密度 $B = 0.12$ mT の一様な磁界中を電子が x 方向に速度 $v = 1.5 \times 10^6$ m/s で運動しているとき，次の問に答えよ．

(1) 電子が磁界から受ける力 F の大きさと方向を計算せよ．（★）

(2) F を向心力として電子が円運動をするとき，電子の軌道半径を計算せよ．（★★）

(3) 電子の角速度を計算せよ．（★）

9 サイクロトロンの原理を図 9-14 に示す．網状の電極 P と Q の間には周波数 f [Hz] の交流電圧が加えられている．また，この系の全体に磁束密度 B [T] が図に示す方向に加えられている．この装置を用いて質量 m [kg]，電荷の絶対値が q [C] の粒子を加速する．

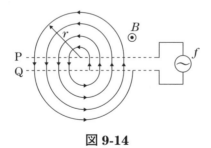

図 9-14

(1) 粒子が回転しながら何度も電極 PQ 間を通過する．粒子が半周したときには PQ 間の電圧が反転し $-V_m$，1 周して戻ったときには再び V_m に戻って粒子は常に電極間で加速される．交流電圧の周波数 f

を計算せよ．(★★)

(2) 軌道半径が r [m] のときの粒子の速度を計算せよ．(★★)

(3) 粒子の電荷は正か負か，答えよ．(★)

10 **質量分析器**の原理を**図 9-15** に示す．未知の粒子が電圧 V_P によって加速され P の領域に入る．ここでは電界 E [V/m] と磁束密度 B [T] が図に示すように垂直に加えられている．ここで軌道が曲がらずに直進した粒子のみが領域 Q に入る．ここには磁束密度 B [T] のみが加えられている．粒子はここで図に示すような円軌道を描いて D [m] の位置でスクリーンに衝突した．粒子の質量と電荷を，それぞれ m [kg]，q [C] と仮定して次の問に答えよ．

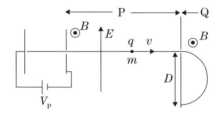

図 9-15

(1) 領域 P で粒子が直進することから粒子の速度 v を計算せよ．(★★)

(2) 粒子の電荷は正か負か，答えよ．(★)

(3) 粒子の質量 m を計算せよ．(★★)

11 **比電荷**(e/m) の測定装置の原理を**図 9-16 (a)** に示す．**ヘルムホルツコイル**（章末問題 8 **14** を参照）は管球の位置に一様な磁束密度 B [T] を作る．管球の中の**電子銃**（**図 9-16 (b)** に原理を示す）は電子を電圧 V [V] で加速して放射する．管球の中には放射された電子の軌道が見えるように，減圧されたヘリウムガスが封入されている．電子の質量を m [kg]，電荷を $-e$ [C] として次の問に答えよ．

章末問題 9

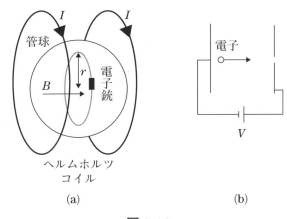

図 9-16

(1) 電子銃から放出される電子の速度 v を計算せよ．ただし電子は電子銃の陰極で静止しているとする．(★★)

(2) 電子の軌道半径が r [m] のとき，e/m（比電荷）を計算せよ．(★★)

(3) $N = 130$ 回巻き，半径 $R = 15$ cm のヘルムホルツコイルに電流 $I = 1.5$ A を流したときの中心の磁束密度を計算せよ．(★★)

(4) $I = 1.5$ A, $V = 300$ V のとき $r = 5$ cm となった．e/m の値を計算せよ．(★★)

12　ホール効果の原理．図 9-17 に示すように，磁束密度が $B = 1$ T の一様な磁界の中に置かれた，寸法が $a = 6$ mm, $b = 1$ mm, の半導体に電流を流すとき，半導体の中の電子が速度 $v = 150$ m/s で移動している．また，半導体の 1 m³ あたりの電子数は $n = 1.2 \times 10^{21}$ 個/m³ であるとして，次の問に答えよ．

第9章 電磁力と電磁誘導

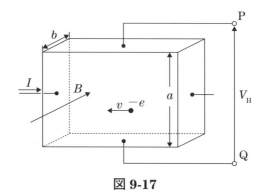

図 9-17

(1) 電流 I を計算せよ．（★）

(2) 電子は磁界から力を受け，進路が曲げられることにより電子が一方の面に集められて電圧（ホール電圧）V_H が発生する．図 9-17 において，＋になるのは端子 P，Q のどちらか．（★）

(3) 電磁力と電界による力が等しくなると，電子は再び直進し，集められた電子の数は一定になり電界も変化しなくなる．このときの電圧 V_H を計算せよ．（★★）

(4) 電流を運ぶ荷電粒子（キャリア）が正の場合，＋になるのは端子 P，Q のどちらか．ただし，I と B の向きは図 9-17 に示す通りである．（★）

13 図 9-18 に示すように，磁束密度 B [T] の磁界が z 軸方向に加えられている．この中を電荷 q [C]，質量 m [kg] の粒子が速度 $v = (v_x, v_y, v_z)$ [m/s] で運動するときについて，次の問に答えよ．

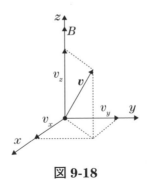

図 9-18

(1) 電荷に働く力の x, y, z 成分を計算せよ．（★★）
(2) 粒子がらせん運動をするとき，半径を計算せよ．（★★）
(3) ピッチを計算せよ．（★★★）

14 電磁偏向の原理を図 9-19 に示す．電子銃で $v = 2 \times 10^7$ m/s の速さまで加速された電子は長さ $l = 2$ cm の範囲に加えられた磁束密度 $B = 0.6$ mT によって向きを変えられる．O 点から $L = 30$ cm の距離にあるスクリーンに電子が衝突するときの位置 D を計算せよ．

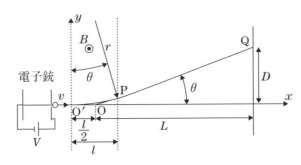

図 9-19

(1) $l = 2$ cm の範囲で電子は円運動を行う．軌道の半径 r を計算せよ．（★★）
(2) 電子の軌道が曲がる角度 θ を計算せよ．ただし θ は非常に小さく，円弧の長さ O′P は l と等しいと見なせる．（★★）

第9章 電磁力と電磁誘導

(3) D を計算せよ．（★）

15 x 軸方向に電界 E [V/m]，z 軸の負の方向に磁束密度 B [T] を加え，電荷 q [C]，質量 m [kg] の粒子を原点に静止して置く．次の問に答えよ．

(1) 静止して置かれた粒子に働く力を計算せよ．（★）

(2) 粒子の速度の x, y 成分がそれぞれ v_x, v_y [m/s] のとき，粒子に働く力を計算せよ．（★★）

(3) 運動方程式を解いて，粒子の軌道を計算せよ．（★★★）

(4) 問 **8** において，太郎君も電子と同じ速度 v で移動すると，太郎君からは電子が静止して見える．したがって太郎君の見ている電子は磁界から力を受けないので静止し続ける．これは地上で見ている電子の挙動（円運動）と矛盾しないか．（★★★）

16 長さ $l = 30$ cm の導体棒が，磁束密度 $B = 0.1$ T の一様な磁界の中を速度 $v = 10$ m/s で運動しているとき，棒の両端の間の電圧の高さと向きを計算せよ．ただし，磁界は北向き，棒は地面と垂直で東に向かって運動している．（★）

17 磁束密度 $B = 0.1$ T の一様な磁界が上向きに加えられている中で，長さ $l = 30$ cm の導体棒が，棒の一端を中心として毎秒 $n = 120$ 回転で水平面内で回転しているとき，棒の両端の間の電圧の高さと向きを計算せよ．ただし，棒の回転している面と磁界は互いに垂直，回転の向きと磁界の方向は右ねじの関係にある．（★★★）

18 ドーナツ形の磁性体に $N_1 = 30$ 回巻きと $N_2 = 500$ 回巻きの 2 個のコイルを一様に重ねて巻きつけた．N_1 回巻きのコイルに周波数 $f = 60$ Hz，$I = 1.2$ A の交流電流を流したとき，N_2 回巻きのコイルに $V = 12$ V の電圧が発生した．磁性体の透磁率を計算せよ．ただし磁性体の断面積は $S = 2$ cm^2，平均磁路長は $l = 45$ cm である．（★★）

19 図 9-20 に示すように，間隔 $d = 25$ cm のレールの上を質量 $m = 30$ g の導体棒が一定の速さ $v = 10$ m/s で滑り落ちている．レールの面が水平から $\theta = 30°$ 傾いており，レールの面と垂直に磁束密度 $B = 0.2$ T の一様な磁界が加えられている．次の問に答えよ．ただし，導体棒には重力と電磁力以外の力は作用しない．またレールおよび導体棒の抵抗は無視できる．

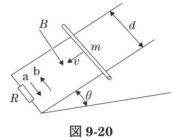

図 9-20

(1) 導体棒に発生する電圧の高さを計算せよ．（★）

(2) レールに接続されている抵抗 R に流れる電流の向きを a または b で答えよ．（★）

(3) 導体棒の速さが一定であることから，導体棒に流れている電流を計算せよ．（★）

(4) 抵抗 R の大きさを答えよ．（★）

(5) 抵抗で消費される電力を計算せよ．（★）

(6) 導体棒が 1 秒間に失う位置エネルギーを計算せよ．（★★）

20 図 9-21 に棒磁石をソレノイドに近づけたり，遠ざけるときの様子を示す．(a) 〜 (d) のそれぞれにおいて，電圧の＋になる端子を答えよ．（★★）

第 9 章 電磁力と電磁誘導

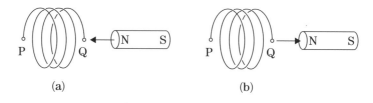

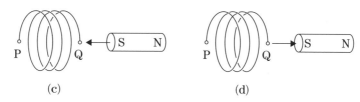

図 9-21

21 発電機の原理を図 9-22 に示す．一様な磁束密度 $B = 0.1$ T の中に置かれた $a = 30$ cm, $b = 20$ cm, $N = 200$ 回巻のコイルの端子 P, Q の間に $R = 300$ Ω の抵抗が接続されている．コイルは一定の角速度で矢印の向きに回転している．コイルの面と磁界の間の角度が $\theta = 30$ 度になったとき，コイルに流れる電流が $I = 1.5$ A であった．

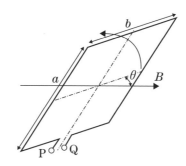

図 9-22

(1) このときコイルに作用するトルクを計算せよ．(★★)
(2) 発生する電圧が＋になるのはどちらの端子か答えよ．(★)
(3) コイルが回転している角速度を計算せよ．(★★)

(4) 抵抗 R における消費電力と，コイルを回転させるための仕事率を計算せよ．（★★）

(5) 発生する電圧が最大になるときの θ を計算せよ．また，そのときの電圧を答えよ．（★★）

22 図 9-23（a）に示すような空心のソレノイド 1 に三角波の電流 i を流したとき，$R = 10\ \Omega$ の抵抗の電圧 V_1 を測定した CH1 の波形を図 9-23（b）に示す．次の問に答えよ．ただしソレノイド 1 の長さ $l_1 = 25$ cm, 巻数 $N_1 = 750$ 回，半径 $r_1 = 1$ cm．ソレノイド 2 の長さ $l_2 = 15$ cm, 巻数 $N_2 = 500$ 回，半径 $r_2 = 2$ cm．

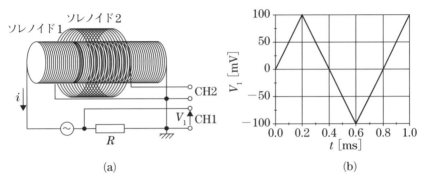

図 9-23

(1) ソレノイド 1 の中の磁束密度の最大値を計算せよ．（★★）

(2) ソレノイド 2 に発生する電圧波形を描け．（★★）

(3) ソレノイド 1 の中に，十分長い磁性体を挿入したところ，電圧が 1000 倍になった．ただし磁性体の断面積はソレノイド 1 の断面積の $\frac{1}{2}$ である．この磁性体の比透磁率を計算せよ．（★）

23 図 9-24（a）に示すように，$N = 300$ 回巻き，辺の長さが $a = 20$ cm の正方形のコイルが x 方向に一定の速度で運動している．$x = 0$ から $x = 2a$ までの AB 間の領域には磁界が z 方向に加えられ

第9章 電磁力と電磁誘導

ている.また図 **9-24**（**b**）には,そのときコイルの中を通る磁束の大きさ Φ と時間 t の関係を示している.次の問に答えよ.ただしコイルの抵抗は $R = 50\,\Omega$ である.

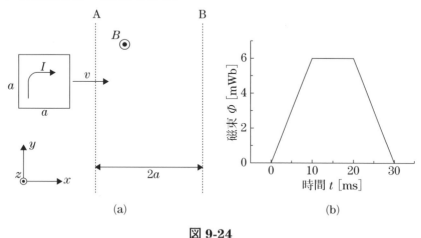

図 **9-24**

(1) コイルの速さ v を計算せよ.（★）

(2) AB 間の領域に加えられている磁束密度 B を計算せよ.（★）

(3) コイルに流れる電流 I と時間の関係を図に示せ.ただし図 9-24 (a) に示す I の向きを正とせよ.（★★）

24 図 **9-25**（**a**）に示すように,ソレノイド1に交流の電流を流したとき,$R = 10\,\Omega$ の抵抗に加わる電圧を測定した CH1 の波形を**図 9.25**（**b**）に示す.次の問に答えよ.ただしソレノイド1の長さは $l_1 = 25$ cm,巻数は $N_1 = 750$ 回,半径は $a = 1$ cm.ソレノイド2の長さは $l_2 = 15$ cm,巻数は $N_2 = 500$ 回,半径は $b = 2$ cm.

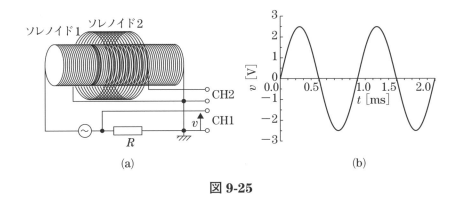

図 9-25

(1) ソレノイド 1 に流れている電流の最大値，実効値，周波数を答えよ．(★)

(2) ソレノイド 1 の中の磁束密度の最大値を計算せよ．(★)

(3) ソレノイド 2 に発生する電圧の最大値を計算せよ．(★★)

(4) ソレノイド 1 の中が比透磁率 500 の磁性体で満たされている場合に，ソレノイド 2 に発生する電圧の最大値を計算せよ．(★)

(5) ソレノイド 1 の中に半径 $c = 5$ mm の比透磁率 500 の磁性体の十分な長さの円柱が挿入されている場合に，ソレノイド 2 に発生する電圧の最大値を計算せよ．(★★)

25 抵抗率 $\rho = 2.75 \times 10^{-8}$ Ω·m，断面積 $S = 0.5$ mm^2 の導体でできた，半径 $r = 5$ cm のリングに，磁束密度が $B = B_m \sin\omega t$ [T] で表される交流磁界を，リングの面と垂直に加えるとき，リングに流れる電流の最大値を計算せよ．ただし $B_m = 3$ mT，$\omega = 377$ rad/s．(★★)

26 図 9-26 に示すように，内側と外側の半径がそれぞれ $a = 5$ cm，$b = 10$ cm，高さ $h = 12$ cm，抵抗率 $\rho = 5 \times 10^{-5}$ Ω·m の環状の導体があり，その中空の部分を 1 m 当たりの巻数が $n = 1500$ 回，半径 $c = 2$ cm の無限に長いソレノイドが貫いている．両者の中心軸は一致している．また，ソレノイドの中は比透磁率 $\mu_r = 500$ の磁性体で

第9章 電磁力と電磁誘導

満たされている．磁性体の中の磁束密度が時間 t [s] とともに変化して $B = B_m \sin \omega t$ [T] で与えられるとき，次の問に答えよ．ただし，磁性体の中には電流は流れないとする．また $B_m = 50$ mT, $\omega = 600$ rad/s.

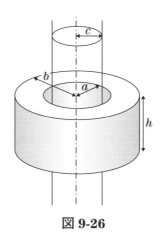

図 9-26

(1) 無限長ソレノイドの導線に流れている電流の最大値を計算せよ．（★★）

(2) 導体に流れる電流の最大値を計算せよ．（★★★）

27 ソレノイドの中の磁性体の電気伝導度 σ が 0 でない場合，ソレノイドに周波数 f の交流電流を流すことによって磁性体に渦電流が発生して電力を消費する．これを渦電流損と呼ぶ．渦電流損は f の 2 乗と σ に比例することを示せ．（★★）

㉘ 図 9-27 に示すように棒磁石の N 極を銅板から離すとき, 流れる渦電流の向きは a, b のどちらか答えよ.（★★）

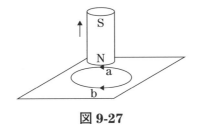

図 9-27

㉙ 図 9-28 に示すような向きに回転している銅の円板に磁石を近づけ, 磁界 H を加える. 次の問に答えよ.

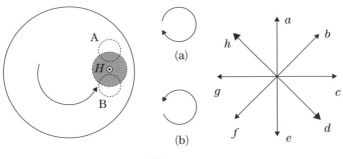

図 9-28

(1) A, B の位置における渦電流の向きを (a) か (b) か答えよ.（★★）

(2) 磁界の位置における導体に働く力の向きを $a \sim h$ の中から選んで答えよ.（★★）

第9章 電磁力と電磁誘導

30 図 9-29 に示すようなアルミパイプの中を磁石球が N 極を下にしながら落下している．次の問に答えよ．

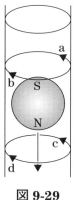

図 9-29

(1) S 極の上と N 極の下のアルミパイプに誘起される電流の向きを記号で答えよ．（★★）

(2) 磁石球に作用する力の向きを答えよ．（★★）

31 図 9-30 (a) は，斜めに置いた導体板の上に円形の板磁石を置いたとき，磁石が速度 v [m/s] で滑り落ちる様子を示している．ただし磁石の下面は N 極で，磁束は導体板を表側から裏側に貫いている．図 9-30 (b) は，図 (a) の上方から見た図である．磁石の速度 v と導体板に加えられる磁束密度 B の方向を示している．

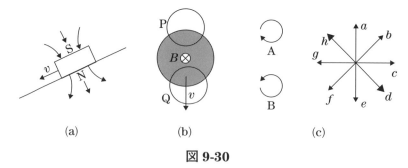

図 9-30

(1) 磁石の付近の導体板の P および Q の位置に発生する渦電流を

図 (c) からそれぞれ記号を選んで答えよ．(★★)

(2) 導体板が受ける力および磁石が受ける力の向きをを図 (c) からそれぞれ記号を選んで答えよ．(★★)

(3) 斜面が次の材料でできているとき，磁石の滑り落ちる速さが最も速いものと最も遅いものを挙げよ．ただし磁石と板の間の摩擦係数はいずれも同じとする．また抵抗率は，銅：1.72×10^{-8} Ω·m，アルミニウム：2.75×10^{-8} Ω·m，プラスチック：10^{14} Ω·m である．(★★)

32 直流および 1 MHz の交流電流に対する長さ $l = 30$ m，直径 $d = 1$ mm の銅線の抵抗を計算せよ．ただし 1 MHz のときは表皮効果により，銅線の表面から $\delta = 0.066$ mm まで一定の電流密度，それより内側では電流が流れないと近似して計算せよ．また銅の抵抗率は $\rho = 1.72 \times 10^{-8}$ Ω·m である．(★★)

第 10 章　インダクタンスと静磁エネルギー

　本章では電磁誘導によって発生する電圧と電流の関係を表す**インダクタンス**について学ぶ．インダクタンスは電気回路に用いられる重要な素子の一つであるので，その原理について本章で十分に理解して欲しい．またコンデンサが静電エネルギーを蓄積したようにインダクタンスは静磁エネルギーを蓄積することにも注目されたい．

第10章　インダクタンスと静磁エネルギー

☆この章で使う基礎事項☆

基礎 10-1　ファラデーの電磁誘導の法則

コイルの中の磁束 Φ が時間 t とともに変化するとき，N 回巻きのコイルには次式で表される起電力が発生する．

$$V = -N\frac{\mathrm{d}\Phi}{\mathrm{d}t} = -\frac{\mathrm{d}\phi}{\mathrm{d}t} \;[\mathrm{V}] \tag{9-10}$$

基礎 10-2　静電エネルギー

電界の存在する空間の $1\,\mathrm{m}^3$ あたりには，次式で与えられる静電エネルギーが蓄えられている．

$$w_e = \frac{1}{2}\varepsilon E^2 = \frac{D^2}{2\varepsilon} \;[\mathrm{J/m}^3] \tag{5-21}$$

基礎 10-3　電力とエネルギー

電力は次式のように，電流と電圧の積で与えられる．

$$P = VI = IR \times I = I^2 R = \frac{V^2}{R} \;[\mathrm{W}] \tag{6-13}$$

電力は1秒間あたりのエネルギーなので，T 秒間で供給されるエネルギーは次式で与えられる．

$$W = \int_0^T P\,\mathrm{d}t \;[\mathrm{J}]$$

基礎 10-4　仮想変位

境界面等に働く力を計算する方法．境界面が $\mathrm{d}x$ だけ変位し，それにともなって外部から $\mathrm{d}W_Q$ のエネルギーが流入すると仮定したとき，系のエネルギーが $\mathrm{d}W_e$ だけ変化するならば，境界面に働く力は次式で与えられる．

$$F = -\frac{\mathrm{d}W_e - \mathrm{d}W_Q}{\mathrm{d}x} \;[\mathrm{N}] \tag{5-34}$$

自己誘導と自己インダクタンス

10-1　自己誘導と自己インダクタンス

図 10-1 に示すように，コイルに電流 I [A] が流れているとき，コイルの中に I に比例した磁束 Φ ができる．I が変化すると Φ も変化するので電磁誘導によってコイルに電圧 V が発生する．これを**自己誘導**という．コイルが N 回巻きであれば，ファラデーの電磁誘導の法則の式 (9-10) より V は次式のように表される．ただし−の符号は無視する．

$$V = N\frac{\mathrm{d}\Phi}{\mathrm{d}t} = \frac{\mathrm{d}\phi}{\mathrm{d}t} = L\frac{\mathrm{d}I}{\mathrm{d}t} \text{ [V]} \tag{10-1}$$

ここで L は**自己インダクタンス**で，磁束鎖交数 $\phi = N\Phi$ と電流 I の比として次のように定義される．

$$L = \frac{\phi}{I} = \frac{N\Phi}{I} \text{ [H]} \tag{10-2}$$

単位は**ヘンリー** [H] で [Wb/A] に相当する．

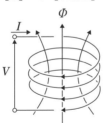

図 10-1　自己誘導

＜例題 10-1＞　$\Delta t = 20$ ms の間に，$N = 300$ 回巻きのコイルに流れている電流が $\Delta I = 2.5$ A 増加し，磁束は $\Delta \Phi = 6 \times 10^{-4}$ Wb 増加した．

(1) コイルに発生する電圧を計算せよ．
(2) コイルの自己インダクタンスを計算せよ．

<解答> (1) ファラデーの電磁誘導の法則の式 (9-10) より電圧は次式のように得られる.

$$V = N\frac{\Delta \Phi}{\Delta t} = 300 \times \frac{6 \times 10^{-4}}{20 \times 10^{-3}} = \underline{9 \text{ V}}$$

(2) 式 (10-2) より自己インダクタンスは次式のように得られる.

$$L = \frac{N\Delta \Phi}{\Delta I} = \frac{300 \times 6 \times 10^{-4}}{2.5} = \underline{7.2 \times 10^{-2} \text{ H} = 72 \text{ mH}}$$

10-2 相互誘導と相互インダクタンス

図 10-2 に示すようにコイル 1 に電流 I_1 [A] が流れているとき,コイル 2 の中にも I_1 に比例した磁束 Φ_2 ができる.I_1 が変化すると Φ_2 も変化するので,電磁誘導によってコイル 2 に電圧 V_2 が発生する.これを**相互誘導**という.コイル 2 が N_2 回巻きであれば,ファラデーの電磁誘導の法則の式 (9-10) より V_2 は次式のように表される.

$$V_2 = N_2 \frac{d\Phi_2}{dt} = M\frac{dI_1}{dt} \text{ [V]} \tag{10-3}$$

ここで,M は**相互インダクタンス**で,コイル 2 の磁束鎖交数 $N_2\Phi_2$ と

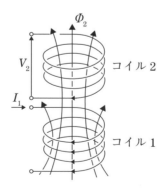

図 **10-2** 相互誘導

相互誘導と相互インダクタンス

コイル1の電流 I_1 の比として次のように定義される.

$$M = \frac{N_2 \Phi_2}{I_1} \text{ [H]} \tag{10-4}$$

相互インダクタンスの場合も**相反定理**が成立する.すなわち,コイル2に電流 I_2 が流れているときのコイル1と鎖交する磁束を Φ_1 とすると,$M' = \dfrac{N_1 \Phi_1}{I_2}$ も式(10-4)の M と等しい.

＜例題 10-2＞ $N_1 = 300$ 回巻きのコイル1に流れている電流が $\Delta t = 15$ ms の間に $\Delta I_1 = 2$ A 増加し,コイル1と鎖交する磁束が $\Delta \Phi_1 = 6 \times 10^{-4}$ Wb,$N_2 = 500$ 回巻きのコイル2と鎖交する磁束が $\Delta \Phi_2 = 4.5 \times 10^{-4}$ Wb 増加した.
(1) コイル2に発生する電圧を計算せよ.
(2) コイル1とコイル2の間の相互インダクタンスを計算せよ.
(3) コイル1に発生する電圧を計算せよ.
(4) コイル1の自己インダクタンスを計算せよ.

＜解答＞ (1) ファラデーの電磁誘導の法則の式(9-10)より V_2 は次式のように表される.

$$V_2 = N_2 \frac{\Delta \Phi_2}{\Delta t} = 500 \times \frac{4.5 \times 10^{-4}}{15 \times 10^{-3}} = \underline{15 \text{ V}}$$

(2) 式(10-4)より相互インダクタンスは次式で得られる.

$$M = \frac{N_2 \Delta \Phi_2}{\Delta I_1} = \frac{500 \times 4.5 \times 10^{-4}}{2} = \underline{0.113 \text{ H}}$$

(3) $V_1 = N_1 \dfrac{\Delta \Phi_1}{\Delta t} = 300 \times \dfrac{6 \times 10^{-4}}{15 \times 10^{-3}} = \underline{12 \text{ V}}$

第10章 インダクタンスと静磁エネルギー

(4) $L_1 = \dfrac{N_1 \Phi_1}{I_1} = \dfrac{300 \times 6 \times 10^{-4}}{2} = \underline{0.09 \text{ H} = 90 \text{ mH}}$

＜例題 10-3＞ 透磁率 μ [H/m] の磁性体でできた，断面積 S [m²]，平均磁路長 l [m] のリングに，N_1 および N_2 回巻きの2個の環状ソレノイドを重ねて一様に巻いた．それぞれのソレノイドの自己インダクタンスと2個のソレノイドの間の相互インダクタンスを計算せよ．

＜解答＞ 最初に N_1 回巻きのソレノイド1に電流 I を流すことを考える．このとき磁性体の中の磁束は次式で表される．

$$\Phi = \mu H S = \mu \dfrac{N_1 I}{l} S$$

したがって式（10-2）よりソレノイド1の自己インダクタンス，また式（10-4）より相互インダクタンスが得られる．

$$L_1 = \dfrac{N_1 \Phi}{I} = \dfrac{\mu N_1^2 S}{l} \text{ [H]} \tag{10-5}$$

$$M = \dfrac{N_2 \Phi}{I} = \dfrac{\mu N_1 N_2 S}{l} \text{ [H]} \tag{10-6}$$

ソレノイド2に電流を流すことを考えることによって，ソレノイド2の自己インダクタンスも同様に次のように得られる．

$$L_2 = \dfrac{\mu N_2^2 S}{l} \text{ [H]} \tag{10-7}$$

式（10-5）〜（10-7）から次の関係が成り立つことがわかる．

$$M^2 = L_1 L_2 \tag{10-8}$$

本題では一方のコイルで作られた磁束のすべてが他方のコイルと鎖交すると仮定した．しかし一般的な場合には図 **10-2** に示すように一部

の磁束が他方のコイルと鎖交しない場合がある．このときは式 (10-8) は次のようになる．

$$M^2 = k^2 L_1 L_2 \tag{10-9}$$

ここで k は **結合係数** といい，$0 \leq k \leq 1$ の値をとる．

10-3 インダクタンスの接続

10-3-1 直列接続

<例題 10-4> 図 10-3 に示すように自己インダクタンスが L_1 と L_2 [H] のコイルを直列に接続する．2 個のコイルの間の相互インダクタンスは M [H] である．合成インダクタンスを計算せよ．

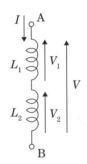

図 10-3　インダクタンスの直列接続

<解答>　コイルの電圧は，自己インダクタンスによる電圧と相互インダクタンスによる電圧の和である．したがって，直列接続したコイルに流れる電流を I [A] とすると，式 (10-1) および式 (10-3) を用いて，コイル 1 とコイル 2 に発生する電圧 V_1，V_2 は，それぞれ次のように得られる．

$$V_1 = L_1 \frac{dI}{dt} + M \frac{dI}{dt} = (L_1 + M) \frac{dI}{dt},$$

$$V_2 = L_2 \frac{dI}{dt} + M \frac{dI}{dt} = (L_2 + M) \frac{dI}{dt}$$

(10-10)

したがって，端子 AB 間の電圧 V は V_1 と V_2 の和であるから次のようになる．

$$V = V_1 + V_2 = (L_1 + L_2 + 2M) \frac{dI}{dt} \quad (10\text{-}11)$$

よって，合成インダクタンスは次のように得られる．

$$L = \frac{V}{dI/dt} = L_1 + L_2 + 2M \; [\text{H}] \quad (10\text{-}12)$$

これは，コイル 1 とコイル 2 によって発生する磁束が同じ向きの**和動結合**の場合で，両コイルによる磁束が互いに反対向きの**差動結合**の場合の合成インダクタンスは次式のようになる．

$$L = L_1 + L_2 - 2M \; [\text{H}] \quad (10\text{-}13)$$

10-3-2　並列接続

＜例題 10-5＞　図 **10-4** に示すように，自己インダクタンスが L_1 と L_2 [H] のコイルを並列に接続する．2 個のコイルの間の相互インダクタンスは 0 である．合成インダクタンスを計算せよ．

インダクタンスの接続

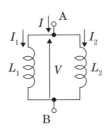

図 10-4 インダクタンスの並列接続

<解答> 並列接続したコイルに電圧 V [V] を加えると，相互インダクタンスが0なので，コイル1とコイル2に流れる電流 I_1, I_2 と V の関係は次の通りである．

$$V = L_1 \frac{dI_1}{dt} = L_2 \frac{dI_2}{dt} \tag{10-14}$$

AB間を流れる電流 I は I_1 と I_2 の和であるから次のようになる．

$$\frac{dI}{dt} = \frac{dI_1}{dt} + \frac{dI_2}{dt} = \left(\frac{1}{L_1} + \frac{1}{L_2}\right)V \tag{10-15}$$

よって，合成インダクタンスは次のように得られる．

$$\frac{1}{L} = \frac{1}{L_1} + \frac{1}{L_2} \,[\mathrm{H}^{-1}] \tag{10-16}$$

<例題 10-6> 自己インダクタンスが L [H] の2個のコイルを並列に接続する．2個のコイルの間の相互インダクタンスは M [H] である．合成インダクタンスを計算せよ．

<解答> 並列接続したコイルに電圧 V [V] を加えると，コイル1とコイル2に流れる電流は等しい．これを i [A] と置くと，次の関係が得られる．

第 10 章 インダクタンスと静磁エネルギー

$$V = L\frac{\mathrm{d}i}{\mathrm{d}t} \pm M\frac{\mathrm{d}i}{\mathrm{d}t} = (L \pm M)\frac{\mathrm{d}i}{\mathrm{d}t} = \frac{1}{2}(L \pm M)\frac{\mathrm{d}I}{\mathrm{d}t} \tag{10-17}$$

ここで ± は，両コイルによって発生する磁束が同じ向きの場合は ＋，反対向きの場合は － である．また AB 間を流れる電流 I が $2i$ に等しい関係を用いた．よって合成インダクタンスは次のように得られる．

$$L' = \frac{L \pm M}{2} \,[\mathrm{H}] \tag{10-18}$$

10-4 静磁エネルギー

＜例題 10-7＞ 図 10-5 に示すように，$t = 0\,[\mathrm{s}]$ にスイッチ SW を閉じて，自己インダクタンス $L\,[\mathrm{H}]$ の環状ソレノイドに電圧 $V\,[\mathrm{V}]$ を加える．次の問に答えよ．ただし環状ソレノイドは N 回巻きで，磁性体の透磁率 $\mu\,[\mathrm{H/m}]$，断面積 $S\,[\mathrm{m}^2]$，平均磁路長 $l\,[\mathrm{m}]$ である．

(1) ソレノイドに流れる電流 I と時間 t の関係を導け．
(2) 電源からソレノイドに供給される電力を計算せよ．
(3) $I\,[\mathrm{A}]$ の電流が流れているソレノイドの中の磁界 H を計算せよ．
(4) $I\,[\mathrm{A}]$ の電流が流れているソレノイドの中に蓄えられているエネルギー W を計算せよ．
(5) 自己インダクタンス L を環状ソレノイドの巻き数，透磁率および寸法等で表せ．
(6) 磁性体の $1\,\mathrm{m}^3$ あたりに蓄えられる**静磁エネルギー** w_H と磁界 H の関係を示せ．

静磁エネルギー

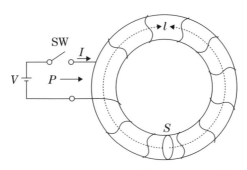

図 10-5 インダクタンスに蓄えられるエネルギー

<解答> (1) 式 (10-1) から $V = L\dfrac{dI}{dt}$. いま，V は一定であるので両辺を積分すると次のようになる．

$$Vt = LI + C \tag{10-19}$$

$t = 0$ において $I = 0$ であるから，積分定数 $C = 0$. よって次式が得られる．

$$\underline{I = \dfrac{V}{L}t \ [\text{A}]} \tag{10-20}$$

(2) $\underline{P = VI = \dfrac{V^2}{L}t \ [\text{W}]}$ \hfill (10-21)

(3) アンペアの周回積分の法則を用いて $\underline{H = \dfrac{NI}{l} \ [\text{A/m}]}$ \hfill (10-22)

(4) 電力は1秒間あたりに供給されるエネルギーであるから式 (10-21) を積分し，式 (10-20) を用いる．

$$W = \int_0^t P\,dt = \int_0^t \dfrac{V^2}{L}t\,dt = \dfrac{V^2 t^2}{2L} = \underline{\dfrac{1}{2}LI^2 \ [\text{J}]} \tag{10-23}$$

(5) 式 (10-2) より

第10章 インダクタンスと静磁エネルギー

$$L = \frac{N\Phi}{I} = \frac{N}{I} \times \mu HS = \frac{N}{I} \times \mu \frac{NI}{l} S = \frac{N^2 \mu S}{l} \, [\mathrm{H}] \qquad (10\text{-}24)$$

(6) 式（10-23）に式（10-24）を代入して式（10-22）を用いると

$$W = \frac{1}{2} \frac{N^2 \mu S}{l} I^2 = \frac{\mu}{2} H^2 Sl \, [\mathrm{J}].$$

よって

$$\underline{w_H = \frac{W}{Sl} = \frac{1}{2} \mu H^2 \, [\mathrm{J/m^3}]}. \qquad (10\text{-}25)$$

式（10-25）は次のようにも表される．

$$\underline{w_H = \frac{1}{2}\mu H^2 = \frac{1}{2}HB = \frac{1}{2\mu}B^2 \, [\mathrm{J/m^3}]} \qquad (10\text{-}26)$$

ここで $B = \mu H$ は磁束密度である．

10-5 静磁エネルギーと力（仮想変位法）

＜例題 10-8＞ 図 10-6 に示すように，互いに吸い付いている2個のU字形磁石を dx だけ引き離すことを考える．次の問に答えよ．ただし，磁石の断面積は $S \, [\mathrm{m^2}]$，また磁石の中の磁束密度は $B \, [\mathrm{T}]$ で，磁石の間にわずかな隙間 dx ができても磁束密度は変わらないとする．

(1) 隙間の中の磁界 H を計算せよ．
(2) 2つの隙間の中に蓄えられるエネルギーの合計 dW_H を計算せよ．
(3) 5-7節で学んだ仮想変位法を用いて，磁石を引き離すために必要な力を計算せよ．

静磁エネルギーと力（仮想変位法）

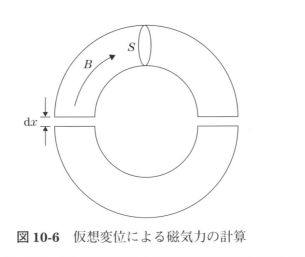

図 10-6　仮想変位による磁気力の計算

＜解答＞　(1) この場合の磁束密度は磁石の中でも隙間の中も同じ大きさ B であるので，磁界は次のように得られる．

$$H = \frac{B}{\mu_0}\ [\text{A/m}] \tag{10-27}$$

(2) 式 (10-26) を用い，隙間が 2 個あることに注意すると，

$$dW_H = w_H \times S dx \times 2 = \frac{B^2}{2\mu_0} \times S dx \times 2 = \frac{B^2}{\mu_0} S dx\ [\text{J}] \tag{10-28}$$

(3) 式 (5-26) と同様に磁石の間に働く力を dW_H から計算する．

$$F = -\frac{dW_H}{dx} = -\frac{B^2}{\mu_0} S\ [\text{N}] \tag{10-29}$$

マイナスの記号は，力 f の方向が仮想した変位 dx と反対向き，すなわち引力であることを示す．したがって，引き離すのに外部から加える力は

$$f = -F = \frac{B^2}{\mu_0} S\ [\text{N}]. \tag{10-30}$$

章末問題 7 **3** において磁性体の中の磁界が 0 なので $B = J$ であるこ

第 10 章　インダクタンスと静磁エネルギー

とを考慮すると $m = JS = BS$, $H_0 = \dfrac{B}{\mu_0}$ の関係から，7 章 **3** (4) の結果は式（10-30）と一致する．

章末問題 10

1 A，Bの2つのコイルがある．Aのコイルに流れる電流が $\Delta t = 10$ ms の間に $\Delta I_A = 5$ A 変化したとき，A, B のコイルにそれぞれ $V_{AA} = 50$ V, $V_{BA} = 15$ V の起電力が誘起された．一方，Bのコイルに流れる電流が $\Delta t = 10$ ms の間に $\Delta I_B = 6$ A 変化したとき，Bのコイルに $V_{BB} = 30$ V の電圧が発生した．

(1) コイルAの自己インダクタンスを計算せよ．（★）
(2) コイルA，B間の相互インダクタンスを計算せよ．（★）
(3) コイルBの自己インダクタンスを計算せよ．（★）
(4) $\Delta t = 10$ ms の間に $\Delta I_B = 6$ A 変化したとき，Aのコイルに発生した電圧を計算せよ．（★）
(5) 結合係数を計算せよ．（★）

2 図 **10-7** に示すような磁心にコイル1とコイル2がそれぞれ巻かれている．コイル1の巻き数は $N_1 = 400$ 回，自己インダクタンスは $L_1 = 0.8$ H である．コイル1の電流を $\Delta t = 0.1$ 秒間に $\Delta I_1 = 10$ A 変化させると，コイル2には $V_2 = 40$ V の誘導起電力が発生する．次の問に答えよ．ただし，コイル1が発生する磁束は全部コイル2と鎖交する（結合係数が1）．

第10章 インダクタンスと静磁エネルギー

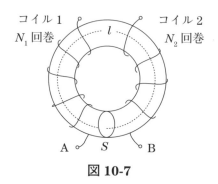

図 10-7

(1) コイル1の電流を0.1秒間に10 A変化させるとき，コイル1に発生する誘導起電力を計算せよ．（★）

(2) コイル1とコイル2の間の相互インダクタンスを計算せよ．（★）

(3) コイル2の自己インダクタンスを計算せよ．（★）

(4) コイル2の巻き数を計算せよ．（★★）

(5) コイル1だけに $I_1 = 10$ Aの電流が流れているとき，このコイルに蓄えられているエネルギーを計算せよ．（☆）

3 図10-7に示すような透磁率 $\mu = 2 \times 10^{-3}$ H/m，長さ $l = 40$ cm，断面積 $S = 5$ cm^2 の磁性体に導線を $N_1 = 100$ および N_2 回巻き付けてコイル1および2とした．磁性体の中の磁界は一定で，漏れ磁束はないものとして，次の問に答えよ．

(1) コイル1に電流 I_1 を流すとき，磁性体の中の磁界が $H = 500$ A/mとなった．電流 I_1 を計算せよ．（★）

(2) このとき，磁性体の中を通る磁束を計算せよ．（★）

(3) このとき，磁性体に蓄えられるエネルギーを計算せよ．（☆）

(4) コイル1の自己インダクタンス L_1 を計算せよ．（★）

(5) コイル2にだけ電流 $I_2 = 1$ Aを流すことによって同じ磁界（$H = 500$ A/m）を作りたい．N_2 を計算せよ．（★）

(6) コイル2の自己インダクタンス L_2 を計算せよ．（★）

(7) コイル 1 と 2 の間の相互インダクタンスを計算せよ．（★★）

(8) **変圧器の原理** コイル 1 に $V_1 = 100$ V の交流電圧を加えるとき，コイル 2 に発生する電圧を計算せよ．（★★）

(9) A 端子と B 端子を接続したときの自己インダクタンスを計算せよ．（★★）

(10) コイル 1 に $I_1 = 2$ A，コイル 2 に $I_2 = 0.5$ A を流すとき，磁性体の中に蓄えられるエネルギーを計算し，和動結合の場合は $W_+ = \frac{1}{2}L_1 I_1^2 + \frac{1}{2}L_2 I_2^2 + MI_1 I_2$，差動結合の場合は $W_- = \frac{1}{2}L_1 I_1^2 + \frac{1}{2}L_2 I_2^2 - MI_1 I_2$ と等しくなることを確認せよ．（これらの式は **14** で導く）（☆☆）

4 長さ $l = 30$ cm，断面積 $S = 2$ cm^2 の磁性体に導線を $N = 300$ 回巻き付けた環状ソレノイドの自己インダクタンスを測定したところ $L = 30$ mH であった．この磁性体の透磁率を計算せよ．（★★）

5 透磁率 $\mu = 5 \times 10^{-3}$ H/m の磁性体で作られた，断面積 $S = 2$ cm^2，長さ $l = 30$ cm の磁性体のリングで自己インダクタンスが $L = 300$ mH の環状ソレノイドを作りたい．ソレノイドの巻数を計算せよ．（★★）

6 図 10-8 に示すように，半径 $a = 6$ cm，1 m あたり $n = 2000$ 回巻きの無限に長い空心ソレノイドの中に，半径 $b = 3$ cm の円形コイルを，中心軸が一致するように置いた．ソレノイドに電流 I を流したとき，ソレノイドの中の磁界は $H = 1$ kA/m となった．また，コイルとソレノイドの間の相互インダクタンスが $M = 10$ mH であった．次の問に答えよ．

第10章 インダクタンスと静磁エネルギー

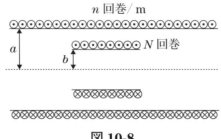

図 10-8

(1) ソレノイドに流した電流 I を計算せよ．（★）

(2) コイルの巻数 N を計算せよ．（★★）

(3) N 回巻きのコイルの中心軸をソレノイドの中心軸から $\theta = 30°$ だけ傾けるとき，無限長ソレノイドとコイルの間の相互インダクタンスを計算せよ．（★★）

7 2個のコイルを直列接続したときの合成インダクタンスが，和動結合の場合は $L_+ = 900$ mH，差動結合の場合は $L_- = 500$ mH であった．次の問に答えよ．

(1) 相互インダクタンスを計算せよ．（★★）

(2) 相互インダクタンスが 0 になるように 2 個のコイルを配置し，直列接続したときの合成インダクタンスを計算せよ．（★★）

8 コイル1とコイル2の自己インダクタンスはそれぞれ $L_1 = 40$ mH と $L_2 = 30$ mH，両者の間の相互インダクタンスが $M = 25$ mH であるとき，次の問に答えよ．

(1) 結合係数を計算せよ．（★）

(2) コイル1とコイル2を和動結合になるように直列接続したときの合成インダクタンスを計算せよ．（★）

(3) コイル1とコイル2を並列接続したときの合成インダクタンスを計算せよ．ただし，このときの両者の間の相互インダクタンスは 0 である．（★）

9 全く同じ2つのコイルを結合係数が $k = 0.8$ になるように配置したところ，相互インダクタンスが $M = 30$ mH であった．次の問に答えよ．ただし両コイルに発生する磁界の向きは互いに反対向きとする．

(1) コイルの自己インダクタンスを計算せよ．（★）

(2) 一方のコイルに一定の電圧 $V_1 = 1.5$ V を加えるとき，何も接続していない他方のコイルに発生する電圧を計算せよ．（★★）

(3) 2つのコイルを直列に接続するときの合成インダクタンスを計算せよ．（★）

(4) 2つのコイルを並列に接続するときの合成インダクタンスを計算せよ．（★）

10 半径 $a = 30$ cm，$N_A = 200$ 回巻きの円形コイル A と半径 $b = 2$ cm，$N_B = 50$ 回巻きの円形コイル B が中心と中心軸がともに一致するように真空中に置かれている．次の問に答えよ．

(1) コイル A に 10 A の電流を流すとき，コイルの中心の磁界を計算せよ．（★）

(2) コイル B と鎖交する磁束を計算せよ．（★）

(3) 両コイルの間の相互インダクタンスを計算せよ．（★）

(4) コイル B に周波数 $f = 10$ kHz，最大値 $I_m = 5$ A の電流が流れるとき，コイル A に発生する電圧の最大値を計算せよ．（★）

11 図 10-9 に示すように配置されている無限長ソレノイドと正方形のコイルの間の相互インダクタンスを計算せよ．ただし無限長ソレノイドは 1 m あたりの巻数 $n = 1500$ 回/m，断面が半径 $R = 3$ cm の円形で，正方形のコイルの辺の長さは $a = 5$ cm，$N = 500$ 回巻きである．また無限長ソレノイドの中は比透磁率 $\mu_r = 2000$ の磁性体で満たされている．（★★）

第10章 インダクタンスと静磁エネルギー

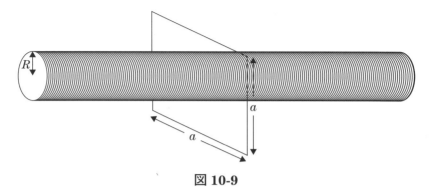

図 10-9

12 透磁率 $\mu = 7 \times 10^{-4}$ H/m,断面積 $S = 5$ cm^2 の磁性体で図 10-10 に示すような磁心を作り,$N_1 = 500$,$N_2 = 300$ 回巻きの 2 つのコイルを巻き付けた.次の問に答えよ.ただし $a = 30$ cm,$b = 20$ cm,$c = 50$ cm,$\delta = 1$ mm.

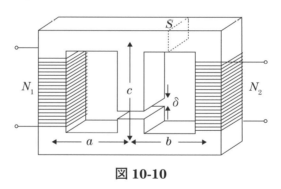

図 10-10

(1) それぞれのコイルの自己インダクタンスを計算せよ.(★★)
(2) 2 つのコイルの間の相互インダクタンスを計算せよ.(★★)
(3) 結合係数を計算せよ.(★)

13 図 10-11 に示すような半径 $a = 15$ cm,$N = 500$ 回巻きの円形コイルと,中心軸を共通とする半径 $b = 1$ cm,長さ $l = 10$ cm,1 m あたりの巻数が $n = 3000$ 回巻きの細長いソレノイドが $d = 5$ cm 離れて真空中に置かれている.コイルの間の相互インダクタンスを計算

せよ．（★★★）

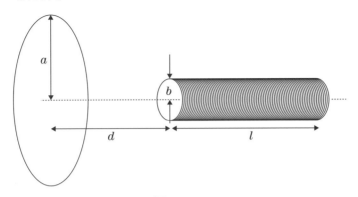

図 10-11

14 自己インダクタンス L_1, L_2 [H] の2つのコイルが相互インダクタンス M [H] で結合されている回路がある．L_1 に I_1 [A], L_2 に I_2 [A] の電流を流したとき，2つのコイル全体に蓄えられる磁気エネルギーが $W = \dfrac{1}{2}L_1 I_1^2 + \dfrac{1}{2}L_2 I_2^2 + M I_1 I_2$ [J] であることを示せ．（★★★）

15 図 10-12 に示すように，$V = 100$ V で充電された静電容量 $C = 0.3$ μF のコンデンサに自己インダクタンス $L = 20$ mH のコイルを接続した．次の問に答えよ．

図 10-12

(1) コイルに流れる電流の最大値 I_m を計算せよ．（★★）

(2) コイルに流れる電流が $\dfrac{I_m}{2}$ のときのコンデンサの電圧を計算せよ．（★★）

第10章 インダクタンスと静磁エネルギー

16 図 10-13 に示すような透磁率 μ [H/m] のドーナツ型の磁性体に導線を N 回巻き付けた環状ソレノイドがある．この環状ソレノイドに電流 I [A] を流すとき，次の問に答えよ．

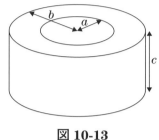

図 10-13

(1) 磁性体を通る磁束を計算せよ．（★★★）

(2) 磁性体の中に蓄えられているエネルギーを計算せよ．（★★★）

(3) $\mu = 2 \times 10^{-3}$ H/m, $N = 300$, $a = 10$ mm, $b = 20$ mm, $c = 30$ mm のとき，自己インダクタンスを計算せよ．（★★）

17 図 10-14 に示すようなドーナツ形(内半径 a [m], 外半径 b [m], 高さ c [m]) の磁性体（透磁率 μ [H/m]）に導線を N 回巻き付けた環状ソレノイドの中心軸と一致して無限に長い導線が張られている．直線導線に電流 I [A] を流すとき，次の問に答えよ．

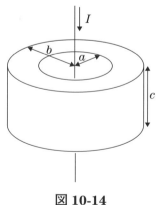

図 10-14

(1) 直線導線と環状ソレノイドの間の相互インダクタンスを計算せよ．（★★★）

(2) I が $\Delta t = 2$ ms の間に $\Delta I = 0.15$ A 増加するとき環状ソレノイドに発生する電圧を計算せよ．ただし $N = 500$, $a = 10$ cm, $b = 30$ cm, $c = 20$ cm, $\mu = 2 \times 10^{-3}$ H/m とする．（★）

18 真空中において直線導線から D 離れた位置に, $a = 1$ cm, $b = 2$ cm, $N = 3000$ 回巻きのコイルを図 10-15 のように置いた．次の問に答えよ．

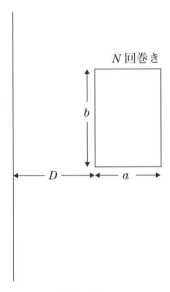

図 10-15

(1) $D = 20$ m のとき，直線導線とコイルの間の相互インダクタンスを計算せよ．（★★）

(2) $D = 5$ mm のとき，直線導線とコイルの間の相互インダクタンスを計算せよ．（★★★）

(3) 直線導線に流れる電流が $\Delta t = 3$ ms の間に電流が ΔI だけ増加するとき，コイルに発生する電圧が $V = 1.2$ V であった．ΔI を計算

せよ．ただし $D = 5$ mm である．（★）

19 図 10-16 に示すような内外の導体の半径がそれぞれ，a, b [m] の同軸ケーブルがある．内外の導体の間は誘電率 ε [F/m]，透磁率 μ_0 [H/m] の誘電体で満たされている．内外の導体に，互いに反対向きに同じ大きさの電流 I [A] がそれぞれ流れている．次の問に答えよ．ただし，電流は導体の表面のみを流れるものとする．

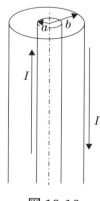

図 10-16

(1) 同軸ケーブルの長さ 1 m と鎖交する磁束を算せよ．（★★★）

(2) 同軸ケーブルの長さ 1 m あたりの磁気エネルギーを計算せよ．（★★★）

(3) $a = 0.4$ mm，$b = 2.5$ mm の同軸ケーブルの長さ 1 m あたりの自己インダクタンスを計算せよ．（★★）

20 半径 a [m] の 2 本の直線導線が間隔 D [m] で，真空中に平行に張られている．I [A] の電流が互いに反対向きに流れているとき，次の問に答えよ．

(1) 2 本の導線の間で，一方の導線の中心軸からの距離が x [m] の位置の磁界を計算せよ．（★）

(2) 長さ 1 m の 2 本の導線の間を通る磁束を計算せよ．（★★★）

(3) 平行 2 線の 1 m あたりの自己インダクタンスを計算せよ．た

だし，表皮効果により電流は導線の表面のみを流れるとする．（★★）

(4) 導線の中を電流が一様に流れているとき，導線の内部において，導線の中心軸から $r\,[\mathrm{m}]$ の位置の磁界を計算せよ．ただし，他方の導線の電流の影響は無視できる．（★★）

(5) 導線の長さ 1 m の中に蓄えられる静磁エネルギーを計算せよ．（★★★）

(6) 導線の中の磁界による 1 m あたりの自己インダクタンスを計算せよ．（★★）

(7) $a = 0.2\,\mathrm{mm}$，$D = 10\,\mathrm{mm}$ の平行 2 線の長さ 1 m あたりの自己インダクタンス，および平行 2 線に 10 A の電流が，一様な電流密度で流れているとき，平行 2 線のまわりの空間の長さ 1 m に蓄えられているエネルギーを計算せよ．（★★）

21 半径 $a = 2\,\mathrm{cm}$ の円形の断面を有し，1 m あたりの巻き数が $n = 2000$ 回の無限に長い空心のソレノイドがある．次の問に答えよ．

(1) 長さ 1 m あたりの自己インダクタンス L_∞ を計算せよ．（★★）

(2) 有限長のソレノイドの 1 m あたりの自己インダクタンスは L_∞ に**長岡係数** $\mathscr{L}$ を乗ずることにより得られる．$l = 3\,\mathrm{cm}$，$a = 2\,\mathrm{cm}$，$n = 2000$ 回/m の有限長のソレノイドの自己インダクタンスを計算せよ．**図 10-17** に長岡係数 $\mathscr{L}$ と $\dfrac{2a}{l}$ の関係を示す．（★★）

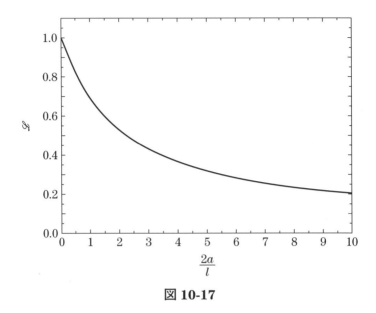

図 10-17

22 $\delta = 0.1$ mm の隙間のある断面積 $S = 2$ cm^2，平均磁路長 $l = 25$ cm のドーナツ型の磁性体（透磁率 $\mu = 2.5 \times 10^{-3}$ H/m）に導線を $N = 300$ 回巻き付けて環状ソレノイドを作り，$I = 0.5$ A を流す．次の問に答えよ．

(1) ソレノイドを通る磁束密度を計算せよ．（★★）

(2) 隙間に蓄えられているエネルギーを計算せよ．（★★）

(3) 隙間をはさむ磁性体の間に働く引力の大きさを計算せよ．（★★★）

23 図 **10-18** に示すような断面積 $S = 3$ cm^2，平均磁路長 $l_1 = 30$ cm，透磁率 $\mu_1 = 2.5 \times 10^{-3}$ H/m，巻数 $N = 300$ 回のコイルを有する電磁石に電流 $I = 0.2$ A を流したとき，微小な間隔 $\delta = 0.2$ mm を隔てて置かれた断面積 S，透磁率 $\mu_2 = 4 \times 10^{-3}$ H/m，平均磁路長 $l_2 = 10$ cm の鉄片に働く力を計算せよ．（★★★）

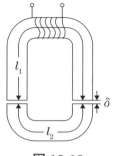

図 10-18

24 図 **10-16** に示すような，内導体の半径 $a = 0.4$ mm，外導体の内半径 $b = 2.5$ mm の同軸ケーブルがある．内外の導体に往復電流 $I = 0.5$ A が流れているとき，内外の導体の表面に働く単位面積当たりの力と向きを計算せよ．（★★★）

第 11 章　電磁波

　本章では変位電流および電磁波について学ぶ．電磁波の中では，磁界の変化により電界が発生し，変位電流により磁界が発生する．このことによって電界と磁界が波となって空間の中を伝搬する．本章では非常に難解な数式も現れるが，数式を多少無視しても物理的な意味を把握するよう留意して欲しい．

第 11 章　電磁波

☆この章で使う基礎事項☆

基礎 11-1　電流と電荷

電流の定義から，コンデンサなどに電流 $I\,[\mathrm{A}]$ が流れ込むとき，蓄えられる電荷 $Q\,[\mathrm{C}]$ の時間 $t\,[\mathrm{s}]$ による変化は次式で与えられる．

$$Q = \int I \mathrm{d}t\,[\mathrm{C}]$$

または

$$I = \frac{\mathrm{d}Q}{\mathrm{d}t}\,[\mathrm{A}].$$

基礎 11-2　電束密度と導体の表面の電荷

導体の表面における電束密度 $D\,[\mathrm{C/m^2}]$ と導体の表面の電荷密度 $\sigma_i\,[\mathrm{C/m^2}]$ は次のように等しい．（5.2 節電束の性質（4）より）

$$D = \sigma_i\,[\mathrm{C/m^2}]$$

基礎 11-3　線積分と周回積分

図3-4 に示すように，電界 E の $\mathrm{d}\boldsymbol{l}$ 方向成分（経路 C の接線方向成分）$E_{/\!/}$ を図3-5（a）のように縦軸に，経路 C に沿った A 点からの距離 l を横軸にとるとき，式 (3-14) の線積分は曲線の下の部分の面積に等しい．

$$V_{\mathrm{BA}} = \int_{\mathrm{C}} -\boldsymbol{E}\cdot\mathrm{d}\boldsymbol{l} \tag{3-14}$$

線積分の終点が始点と一致する（経路がループ）場合，線積分は周回積分となる．

$$\oint_{\mathrm{C}} -\boldsymbol{E}\cdot\mathrm{d}\boldsymbol{l}$$

基礎 11-4　発散

電界 E の発散は，微小体積から発生する 1 $\mathrm{m^3}$ あたりの電気力線の

数である．誘電率が ε の空間に電荷が電荷密度 ρ で分布しているとき，電界 $\boldsymbol{E}$ の発散は次式で表される．

$$\operatorname{div} \boldsymbol{E} = \nabla \cdot \boldsymbol{E} = \frac{\rho}{\varepsilon} \tag{3-21}$$

基礎 11-5　アンペアの周回積分の法則

ループに沿って磁界 $\boldsymbol{H}$ を周回積分した値は次のように，ループの中を流れる電流の大きさ I に等しい．

$$\oint \boldsymbol{H} \cdot \boldsymbol{dl} = I \, [\mathrm{A}] \tag{8-1}$$

基礎 11-6　ファラデーの電磁誘導の法則

ループの中の磁束が時間とともに変化するとき，ループには次式で表される起電力が発生する．

$$V = -N \frac{d\varPhi}{dt} = -\frac{d\phi}{dt} \, [\mathrm{V}] \tag{9-10}$$

基礎 11-7　静電エネルギーと静磁エネルギー

電界 E の存在する空間の $1\,\mathrm{m}^3$ あたりには，次式で与えられる静電エネルギーが蓄えられている．

$$w_e = \frac{1}{2} \varepsilon E^2 = \frac{1}{2} ED = \frac{1}{2\varepsilon} D^2 \, [\mathrm{J/m^3}] \tag{5-21}$$

磁界 H の存在する空間の $1\,\mathrm{m}^3$ あたりには，次式で与えられる静磁エネルギーが蓄えられている．

$$w_H = \frac{1}{2} \mu H^2 = \frac{1}{2} HB = \frac{1}{2\mu} B^2 \, [\mathrm{J/m^3}] \tag{10-26}$$

第 11 章　電磁波

11-1　変位電流

　図 11-1 に示すように，コンデンサを含む回路に電流 I [A] が流れているとき，コンデンサの電極の間は誘電体で電流が流れることはできず，電極に電荷 Q [C] が蓄えられる．その結果，誘電体の中に電束が発生する．電極の面積を S [m^2] とすると，章末問題 6 **21**(2) および 5-2 節で説明した電束の性質 (4) より，I，Q および電束密度 D の間の次の関係が導かれる．

$$I = \frac{dQ}{dt} = S\frac{dD}{dt} \text{ [A]} \tag{11-1}$$

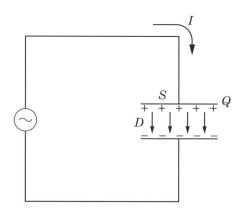

図 11-1　変位電流

　ここからマクスウェルは，導線の中を流れる**伝導電流**の代わりに，誘電体の中には**変位電流**が流れると考えた．式 (11-1) から，変位電流の電流密度は次式で表されることがわかる．

$$J = \frac{dD}{dt} \text{ [A/m}^2\text{]} \tag{11-2}$$

変位電流は伝導電流と同様に磁界を発生させる．

11-2 マクスウェルの方程式

マクスウェルの方程式は次の通りである．

$$\mathrm{rot}\boldsymbol{H} = J_c + \frac{\partial \boldsymbol{D}}{\partial t} \tag{11-3a}$$

$$\mathrm{rot}\boldsymbol{E} = -\frac{\partial \boldsymbol{B}}{\partial t} \tag{11-3b}$$

$$\mathrm{div}\boldsymbol{E} = \frac{\rho}{\varepsilon} \tag{11-3c}$$

$$\mathrm{div}\boldsymbol{B} = 0 \tag{11-3d}$$

式 (11-3c) は 3-3 節で，式 (11-3d) は 7-5 節で既に説明をした．式 (11-3a) および式 (11-3b) 式の **rot** は **rotation** または **curl**，**回転** と呼ばれる演算子でナブラとの外積である．

$$\mathrm{rot}\,\boldsymbol{H} = \mathrm{curl}\,\boldsymbol{H} = \nabla \times \boldsymbol{H} = \left(\frac{\partial H_z}{\partial y} - \frac{\partial H_y}{\partial z}\right)\boldsymbol{i} + \left(\frac{\partial H_x}{\partial z} - \frac{\partial H_z}{\partial x}\right)\boldsymbol{j}$$

$$+ \left(\frac{\partial H_y}{\partial x} - \frac{\partial H_x}{\partial y}\right)\boldsymbol{k} \tag{11-4}$$

rot の物理的な意味は，**微小なループに沿った周回積分をループに囲まれた面積で割ったもの**である．(詳細な計算は章末問題11 **6** で導出) たとえば rot $\boldsymbol{H}$ の z 成分は ΔS_z を囲むループ（**図 11-2 (a)** では三角形 OPQ）に沿って $\boldsymbol{H}$ を周回積分し，それを ΔS_z で割ったものである．すなわち

$$(\mathrm{rot}\,H)_z = \frac{\oint_{\mathrm{OPQO}} \boldsymbol{H} \cdot \mathrm{d}\boldsymbol{l}}{\Delta S_z} \tag{11-5}$$

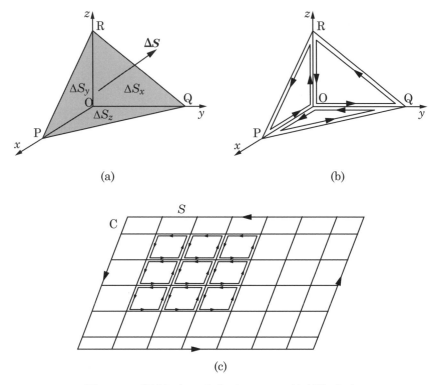

図 11-2 回転 (rot または curl) の物理的意味

x, y 成分についても同様である. ΔS_x, ΔS_y, ΔS_z を x, y, z 成分とする**面積ベクトル**を $\Delta \boldsymbol{S}$ とすると, rot $\boldsymbol{H}$ と $\Delta \boldsymbol{S}$ の内積は次に導くように, 三角形 PQR に沿った $\boldsymbol{H}$ の周回積分となる.

$$(\operatorname{rot}\boldsymbol{H})\cdot \Delta \boldsymbol{S} = (\operatorname{rot}\boldsymbol{H})_x \Delta S_x + (\operatorname{rot}\boldsymbol{H})_y \Delta S_y + (\operatorname{rot}\boldsymbol{H})_z \Delta S_z$$

$$= \oint_{\text{OQRO}} \boldsymbol{H}\cdot d\boldsymbol{l} + \oint_{\text{ORPO}} \boldsymbol{H}\cdot d\boldsymbol{l} + \oint_{\text{OPQO}} \boldsymbol{H}\cdot d\boldsymbol{l}$$

$$= \oint_{\text{PQRP}} \boldsymbol{H}\cdot d\boldsymbol{l} \tag{11-6}$$

図 **11-2** (**b**) からわかるように, 式 (11-6) の3個の周回積分の和は, 辺 OP, OQ, OR では隣接するループの**線積分**が互いに打ち消し合う

ので，三角形 PQR に沿った周回積分 $\oint_{PQRP} \boldsymbol{H} \cdot \mathrm{d}\boldsymbol{l}$ だけが残る．

アンペアの周回積分の法則から，式（11-6）の周回積分は ΔS を流れる電流 $I = \boldsymbol{J} \cdot \Delta \boldsymbol{S}$ に等しい．したがって式（11-6）は次のように書ける．

$$(\mathrm{rot}\, \boldsymbol{H}) \cdot \Delta \boldsymbol{S} = \oint_{PQRP} \boldsymbol{H} \cdot \mathrm{d}\boldsymbol{l} = I = \boldsymbol{J} \cdot \Delta \boldsymbol{S} (= J_n \Delta S) \tag{11-7}$$

ここで J_n は $\boldsymbol{J}$ の $\Delta \boldsymbol{S}$ 方向成分（面積 ΔS に垂直な成分）である．また電流密度 $\boldsymbol{J}$ が伝導電流密度 $\boldsymbol{J}_c$ と式（11-2）で表される変位電流密度の和であることを考慮すると，式（11-7）は次のようになる．

$$(\mathrm{rot}\, \boldsymbol{H}) \cdot \Delta \boldsymbol{S} = \oint_{PQRP} \boldsymbol{H} \cdot \mathrm{d}\boldsymbol{l} = I = \left(\boldsymbol{J}_c + \frac{\partial \boldsymbol{D}}{\partial t}\right) \cdot \Delta \boldsymbol{S} \tag{11-8}$$

これより式（11-3a）が得られる．

微小ではない面積を有するループを考えるとき，**図 11-2(c)** のようなループ C に囲まれた曲面 S において式（11-8）を積分すると，左辺は $\mathrm{rot}\, \boldsymbol{H}$ の面積分となる一方，周回積分の総和は，**図 11-2(c)** に示すように隣接するループの線積分が互いに打ち消し合うので，ループ C に沿った周回積分となる．これは次式で表される**ストークスの定理**である．

$$\int_S \mathrm{rot}\, \boldsymbol{H} \cdot \mathrm{d}\boldsymbol{S} = \oint_C \boldsymbol{H} \cdot \mathrm{d}\boldsymbol{l} \ (= I) \tag{11-9}$$

I はループ C の中を通る電流である．

図 11-3 に示すように微小なループの中を磁束 $\varPhi = B\Delta S$ が通っているとき，ループに発生する電圧は**ファラデー**の**電磁誘導の法則**により次式で表される．

$$V = -\frac{\mathrm{d}\varPhi}{\mathrm{d}t} = -\frac{\partial (\boldsymbol{B} \cdot \Delta \boldsymbol{S})}{\partial t} \tag{11-10}$$

第11章 電磁波

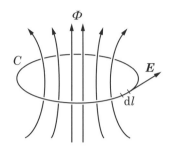

図 11-3 ファラデーの電磁誘導の法則とマクスウェルの方程式

左辺の電圧 V は電界 $\boldsymbol{E}$ をループ C に沿って周回積分することによって得られる．(式(3-15)の場合は $B=0$ なので，周回積分が 0 であった) したがって式(11-10)は次のように表される．

$$\oint_C \boldsymbol{E} \cdot \mathrm{d}\boldsymbol{l} = -\frac{\partial \boldsymbol{B}}{\partial t} \cdot \Delta \boldsymbol{S} \tag{11-11}$$

Φ が増加するとき $\left(\dfrac{\mathrm{d}\Phi}{\mathrm{d}t} > 0\right)$，**図 11-3** のループ C に誘起される電流の向きが，Φ の方向と右ねじの関係にある $\boldsymbol{E}$ の向きと反対であることがレンツの法則からわかる．このことから式(11-11)には負の符号がつく．左辺に式(11-6)を適用すると次のように変形できる．

$$\oint_C \boldsymbol{E} \cdot \mathrm{d}\boldsymbol{l} = (\mathrm{rot}\,\boldsymbol{E}) \cdot \Delta \boldsymbol{S} = -\frac{\partial \boldsymbol{B}}{\partial t} \cdot \Delta \boldsymbol{S} \tag{11-12}$$

これより式(11-3b)が得られる．

11-3 波動方程式とマクスウェルの方程式

<例題 11-1> 電界 E が時間 t および座標 z の関数 $E = E_m \sin(\omega t - kz)$ で表されるとき,次の問に答えよ.
(1) 周期(同じ位相に戻るまでの時間)T を計算せよ.
(2) 波長(同じ位相に戻るまでの距離)λ を計算せよ.
(3) 上式は z 方向へ進む波を表していることを示し,伝搬する速度 v を計算せよ.
(4) t による2階微分と z による2階微分の関係(波動方程式)を導け.

<解答> (1) T 秒後に同じ位相に戻ることから $\sin(\omega t - kz) = \sin[\omega(t+T) - kz]$. これより $\omega T = 2\pi$. したがって,

$$T = \frac{2\pi}{\omega} \ [\text{s}]. \tag{11-13}$$

(2) λ 離れた位置で同じ位相に戻ることから $\sin(\omega t - kz) = \sin[\omega t - k(z+\lambda)]$. これより $k\lambda = 2\pi$. したがって,

$$\lambda = \frac{2\pi}{k} \ [\text{m}]. \tag{11-14}$$

(3) t のときと $t + \Delta t$ のときの E を図 11-4 に示す.同図から Δt の間に波が $+z$ 方向へ移動していることがわかる.A 点の位相 $\omega t - kz$ と B 点の位相 $\omega(t+\Delta t) - k(z+\Delta z)$ が同じであるためには $\omega t - kz = \omega(t+\Delta t) - k(z+\Delta z)$. したがって,

第11章 電磁波

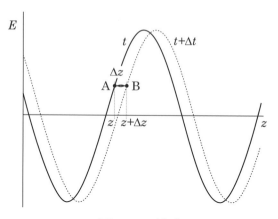

図 11-4 波動

$$\omega \Delta t - k \Delta z = 0. \tag{11-15}$$

よって式（11-15）から次のように伝搬速度が得られる．

$$v = \frac{\Delta z}{\Delta t} = \frac{\omega}{k} \ [\text{m/s}] \tag{11-16}$$

(4) $\dfrac{\partial^2 E}{\partial t^2} = -\omega^2 E_m \sin(\omega t - kz)$，$\dfrac{\partial^2 E}{\partial z^2} = -k^2 E_m \sin(\omega t - kz)$．したがって，次の関係が成り立つ．

$$\frac{\partial^2 E}{\partial z^2} = \left(\frac{k}{\omega}\right)^2 \frac{\partial^2 E}{\partial t^2} = \frac{1}{v^2}\frac{\partial^2 E}{\partial t^2} \tag{11-17}$$

これは**波動方程式**と呼ばれる．

マクスウェルは式（11-3a）および式（11-3b）から以下のように波動方程式を導き，**電磁波**の存在を予言した．式（11-3a）は，式（6-24）および式（5-5）から電気伝導度 σ と誘電率 ε とを用いて次のように表すことができる．

$$\text{rot}\,\boldsymbol{H} = \sigma \boldsymbol{E} + \varepsilon \frac{\partial \boldsymbol{E}}{\partial t} \tag{11-18}$$

式（11-3b）は，式（7-9）から透磁率 μ を用いて次のように表すこと

ができる．

$$\operatorname{rot} \boldsymbol{E} = -\mu \frac{\partial \boldsymbol{H}}{\partial t} \tag{11-19}$$

伝導電流を考えなくてもよい $\sigma = 0$（絶縁体の中）の場合を考えよう．式（11-19）の両辺に rot を作用させ，これに式（11-18）を代入することにより，次の波動方程式関係を得る．

$$\operatorname{rot}(\operatorname{rot} \boldsymbol{E}) = -\mu \frac{\partial}{\partial t}(\operatorname{rot} \boldsymbol{H})$$
$$= -\mu \frac{\partial}{\partial t}\left(\varepsilon \frac{\partial \boldsymbol{E}}{\partial t}\right) = -\varepsilon\mu \frac{\partial^2 \boldsymbol{E}}{\partial t^2} \tag{11-20}$$

空間電荷がない（電荷密度 $\rho = \nabla \cdot \boldsymbol{E} = 0$）場合を考えると，左辺は次のように変形できる．

$$\operatorname{rot}(\operatorname{rot} \boldsymbol{E}) = \nabla \times (\nabla \times \boldsymbol{E}) = \nabla(\nabla \cdot \boldsymbol{E}) - \nabla^2 \boldsymbol{E} = -\nabla^2 \boldsymbol{E} \tag{11-21}$$

よって式（11-20），式（11-21）から次の波動方程式を得る．

$$\nabla^2 \boldsymbol{E} = \frac{\partial^2 \boldsymbol{E}}{\partial x^2} + \frac{\partial^2 \boldsymbol{E}}{\partial y^2} + \frac{\partial^2 \boldsymbol{E}}{\partial z^2} = \varepsilon\mu \frac{\partial^2 \boldsymbol{E}}{\partial t^2} \tag{11-22}$$

式（11-22）も波動方程式で，E が x や y によって変化しないような特別な場合が式（11-17）である．式（11-22）と式（11-17）を比較すると，電磁波の速度が次のように得られる．

$$v = \frac{1}{\sqrt{\varepsilon\mu}} \ [\text{m/s}] \tag{11-23}$$

11-4　平面電磁波

図 11-5 に示すような平面波が最も基本的な電磁波で，次式で表される．

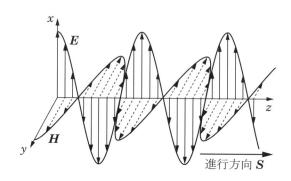

図 11-5　電磁波

$$E_x = E_m \sin(\omega t - kz) \tag{11-24a}$$

$$H_y = H_m \sin(\omega t - kz) \tag{11-24b}$$

$$E_y = E_z = H_x = H_z = 0 \tag{11-24c}$$

電界，磁界，進行方向はすべて互いに垂直である．電磁波の伝搬速度は式 (11-16)，式 (11-23) および章末問題 11 **7** (5) から

$$v = \frac{\omega}{k} = \frac{1}{\sqrt{\varepsilon\mu}} \ [\text{m/s}]. \tag{11-25}$$

したがって，真空中を電磁波が伝搬する速度は

$$c = \frac{1}{\sqrt{\varepsilon_0 \mu_0}} = \frac{1}{\sqrt{8.85 \times 10^{-12} \times 4\pi \times 10^{-7}}} = 3 \times 10^8 \ \text{m/s}.$$

この値は真空中の光の速度として既に知られていた．

また，章末問題 11 **7** (6) から E_m と H_m の比が次式のように導かれる．Z は**特性インピーダンス**または**固有インピーダンス**と呼ばれる．

$$Z = \frac{E_m}{H_m} = \sqrt{\frac{\mu}{\varepsilon}} \ [\Omega] \tag{11-26}$$

11-5 ポインティングベクトル

<例題 11-2> 誘電率 ε [F/m], 透磁率 μ [H/m] の空間を伝搬する電界 E [V/m], 磁界 H [A/m] の電磁波が有する $1\,\mathrm{m}^3$ あたりのエネルギーと, 進行方向に垂直な $1\,\mathrm{m}^2$ の面を 1 秒間に通過するエネルギーを計算せよ.

<解答> 電磁波の $1\,\mathrm{m}^3$ あたりのエネルギーは静電エネルギーと静磁エネルギーの和である. したがって式 (5-21) および式 (10-26), さらに式 (11-26) を用いることによって次式が得られる.

$$w = w_E + w_H = \frac{1}{2}\varepsilon E^2 + \frac{1}{2}\mu H^2$$

$$= \frac{1}{2}\varepsilon E^2 + \frac{1}{2}\mu \times \left(\frac{\varepsilon}{\mu}E^2\right) = \varepsilon E^2 \,[\mathrm{J/m}^3] \tag{11-27}$$

$1\,\mathrm{m}^2$ を 1 秒間に通過するエネルギーは, 図 6-7 を用いて 1 秒間に面積 S を通過する粒子数を導出したときと同様に考えると, $1\,\mathrm{m}^2$ の面を 1 秒間に通過するエネルギーは, 断面積が $1\,\mathrm{m}^2$, 長さが伝搬速度 v の筒の中に含まれるエネルギーに等しいので, 式 (11-25) ～ (11-27) を用いて次式が得られる.

$$S = w \times v = \varepsilon E^2 \times \frac{1}{\sqrt{\varepsilon\mu}} = \sqrt{\frac{\varepsilon}{\mu}}E^2 = EH \,[\mathrm{W/m}^2] \tag{11-28}$$

図 11-5 から電磁波の進行方向は電界と磁界の外積 $\boldsymbol{E} \times \boldsymbol{H}$ の方向であることがわかる. したがって次式で表される**ポインティングベクトル**は電磁波が運ぶエネルギーの方向と大きさを表す.

$$\boldsymbol{S} = \boldsymbol{E} \times \boldsymbol{H}\,[\mathrm{W/m}^2] \tag{11-29}$$

第 11 章 電磁波

> ポインティングベクトルの方向は,フレミングの左手の法則を流用して,中指 E,ひとさし指 H,親指 S と覚えると便利である.

章末問題 11

1 図 11-6 に示すような半径 $a = 10$ cm の円形の平行平板コンデンサに一定の電流 $I = 5$ A を流したときについて次の問に答えよ.

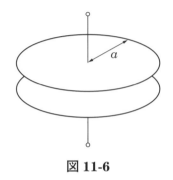

図 11-6

(1) 電流を流し始めてから t 秒後の電極の間の電束密度 D を計算せよ. ただし $t = 0$ のとき $D = 0$ である. (★)

(2) 電極の間を流れる変位電流密度を計算せよ. (★)

(3) 電極の中心軸から r [m] 離れた位置の磁界を計算せよ. (★★)

2 同軸ケーブルに周波数 $f = 5$ MHz, $V = 3$ V の交流電圧を加えた. このとき内外の導体の間に変位電流が流れる. 同軸ケーブルの長さ 1 m あたりの変位電流を計算せよ. ただし内外の導体の半径はそれぞれ $a = 0.4$ mm, $b = 2.5$ mm, そして内外の導体の間の誘電体の比誘電率は $\varepsilon_r = 2.25$ である. (★★★)

3 図 11-7 に示すように, 電子が z 軸上を速度 $v = 3 \times 10^6$ m/s で運動している. 電子から $a = 1$ cm 離れた A 点における変位電流および A 点から x 方向に $b = 1$ mm 離れた B 点における磁界を計算せよ. (★★★)

第 11 章 電磁波

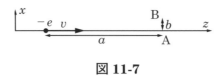

図 11-7

4 β 線は電子の流れである．ある球形の放射性物体が β 線をあらゆる方向へ一様に放射し，そのために 1 秒間に電子が $N = 5 \times 10^9$ 個/s の割合で放出されているとする．次の問に答えよ．ただし，電流および電流密度は，球の中心から離れる方向にあるときを正とせよ．

(1) β 線による伝導電流 I_C を計算せよ．（★）

(2) t 秒後の球の電荷 Q を計算せよ．ただし $t=0$ のとき $Q=0$ である．（★）

(3) 球の中心からの距離が r [m] の位置における電束密度を計算せよ．（★）

(4) 球の中心からの距離が r [m] の位置における，変位電流密度 J_D を計算せよ．（★）

(5) 伝導電流密度 J_C と変位電流密度 J_D の和を計算し，0 となることを示せ．（★）

5 比透磁率が 1 の誘電体の中を時間 t の経過とともに z 方向に伝搬する電界が次式で与えられるとき，次の問に答えよ．

$$E_x = 15\cos(1.2 \times 10^{10} t - 60z) \text{ [mV/m]}$$

(1) この電波の周波数を計算せよ．（★）

(2) この電波の波長を計算せよ．（★）

(3) この電波が伝搬する速度を計算せよ．（★）

(4) 誘電体の比誘電率を計算せよ．（★）

(5) この電波の磁界を表す式を書け．（★）

6 rot（回転）の物理的な意味を表す式（11-5）に基づいて式（11-4）を次の設問に従って導出する．図 **11-8** に示すように，xy 平面上の微小な三角形 OPQ の中を電流密度 J_z が z 方向に流れている．

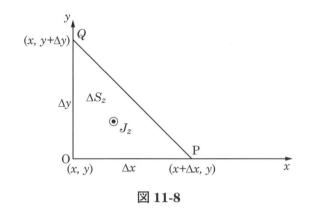

図 11-8

(1) 辺 OP に沿う線積分が次式で近似できることを示せ．（★★★）
$$\int_{\mathrm{OP}} \boldsymbol{H} \cdot d\boldsymbol{l} = \frac{1}{2}\left[H_x(x,\ y) + \left\{H_x(x,\ y) + \frac{\partial H_x}{\partial x}\Delta x\right\}\right]\Delta x$$

(2) 同様の方法で，辺 QO に沿う線積分を計算せよ．（★★★）

(3) 同様に，辺 PQ に沿う線積分を計算せよ．（★★★）

(4) 三角形 OPQ に沿う周回積分を計算せよ．（★）

(5) 電流密度 J_z を磁界 $\boldsymbol{H}$ で表し，式（11-4）の z 成分と一致することを示せ．（★★）

7 誘電率 ε [F/m]，透磁率 μ [H/m] の媒体の中を伝搬する平面電磁波 $E_y = E_m \sin(\omega t - kx)$, $H_z = H_m \sin(\omega t - kx)$, $E_z = E_x = 0$, $H_x = H_y = 0$ が Maxwell の方程式を満たすための条件を次の過程により導け．

(1) $\nabla \times \boldsymbol{E}$ を計算せよ．（★★）

(2) $\dfrac{\partial \boldsymbol{B}}{\partial t}$ を計算せよ．（★★）

(3) $kE_m = \omega\mu H_m$ であれば，Maxwell の第 1 方程式 $\nabla \times \boldsymbol{E} = -\dfrac{\partial \boldsymbol{B}}{\partial t}$ が満たされることを示せ．（★★）

第11章 電磁波

(4) 同様に $kH_m = \omega\varepsilon E_m$ であれば，Maxwellの第2方程式 $\nabla\times\boldsymbol{H} = \dfrac{\partial\boldsymbol{D}}{\partial t}$ が満たされることを示せ．（★★）

(5) この電磁波の速度 v を ε と μ で表し，式（11-23）と一致することを示せ．（★★）

(6) 特性インピーダンス $Z = \dfrac{E_m}{H_m}$ を ε と μ で表し，式（11-26）と一致することを示せ．（★★）

8 磁界のベクトルが次式で表されるとき，電流密度の x, y, z 成分 J_x, J_y, J_z をそれぞれ計算せよ．ただし $r = \sqrt{x^2+y^2}$ [m]，A は定数である．

(1) $\boldsymbol{H} = A(-y\boldsymbol{i}+x\boldsymbol{j})$ 　　　[A/m]（★★）

(2) $\boldsymbol{H} = A\dfrac{(-y\boldsymbol{i}+x\boldsymbol{j})}{r}$ 　　[A/m]（★★）

(3) $\boldsymbol{H} = A\dfrac{(-y\boldsymbol{i}+x\boldsymbol{j})}{r^2}$ 　　[A/m]（★★）

9 電界強度が $E = 10$ mV，周波数 $f = 3$ MHz の平面電磁波が真空中を伝搬している．次の問に答えよ．

(1) 磁界の大きさを計算せよ．（★★）

(2) ポインティングベクトルの大きさを計算せよ．（★）

(3) この電波が半径 $a = 50$ cm の円板に垂直に入射し，すべて吸収されて熱になるとき，1秒間に発生する熱エネルギーを計算せよ．（★★）

(4) この電波がポリエチレン（比誘電率 $\varepsilon_r = 2.25$，比透磁率 $\mu_r = 1$）の中を伝搬するときの伝搬速度 v と波長 λ を計算せよ．（★★）

10 図 11-9(a) に示すような2枚の平行な導体板の間に誘電体（比誘電率 $\varepsilon_r = 5$，比透磁率 $\mu_r = 1$）を挿入した無限に長いストリップ線路の端（$z = 0$）にスイッチSと電源Vが接続されている．時刻 $t = 0$ 秒にSを閉じて，一定の電圧 $V = 15$ V を加えることによって，導体板

の間に x 方向の電界 E [V/m] が加えられ，その電界は電磁波として z 方向に速度 v で進行する．したがって，S を閉じてから t 秒後には，図 11-9(b)，(c) に示すように，$z=0$ から $z=vt$ までの範囲には電界 E および磁界 H が加わるが，その先には電界も磁界も存在しない．また，$d=1$ mm，$w=10$ cm であるので $d \ll w$ であり，導体板の端の影響は無視できる．次の問に答えよ．

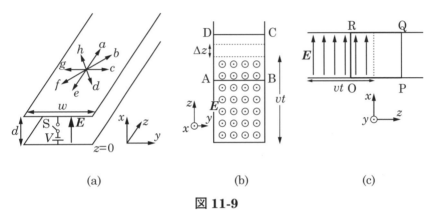

図 11-9

(1) 導体板の間の電界 E，$0<z<vt$ における導体板の長さ 1 m あたりの電荷 Q，ストリップ線路の 1 m あたりの静電容量 C を計算せよ．（★★）

(2) 磁界 H の大きさを計算せよ．また磁界の向きを $a \sim h$ の中から選べ．（★★）

(3) 上の導体板に流れる電流 I の大きさを計算せよ．また，電流の向きを $a \sim h$ の中から選べ．（★★★）

(4) 導体板の長さ 1 m と鎖交する磁束 Φ，ストリップ線路の長さ 1 m あたりの自己インダクタンス L を計算せよ．（★★）

(5) ストリップ線路を伝搬する電磁波の速度 v を計算せよ．（★）

(6) 図 11-9 (b) に示すように，電波が Δt の間に Δz だけ進み，その結果電極の Δz の領域に電荷 ΔQ が新たに蓄えられる．電流 I は ΔQ の充電のための電流であることを (1)，(2) および (3) の結果を用いて示せ．

第 11 章 電磁波

(★★★)

(7) 図 11-9（b）に示す長方形 ABCD の中を流れる変位電流とループ ABCD に沿った磁界の周回積分の計算を行い，アンペアの周回積分の法則が成り立つことを示せ．（★★★）

(8) 図 11-9（c）に示す長方形 OPQR の中を通る磁束の変化の割合とループ OPQR に沿った電界の周回積分の計算を行い，ファラデーの電磁誘導の法則が成り立つことを示せ．（★★★）

(9) ストリップ線路の特性インピーダンス $Z_c = \dfrac{V}{I}$ を計算し，$\sqrt{\dfrac{L}{C}}$ と等しいことを示せ．さらに Z_c の大きさを計算せよ．（★★）

(10) ポインティングベクトルの大きさ S と，ストリップ線路の断面を 1 秒間に通過するエネルギー P の大きさを計算し，P と IV が等しいことを示せ．（★★）

(11) ストリップ線路を伝搬する電磁波の電界が $E_x = E_m \sin(\omega t - kz)$，$E_y = E_z = 0$ [V/m] で表されるとき，$\mathrm{rot}\bm{E} = -\dfrac{\partial \bm{B}}{\partial t}$ の関係より磁界のベクトルを計算せよ．（★★）

11 図 11-10 に示すような断面を有する無限に長い**同軸ケーブル**に電界 $E = \dfrac{A}{r}$ [V/m] と磁界 $H = \dfrac{B}{r}$ [A/m] が図の向きに加えられている．ここに r [m] は中心軸からの距離，A および B は定数である．内側の導体の半径 a [m]，外側の導体の半径 b [m] とし，両導体の間は誘電率 ε [F/m]，透磁率 μ_0 [H/m] の誘電体で満たされている．次の問に答えよ．

章末問題 11

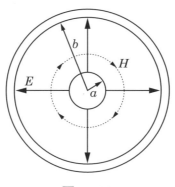

図 11-10

(1) 内外の導体の間の電圧 V, 同軸ケーブルの長さ 1 m あたりの静電容量 C を計算せよ. (★★★)

(2) 内側の導体に流れる電流の方向と電磁波の進行方向を答えよ. (★)

(3) 同軸ケーブルを流れる電流 I, 内側の導体の長さ 1 m と鎖交する磁束 $\varPhi$, 同軸ケーブルの長さ 1 m あたりの自己インダクタンス L を計算せよ. (★★★)

(4) 同軸ケーブルの特性インピーダンス $Z_c = \dfrac{V}{I}$ を計算し, $\sqrt{\dfrac{L}{C}}$ と等しいことを示せ. (★★)

(5) 同軸ケーブルを伝搬する電磁波の速度を計算せよ. (★)

(6) 同軸ケーブルの断面を 1 秒間に通過するエネルギーの大きさ P をポインティングベクトルから計算し, $P = IV$ となることを示せ. (★★★)

(7) 3C-2V の規格の同軸ケーブル ($a = 0.5$ mm, $b = 3.1$ mm) の静電容量が $C = 67$ pF/m であるとき, 誘電体の比誘電率を計算せよ. (★★)

(8) 3C-2V を周波数 30 MHz Hz の電磁波が伝搬するとき, その波長を計算せよ.

(9) $A = 10$ mV のとき B の大きさを計算せよ. (★★)

(10) このとき同軸ケーブルの長さ 1 m あたりに蓄えられている静電

第 11 章 電磁波

エネルギー W_E と静磁エネルギー W_H を計算せよ．(★★★)

(11) 地球を 1 周している同軸ケーブルの一端に LED が接続されている．他端を電池に接続してから LED が発光するまでの時間を計算せよ．ただし地球の 1 周の長さを $l = 4$ 万 km とする．(★★)

12 図 11-11 (a) に示すように，真空中に半径 a [m] の抵抗のない 2 本の無限に長い導線が間隔 D [m] で平行に張られている．導線の間に電圧を加えたときの電界 E と磁界 H の向きを図中に示す．また 2 本の導線の中心の P 点における電界の大きさは E_P [V/m] である．次の問に答えよ．

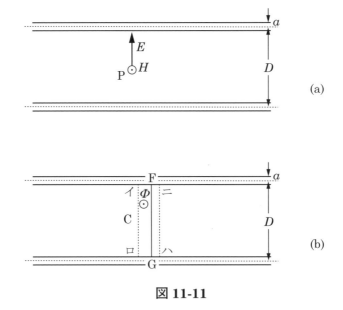

図 11-11

(1) 導線の間の電圧を計算せよ．(★★★)
(2) P 点の磁界を計算せよ．(★)
(3) 2 本の導線の間を通る長さ 1 m あたりの磁束を計算せよ．(★★★)
(4) 導線に流れる電流の向きと大きさを計算せよ．(★★)
(5) P 点におけるポインティング・ベクトルの向きと大きさを計算せ

よ．（★★）

(6) 図 **11-11(b)** に示す FG の線は，電磁波の先端を表す．FG を囲むループ C（イロハニ）に沿って電界の周回積分を計算せよ．（★★★）

(7) 図 11-11(b) のループ C の中を通る磁束 Φ の変化の割合から，ファラデーの電磁誘導の法則を用いてループ C に発生する電圧を計算せよ．（★★★）

13　真空中において，電波が $A = 0.5 \text{ m}^2$ の板に垂直に入射し，反射せずにすべて吸収されるとき，この板が 1 秒間に吸収するエネルギーの大きさが $P = 10 \text{ μW}$ である．この電波の電界強度を計算せよ．（★★）

14　あらゆる方向に一様に電波を放射するアンテナから 5 km 離れた位置で，電波の電界強度が 1 mV/m となっているとき，アンテナから 1 秒間に放射されている電波のエネルギーを計算せよ．（★★）

15　図 **11-12** に示すように，半径 a [m] の円形の断面を有し，長さ l [m]，抵抗 R [Ω] の導線がある．これに I [A] の電流が流れているとき，次の問に答えよ．

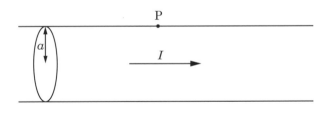

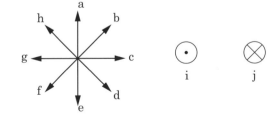

図 **11-12**

第11章 電磁波

(1) 導線の消費電力を計算せよ．（★）

(2) 導線の表面における磁界の大きさを計算せよ．（★）

(3) 導線の表面における電界の大きさを計算せよ．（★）

(4) 図中のP点における電界 E，磁界 H，ポインティングベクトル S の方向を $a \sim j$ から選べ．（★）

(5) 導線の表面におけるポインティング・ベクトルの大きさを計算せよ．（★）

(6) 導線の表面から入る電力を計算せよ．（★★）

16　図 11-13 に示すように，抵抗のない導線で電池と抵抗線を接続した．電池から抵抗線にエネルギーが伝わる経路の概要を描け．（★★★）

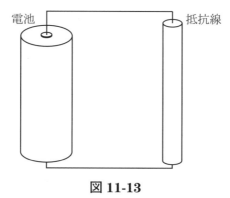

図 11-13

◎章末問題解答

<第1章>

1 (1) 電荷の符号が異なるので<u>引力</u>.

(2) クーロンの法則,式(1-1)により得られる.

$$F = 9\times 10^9 \frac{Q_1|Q_2|}{r^2} = 9\times 10^9 \times \frac{2\times 10^{-5} \times 3\times 10^{-5}}{0.25^2} = \underline{86.4 \text{ N}}.$$

2 クーロンの法則に,問題で与えられている量を代入すると,式(1-1)は次のようになる.

$F = 9\times 10^9 \dfrac{Q_A|Q_B|}{r^2}$. この式を変形して次のように $|Q_B|$ が得られる.

$$|Q_B| = \frac{r^2}{9\times 10^9 Q_A} F = \frac{0.15^2}{9\times 10^9 \times 6\times 10^{-6}} \times 20 = 8.33\times 10^{-6}. \quad Q_A が正$$

で,引力が作用していることより,Q_B は負であることがわかる.よって,$\underline{Q_B = -8.33\times 10^{-6} \text{ C}}$.

3 クーロンの法則,式(1-1)に $Q^2 = Q_1 Q_2$ を代入し,さらに変形して,次式が得られる. $Q^2 = \dfrac{r^2 F}{9\times 10^9} = \dfrac{0.12^2 \times 2.5}{9\times 10^9} = 4\times 10^{-12}$.

よって,$\underline{Q = 2\times 10^{-6} \text{ C}}$,または $\underline{Q = -2\times 10^{-6} \text{ C}}$.

4 (1) クーロンの法則,式(1-1)より,$\underline{F = \dfrac{e^2}{4\pi\varepsilon_0 r^2}}$. これと向心力が等しいことを式で表すと $F = \dfrac{e^2}{4\pi\varepsilon_0 r^2} = \dfrac{mv^2}{r}$ となる.これを変形して,$\underline{mv^2 r = \dfrac{e^2}{4\pi\varepsilon_0}}$ …①の関係が得られる.

287

(2) Bohrの量子条件 $mvr = \dfrac{h}{2\pi}$ …②も式①と同時に成り立つことから，式①の両辺を式②の両辺でそれぞれ割ることによって，次のように v が得られる．

$$v = \dfrac{e^2}{4\pi\varepsilon_0} \times \dfrac{2\pi}{h} = \dfrac{e^2}{2\varepsilon_0 h} = \dfrac{(1.6\times 10^{-19})^2}{2\times 8.85\times 10^{-12}\times 6.63\times 10^{-34}}$$
$$= 2.18\times 10^6 \text{ m/s}.$$

これを②式に代入して変形すると r が得られる．

$$r = \dfrac{h}{2\pi mv} = \dfrac{6.63\times 10^{-34}}{2\pi\times 9.11\times 10^{-31}\times 2.18\times 10^6} = 5.31\times 10^{-11} \text{ m}.$$

5 Q_1 と Q_2 の符号が異なるので，解図 1-1 に示すように Q_1 が Q_2 から受ける力 F は引力で，右向きとなる．また，その大きさは $F = 9\times 10^9 \times \dfrac{1\times 10^{-5}\times 2\times 10^{-5}}{1^2} = 1.8$．$Q_3$ を Q_1 の右側に置くことによって，Q_1 に F と等しい左の向きの力 f を与え，その結果両者を打ち消すことができる．Q_3 と Q_1 の距離を x と置くと，Q_3 が Q_1 に与える力は $f = 9\times 10^9 \times \dfrac{1\times 10^{-5}\times 4\times 10^{-5}}{x^2} = \dfrac{3.6}{x^2}$．$f = F$ となるためには $x^2 = \dfrac{3.6}{1.8} = 2$．よって，$Q_1$ から右に $x = \sqrt{2} = 1.41$ m の位置となる．

解図 1-1

6 (1) 解図 1-2 に示すように，Q_1 と Q_3 の間の距離を x と置くと，Q_3 に働く力は Q_1 から受ける力と Q_2 から受ける力の重ね合わせで

ある．ただし，両者の向きは互いに反対であるから引き算となる．

$$F = \frac{Q_1 Q_3}{4\pi\varepsilon_0 x^2} - \frac{Q_2 Q_3}{4\pi\varepsilon_0 (d-x)^2} = \frac{Q_3}{4\pi\varepsilon_0}\left[\frac{Q_1}{x^2} - \frac{Q_2}{(d-x)^2}\right] = 0.$$ したがっ

て，$\dfrac{Q_1}{x^2} = \dfrac{Q_2}{(d-x)^2}$ であるから $\dfrac{\sqrt{Q_1}}{x} = \dfrac{\sqrt{Q_2}}{d-x}$．$(d-x)\sqrt{Q_1}$

$= x\sqrt{Q_2}$，$x(\sqrt{Q_1} + \sqrt{Q_2}) = d\sqrt{Q_1}$．よって，$x = \dfrac{\sqrt{Q_1}}{\sqrt{Q_1} + \sqrt{Q_2}}d$

$= \dfrac{\sqrt{1.6 \times 10^{-5}}}{\sqrt{1.6 \times 10^{-5}} + \sqrt{2.5 \times 10^{-5}}} \times 0.9 = 0.4\,\mathrm{m} = \underline{40\,\mathrm{cm}}$．

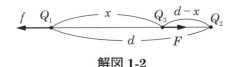

解図 **1-2**

(2) Q_1 に働く力は，Q_2 から受ける力と Q_3 から受ける力の重ね合わせである．もし Q_3 が正であれば，両者の向きが同じであるから足し算となる．

$$f = \frac{Q_1 Q_3}{4\pi\varepsilon_0 x^2} + \frac{Q_1 Q_2}{4\pi\varepsilon_0 d^2} = \frac{Q_1}{4\pi\varepsilon_0}\left(\frac{Q_3}{x^2} + \frac{Q_2}{d^2}\right) = 0.$$ したがって，$\dfrac{Q_3}{x^2} =$

$-\dfrac{Q_2}{d^2}$．よって $Q_3 = -\dfrac{x^2}{d^2}Q_2 = -\dfrac{0.4^2}{0.9^2} \times 2.5 \times 10^{-5} = \underline{-4.94 \times 10^{-6}\,\mathrm{C}}$．

7 (1) 解図 **1-3** に示すように，頂点 A の電荷は，頂点 B と D の電荷から反発力 f，および頂点 C の電荷から引力 f' を受ける．f および f' の大きさは，それぞれ $f = \dfrac{Q^2}{4\pi\varepsilon_0 a^2}$，$f' = \dfrac{Q^2}{4\pi\varepsilon_0(\sqrt{2}\,a)^2} = \dfrac{f}{2}$ となる．また，2つの f を合成すると $f'' = \sqrt{2}\,f$ となる．結局 A の電荷に働く力 F_A は f' と f'' の重ね合わせであるが，向きが反対なので差となる．

$$F_A = f'' - f' = f \times \left(\sqrt{2} - \frac{1}{2} \right) = \underline{\frac{Q^2}{4\pi\varepsilon_0 a^2} \left(\sqrt{2} - \frac{1}{2} \right) [\text{N}]}.$$

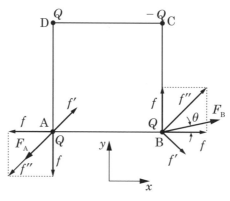

解図 1-3

(2) 解図 1-3 に示すように，頂点 B の電荷は，頂点 A の電荷から反発力 f，頂点 C の電荷から引力 f，さらに頂点 D の電荷から反発力 f' を受ける．(1) と同様に，2 つの f を合成すると $f'' = \sqrt{2} f$ となる．B の電荷に働く力 F_B を求めるために f' と f'' を合成するのであるが，両者の大きさも方向も異なるので，成分ごとに和を求める．すなわち，F_B の x 成分 F_{Bx} は f' の x 成分と A の電荷から受ける力 f の和であるから，次のようになる．

$$F_{Bx} = \frac{f'}{\sqrt{2}} + f = \frac{f}{2\sqrt{2}} + f = \frac{Q^2}{4\pi\varepsilon_0 a^2} \left(\frac{1}{2\sqrt{2}} + 1 \right)$$

同様に，F_B の y 成分 F_{By} は f' の y 成分と C の電荷から受ける力 f の和であるから，次のようになる．

$$F_{By} = -\frac{f'}{\sqrt{2}} + f = -\frac{f}{2\sqrt{2}} + f = \frac{Q^2}{4\pi\varepsilon_0 a^2} \left(1 - \frac{1}{2\sqrt{2}} \right)$$

したがって，F_B の大きさは，

$$F_B = \sqrt{F_{Bx}{}^2 + F_{By}{}^2} = \frac{Q^2}{4\pi\varepsilon_0 a^2}\sqrt{\left(1+\frac{1}{2\sqrt{2}}\right)^2 + \left(1-\frac{1}{2\sqrt{2}}\right)^2}$$

$$= \frac{Q^2}{4\pi\varepsilon_0 a^2}\sqrt{\frac{9}{4}} = \underline{\frac{3Q^2}{8\pi\varepsilon_0 a^2}[\text{N}]}.$$

そして，向きは x 軸から y 軸の方へ $\underline{\theta = \tan^{-1}\frac{2\sqrt{2}-1}{2\sqrt{2}+1} = 25.5°}$ の角度である．

<第2章>

1 力の大きさは式 (2-1) より，次のように得られる．
$F = qE = 2\times 10^{-4} \times 15\times 10^3 = \underline{3\text{ N}}.$

また，電荷が正であることから電界と同じ向きの力が働く．したがって，力の向きも<u>右向き</u>である．

2 $E = \dfrac{F}{|q|} = \dfrac{4.5}{3\times 10^{-5}} = \underline{1.5\times 10^5\,\text{V/m}}$. 負電荷に働く力は電界と反対方向であることより，電界は<u>南向き</u>．

3 電荷の絶対値は $|q| = \dfrac{F}{E} = \dfrac{mg}{E} = \dfrac{10\times 10^{-3}\times 9.8}{20\times 10^3} = 4.9\times 10^{-6}$ である．重力とつりあうための上向きの力は電界（下向き）と反対方向であるので，電荷の符号はマイナス．したがって，$\underline{q = -4.9\times 10^{-6}\,\text{C}}$.

4 バネ定数 k はバネに加えられている力 $F = mg$ とバネの伸び x の比であるから，$k = \dfrac{F}{x} = \dfrac{mg}{x}$. 電界による力によって $y = 5$ mm 伸ばすので，$ky = QE$. よって，$E = \dfrac{ky}{Q} = \dfrac{mg}{x}\times\dfrac{y}{Q}$
$= \dfrac{30\times 10^{-3}\times 9.8}{2\times 10^{-2}}\times\dfrac{5\times 10^{-3}}{5\times 10^{-5}} = \underline{1.47\times 10^3\,\text{V/m}}$. 力の向きは重力の

向きと同じ下向き．正電荷であるので，電界の向きも力の向きと同じ下向き．

5 電荷を q とする．解図 2-1 に示すように，粒子には重力 mg と電界による力 qE が作用している．両者の合力の方向が角度 $\theta = 30°$ であるので，$\tan\theta = \dfrac{qE}{mg}$．したがって，$q = \dfrac{mg}{E}\tan\theta = \dfrac{2\times 10^{-3}\times 9.8}{5\times 10^{3}} \times \tan 30 = \underline{2.26\times 10^{-6}\text{ C}}$．

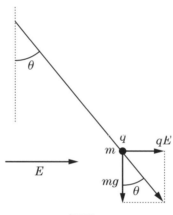

解図 2-1

6 (1) 式 (2-3) より電荷の絶対値は $|Q| = 4\pi\varepsilon_0 r^2 \times E = \dfrac{0.25^2}{9\times 10^9}\times 4\times 10^5 = 2.78\times 10^{-6}$．電界が点電荷に向かう方向であることから Q は負電荷である．したがって，$Q = \underline{-2.78\times 10^{-6}\text{ C}}$．

(2) 式 (2-22) より $V = \dfrac{Q}{4\pi\varepsilon_0 r} = 9\times 10^9 \times \dfrac{(-2.78\times 10^{-6})}{0.25} = \underline{-1\times 10^5\text{ V}}$．

7 (1) 解図 2-2 に示すように，Q_1 は右向きの電界 E_1，Q_2 は左向きの電界 E_2 を P 点に作る．両者の向きが互いに反対であるので，求める電界は次のように引き算になる．

$$E = E_1 - E_2 = \frac{Q_1}{4\pi\varepsilon_0 x^2} - \frac{Q_2}{4\pi\varepsilon_0 (d-x)^2} = \frac{1}{4\pi\varepsilon_0}\left(\frac{Q_1}{x^2} - \frac{Q_2}{(d-x)^2}\right)$$

$$= 9\times 10^9 \times \left(\frac{2}{1^2} - \frac{3}{2^2}\right) \times 10^{-5} = \underline{1.13 \times 10^5 \text{ V/m}}. \qquad \underline{右向き}.$$

解図 2-2

(2) 電位には向きがないので，それぞれの電荷が作る電位を加えるだけでよい．すなわち $V = \dfrac{Q_1}{4\pi\varepsilon_0 x} + \dfrac{Q_2}{4\pi\varepsilon_0 (d-x)} = 9\times 10^9$

$\times \left(\dfrac{2}{1} + \dfrac{3}{2}\right)\times 10^{-5} = \underline{3.15\times 10^5 \text{ V}}.$

(3) 電界が 0 になる位置を，Q_1 から Q_2 に向かって y [m] の位置とすると，$E = E_1 - E_2 = \dfrac{Q_1}{4\pi\varepsilon_0 y^2} - \dfrac{Q_2}{4\pi\varepsilon_0 (d-y)^2} = \dfrac{1}{4\pi\varepsilon_0}$

$\times \left(\dfrac{Q_1}{y^2} - \dfrac{Q_2}{(d-y)^2}\right) = 0$ となるので，$\dfrac{Q_1}{y^2} = \dfrac{Q_2}{(d-y)^2}$. したがって，

$\dfrac{d-y}{y} = \sqrt{\dfrac{Q_2}{Q_1}}$，よって $y = \dfrac{d}{1+\sqrt{Q_2/Q_1}} = \dfrac{3}{1+\sqrt{3/2}} = \underline{1.35 \text{ m}}.$

8 (1) 今度は Q_1 も Q_2 も右向きの電界 E_1, E_2 を作るので，求める電界は次のように足し算になる．

$$E = E_1 + E_2 = \frac{Q_1}{4\pi\varepsilon_0 x^2} + \frac{|Q_2|}{4\pi\varepsilon_0 (d-x)^2} = 9\times 10^9 \times \left(\frac{4}{0.5^2} + \frac{9}{1.5^2}\right)$$

$\times 10^{-6} = \underline{1.8\times 10^5 \text{ V/m}}. \qquad \underline{右向き}.$

(2) 電位は，それぞれの電荷が作る電位を加えるだけでよいので，

$$V = \frac{Q_1}{4\pi\varepsilon_0 x} + \frac{Q_2}{4\pi\varepsilon_0(d-x)} = \frac{1}{4\pi\varepsilon_0}\left(\frac{Q_1}{x} + \frac{Q_2}{d-x}\right) = 9\times 10^9$$

$$\times \left(\frac{4}{0.5} + \frac{-9}{1.5}\right)\times 10^{-6} = \underline{1.8\times 10^4\,\text{V}}.$$

(3) Q_1 と Q_2 の間では E_1 と E_2 は同じ向きなので，電界が 0 になる位置は存在しない．また，Q_2 の右側では E_1 と E_2 は反対向きであるが，常に $E_1 < E_2$ なので，やはり電界が 0 になる位置は存在しない．Q_1 から左向きに y [m] の位置の電界を計算すると，

$$E = E_1 - E_2 = \frac{Q_1}{4\pi\varepsilon_0 y^2} - \frac{|Q_2|}{4\pi\varepsilon_0(y+d)^2} = \frac{1}{4\pi\varepsilon_0}\left(\frac{Q_1}{y^2} - \frac{|Q_2|}{(y+d)^2}\right) = 0$$

となるので，$\dfrac{Q_1}{y^2} = \dfrac{|Q_2|}{(y+d)^2}$．したがって，$\dfrac{y+d}{y} = \sqrt{\dfrac{|Q_2|}{Q_1}}$．よって，$y = \dfrac{d}{\sqrt{|Q_2|/Q_1}-1} = \dfrac{2}{\sqrt{9/4}-1} = 4$．$\underline{Q_1\text{から左向きに 4 m の位置}}$．

(4) Q_2 の右側では，Q_2 による電位の絶対値が Q_1 による電位よりも大きいので，電位は常に負で 0 になることはない．Q_1 から右向きに y ($< d$) [m] の位置の電位を計算する．

$$V = \frac{Q_1}{4\pi\varepsilon_0 y} + \frac{Q_2}{4\pi\varepsilon_0(d-y)} = 9\times 10^9 \times\left(\frac{Q_1}{y} + \frac{Q_2}{d-y}\right) = 9\times 10^9$$

$$\times \left(\frac{4}{y} + \frac{-9}{2-y}\right)\times 10^{-6} = 0.$$

したがって，$4(2-y) = 9y$．よって，$y = 0.615$ m．$\underline{Q_1\text{から右向きに 61.5 cm の位置}}$．

また Q_1 から左向きに y [m] の位置の電位を計算すると，

$$V = \frac{Q_1}{4\pi\varepsilon_0 y} + \frac{Q_2}{4\pi\varepsilon_0(d+y)} = 9\times 10^9 \times\left(\frac{Q_1}{y} + \frac{Q_2}{d+y}\right) = 9\times 10^9$$

$$\times \left(\frac{4}{y} + \frac{-9}{2+y} \right) \times 10^{-6} = 0$$

したがって，$4(2+y) = 9y$ より，$y = 1.6$ m. Q_1 から左向きに 1.6 m の位置．

9 (1) 解図 2-3 に示すように，点電荷 Q は遠ざかる方向に電界 E' を作る．E' の大きさは $E' = \dfrac{Q}{4\pi\varepsilon_0 r^2}$．ただし，$r = \sqrt{a^2+b^2} = \sqrt{0.4^2+0.3^2} = 0.5$．2つの E' を合成することを考える．三角形の相似の関係から $E : E' = 2b : r$ であるので，E は次のように得られる．

$$E = E' \times \frac{2b}{r} = \frac{2bQ}{4\pi\varepsilon_0 r^3} = 9 \times 10^9 \times \frac{2 \times 0.3 \times 2 \times 10^{-5}}{0.5^3} = 8.64 \times 10^5$$

V/m．電界の向きは図に示す通り y 方向．

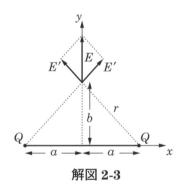

解図 2-3

(2) 力の大きさは $F = |q|E = 5 \times 10^{-5} \times 8.64 \times 10^5 = 43.2$ N．q は負電荷であるので，力の向きは電界と反対の $-y$ 方向．

(3) 2個の電荷は P 点に同じ電位を作るので，P 点の電位は

$$V = \frac{Q}{4\pi\varepsilon_0 r} \times 2 = 9 \times 10^9 \times \frac{2 \times 10^{-5}}{0.5} \times 2 = 7.2 \times 10^5 \text{ V}.$$

(4) 式 (2-14) より，位置エネルギーは $W = qV = (-5 \times 10^{-5}) \times 7.2 \times 10^5 = -36$ J．

10 (1) 電荷 Q と $-Q$ による電界の大きさは互いに等しく，次式で表される．

$$E' = \frac{Q}{4\pi\varepsilon_0 a^2} = 9\times 10^9 \times \frac{2\times 10^{-6}}{0.5^2} = 7.2\times 10^4$$

解図 2-4 (a) に示すように，これらの電界を合成した E と E' で形成される三角形も正三角形となるので，電界は
$E = E' = \underline{7.2\times 10^4\,\text{V/m}}$ となる．

(2) 頂点 A と頂点 B の電荷による電界は解図 2-4 (b) に示す向きとなるので，電界は次のようになる．

$$E = 2\times \frac{\sqrt{3}}{2} E' = \sqrt{3}\times 7.2\times 10^4 = \underline{1.25\times 10^5\,\text{V/m}}.$$

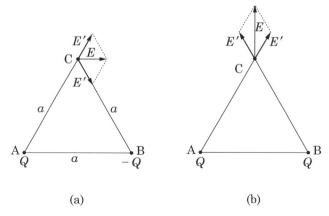

解図 2-4

(3) 頂点 A と頂点 B による頂点 C の電位は互いに等しく，それぞれ $V' = \dfrac{Q}{4\pi\varepsilon_0 a} = 9\times 10^9 \times \dfrac{2\times 10^{-6}}{0.5} = 3.6\times 10^4$．電位には方向がないので，頂点 C の電位は両者を加えることによって得られる．
$V = 2V' = 2\times 3.6\times 10^4 = \underline{7.2\times 10^4\,\text{V}}.$

11 (1) 解図 2-5 に示すように，頂点 A と C の電荷は頂点 D に同じ大

きさの電界 $E'=\dfrac{Q}{4\pi\varepsilon_0 a^2}$ を作る．両者を合成すると，$E''=\sqrt{2}\,E'$ となる．一方，頂点 B の電荷は頂点 D に電界 $E_\mathrm{B}=\dfrac{Q}{4\pi\varepsilon_0(\sqrt{2}\,a)^2}$ $=\dfrac{1}{2}E'$ を作る．よって，頂点 D の電界は $E=E''+E_\mathrm{B}=\left(\sqrt{2}+\dfrac{1}{2}\right)E'$ $=\underline{\dfrac{Q}{4\pi\varepsilon_0 a^2}\left(\sqrt{2}+\dfrac{1}{2}\right)[\mathrm{V/m}]}$.

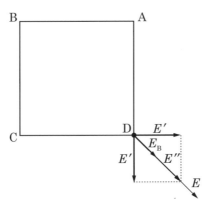

解図 2-5

(2) 頂点 A，B，C の電荷が頂点 D に作るそれぞれの電位を加え合わせることによって頂点 D の電位が得られる．よって，

$$V=\dfrac{Q}{4\pi\varepsilon_0 a}+\dfrac{Q}{4\pi\varepsilon_0\times\sqrt{2}\,a}+\dfrac{Q}{4\pi\varepsilon_0 a}=\underline{\dfrac{Q}{4\pi\varepsilon_0 a}\left(2+\dfrac{1}{\sqrt{2}}\right)[\mathrm{V}]}.$$

12 (1) 1 個の点電荷が P 点に作る電界は $E'=\dfrac{Q}{4\pi\varepsilon_0 r^2}$ $=\dfrac{Q}{4\pi\varepsilon_0(a^2+H^2)}$．六角形の対角線の両側の 1 対の点電荷によって作られる電界 E'' は，三角形の相似から $E'':E'=2H:r$ の関係が

成り立つ．したがって，$E'' = E' \times \dfrac{2H}{r} = \dfrac{Q \times 2H}{4\pi\varepsilon_0(a^2+H^2)^{3/2}}$.
六角形では，このような電荷の対が3個できるので，
$$E = 3 \times E'' = 3 \times \dfrac{Q \times 2H}{4\pi\varepsilon_0(a^2+H^2)^{3/2}}$$
$$= 3 \times 9 \times 10^9 \times \dfrac{1.5 \times 10^{-6} \times 2 \times 0.3}{(0.1^2 + 0.3^2)^{3/2}} = \underline{7.68 \times 10^5 \text{ V/m}}.$$

(2) どの点電荷もP点に同じ電位を作るので
$$V_H = 6 \times \dfrac{Q}{4\pi\varepsilon_0 r} = 6 \times \dfrac{Q}{4\pi\varepsilon_0\sqrt{a^2+H^2}} = 6 \times 9 \times 10^9 \times \dfrac{1.5 \times 10^{-6}}{\sqrt{0.1^2+0.3^2}}$$
$$= \underline{2.56 \times 10^5 \text{ V}}.$$

(3) 重力の位置エネルギーも含めて，エネルギー保存則を用いる．
$$qV_H + mgH = qV_h + mgh + \dfrac{1}{2}mv^2. \quad \text{ただし，}$$

$$V_h = 6 \times \dfrac{Q}{4\pi\varepsilon_0\sqrt{a^2+h^2}} = 6 \times 9 \times 10^9 \times \dfrac{1.5 \times 10^{-6}}{\sqrt{0.1^2+0.05^2}} = 7.24 \times 10^5.$$

これより $v^2 = 2\left[\dfrac{q}{m}(V_H - V_h) + g(H-h)\right] = 2 \times \left[\dfrac{2 \times 10^{-6}}{5}(2.56\right.$
$\left.-7.24) \times 10^{-5} + 9.8 \times (0.3 - 0.05)\right] = 4.53$. よって，$v = \underline{2.13 \text{ m/s}}$.

13 (1) 解図 **2-6** に示すようにリングの長さを m 等分し，その中の1つの微小部分がP点に作る電界を考える．この微小部分の電荷は $\dfrac{Q}{m}$，微小部分からP点までの距離は $r = \sqrt{a^2+z^2}$．したがって，微小部分がP点に作る電界は $\Delta E' = \dfrac{Q/m}{4\pi\varepsilon_0 r^2}$．リングの向かい側の微小部分がP点に作る電界と方向も考慮しなが

ら加え合わせることを考える．$\Delta E' : \Delta E = r : 2z$ の関係から $\Delta E = \dfrac{2z}{r}\Delta E' = \dfrac{2Q/m}{4\pi\varepsilon_0 r^3}z$．リングには，このような対が $\dfrac{m}{2}$ 組あるので，リング全体が P 点に作る電界は

$$E = \dfrac{m}{2}\Delta E = \dfrac{Qz}{4\pi\varepsilon_0 r^3} = \underline{\dfrac{Qz}{4\pi\varepsilon_0(a^2+z^2)^{3/2}}\;[\mathrm{V/m}]}.$$

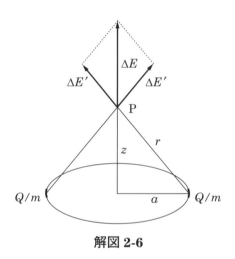

解図 2-6

(2) m 等分した微小部分が P 点に作る電位は $\Delta V = \dfrac{Q/m}{4\pi\varepsilon_0 r}$．電位は方向がないので，そのまま加え合わせることができる．したがって，リング全体が P 点に作る電位は，

$$V = m\Delta V = \dfrac{Q}{4\pi\varepsilon_0 r} = \underline{\dfrac{Q}{4\pi\varepsilon_0\sqrt{a^2+z^2}}\;[\mathrm{V}]}.$$

14 (1) $E = \dfrac{e}{4\pi\varepsilon_0 a^2} = 9\times 10^9 \times \dfrac{1.6\times 10^{-19}}{(5.29\times 10^{-11})^2} = \underline{5.15\times 10^{11}\;\mathrm{V/m}}.$

(2) $F = eE = 1.6\times 10^{-19} \times 5.146\times 10^{11} = \underline{8.23\times 10^{-8}\;\mathrm{N}}.$

(3) 電子が速度 v で円運動をするための向心力は $F=\dfrac{mv^2}{a}$ であるので，$v=\sqrt{\dfrac{a}{m}F}=\sqrt{\dfrac{5.29\times 10^{-11}}{9.11\times 10^{-31}}\times 8.23\times 10^{-8}}$

$=\underline{2.19\times 10^6\text{ m/s}}$.

(4) 電子の位置に陽子が作る電位を V とすると，電子の位置エネルギーは次のように得られる．$W_P=-eV=-e\times\dfrac{e}{4\pi\varepsilon_0 a}$

$=-\dfrac{e^2}{4\pi\varepsilon_0 a}=-9\times 10^9\times\dfrac{(1.6\times 10^{-19})^2}{5.29\times 10^{-11}}=\underline{-4.36\times 10^{-18}\text{ J}}$．電子の

運動エネルギーは $W_K=\dfrac{1}{2}mv^2=\dfrac{1}{2}\times 9.11\times 10^{-31}\times(2.19\times 10^6)^2$

$=\underline{2.18\times 10^{-18}\text{ J}}$．したがって今の状態の電子のエネルギーは $W=W_P+W_K=-2.18\times 10^{-18}$ J．電子が陽子から無限の距離で静止しているときは $W_P=W_K=0$．よって，イオン化エネルギーは

$W_i=0-W=2.18\times 10^{-18}\text{ J}=\dfrac{2.18\times 10^{-18}}{1.6\times 10^{-19}}=\underline{13.6\text{ eV}}$．

(5) **解図 2-7** に示すように，陽子は電子からクーロン力 F（引力）を受ける．このとき，F の x 成分 F_x が電界 E_0 による力とつりあう．したがって，次式が成り立つ．

$eE_0=F_x=F\times\dfrac{x}{a}=\dfrac{e^2}{4\pi\varepsilon_0 a^2}\times\dfrac{x}{a}=\dfrac{e^2 x}{4\pi\varepsilon_0 a^3}$．よって，

$x=\dfrac{4\pi\varepsilon_0 a^3}{e}E_0=\dfrac{(5.29\times 10^{-11})^3}{9\times 10^9\times 1.6\times 10^{-19}}\times 500\times 10^3=\underline{5.14\times 10^{-17}\text{ m}}$.

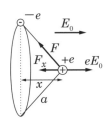

解図 2-7

⑮ 2 C の電荷から出る電気力線の数は $2/\varepsilon_0$ 本，-1.8 C の電荷に吸い込まれる電気力線の数は $\dfrac{1.8}{\varepsilon_0}$ 本であるから，無限にまで延びる電気力線の本数は次のように得られる．$\dfrac{2-1.8}{\varepsilon_0} = \dfrac{0.2}{8.85 \times 10^{-12}}$

$= \underline{2.26 \times 10^{10}}$ 本

⑯ (1) $r > a$，$b < r < a$，$r < b$ の 3 つの場合に分けて，ガウスの法則を用いて考える．最初に $r > a$ の場合は，半径 r の球の中の電荷は $Q = Q_A + Q_B$ であるので，電気力線の数は $N = \dfrac{Q}{\varepsilon_0} = \dfrac{Q_A + Q_B}{\varepsilon_0}$．一方半径 r の球の表面積は $S = 4\pi r^2$．よって電界は，

$E = \dfrac{N}{S} = \underline{\dfrac{Q_A + Q_B}{4\pi \varepsilon_0 r^2}}$ [V/m]．次に $b < r < a$ の場合は，半径 r の球の中の電荷は Q_B だけであるので，電気力線の数は $N = \dfrac{Q_B}{\varepsilon_0}$，球の表面積は $S = 4\pi r^2$．よって，電界は $E = \dfrac{N}{S} = \underline{\dfrac{Q_B}{4\pi \varepsilon_0 r^2}}$ [V/m]．最後に $r < b$ の場合は，半径 r の球の中の電荷が 0 であるので，$E = \underline{0}$ [V/m]．

これらの問題は次のように考えることもできる．Q_A による電界が $r > a$ では $E_A = \dfrac{Q_A}{4\pi \varepsilon_0 r^2}$，$r < a$ では $E_A = 0$．一方 Q_B に

よる電界は $r>b$ では $E_B = \dfrac{Q_B}{4\pi\varepsilon_0 r^2}$, $r<b$ では $E_B = 0$. $r>a$, $b<r<a$, $r<b$ のそれぞれの場合について, E_A と E_B を加え合わせることによって, 上述の E が得られる.

(2) Q_A による電位は, 式 (2-25), 式 (2-26) を用いることによって, $r>a$ では $V_A = \dfrac{Q_A}{4\pi\varepsilon_0 r}$, $r<a$ では $V_A = \dfrac{Q_A}{4\pi\varepsilon_0 a}$. 同様に, Q_B による電位は $r>b$ では $V_B = \dfrac{Q_B}{4\pi\varepsilon_0 r}$, $r<b$ では $V_B = \dfrac{Q_B}{4\pi\varepsilon_0 b}$. 両方の電荷 Q_A, Q_B による電位 V は, $r>a$, $b<r<a$, $r<b$ のそれぞれの場合について, V_A と V_B を加え合わせることによって得られる. したがって, $r>a$ では $V = \dfrac{Q_A}{4\pi\varepsilon_0 r} + \dfrac{Q_B}{4\pi\varepsilon_0 r} = \underline{\dfrac{Q_A + Q_B}{4\pi\varepsilon_0 r}}$ [V].

$b<r<a$ の場合は, $V = \dfrac{Q_A}{4\pi\varepsilon_0 a} + \dfrac{Q_B}{4\pi\varepsilon_0 r} = \underline{\dfrac{1}{4\pi\varepsilon_0}\left(\dfrac{Q_A}{a} + \dfrac{Q_B}{r}\right)}$ [V].

$r<b$ の場合は, $V = \dfrac{Q_A}{4\pi\varepsilon_0 a} + \dfrac{Q_B}{4\pi\varepsilon_0 b} = \underline{\dfrac{1}{4\pi\varepsilon_0}\left(\dfrac{Q_A}{a} + \dfrac{Q_B}{b}\right)}$ [V].

V_A, V_B および V の変化の様子を**解図 2-8** に示す.

解図 2-8

17 半径bの球の中の電荷は，電荷が分布している体積（球Bの体積－球Aの体積）と電荷密度の積であるから，$Q = \rho \times \left(\dfrac{4\pi b^3}{3} - \dfrac{4\pi a^3}{3}\right) = \dfrac{4\pi}{3}\rho \times (b^3 - a^3)$である．$r > b$の場合は，電気力線の数は$N = \dfrac{Q}{\varepsilon_0} = \dfrac{\dfrac{4\pi}{3}\rho \times (b^3 - a^3)}{\varepsilon_0} = \dfrac{4\pi}{3\varepsilon_0}\rho(b^3 - a^3)$．これを半径$r$の球の表面積$S = 4\pi r^2$で割ることによって電界は，

$E = \dfrac{N}{S} = \dfrac{\dfrac{4\pi}{3\varepsilon_0}\rho(b^3 - a^3)}{4\pi r^2} = \underline{\dfrac{\rho(b^3 - a^3)}{3\varepsilon_0 r^2}}$ [V/m]．次に$a < r < b$の場合は，半径rの球の中の電荷は$Q = \rho \times \left(\dfrac{4\pi r^3}{3} - \dfrac{4\pi a^3}{3}\right) = \dfrac{4\pi}{3}\rho \times (r^3 - a^3)$であるので，電界は$E = \dfrac{N}{S} = \dfrac{Q/\varepsilon_0}{4\pi r^2} = \dfrac{\dfrac{4\pi}{3}\rho \times (r^3 - a^3)}{4\pi \varepsilon_0 r^2}$

$= \underline{\dfrac{\rho}{3\varepsilon_0} \times \left(r - \dfrac{a^3}{r^2}\right)}$ [V/m]．$r < a$の場合は，半径rの球の中の電荷は0であるので，$E = \underline{0}$ [V/m]．

18 (1) $r < a$の場合は，半径rの球の中の電荷は$Q' = \rho \times \dfrac{4\pi r^3}{3}$であるので，この球から出る電気力線の数は$N = \dfrac{Q'}{\varepsilon_0} = \dfrac{\rho \times 4\pi r^3}{3\varepsilon_0}$．一方，半径$r$の球の表面積は$S = 4\pi r^2$であるので，電界は$E = \dfrac{N}{S} = \dfrac{\rho \times 4\pi r^3 / 3\varepsilon_0}{4\pi r^2} = \dfrac{\rho r}{3\varepsilon_0}$．よって，粒子に働く力は$F = qE$

$= \underline{\dfrac{q\rho r}{3\varepsilon_0}}$ [N]，向きは\underline{球の中心に向かう方向}．$r > a$の場合は，半

径 r の球の中の電荷は $Q = \rho \times \dfrac{4\pi a^3}{3}$ であるので，この球から出る電気力線の数は $N = \dfrac{Q}{\varepsilon_0} = \dfrac{\rho \times 4\pi a^3}{3\varepsilon_0}$．球の表面積は，この場合も $S = 4\pi r^2$ であるから，電界は $E = \dfrac{N}{S} = \dfrac{\rho \times 4\pi a^3/3\varepsilon_0}{4\pi r^2} = \dfrac{\rho a^3}{3\varepsilon_0 r^2}$．よって粒子に働く力は $F = qE = \underline{\dfrac{q\rho a^3}{3\varepsilon_0 r^2}\,[\mathrm{N}]}$，この場合も力の向きは<u>球の中心に向かう方向</u>．

(2) 球の外側の電位は点電荷のまわりの電位と同じで式 (2-25) で表される．すなわち $V = \dfrac{\rho \times 4\pi a^3/3}{4\pi\varepsilon_0 r} = \dfrac{\rho a^3}{3\varepsilon_0 r}$．したがって，球の表面の電位は $V_\mathrm{A} = \dfrac{\rho a^3}{3\varepsilon_0 a} = \dfrac{\rho a^2}{3\varepsilon_0}$，$b$ の位置の電位は $V_\mathrm{B} = \dfrac{\rho a^3}{3\varepsilon_0 b}$．粒子を移動するには位置エネルギーの変化分に相当するエネルギーが必要なので，$\Delta W = -q(V_\mathrm{B} - V_\mathrm{A}) = -q\left(\dfrac{\rho a^3}{3\varepsilon_0 b} - \dfrac{\rho a^2}{3\varepsilon_0}\right)$

$= \underline{\dfrac{q\rho a^2}{3\varepsilon_0}\left(1 - \dfrac{a}{b}\right)\,[\mathrm{J}]}$．

19 (1) 前問 (1) と同様に，球 A が点電荷 q の位置に作る電界 E を計算し，点電荷 q に働く力を計算すると，$F = qE = q \times \dfrac{Q_\mathrm{A}}{4\pi\varepsilon_0 r^2}$

$= \dfrac{qQ_\mathrm{A}}{4\pi\varepsilon_0 r^2}\,[\mathrm{N}]$ となる．これはまた，点電荷 q が球 A の中心に作る電界 E' を計算し，球 A に働く力を計算しても同じ結果となる．すなわち，$F = Q_\mathrm{A} E' = Q_\mathrm{A} \times \dfrac{q}{4\pi\varepsilon_0 r^2} = \dfrac{qQ_\mathrm{A}}{4\pi\varepsilon_0 r^2}$．

(2) 点電荷 q の代わりに球 B が球 A の中心に作る電界 E_B を計算し，球 A に働く力を計算すると，

$F = Q_A E_B = Q_A \times \dfrac{Q_B}{4\pi\varepsilon_0 r^2} = \underline{\dfrac{Q_A Q_B}{4\pi\varepsilon_0 r^2}} [\mathrm{N}]$ となる．したがって，電荷が球対称に分布し，2個の球が重ならないときは，球と球の間に働く力を点電荷の間に作用する力として計算できることがわかる．

20 電荷 Q による電界は例題 2-5 の結果より，$r > a$ では $E_1 = \dfrac{Q}{4\pi\varepsilon_0 r^2}$，$r < a$ では $E_1 = 0$ である．また，電荷密度 ρ による電界は，例題 2-6 と同様に考えると，$r > b$ では $E_2 = \dfrac{(4\pi b^3/3)\rho}{4\pi\varepsilon_0 r^2} = \dfrac{b^3\rho}{3\varepsilon_0 r^2}$，$r < b$ では $E_2 = \dfrac{(4\pi r^3/3)\rho}{4\pi\varepsilon_0 r^2} = \dfrac{\rho r}{3\varepsilon_0}$．

したがって，求める電界 E は E_1 と E_2 の和によって得られるので，次のようになる．$r > a$ では $E = E_1 + E_2 = \dfrac{Q}{4\pi\varepsilon_0 r^2} + \dfrac{b^3\rho}{3\varepsilon_0 r^2} = \dfrac{1}{\varepsilon_0 r^2} \times \underline{\left(\dfrac{Q}{4\pi} + \dfrac{b^3\rho}{3}\right)} [\mathrm{V/m}]$，$b < r < a$ の場合は，$E = E_1 + E_2 = \underline{\dfrac{b^3\rho}{3\varepsilon_0 r^2}} [\mathrm{V/m}]$，$r < b$ では $E = E_1 + E_2 = \underline{\dfrac{\rho r}{3\varepsilon_0}} [\mathrm{V/m}]$．

21 (1) 一方の糸の電荷が他方の糸の位置に作る電界は，例題 2-7 で導出した式 (2-10) を用いると $E = \dfrac{Q}{2\pi\varepsilon_0 d}$ である．他方の糸の 1 m は，この電界から力をうけるので，力の大きさは

$F = QE = \underline{\dfrac{Q^2}{2\pi\varepsilon_0 d}} [\mathrm{N/m}]$．

章末問題解答

(2) 一方の糸の電荷によるP点の電界は $E_1 = \dfrac{Q}{2\pi\varepsilon_0 x}$. 解図 2-9 (a) に示すように，他方の糸からP点までの距離は $d-x$ であるので，この糸の電荷によるP点の電界は $E_2 = \dfrac{Q}{2\pi\varepsilon_0(d-x)}$. E_1 と E_2 は同じ向き（**解図 2-9 (a)** の下向き）であるので，両者による電界は，E_1 と E_2 の和である．すなわち，

$$E = E_1 + E_2 = \underline{\frac{Q}{2\pi\varepsilon_0} \times \left(\frac{1}{x} + \frac{1}{d-x}\right) \ [\text{V/m}]}.$$

(3) それぞれの糸の電荷がR点に作る電界は $E' = \dfrac{Q}{2\pi\varepsilon_0 r}$. ただし，$r = \sqrt{y^2 + \left(\dfrac{d}{2}\right)^2}$. **解図 2-9 (b)** において，三角形の相似の関係から次の比が成り立つ．$E' : r = E : d$ ．したがって，R点の電界は $E = E' \times \dfrac{d}{r} = \dfrac{Qd}{2\pi\varepsilon_0 r^2} = \underline{\dfrac{Qd}{2\pi\varepsilon_0 [y^2 + (d/2)^2]}} \ [\text{V/m}]$.

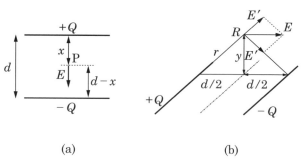

(a)　　　　　　　　　(b)

解図 2-9

22　例題 2-7 と同様に，**解図 2-10** に示すような，半径 a, b の円柱と同じ中心軸の半径 r （$>b$），長さ l の円柱 I を考えると，この円柱の中に含まれる電荷は $Q = 2\pi a l \times \sigma_a + 2\pi b l \times \sigma_b = 2\pi l$

$\times(a\sigma_a+b\sigma_b)$ である．したがって，この円柱から出る電気力線の本数は $N=\dfrac{Q}{\varepsilon_0}=\dfrac{2\pi l(a\sigma_a+b\sigma_b)}{\varepsilon_0}$ である．また，この円柱の側面積は $S=2\pi rl$．よって中心軸から $r>b$ の位置の電界は $E=\dfrac{N}{S}$

$=\dfrac{2\pi l(a\sigma_a+b\sigma_b)/\varepsilon_0}{2\pi rl}=\underline{\dfrac{a\sigma_a+b\sigma_b}{\varepsilon_0 r}\,[\text{V/m}]}$．次に半径 r $(a<r<b)$ の円柱 II を考えると，その中に含まれる電荷は $Q=2\pi al\times\sigma_a$ のみである．したがって，$N=\dfrac{Q}{\varepsilon_0}=\dfrac{2\pi al\sigma_a}{\varepsilon_0}$ であるので，$a<r<b$ の電界は $E=\dfrac{N}{S}=\dfrac{2\pi al\sigma_a/\varepsilon_0}{2\pi rl}=\underline{\dfrac{a\sigma_a}{\varepsilon_0 r}\,[\text{V/m}]}$．$r<a$ の円柱 III を考えると，その中に電荷は含まれないので $\underline{E=0\,[\text{V/m}]}$ である．

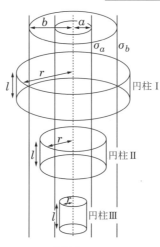

解図 2-10

23 (1) 問 22 と同様に解図 2-10 に示すような，半径 a, b の円柱と同じ中心軸の半径 r $(>b)$，長さ l の円柱 I を考える．この円柱の中に含まれる電荷は $Q=\rho\times\pi a^2 l+\sigma\times 2\pi bl=\pi(a^2\rho+2b\sigma)l$ であ

る．また，この円柱の側面積は $S = 2\pi r l$．よって中心軸から $r > b$ の位置の電界は $E = \dfrac{N}{S} = \dfrac{\pi(a^2\rho + 2b\sigma)l/\varepsilon_0}{2\pi r l} = \underline{\dfrac{a^2\rho + 2b\sigma}{2\varepsilon_0 r}}$ [V/m]．

次に r $(a < r < b)$ の円柱 II を考えると，その中に含まれる電荷は $Q = \pi\rho a^2 l$ のみである．したがって，電界は $E = \dfrac{N}{S} = \dfrac{\pi\rho a^2 l/\varepsilon_0}{2\pi r l}$

$= \underline{\dfrac{\rho a^2}{2\varepsilon_0 r}}$ [V/m]．r $(r < a)$ の円柱 III の中に含まれる電荷は $Q = \pi\rho r^2 l$

である．したがって電界は $E = \dfrac{N}{S} = \dfrac{\pi\rho r^2 l/\varepsilon_0}{2\pi r l} = \underline{\dfrac{\rho r}{2\varepsilon_0}}$ [V/m]．

(2) $r > b$ の位置の電界 $E = \dfrac{a^2\rho + 2b\sigma}{2\varepsilon_0 r} = 0$ より，

$\sigma = \underline{-\dfrac{a^2\rho}{2b}}$ [C/m^2]．

24 ここでも解図 2-10 に示すような，半径 a, b の円柱と同じ中心軸の半径 r $(>b)$，長さ l の円柱 I を考える．この円柱の中に含まれる電荷は $Q = \rho \times (\pi b^2 - \pi a^2)l = \pi\rho(b^2 - a^2)l$ である．したがって，この円柱から出る電気力線の本数は $N = \dfrac{Q}{\varepsilon_0} = \dfrac{\pi\rho(b^2 - a^2)l}{\varepsilon_0}$ である．また，この円柱の側面積は $S = 2\pi r l$．よって，中心軸から $r > b$ の位置の電界は $E = \dfrac{N}{S} = \dfrac{\pi\rho(b^2 - a^2)l/\varepsilon_0}{2\pi r l} = \underline{\dfrac{\rho(b^2 - a^2)}{2\varepsilon_0 r}}$ [V/m]．次に r $(a < r < b)$ の円柱 II を考えると，その中に含まれる電荷は $Q = \pi\rho(r^2 - a^2)l$．したがって，$a < r < b$ の電界は，

$E = \dfrac{N}{S} = \dfrac{\pi\rho(r^2 - a^2)l/\varepsilon_0}{2\pi r l} = \underline{\dfrac{\rho(r^2 - a^2)}{2\varepsilon_0 r}}$ [V/m]．$r < a$ の円柱 III を考えると，その中に含まれる電荷は $Q = 0$．したがって $\underline{E = 0}$．

25 空洞のある円柱を，内部が全て電荷密度 ρ で電荷が満たされた半径 a の円柱 A と電荷密度 $-\rho$ の半径 b の円柱 B の重ね合わせと考える．最初に x 軸上の点の電界を考えよう．**解図 2-11** に示すように，円柱の中心軸からの距離を x とすると，円柱 A による電界は $E_\mathrm{A} = \dfrac{\pi x^2 \times \rho}{2\pi\varepsilon_0 x} = \dfrac{\rho x}{2\varepsilon_0}$．また円柱 B による電界は $E_\mathrm{B} = -\dfrac{\pi(x-d)^2 \times \rho}{2\pi\varepsilon_0(x-d)} = -\dfrac{\rho(x-d)}{2\varepsilon_0}$．どちらも右向きのときを正としている．求めている電界は E_A と E_B の和であるから

$$E = E_\mathrm{A} + E_\mathrm{B} = \frac{\rho x}{2\varepsilon_0} - \frac{\rho(x-d)}{2\varepsilon_0} = \underline{\frac{\rho d}{2\varepsilon_0}}\,[\mathrm{V/m}].$$

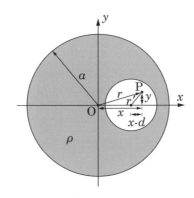

解図 2-11

次に座標 (x, y) の P 点の電界を考える．解図 2-11 において，円柱 A の中心軸の O 点と P 点の間の距離 $r = \sqrt{x^2+y^2}$ を用いると円柱 A が P 点に作る電界は $E_\mathrm{A} = \dfrac{\rho r}{2\varepsilon_0}$ である．その向きは O 点から P 点に向かう方向である．一方，円柱 B が P 点に作る電界は $E_\mathrm{B} = \dfrac{\rho r'}{2\varepsilon_0}$ で，向きは P 点から円柱 B の中心軸に向か

う方向である．ただし，$r'=\sqrt{(x-d)^2+y^2}$ は円柱 B の中心軸と P 点の間の距離である．これらの結果から E_A および E_B の x, y 成分を計算すると，次のようになる．$E_{Ax}=\dfrac{\rho x}{2\varepsilon_0}$，$E_{Ay}=\dfrac{\rho y}{2\varepsilon_0}$，$E_{Bx}=-\dfrac{\rho(x-d)}{2\varepsilon_0}$，$E_{By}=-\dfrac{\rho y}{2\varepsilon_0}$．それぞれ成分ごとの和を計算すると，$E_x=E_{Ax}+E_{Bx}=\dfrac{\rho x}{2\varepsilon_0}-\dfrac{\rho(x-d)}{2\varepsilon_0}=\dfrac{\rho d}{2\varepsilon_0}$，$E_y=E_{Ay}+E_{By}=\dfrac{\rho y}{2\varepsilon_0}-\dfrac{\rho y}{2\varepsilon_0}=0$ となる．結局，空洞の中の電界はどこでも一定で，x 方向に $E=\dfrac{\rho d}{2\varepsilon_0}$ [V/m] である．

26 (1) 空洞のある円柱は前問と同様に，内部の全てを電荷密度 ρ で満たされた半径 a の円柱と，電荷密度 $-\rho$ で満たされた半径 b の球の重ね合わせとして考えることができる．円柱による電界は，$r>a$ の場合は $E_a=\dfrac{\pi a^2\rho}{2\pi\varepsilon_0 r}=\dfrac{\rho a^2}{2\varepsilon_0 r}$ …①，$r<a$ の場合は $E_a=\dfrac{\pi r^2\rho}{2\pi\varepsilon_0 r}=\dfrac{\rho r}{2\varepsilon_0}$ …② で表される．一方，球による電界は，$r>b$ の場合は $E_b=-\dfrac{\frac{4\pi b^3}{3}\rho}{4\pi\varepsilon_0 r^2}=-\dfrac{\rho b^3}{3\varepsilon_0 r^2}$ …③，$r<b$ の場合は $E_b=-\dfrac{\frac{4\pi r^3}{3}\rho}{4\pi\varepsilon_0 r^2}=-\dfrac{\rho r}{3\varepsilon_0}$ …④．したがって，円柱による電界 E_a と球による電界 E_b を重ね合わせると，$r>a$ の場合は $E=\dfrac{\rho a^2}{2\varepsilon_0 r}$

$$-\frac{\rho b^3}{3\varepsilon_0 r^2} = \frac{\rho}{\varepsilon_0}\left(\frac{a^2}{2r} - \frac{b^3}{3r^2}\right) [\text{V/m}]. \quad b < r < a \text{ の場合は } E = \frac{\rho r}{2\varepsilon_0}$$

$$-\frac{\rho b^3}{3\varepsilon_0 r^2} = \frac{\rho}{\varepsilon_0}\left(\frac{r}{2} - \frac{b^3}{3r^2}\right) [\text{V/m}], \quad r < b \text{ の場合は } E = \frac{\rho r}{2\varepsilon_0} - \frac{\rho r}{3\varepsilon_0}$$

$$= \frac{\rho r}{6\varepsilon_0} [\text{V/m}]. \text{ いずれの場合も電界は中心軸から離れる方向である.}$$

(2) 式②より,円柱による電界は中心軸上 ($r = 0$) では $E_a = 0$ なので,球による電界 E_b のみを考えればよい. $r > b$ の場合は式③より $E_b = \dfrac{\rho b^3}{3\varepsilon_0 z^2} [\text{V/m}]$. $r < b$ の場合は式④より

$E_b = \dfrac{\rho z}{3\varepsilon_0} [\text{V/m}]$. いずれの場合も電界は球の中心に向かう方向である.

27 3 cm の間の電圧は式 (2-15) より $V = Ed = 50 \times 0.03 = 1.5$ V. 電子が 3 cm 移動することによる位置エネルギーの変化は式 (2-14) より $W_P = qV = -1.6 \times 10^{-19} \times 1.5 = \underline{-2.4 \times 10^{-19} \text{ J}}$. である.エネルギー保存則より,位置エネルギーの減少分と運動エネルギーの増加分が等しくなければならない.最初の運動エネルギーが 0 であるから, 3 cm 移動した後の運動エネルギーは $W_K = -W_P = \underline{2.4 \times 10^{-19} \text{ J}} \cdots$ ① である. $W_K = \dfrac{1}{2}mv^2$ から

$$v = \sqrt{\frac{2W_K}{m}} = \sqrt{\frac{2 \times 2.4 \times 10^{-19}}{9.11 \times 10^{-31}}} = \underline{7.26 \times 10^5 \text{ m/s}}.$$

また,エネルギーの単位 1 eV は 1 V の電位差による電子の位置エネルギーの変化分であるので,1.5 V の電位差による位置エネルギーの変化は $W_P = -1.5$ eV である.したがって,運動エネルギーは $W_K = -W_P = \underline{1.5 \text{ eV}}$ である.あるいは①式を電子の電荷の絶対

値で割って，次のようにも得られる．$W_K = \dfrac{2.4 \times 10^{-19}}{1.6 \times 10^{-19}} = \underline{1.5 \text{ eV}}$.

28 (1) 解図 **2-12** に示すように，$+\sigma$ の平面からは電界が出る（実線）．その電界の大きさは式（2-11）より $E' = \dfrac{\sigma}{2\varepsilon_0}$．また同じ大きさの電界が $-\sigma$ の平面に向かう（破線）．2枚の平面の間では両方の電界とも右向きなので，両者を加え合わせることによって，平面の間の電界が得られる．$E = 2E' = \dfrac{\sigma}{\varepsilon_0} = \dfrac{2 \times 10^{-7}}{8.85 \times 10^{-12}} = \underline{2.26 \times 10^4}$ V/m．右側および左側では，電界が打ち消し合って $\underline{E = 0 \text{ V/m}}$．

(2) $+\sigma$ の平面に力を与える電界は，$-\sigma$ の平面によって作られる電界 E' のみである．（E には，$+\sigma$ の平面による電界も含まれる．）したがって $+\sigma$ の平面の 1 m^2 に作用する力は

$$F = \sigma \times E' = \dfrac{\sigma^2}{2\varepsilon_0} = \dfrac{(2 \times 10^{-7})^2}{2 \times 8.85 \times 10^{-12}} = \underline{2.26 \times 10^{-3} \text{ Pa}}.$$

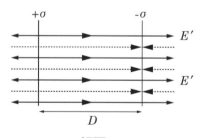

解図 2-12

29 平面による電界は，平面の右側でも左側でも等しく，その大きさは式（2-11）より $E' = \dfrac{\sigma}{2\varepsilon_0} = \dfrac{2 \times 10^{-7}}{2 \times 8.85 \times 10^{-12}} = 1.13 \times 10^4$ V/m．電界の方向は，右側では右向き，左側では左向きである．したがって平面の右側では，E と E' が同じ向きなので，

$E_R = E + E' = 3 \times 10^4 + 1.13 \times 10^4 = \underline{4.13 \times 10^4 \text{ V/m}}$. 平面の左側では，$E$ と E' が反対向きなので，$E_L = E - E' = 3 \times 10^4 - 1.13 \times 10^4 = \underline{1.87 \times 10^4 \text{ V/m}}$.

30 E_R および E_L は，外部から加えられた一様な電界 E と平面による電界 $\dfrac{\sigma}{2\varepsilon_0}$ との重ね合わせと考えられる．すなわち，$E_R = \dfrac{\sigma}{2\varepsilon_0} + E$ …①，$E_L = \dfrac{\sigma}{2\varepsilon_0} - E$ …②．式①と式②のそれぞれの辺を加え合わせることにより，$E_R + E_L = \dfrac{\sigma}{\varepsilon_0}$．よって $\sigma = \varepsilon_0 (E_R + E_L) = 8.85 \times 10^{-12} \times (30 + 10) \times 10^3 = \underline{3.54 \times 10^{-7} \text{ C/m}^2}$.

31 平面Aと平面Bの間では，平面Aは右向きの電界 $\dfrac{\sigma_A}{2\varepsilon_0}$，平面Bは左向きの電界 $\dfrac{\sigma_B}{2\varepsilon_0}$ を作る．したがって，$E_0 = \dfrac{\sigma_A - \sigma_B}{2\varepsilon_0}$ の関係が得られる．よって $\underline{\sigma_B = \sigma_A - 2\varepsilon_0 E_0 \text{ [C/m}^2\text{]}}$ が得られる．平面Aの左側では平面A，Bによる電界はいずれも左向きなので，両者を加え合わせると，電界は左向きで $E_L = \dfrac{\sigma_A + \sigma_B}{2\varepsilon_0} = \dfrac{\sigma_A + (\sigma_A - 2\varepsilon_0 E_0)}{2\varepsilon_0}$

$= \underline{\dfrac{\sigma_A}{\varepsilon_0} - E_0 \text{ [V/m]}}$．同様に，平面Bの右側の電界は右向きで

$E_R = \dfrac{\sigma_A + \sigma_B}{2\varepsilon_0} = \underline{\dfrac{\sigma_A}{\varepsilon_0} - E_0 \text{ [V/m]}}$.

32 解図 2-13(a) に示すように，$x = 0$ の面から，x の＋方向と－方向にそれぞれ x の長さと断面積 S を有する筒を考える．$x < d$ のときは，解図 2-13(b) に示すように，筒の中に含まれる電荷は $Q = \rho \times 2Sx$ であるから，この筒から出る電気力線の数は

313

$N = \dfrac{Q}{\varepsilon_0} = \dfrac{2\rho Sx}{\varepsilon_0}$. 電気力線は x 軸と平行であるから面積 S の2つの底面から出る．したがって電界は $E = \dfrac{N}{2S} = \dfrac{\rho x}{\varepsilon_0}$ [V/m]．$x > d$ のときは**解図 2-13(c)** に示すように，筒の中の $2d$ の長さの部分にしか電荷がないので，筒の中に含まれる電荷は x と無関係に $Q = \rho \times 2Sd$ である．この筒から出る電気力線の数は $N = \dfrac{Q}{\varepsilon_0} = \dfrac{2\rho Sd}{\varepsilon_0}$．したがって，電界は $E = \dfrac{N}{2S} = \dfrac{\rho d}{\varepsilon_0}$ [V/m]．$x < -d$ のときは電界は $-x$ 方向を向いているので $E = -\dfrac{\rho d}{\varepsilon_0}$ [V/m]．

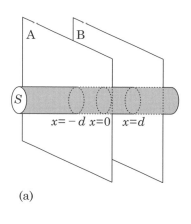

(a)

(b) $x < d$

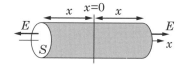

(c) $x > d$

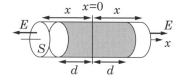

解図 2-13

33 (1) 平面 A による電界は式 (2-11) より，$x < -2d$ では $E_A = -\dfrac{\sigma}{2\varepsilon_0}$，$x > -2d$ では $E_A = -\dfrac{\sigma}{2\varepsilon_0}$ である．ただし $E > 0$ は電界

が x 軸方向を向き，$E<0$ は電界が $-x$ 軸方向を向いていることを表す．一方，平面 B と C の間の電荷による電界は，問 32 より $-d<x<d$ では $E_B=\dfrac{\rho x}{\varepsilon_0}$，$x<-d$ では $E_B=-\dfrac{\rho d}{\varepsilon_0}$，$x>d$ では $E_B=\dfrac{\rho d}{\varepsilon_0}$ である．求めている電界 E は E_A と E_B の和であることから次のように得られる．$x<-2d$ では $E=-\dfrac{1}{\varepsilon_0}\left(\dfrac{\sigma}{2}+\rho d\right)$，$-2d<x<-d$ では $E=\dfrac{1}{\varepsilon_0}\left(\dfrac{\sigma}{2}-\rho d\right)$，$-d<x<d$ では $E=\dfrac{1}{\varepsilon_0}\left(\dfrac{\sigma}{2}+\rho x\right)$，$x>d$ では $E=\dfrac{1}{\varepsilon_0}\left(\dfrac{\sigma}{2}+\rho d\right)$ [V/m]．

(2) $x>d$ で $E=\dfrac{1}{\varepsilon_0}\left(\dfrac{\sigma}{2}+\rho d\right)=0$ より，$\underline{\sigma=-2\rho d}$ [C/m²]．

34 (1) 平面 A, B の電荷密度をそれぞれ σ_A, σ_B と置くと，平面 A, B の間では $E=\dfrac{\sigma_A-\sigma_B}{2\varepsilon_0}\cdots$① ，それ以外では $\dfrac{\sigma_A+\sigma_B}{2\varepsilon_0}=0\cdots$② の関係が得られる．②式から $\sigma_B=-\sigma_A$．これを①式に代入することによって $E=\dfrac{\sigma_A-\sigma_B}{2\varepsilon_0}=\dfrac{\sigma_A}{\varepsilon_0}$．よって $\sigma_A=\underline{\varepsilon_0 E}$，$\sigma_B=\underline{-\varepsilon_0 E}$ [C/m²]．

(2) 式 (2-15) および図 2-8 (b) より $V=\underline{ED}$ [V]．

(3) 解図 **2-14** に示すように，平面 A の電位は $V_A=ED$．電位は傾き E で x に比例して下がるので，$V=ED-Ex=\underline{E(D-x)}$ [V] となる．

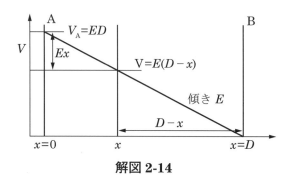

解図 2-14

(4) 式 (2-1) より, $F = \underline{qE}$ [N].

(5) ニュートンの第2法則より $a = \dfrac{F}{m} = \underline{\dfrac{qE}{m}}$ [m/s^2].

(6) 平面 A にあるときの粒子の運動エネルギーは 0, 位置エネルギーは $qV_A = qED$. x の位置にあるときの粒子の速度を v とすると, 運動エネルギーは $\dfrac{1}{2}mv^2$, 位置エネルギーは $qV = qE(D-x)$.

エネルギー保存則を用いると $\dfrac{1}{2}mv^2 + qE(D-x) = qED$. よって,

$v = \underline{\sqrt{\dfrac{2qEx}{m}}}$ [m/s].

(7) 初速が 0 であるから, t 秒間で進む距離は $x = \dfrac{1}{2}at^2 = \dfrac{1}{2}\dfrac{qE}{m}t^2$. したがって, D の距離を進むのに要する時間は $t = \underline{\sqrt{\dfrac{2mD}{qE}}}$ [s].

(8) 最初, 粒子の運動エネルギーは $\dfrac{1}{2}mv_0^2$, 位置エネルギーは 0. 平面 A に最も近付くとき, 粒子の運動エネルギーは 0, 位置エネルギーは $qE(D-x)$ となる. エネルギー保存の法則を用いて

$$\frac{1}{2}mv_0^2 = qE(D-x).\ \ \text{よって、}\ x = D - \frac{mv_0^2}{2qE}\ [\text{m}].$$

35 (1) $V = Ed$ の関係から、$E = \dfrac{V}{d} = \dfrac{53.3 \times 10^3}{1.5 \times 10^{-2}} = \underline{3.55 \times 10^6\ \text{V/m}}.$

(2) $d = \dfrac{V}{E} = \dfrac{100 \times 10^4}{3.553 \times 10^6} = \underline{0.281\text{m} = 28.1\text{cm}}.$

36 平面Cの 1m^2 から出る電気力線は $\dfrac{\sigma}{\varepsilon_0}$ 本であり、また、これは $E_\text{A} + E_\text{B}$ でもある。ここで E_A と E_B の向きは、ともに平面Cから出る方向である。したがって $\sigma = \varepsilon_0(E_\text{A} + E_\text{B})$ …①の関係が成り立つ。一方、平面AとBの電位が0なので、平面Cの電位は $V = aE_\text{A} = bE_\text{B}$ …②と表すことができる。式②より $E_\text{B} = \dfrac{a}{b}E_\text{A}$ …③。これを①式に代入すると $\sigma = \varepsilon_0(E_\text{A} + E_\text{B}) = \varepsilon_0\left(E_\text{A} + \dfrac{a}{b}E_\text{A}\right) = \varepsilon_0 E_\text{A}\dfrac{a+b}{b}$。よって $\underline{E_\text{A} = \dfrac{b\sigma}{\varepsilon_0(a+b)}}$。これを③式に代入することにより $\underline{E_\text{B} = \dfrac{a\sigma}{\varepsilon_0(a+b)}}$ [V/m]。また平面Cの電位は、これらを②式に代入することによって $\underline{V = \dfrac{ab\sigma}{\varepsilon_0(a+b)}}$ [V]。

37 エネルギー保存則を用いる。すなわち、粒子がA点にあるときのエネルギーは、運動エネルギー $\dfrac{1}{2}mv_\text{A}^2$ と位置エネルギー $qV_\text{A} = q\dfrac{Q}{4\pi\varepsilon_0 a}$ の和である。粒子がB点にあるときもこのエネルギーが変わらないことから次式が成り立つ。

317

$$\frac{1}{2}mv_A^2 + q\frac{Q}{4\pi\varepsilon_0 a} = \frac{1}{2}mv_B^2 + q\frac{Q}{4\pi\varepsilon_0 b}. \text{ これより}$$

$$v_B = \sqrt{v_A^2 + \frac{2}{m} \times \frac{qQ}{4\pi\varepsilon_0}\left(\frac{1}{a} - \frac{1}{b}\right)}$$

$$= \sqrt{25^2 + \frac{2}{5 \times 10^{-3}} \times 9 \times 10^9 \times 1 \times 10^{-5} \times 3 \times 10^{-5} \times \left(\frac{1}{2} - \frac{1}{4}\right)}$$

$$= \underline{29.9 \text{ m/s}}.$$

38 (1) $W_K = \frac{1}{2}mv_0^2 = \frac{1}{2} \times 0.2 \times 10^2 = \underline{10 \text{ J}}.$

$$W_P = q \times \frac{Q}{4\pi\varepsilon_0 R} = 9 \times 10^9 \times \frac{5 \times 10^{-5} \times 1.6 \times 10^{-4}}{3} = \underline{24 \text{ J}}.$$

(2) 最も近づく距離を x とすると，エネルギー保存則は次のように表される．$\frac{qQ}{4\pi\varepsilon_0 x} = W_K + W_P$. よって，$x = \frac{qQ}{4\pi\varepsilon_0 \times (W_K + W_P)}$
$= 9 \times 10^9 \times \frac{5 \times 10^{-5} \times 1.6 \times 10^{-4}}{10 + 24} = \underline{2.12 \text{ m}}.$

39 (1) 例題 2-10 と同じ問題である．エネルギー保存則から次の関係が成り立つ．$\frac{1}{2}mv^2 = qV_m$. したがって，$\underline{v = \sqrt{\frac{2qV_m}{m}} \text{ [m/s]}}$.

(2) 電極 PQ の間を通過するごとに粒子は qV_m のエネルギーを得る．N 回転する間に粒子は $2N$ 回加速されるので，エネルギー保存則は次のように書かれる．$\frac{1}{2}mv^2 = 2N \times qV_m$. よって，

$$\underline{v = 2\sqrt{\frac{NqV_m}{m}} \text{ [m/s]}}.$$

40 (1) 陰極にあるときは電子のエネルギーが 0 であるので，電子が陽極に到達したとき，エネルギー保存の法則は次のように表される．

$$\frac{1}{2}mv^2 + (-e)V_0 = 0. \quad \text{したがって} V_0 = \frac{mv^2}{2e}$$

$$= \frac{9.11 \times 10^{-31} \times (6 \times 10^6)^2}{2 \times 1.6 \times 10^{-19}} = \underline{102 \text{ V}}.$$

(2) $V = Ed = 2 \times 10^3 \times 5 \times 10^{-3} = \underline{10 \text{ V}}.$

(3) 電子は O′ 点から P 点に到達するまでの時間 $t = \frac{l}{v}$ の間に, $a = \frac{eE}{m}$ の加速度で y 方向に加速される. その結果, 電子が P 点に到達したときの速度の y 方向成分は $v_y = at = \frac{eE}{m} \times \frac{l}{v}$. 速度の x 方向成分は $v_x = v$ であるから

$$\tan\theta = \frac{v_y}{v_x} = \frac{eEl}{mv^2} = \frac{1.6 \times 10^{-19} \times 2 \times 10^3 \times 1.5 \times 10^{-2}}{9.11 \times 10^{-31} \times (6 \times 10^6)^2} = \underline{0.146}.$$

(4) 図 2-21 から $D = L\tan\theta = 0.2 \times 0.1464 = \underline{2.93 \times 10^{-2} \text{ m}}$
$= \underline{2.93 \text{ cm}}.$

41 (1) 図 2-22 (a) の曲面 A が大きくなって P 点を含む閉曲面になると, 立体角 Ω は半径 1 の球面の全面積となる. したがって, $\Omega = \underline{4\pi \,[\text{sterad}]}.$

(2) 解図 **2-15 (a)** に示すように, P 点が面に近付くにつれて Ω は大きくなって半球に近づく. したがって $\Omega = \underline{2\pi \,[\text{sterad}]}.$

(3) 解図 **2-15 (b)** に示すように, 錐体の $\mathrm{d}S$ は R^2 に比例するので $\underline{\Omega = \frac{\mathrm{d}S}{R^2} \,[\text{sterad}]}.$

(4) 解図 **2-15 (c)** に示すように $\mathrm{d}S = \mathrm{d}S' \cos\theta$ であるから, (3) の結果と合わせて次のように得られる.

$$\Omega = \frac{\mathrm{d}S}{R^2} = \underline{\frac{\mathrm{d}S'}{R^2} \cos\theta \,[\text{sterad}]}.$$

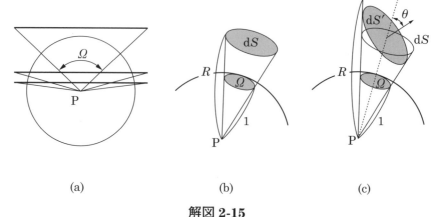

解図 2-15

42 (1) $Q_A = \sigma S_A$ [C]

(2) $E_A = \dfrac{Q_A}{4\pi\varepsilon_0 r_A^2} = \dfrac{\sigma S_A}{4\pi\varepsilon_0 r_A^2}$ [V/m]

(3) 前問 (4) より，$\Omega = \dfrac{S_A}{r_A^2}\cos\theta$ [sterad]

(4) $S_B = \dfrac{\Omega r_B^2}{\cos\theta}$ [m²]．$Q_B = \sigma S_B = \dfrac{\sigma \Omega r_B^2}{\cos\theta}$ [C].

(5) $E_B = \dfrac{Q_B}{4\pi\varepsilon_0 r_B^2} = \dfrac{\sigma\Omega}{4\pi\varepsilon_0 \cos\theta}$． (3) で得た Ω を代入すると $E_B = \dfrac{\sigma S_A}{4\pi\varepsilon_0 r_A^2}$．したがって $\boldsymbol{E}_A$ と $\boldsymbol{E}_B$ は大きさが同じで向きが反対であることから，両者のベクトルを加えると $\boldsymbol{E}_A + \boldsymbol{E}_B = 0$．

S_A をどのようにとっても，S_A による電界は反対側の S_B による電界によって打ち消されるので，球の中の電界はどこでも 0 であることがわかる．

<第3章>

1 (1) V が $x^{4/3}$ に比例することより，$V=Ax^{4/3}$ と置く．$x=D$ で $V=-V_D$ であることより，$-V_D=AD^{4/3}$ が成り立つ．したがって $A=-\dfrac{V_D}{D^{-4/3}}$，よって，$\underline{V=-V_D\left(\dfrac{x}{D}\right)^{\frac{4}{3}}[\text{V}]}$．

(2) 式 (3-1) より，$\underline{E=-\dfrac{dV}{dx}=\dfrac{4}{3}\dfrac{V_D}{D}\left(\dfrac{x}{D}\right)^{\frac{1}{3}}[\text{V/m}]}$．

(3) 式 (3-21) より，$\rho=\varepsilon_0\nabla\cdot\boldsymbol{E}$．ここでは $\boldsymbol{E}$ は x 成分のみであるので，式 (3-21) は次のようになる．
$$\rho=\varepsilon_0\dfrac{dE}{dx}=\varepsilon_0\dfrac{d}{dx}\left[\dfrac{4}{3}\dfrac{V_D}{D}\left(\dfrac{x}{D}\right)^{\frac{1}{3}}\right]=\underline{\dfrac{4}{9}\dfrac{\varepsilon_0 V_D}{D^2}\left(\dfrac{x}{D}\right)^{-\frac{2}{3}}[\text{C/m}^3]}.$$

(4) エネルギー保存則を用いる．粒子が x の位置までたどり着いたときの速度を v とすると，そのときの粒子のエネルギーは $\dfrac{1}{2}mv^2+qV=\dfrac{1}{2}mv^2-qV_D\left(\dfrac{x}{D}\right)^{\frac{4}{3}}$．最初に粒子は静止していたので運動エネルギーは 0，またその位置の電位も 0 なので粒子の最初のエネルギーは 0．したがって，エネルギー保存則から $\dfrac{1}{2}mv^2-qV_D\left(\dfrac{x}{D}\right)^{\frac{4}{3}}=0$ となる．これより $\underline{v=\sqrt{\dfrac{2qV_D}{m}}\left(\dfrac{x}{D}\right)^{\frac{2}{3}}[\text{m/s}]}$．

(5) $x=0$ から D までの間を多数の微小区間に分けるとき，その中の一つの微小区間 dx を粒子が通過するための時間は $dt=\dfrac{dx}{v}$ であることは容易に理解できるであろう．$x=0$ から D までの間のすべての微小区間を通過する時間を加え合わせることによって粒子が陽極から陰極まで到達する時間が得られる．すなわち

章末問題解答

$$T = \int_0^D \frac{\mathrm{d}x}{v} = \int_0^D \sqrt{\frac{m}{2qV_D}} \left(\frac{x}{D}\right)^{-\frac{2}{3}} \mathrm{d}x = \underline{3D\sqrt{\frac{m}{2qV_D}}} \ [\mathrm{s}].$$

2 (1) 球の外に電荷がないので、電界は r^2 に反比例する。また $r = a$ で $E = E_0$ であるので、$\underline{E = E_0 \left(\frac{a}{r}\right)^2} [\mathrm{V/m}]$。

(2) 式 (3-4) を用いて、$r > a$ では $V = \int_\infty^r -E\mathrm{d}r = \int_\infty^r -E_0 \frac{a^2}{r^2} \mathrm{d}r$

$= \underline{\frac{E_0 a^2}{r}} [\mathrm{V}]$。$r < a$ では $V = \int_\infty^r -E\mathrm{d}r = \int_\infty^a -E_0 \frac{a^2}{r^2} \mathrm{d}r + \int_a^r -E_0 \mathrm{d}r$

$= E_0 a - E_0(r-a) = \underline{E_0(2a-r)} [\mathrm{V}]$。$r > a$ と $r < a$ では E の式が異なるので、積分範囲を分けた。

(3) 式 (3-21) より $\rho = \varepsilon_0 \nabla \cdot \boldsymbol{E}$ であるので、最初に x 成分について計算する。電界は中心から離れる方向、すなわち $\boldsymbol{E}$ ベクトルと $\boldsymbol{r}$ ベクトルが同じ方向なので、E_x, E_y, E_z はそれぞれ x, y, z に比例する。したがって、$r < a$ における電界ベクトルは $\boldsymbol{E} = \frac{E_0}{r}(x\boldsymbol{i} + y\boldsymbol{j} + z\boldsymbol{k})$。よって

$$\frac{\partial E_x}{\partial x} = \frac{\partial}{\partial x}\left(\frac{E_0 x}{\sqrt{x^2 + y^2 + z^2}}\right) = \frac{E_0(y^2 + z^2)}{(x^2 + y^2 + z^2)^{3/2}} = \frac{E_0(y^2 + z^2)}{r^3}.$$

同様に $\dfrac{\partial E_y}{\partial y} = \dfrac{E_0(z^2 + x^2)}{r^3}$, $\dfrac{\partial E_z}{\partial z} = \dfrac{E_0(x^2 + y^2)}{r^3}$。よって

$$\rho = \varepsilon_0 \left(\frac{\partial E_x}{\partial x} + \frac{\partial E_y}{\partial y} + \frac{\partial E_z}{\partial z}\right) = \varepsilon_0 E_0 \frac{(x^2 + y^2 + z^2) \times 2}{r^3}$$

$= \underline{\dfrac{2\varepsilon_0 E_0}{r}} [\mathrm{C/m^3}]$。

$r > a$ における電界ベクトルは $\boldsymbol{E} = \dfrac{E_0 a^2}{r^3}(x\boldsymbol{i} + y\boldsymbol{j} + z\boldsymbol{k})$。したがって

$$\frac{\partial E_x}{\partial x} = \frac{\partial}{\partial x}\left(\frac{E_0 a^2 x}{(x^2+y^2+z^2)^{3/2}}\right) = E_0 a^2 \frac{(x^2+y^2+z^2)-3x^2}{(x^2+y^2+z^2)^{5/2}}$$

$$= E_0 a^2 \frac{r^2-3x^2}{r^5}.\ \text{同様に}$$

$$\frac{\partial E_y}{\partial y} = E_0 a^2 \frac{r^2-3y^2}{r^5},\ \frac{\partial E_z}{\partial z} = E_0 a^2 \frac{r^2-3z^2}{r^5}.\ \text{よって}$$

$$\rho = \varepsilon_0\left(\frac{\partial E_x}{\partial x}+\frac{\partial E_y}{\partial y}+\frac{\partial E_z}{\partial z}\right) = \varepsilon_0 E_0 a^2 \frac{3r^2-3(x^2+y^2+z^2)}{r^5}$$

$$= \underline{0\,[\mathrm{C/m^3}]}.$$

3 (1) 式 (3-11a) を用いる. $E_x = -\dfrac{\partial V}{\partial x}$

$$= -\frac{\partial}{\partial x}[a^2-b(x^2+y^2+z^2)] = \underline{2bx\,[\mathrm{V/m}]}.$$

(2) 同様にして $E_y = 2by$, $E_z = 2bz$ が得られる. したがって,

$$\rho = \varepsilon_0\left(\frac{\partial E_x}{\partial x}+\frac{\partial E_y}{\partial y}+\frac{\partial E_z}{\partial z}\right) = \varepsilon_0 \times 2b \times 3 = \underline{6\varepsilon_0 b\,[\mathrm{C/m^3}]}.$$

4 (1) 例題 2-7 で解いたように $E = \dfrac{Q}{2\pi\varepsilon_0 r}\,[\mathrm{V/m}]$.

(2) 式 (3-4) を用いて $V = \displaystyle\int_R^r -E\,\mathrm{d}r = \int_R^r -\frac{Q}{2\pi\varepsilon_0 r}\,\mathrm{d}r$

$$= -\frac{Q}{2\pi\varepsilon_0}[\ln r]_R^r = \underline{\frac{Q}{2\pi\varepsilon_0}\ln\frac{R}{r}}\,[\mathrm{V}].$$

5 (1) 章末問題2 **22** が参考になる. 円柱と同じ中心軸の半径 r ($>a$), 長さ l の円柱を考えると, この円柱の中に含まれる電荷は $Q = 2\pi al \times \sigma$ である. したがって, この円柱から出る電気力線の本数は $N = \dfrac{Q}{\varepsilon_0} = \dfrac{2\pi al\sigma}{\varepsilon_0}$ である. また, この円柱の側面積は

$S = 2\pi r l$. よって中心軸から $r > a$ の位置の電界は

$$E = \frac{N}{S} = \frac{2\pi a l \sigma/\varepsilon_0}{2\pi r l} = \underline{\frac{a\sigma}{\varepsilon_0 r} \, [\text{V/m}]}. \text{ 次に } r < a \text{ の円柱を考えると,}$$

その中に電荷は含まれないので, $\underline{E = 0 \, [\text{V/m}]}$ である.

(2) $r > a$ では $V = \int_R^r -E dr = \int_R^r -\frac{a\sigma}{\varepsilon_0 r} dr = -\frac{a\sigma}{\varepsilon_0}[\ln r]_R^r$

$= \underline{\frac{a\sigma}{\varepsilon_0} \ln \frac{R}{r} \, [\text{V}]}$.

$r < a$ では $V = \int_R^r -E dr = \int_R^a -\frac{a\sigma}{\varepsilon_0 r} dr + \int_a^r -0 dr = -\frac{a\sigma}{\varepsilon_0}[\ln r]_R^a$

$= \underline{\frac{a\sigma}{\varepsilon_0} \ln \frac{R}{a} \, [\text{V}]}$.

6 (1) 章末問題2 **23** が参考になる. 円柱と同じ中心軸の半径 r ($>a$), 長さ l の円柱を考えると, この円柱の中に含まれる電荷は $Q = \pi a^2 l \times \rho$ である. したがって, この円柱から出る電気力線の本数は $N = \frac{Q}{\varepsilon_0} = \frac{\pi a^2 l \times \rho}{\varepsilon_0}$ である. また, この円柱の側面積は $S = 2\pi r l$. よって, 中心軸から $r > a$ の位置の電界は,

$$E = \frac{N}{S} = \frac{\pi a^2 l \times \rho/\varepsilon_0}{2\pi r l} = \underline{\frac{a^2 \rho}{2\varepsilon_0 r} \, [\text{V/m}]}. \text{ 次に } r < a \text{ の場合は, 半径 } r,$$

長さ l の円柱の中に含まれる電荷は $Q' = \pi r^2 l \times \rho$ であるので,

$N = \frac{Q'}{\varepsilon_0} = \frac{\pi r^2 l \times \rho}{\varepsilon_0}$, $E = \frac{N}{S} = \frac{\pi r^2 l \times \rho/\varepsilon_0}{2\pi r l} = \underline{\frac{\rho r}{2\varepsilon_0} \, [\text{V/m}]}$.

(2) $r > a$ では

$$V = \int_a^r -E dr = \int_a^r -\frac{a^2 \rho}{2\varepsilon_0 r} dr = -\frac{a^2 \rho}{2\varepsilon_0}[\ln r]_a^r = \underline{\frac{a^2 \rho}{2\varepsilon_0} \ln \frac{a}{r} \, [\text{V}]}.$$

$r < a$ では

$$V = \int_a^r -E\,dr = \int_a^r -\frac{\rho r}{2\varepsilon_0}\,dr = -\frac{\rho}{2\varepsilon_0}\left[\frac{r^2}{2}\right]_a^r = \frac{\rho}{4\varepsilon_0}(a^2 - r^2)\,[\mathrm{V}].$$

(3) ここでは $r = \sqrt{x^2+y^2}$, また $\nabla^2 V = \dfrac{\partial^2 V}{\partial x^2} + \dfrac{\partial^2 V}{\partial y^2}$ である.

$r > a$ では

$$\frac{\partial^2 V}{\partial x^2} = -\frac{\partial^2}{\partial x^2}\left(\frac{a^2 \rho}{2\varepsilon_0}\ln\frac{a}{\sqrt{x^2+y^2}}\right) = \frac{a^2 \rho}{2\varepsilon_0}\left(-\frac{1}{2}\right)\frac{\partial^2}{\partial x^2}[\ln(x^2+y^2)]$$

$$= -\frac{a^2 \rho}{2\varepsilon_0}\frac{y^2 - x^2}{(x^2+y^2)^2}.$$

同様に $\dfrac{\partial^2 V}{\partial y^2} = -\dfrac{a^2 \rho}{2\varepsilon_0}\dfrac{x^2 - y^2}{(x^2+y^2)^2}$. よって, $\nabla^2 V = \dfrac{\partial^2 V}{\partial x^2} + \dfrac{\partial^2 V}{\partial y^2} = 0$.

ゆえに, ラプラスの方程式が確認された.

$r < a$ では $\dfrac{\partial^2 V}{\partial x^2} = \dfrac{\partial^2}{\partial x^2}\left(\dfrac{\rho}{4\varepsilon_0}[a^2 - (x^2+y^2)]\right) = \dfrac{\rho}{4\varepsilon_0}\times(-2)$.

同様に $\dfrac{\partial^2 V}{\partial y^2} = \dfrac{\rho}{4\varepsilon_0}\times(-2)$. よって, $\nabla^2 V = \dfrac{\partial^2 V}{\partial x^2} + \dfrac{\partial^2 V}{\partial y^2} = -\dfrac{\rho}{\varepsilon_0}$.

ゆえに, ポアソンの方程式が確認された.

7 (1) 上の円柱からの距離は $\dfrac{D}{2} - x$, また, この円柱による電界は下向きなので $E_T = -\dfrac{Q}{2\pi\varepsilon_0\left(\dfrac{D}{2} - x\right)}$. 同様に下の円柱による電界 $E_B = -\dfrac{Q}{2\pi\varepsilon_0\left(\dfrac{D}{2} + x\right)}$. よって両者を加え合わせることにより

$$E = E_T + E_B = -\frac{Q}{2\pi\varepsilon_0}\left(\frac{1}{\dfrac{D}{2} - x} + \frac{1}{\dfrac{D}{2} + x}\right)\,[\mathrm{V/m}].$$

(2) 式 (3-4) を用いて，

$$V = \int_0^x -E\,dx = \int_0^x \frac{Q}{2\pi\varepsilon_0}\left(\frac{1}{\frac{D}{2}-x} + \frac{1}{\frac{D}{2}+x}\right)dx$$

$$= \frac{Q}{2\pi\varepsilon_0}\left[-\ln\left(\frac{D}{2}-x\right) + \ln\left(\frac{D}{2}+x\right)\right]_0^x = \underline{\frac{Q}{2\pi\varepsilon_0}\ln\left(\frac{D/2+x}{D/2-x}\right)\,[\text{V}]}\cdots\text{①}.$$

(3) 積分範囲の上限は＋の電荷を有する円柱の表面である $x = \frac{D}{2} - a$，下限は－の電荷を有する円柱の表面である $x = -\left(\frac{D}{2} - a\right)$．したがって，

$$V = \int_{-\left(\frac{D}{2}-a\right)}^{\frac{D}{2}-a} -E\,dx = \int_{-\left(\frac{D}{2}-a\right)}^{\frac{D}{2}-a} \frac{Q}{2\pi\varepsilon_0}\left(\frac{1}{\frac{D}{2}-x} + \frac{1}{\frac{D}{2}+x}\right)dx$$

$$= \frac{Q}{2\pi\varepsilon_0}\left[-\ln\left(\frac{D}{2}-x\right) + \ln\left(\frac{D}{2}+x\right)\right]_{-\left(\frac{D}{2}-a\right)}^{\frac{D}{2}-a} = \frac{Q}{2\pi\varepsilon_0} \times 2\ln\frac{D-a}{a}$$

$$= \underline{\frac{Q}{\pi\varepsilon_0}\ln\frac{D-a}{a}\,[\text{V}]}.$$

あるいは，上の円柱の電位は，①式に $x = \frac{D}{2} - a$ を代入することによって，$V_T = \frac{Q}{2\pi\varepsilon_0}\ln\frac{D-a}{a}$ となり，下の円柱の電位は①式に $x = -\left(\frac{D}{2} - a\right)$ を代入することによって，$V_B = \frac{Q}{2\pi\varepsilon_0}\ln\frac{a}{D-a}$ なので，2本の円柱の間の電位差は $\underline{V = V_T - V_B = \frac{Q}{\pi\varepsilon_0}\ln\frac{D-a}{a}\,[\text{V}]}$．

8 (1) 解図 3-1 に示すように，PC の長さが r_1 と等しくなるように C 点をとる．$r \gg l$ であるので ∠PCA は直角に近い．したがって

$\mathrm{OC} \cong \dfrac{l}{2}\cos\theta$ と近似できる.よって $r_1 \cong r - \dfrac{1}{2}\cos\theta$ と近似できる.同様に PD の長さが r と等しくなるように D 点をとると,同様に $\mathrm{BD} \cong \dfrac{l}{2}\cos\theta$ と近似できるので,$r_2 \cong r + \dfrac{l}{2}\cos\theta$ と近似できる.

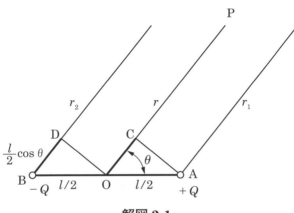

解図 3-1

(2) P 点の電位は $+Q$ および $-Q$ の電荷による電位の重ね合わせである.したがって

$$V = \dfrac{Q}{4\pi\varepsilon_0 r_1} + \dfrac{-Q}{4\pi\varepsilon_0 r_2} = \dfrac{Q}{4\pi\varepsilon_0}\left(\dfrac{1}{r_1} - \dfrac{1}{r_2}\right)$$

$$\cong \dfrac{Q}{4\pi\varepsilon_0}\left(\dfrac{1}{r - \dfrac{l}{2}\cos\theta} - \dfrac{1}{r + \dfrac{l}{2}\cos\theta}\right)$$

$$= \dfrac{Q}{4\pi\varepsilon_0 r}\left[\left(1 - \dfrac{l}{2r}\cos\theta\right)^{-1} - \left(1 + \dfrac{l}{2r}\cos\theta\right)^{-1}\right].$$

$\Delta \ll 1$ のときに使える近似式 $(1+\Delta)^n \cong 1 + n\Delta$ を用いると,

$$V \cong \dfrac{Q}{4\pi\varepsilon_0 r}\left[\left(1 + \dfrac{l}{2r}\cos\theta\right) - \left(1 - \dfrac{l}{2r}\cos\theta\right)\right] = \dfrac{Q}{4\pi\varepsilon_0 r} \times \dfrac{l\cos\theta}{r}$$

$$= \frac{p}{4\pi\varepsilon_0 r^2}\cos\theta.$$

(3) 式 (3-11b) を用いる．ただし，$\boldsymbol{E} = -\nabla V$

$$= -\left(\frac{\partial V}{\partial x}\boldsymbol{i} + \frac{\partial V}{\partial y}\boldsymbol{j} + \frac{\partial V}{\partial z}\boldsymbol{k}\right) \text{ではなく，} E_r = -\frac{\partial V}{\partial r} = \frac{2p}{4\pi\varepsilon_0 r^3}\cos\theta,$$

$$E_\theta = -\frac{1}{r}\frac{\partial V}{\partial \theta} = \frac{p}{4\pi\varepsilon_0 r^3}\sin\theta\,[\text{V/m}] \text{ である．} E_\theta = -\frac{\partial V}{\partial \theta} \text{ではなく}$$

$E_\theta = -\dfrac{1}{r}\dfrac{\partial V}{\partial \theta}$ である理由は，θ 方向の位置のずれが $\mathrm{d}\theta$ ではなく，

解図 **3-2** に示すように $r\mathrm{d}\theta$ だからである．

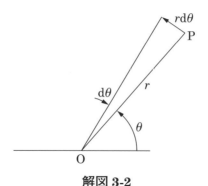

解図 3-2

9 (1) OP 上では式 (3-14) の $\mathrm{d}\boldsymbol{l}$ は $\mathrm{d}\boldsymbol{l} = \mathrm{d}x\boldsymbol{i}$ であるので内積 $\boldsymbol{E}\cdot\mathrm{d}\boldsymbol{l} = E_x \mathrm{d}x$ となる．したがって $V_\mathrm{P} = \displaystyle\int_\mathrm{OP} -\boldsymbol{E}\cdot\mathrm{d}\boldsymbol{l} = \int_0^a -Ax\,\mathrm{d}x = -\frac{A}{2}a^2\,[\mathrm{V}]$．

(2) PQ 上では $\mathrm{d}\boldsymbol{l} = \mathrm{d}y\boldsymbol{j}$ であるので，(1) と同様に内積 $\boldsymbol{E}\cdot\mathrm{d}\boldsymbol{l} = E_y \mathrm{d}y$ となる．したがって，P 点と Q 点の間の電位差は

$V_\mathrm{QP} = \displaystyle\int_\mathrm{PQ} -\boldsymbol{E}\cdot\mathrm{d}\boldsymbol{l} = \int_0^b -Ay\,\mathrm{d}y = -\frac{A}{2}b^2$．Q 点の電位は $V_\mathrm{Q} = V_\mathrm{P} + V_\mathrm{QP}$

$= -\dfrac{A}{2}a^2 - \dfrac{A}{2}b^2 = -\dfrac{A}{2}(a^2+b^2)\,[\mathrm{V}]$．

(3) QR 上では $d\boldsymbol{l} = dx\boldsymbol{i}$ であるので内積 $\boldsymbol{E} \cdot d\boldsymbol{l} = E_x dx$ となる. したがって, Q 点と R 点の間の電位差は $V_{RQ} = \displaystyle\int_{QR} -\boldsymbol{E} \cdot d\boldsymbol{l}$
$= \displaystyle\int_a^0 -Ax dx = \dfrac{A}{2}a^2$. R 点の電位は $V_R = V_Q + V_{RQ} = -\dfrac{A}{2}(a^2+b^2)$
$+ \dfrac{A}{2}a^2 = \underline{-\dfrac{A}{2}b^2 [\text{V}]}$.

(4) OQ 上では $d\boldsymbol{l} = dx\boldsymbol{i} + dy\boldsymbol{j}$ であるので, 内積 $\boldsymbol{E} \cdot d\boldsymbol{l} = E_x dx + E_y dy$ となる. したがって, $V_Q = \displaystyle\int_{OQ} -\boldsymbol{E} \cdot d\boldsymbol{l} = \int_0^a -Ax dx + \int_0^b -Ay dy$
$= -\dfrac{A}{2}a^2 - \dfrac{A}{2}b^2 = \underline{-\dfrac{A}{2}(a^2+b^2) [\text{V}]}$. (2) で得た結果と一致する.

10 (1) 電位は x にのみ依存するので, ポアソンの方程式は式 (3-28) より, $\underline{\nabla^2 V = \dfrac{d^2 V}{dx^2} = -\dfrac{\rho}{\varepsilon_0}}$ …① である.

(2) ①式の両辺を x で積分することにより次式を得る. $\dfrac{dV}{dx} = -\dfrac{\rho}{\varepsilon_0}x + C_1$ …②. ここで C_1 は積分定数である. したがって, 電界は $E = -\dfrac{dV}{dx} = \dfrac{\rho}{\varepsilon_0}x - C_1$. $x = D$ において $E = 0$ の境界条件から $C_1 = \dfrac{\rho}{\varepsilon_0}D$. よって $\underline{E = \dfrac{\rho}{\varepsilon_0}(x-D) [\text{V/m}]}$.

(3) $C_1 = \dfrac{\rho}{\varepsilon_0}D$ を式②に代入して両辺を積分すると, $V = -\dfrac{\rho}{2\varepsilon_0} \times (x-D)^2 + C_2$ となる. $x = D$ において, $V = 0$ の境界条件から $C_2 = 0$. よって, $\underline{V = -\dfrac{\rho}{2\varepsilon_0}(x-D)^2 [\text{V}]}$.

11 (1) **10**の場合と同様に，ポアソンの方程式は $\nabla^2 V = \dfrac{d^2 V}{dx^2}$，また $\rho = Ax$ であるので $\underline{\dfrac{d^2 V}{dx^2} = -\dfrac{Ax}{\varepsilon_0}} \cdots ①$.

(2) ①式の両辺を x で積分することにより次式を得る． $\dfrac{dV}{dx} = -\dfrac{A}{2\varepsilon_0}x^2 + C_1 \cdots ②$ ここで C_1 は積分定数である． $x = D$ において $\dfrac{dV}{dx} = 0$ の境界条件から $C_1 = \dfrac{A}{2\varepsilon_0}D^2$．したがって，電界は

$$\underline{E = -\dfrac{dV}{dx} = \dfrac{A}{2\varepsilon_0}(x^2 - D^2) \,[\text{V/m}]}.$$

(3) $C_1 = \dfrac{A}{2\varepsilon_0}D^2$ を式②に代入して両辺を積分すると，$V = -\dfrac{A}{2\varepsilon_0} \times \left(\dfrac{x^3}{3} - D^2 x\right) + C_2$． $x = D$ において，$V = 0$ の境界条件から $C_2 = -\dfrac{AD^3}{3\varepsilon_0}$．よって，$\underline{V = -\dfrac{A}{6\varepsilon_0}(x^3 - 3D^2 x + 2D^3) \,[\text{V}]}$.

12 (1) 章末問題2 **13** (2) において，$a \to r$, $r \to \sqrt{r^2 + z^2}$, $Q \to \sigma \times 2\pi r dr$ とおくと本問と同じになる．すなわち，リングの電荷は $\sigma \times 2\pi r dr$，またリングのどの位置からも距離は $\sqrt{r^2 + z^2}$ なので，

$$dV = \dfrac{\sigma \times 2\pi r dr}{4\pi \varepsilon_0 \sqrt{r^2 + z^2}} = \underline{\dfrac{\sigma r dr}{2\varepsilon_0 \sqrt{r^2 + z^2}}} \,[\text{V}].$$

(2) dV を次のように積分することにより得られる．

$$V = \int_0^a \dfrac{\sigma r dr}{2\varepsilon_0 \sqrt{r^2 + z^2}} = \underline{\dfrac{\sigma}{2\varepsilon_0}(\sqrt{a^2 + z^2} - z)} \,[\text{V}].$$

(3) 対称性により電界は z 方向（中心軸方向）成分のみであ

ることがわかる．したがって式 (3-1) を用いて電界を計算する．

$$E = -\frac{dV}{dz} = -\frac{d}{dz}\left[\frac{\sigma}{2\varepsilon_0}(\sqrt{a^2+z^2}-z)\right]$$

$$= \underline{\frac{\sigma}{2\varepsilon_0}\left(1-\frac{z}{\sqrt{a^2+z^2}}\right)[\text{V/m}]}.$$

(4) 章末問題2 **13** (1) において，$a \to r$, $r \to \sqrt{r^2+z^2}$, $Q \to \sigma \times 2\pi r dr$ とおくと本問と同じになる．すなわち，リングの長さを m 等分し，その中の1つの微小部分が P 点に作る電界は $\Delta E' = \frac{\sigma \times 2\pi r dr/m}{4\pi\varepsilon_0(r^2+z^2)}$. リングの向かい側の微小部分が P 点に作る電界と方向も考慮しながら加え合わせると，$\Delta E_z = \frac{2z}{\sqrt{r^2+z^2}}\Delta E'$

$$= \frac{2\times\sigma\times 2\pi r dr/m}{4\pi\varepsilon_0(r^2+z^2)^{3/2}}z.$$ リングには，このような対が $\frac{m}{2}$ 組あるので，リング全体が P 点に作る電界は

$$dE_z = \Delta E_z \times \frac{m}{2} = \frac{\sigma\times 2\pi r dr\times z}{4\pi\varepsilon_0(r^2+z^2)^{3/2}} = \underline{\frac{\sigma z \times r dr}{2\varepsilon_0(r^2+z^2)^{3/2}}[\text{V/m}]}.$$

(5) dE_z を次のように積分することにより得られる．

$$E = \int_0^a \frac{\sigma z \times r dr}{2\varepsilon_0(r^2+z^2)^{3/2}} = \underline{\frac{\sigma}{2\varepsilon_0}\left(1-\frac{z}{\sqrt{a^2+z^2}}\right)[\text{V/m}]}.$$ (3) の結果と一致する．

<第4章>

1 (1) 電荷はシャボン玉の表面に一様に分布するので，シャボン玉の中の電界は0．したがって，$r<a$ では $\underline{E=0}$，$r>a$ では $\underline{E=\dfrac{Q}{4\pi\varepsilon_0 r^2}\,[\text{V/m}]}$．

(2) 例題2-12と同じ問題である．$r>a$ では $\underline{V=\dfrac{Q}{4\pi\varepsilon_0 r}\,[\text{V}]}$．シャボン玉の中では電位が一定で，表面の電位と等しい．したがって，$r<a$ では $\underline{V=\dfrac{Q}{4\pi\varepsilon_0 a}\,[\text{V}]}$．

2 地球の表面の電位は $V=\dfrac{Q}{4\pi\varepsilon_0 a}=9\times 10^9 \times \dfrac{1}{6.4\times 10^6}=\underline{1.41\times 10^3}$ $\underline{\text{V}}$．導体の中では電位が一定なので，この電位が地球の電位である．静電容量は $C=\dfrac{Q}{V}=4\pi\varepsilon_0 a=\dfrac{6.4\times 10^6}{9\times 10^9}=\underline{7.11\times 10^{-4}\,\text{F}}$．

3 (1) $V=\dfrac{Q}{4\pi\varepsilon_0 a}$ の関係より

$Q=4\pi\varepsilon_0 aV=\dfrac{1\times 10^{-3}\times 1\times 10^3}{9\times 10^9}=\underline{1.11\times 10^{-10}\,\text{C}}$．

(2) 2個の水滴が合体すると電荷は2倍になるので，$Q'=2Q$，半径は $a'=2^{1/3}a$．（体積が2倍になるので，$\dfrac{4\pi a'^3}{3}=2\times\dfrac{4\pi a^3}{3}$．すなわち $a'^3=2a^3$．）したがって電位は $V'=\dfrac{Q'}{4\pi\varepsilon_0 a'}=\dfrac{2Q}{4\pi\varepsilon_0(2^{1/3}a)}$

$=2^{2/3}\times\dfrac{Q}{4\pi\varepsilon_0 a}=2^{2/3}\times V=2^{2/3}\times 1=\underline{1.59\,\text{kV}}$．

4 接地した導線を通って内側の球に流れ込んだ電荷を x [C] と仮定すると，例題4-2における $Q_A=x$，$Q_B=Q$ に相当する．した

がって内側の球の電位は $V_a = \dfrac{x}{4\pi\varepsilon_0 a} - \dfrac{x}{4\pi\varepsilon_0 b} + \dfrac{x+Q}{4\pi\varepsilon_0 c}$. 内側の球を接地していることより $V_a = 0$. よって，内球の電荷は $x = -\dfrac{ab}{ab+bc-ca}Q\,[\mathrm{C}]$. 外側の球の電位は $V_c = \dfrac{x+Q}{4\pi\varepsilon_0 c} = \dfrac{Q}{4\pi\varepsilon_0 c}$ $\times \left[-\dfrac{ab}{ab+bc-ca}+1\right] = \dfrac{(b-a)Q}{4\pi\varepsilon_0(ab+bc-ca)}\,[\mathrm{V}]$.

5 (1) 解図 4-1 に示すように，影像電荷は $x = -a$ の位置に $-Q$. 点電荷 Q と影像電荷 $-Q$ の間に働く力を計算すればよい．したがって，力の大きさは $|F| = \dfrac{Q^2}{4\pi\varepsilon_0(2a)^2} = 9\times 10^9 \times \dfrac{(2\times 10^{-6})^2}{(2\times 5\times 10^{-3})^2} = 360$. 点電荷 Q は影像電荷から引力を受けるので，力の向きは左向き．よって，$F = \underline{-360\,\mathrm{N}}$.

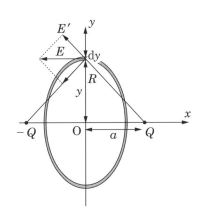

解図 4-1

(2) O 点における電界は，点電荷 Q と影像電荷 $-Q$ による電界の和であるので，$E = \dfrac{Q}{4\pi\varepsilon_0 a^2}\times 2$. 電界は導体に向かう方向なので電荷は負．したがって，電荷密度は

$$\sigma = -\varepsilon_0 E = -\frac{Q}{2\pi a^2} = -\frac{2\times 10^{-6}}{2\pi \times (5\times 10^{-3})^2} = \underline{-1.27\times 10^{-2}\ \text{C/m}^2}.$$

(3) P 点の電位は，点電荷 Q と影像電荷 $-Q$ による電位の和である．点電荷 Q から P 点までの距離は $b = 10\times 10^{-3} = 10^{-2}$，影像電荷から P 点までの距離は $r = \sqrt{(2a)^2 + b^2}$
$= \sqrt{(2\times 5\times 10^{-3})^2 + (10\times 10^{-3})^2} = \sqrt{2}\times 10^{-2}$. したがって,

$$V = \frac{Q}{4\pi\varepsilon_0 b} + \frac{-Q}{4\pi\varepsilon_0 r} = \frac{Q}{4\pi\varepsilon_0}\left(\frac{1}{b} - \frac{1}{r}\right)$$

$$= 9\times 10^9 \times 2\times 10^{-6} \times \left(\frac{1}{10^{-2}} - \frac{1}{\sqrt{2}\times 10^{-2}}\right) = \underline{5.27\times 10^5\ \text{V}}.$$

(4) 点電荷 Q が平面導体から x 離れているとき導体から受ける引力は（1）より，$F = \dfrac{Q^2}{4\times 4\pi\varepsilon_0 x^2}$. 点電荷を dx だけさらに引き離すのに必要なエネルギーは $dW = Fdx$ であるので，F を $x = a$ から ∞ まで積分することによりエネルギーが得られる.

$$W = \int_a^\infty F dx = \int_a^\infty \frac{Q^2}{4\times 4\pi\varepsilon_0 x^2}dx = \frac{Q^2}{4\times 4\pi\varepsilon_0}\left[-\frac{1}{x}\right]_a^\infty = \frac{Q^2}{4\times 4\pi\varepsilon_0 a}$$

$$= 9\times 10^9 \times \frac{(2\times 10^{-6})^2}{4\times 5\times 10^{-3}} = \underline{1.8\ \text{J}}.$$

(5) 解図 4-1 に示すように，平面導体上の O 点からの距離が y の位置（R 点とする）における電界は点電荷 Q と影像電荷 $-Q$ による電界の重ね合わせである．例題 4-3 と同様に計算すると，R 点における電荷密度は $\sigma = -\varepsilon_0 E = -\dfrac{2aQ}{4\pi(a^2+y^2)^{3/2}}$. 解図 4-1 に示すように，O 点を中心とする半径 y の円と半径 $y + dy$ の円の間の面積は $dS = 2\pi y dy$ であるから，この領域に含まれる電荷は

$$dq = \sigma dS = -\frac{2aQ}{4\pi(a^2+y^2)^{3/2}} \times 2\pi y dy = -\frac{aQ}{(a^2+y^2)^{3/2}} y dy.$$ これを積分することにより総電荷量が得られる．すなわち，

$$q = \int_0^\infty -\frac{aQ}{(a^2+y^2)^{3/2}} y dy.\ z = a^2 + y^2 と置換すると$$

$$q = \int_{a^2}^\infty -\frac{aQ}{z^{3/2}} \frac{dz}{2} = -\frac{aQ}{2}\left[-\frac{2}{z^{1/2}}\right]_{a^2}^\infty = \underline{-Q = -2\times 10^{-6}\,\text{C}}.$$

6 (1) x 軸を含む表面上の任意の P 点から，電荷 Q と $(a, -b)$ の影像電荷 $-Q$ までの距離が等しく，両者による P 点の電位は 0. また P 点から $(-a, b)$ の影像電荷 $-Q$ と $(-a, -b)$ の影像電荷 Q までの距離も等しく，両者による電位も 0. したがって，x 軸を含む表面の電位は 0 で一定．同様に y 軸を含む表面電位も 0 であることが導かれる．よって<u>導体の表面の電位は 0 [V] で一定である</u>．

(2) $(-a, b)$ の影像電荷 $-Q$ が電荷 Q に及ぼす力の x 成分は

$$F_{1x} = -\frac{Q^2}{4\pi\varepsilon_0(2a)^2}.\ (-a, -b) の影像電荷 Q による力は$$

$$F_2 = \frac{Q^2}{4\pi\varepsilon_0[(2a)^2+(2b)^2]}\ であるので，F_2 の x 成分は F_{2x}$$

$$= \frac{2aQ^2}{4\pi\varepsilon_0[(2a)^2+(2b)^2]^{3/2}}.\ (a, -b) の影像電荷による力は y 成分$$

のみであるので，電荷 Q に作用する力の x 成分は $\underline{F_x = F_{1x} + F_{2x}}$

$$= \underline{\frac{Q^2}{16\pi\varepsilon_0}\left(-\frac{1}{a^2} + \frac{a}{(a^2+b^2)^{3/2}}\right)[\text{N}]}.\ 同様に y 成分を計算すると$$

$$\underline{F_y = \frac{Q^2}{16\pi\varepsilon_0}\left(-\frac{1}{b^2} + \frac{b}{(a^2+b^2)^{3/2}}\right)[\text{N}]}.$$

(3) 電荷 Q および 3 個の影像電荷が点 (x, y) に作る電位をそれ

それぞれ計算し，加え合わせる．

$$V = \frac{Q}{4\pi\varepsilon_0}\left[\frac{1}{\sqrt{(x-a)^2+(y-b)^2}} + \frac{1}{\sqrt{(x+a)^2+(y+b)^2}} - \frac{1}{\sqrt{(x-a)^2+(y+b)^2}} - \frac{1}{\sqrt{(x+a)^2+(y-b)^2}}\right] [\text{V}]$$

(4) 式 (3-11) を用いて電位から電界を計算する．

$$E_x = -\frac{\partial V}{\partial x} = \frac{Q}{4\pi\varepsilon_0}\left[\frac{x-a}{[(x-a)^2+(y-b)^2]^{3/2}} + \frac{x+a}{[(x+a)^2+(y+b)^2]^{3/2}} - \frac{x-a}{[(x-a)^2+(y+b)^2]^{3/2}} - \frac{x+a}{[(x+a)^2+(y-b)^2]^{3/2}}\right] [\text{V/m}]$$

同様に

$$E_y = -\frac{\partial V}{\partial y} = \frac{Q}{4\pi\varepsilon_0}\left[\frac{y-b}{[(x-a)^2+(y-b)^2]^{3/2}} + \frac{y+b}{[(x+a)^2+(y+b)^2]^{3/2}} - \frac{y+b}{[(x-a)^2+(y+b)^2]^{3/2}} - \frac{y-b}{[(x+a)^2+(y-b)^2]^{3/2}}\right] [\text{V/m}].$$

7 (1) 影像電荷の位置 d と大きさ Q' はそれぞれ式 (4-22)，式 (4-23) によって与えられる．Q と Q' の間の距離は $r = D - d$ であるので，両者の間に働く引力は，

$$F = \frac{Q|Q'|}{4\pi\varepsilon_0 r^2} = \frac{Q \times \dfrac{a}{D}Q}{4\pi\varepsilon_0\left(D - \dfrac{a^2}{D}\right)^2} = \frac{aDQ^2}{4\pi\varepsilon_0(D^2-a^2)^2} [\text{N}].$$

(2) A 点における電界は Q と Q' による電界の和（両者は同じ向き）であるので，

$$E_\text{A} = \frac{Q}{4\pi\varepsilon_0(D-a)^2} + \frac{|Q'|}{4\pi\varepsilon_0(a-d)^2}$$

$$= \frac{Q}{4\pi\varepsilon_0(D-a)^2} + \frac{\dfrac{a}{D}Q}{4\pi\varepsilon_0\left(a-\dfrac{a^2}{D}\right)^2} = \frac{\left(1+\dfrac{D}{a}\right)Q}{4\pi\varepsilon_0(D-a)^2}.$$

E_A の向きは導体球の中に向かう方向なので電荷密度は負,よって

$$\sigma_\mathrm{A} = -\varepsilon_0 E_\mathrm{A} = -\frac{(D+a)Q}{4\pi a(D-a)^2}\,[\mathrm{C/m^2}].$$

B 点における電界は Q と Q' による電界の差(両者は反対向き)であるので,

$$E_\mathrm{B} = \frac{|Q'|}{4\pi\varepsilon_0(a+d)^2} - \frac{Q}{4\pi\varepsilon_0(D+a)^2}$$

$$= \frac{\dfrac{a}{D}Q}{4\pi\varepsilon_0\left(a+\dfrac{a^2}{D}\right)^2} - \frac{Q}{4\pi\varepsilon_0(D+a)^2} = \frac{(D-a)Q}{4\pi\varepsilon_0 a(D+a)^2}.$$

E_B の向きは導体球の中に向かう方向なので電荷密度は負,よって,

$$\sigma_\mathrm{B} = -\varepsilon_0 E_\mathrm{B} = -\frac{(D-a)Q}{4\pi a(D+a)^2}\,[\mathrm{C/m^2}].$$

8 (1) 帯電していない導体球が孤立している場合は例題 4-4 より,前問の影像電荷 Q' にさらに $-Q'$ の影像電荷を導体球の中心に置いて考える.したがって,点電荷 Q に働く引力は

$$F = \frac{Q|Q'|}{4\pi\varepsilon_0(D-d)^2} - \frac{Q|Q'|}{4\pi\varepsilon_0 D^2} = \frac{Q\times\dfrac{a}{D}Q}{4\pi\varepsilon_0\left(D-\dfrac{a^2}{D}\right)^2} - \frac{Q\times\dfrac{a}{D}Q}{4\pi\varepsilon_0 D^2}$$

$$= \frac{Q^2}{4\pi\varepsilon_0}\left(\frac{aD}{(D^2-a^2)^2} - \frac{a}{D^3}\right)[\mathrm{N}].$$

(2) 導体球の表面の電位はどこでも等しいので,点電荷 Q に最

章末問題解答

も近い A 点の電位を計算する．

$$V_A = \frac{Q}{4\pi\varepsilon_0(D-a)} + \frac{Q'}{4\pi\varepsilon_0(a-d)} + \frac{-Q'}{4\pi\varepsilon_0 a}$$

$$= \frac{Q}{4\pi\varepsilon_0(D-a)} + \frac{-\frac{a}{D}Q}{4\pi\varepsilon_0\left(a-\frac{a^2}{D}\right)} + \frac{\frac{a}{D}Q}{4\pi\varepsilon_0 a} = \underline{\frac{Q}{4\pi\varepsilon_0 D}} \text{ [V]}.$$

1 項目と 2 項目の和が 0 になることは例題 4-4 で既にわかっていたことである．

9 (1) 導体の性質 (4) より，電極の表面の電荷密度は $\underline{\sigma = \varepsilon_0 E}$ [C/m^2]．

(2) コンデンサに蓄えられている電荷は電極の電荷である．よって $Q = \sigma S = \underline{\varepsilon_0 ES}$ [C]．

(3) $V = \underline{Ed}$ [V]．

(4) 式 (4-25) および (2) と (3) の結果より，

$$C = \frac{Q}{V} = \frac{\varepsilon_0 ES}{Ed} = \underline{\frac{\varepsilon_0 S}{d}} \text{ [F]}.$$

10 (1) 式 (4-26) または前問 (4) の結果より，電極の面積は，

$$S = \frac{Cd}{\varepsilon_0} = \frac{0.2 \times 10^{-6} \times 0.1 \times 10^{-3}}{8.85 \times 10^{-12}} = \underline{2.26\,\text{m}^2}.$$

(2) 式 (4-25) より，$Q = CV = 0.2 \times 10^{-6} \times 600 = \underline{1.2 \times 10^{-4}\,\text{C}}$．

(3) 式 (4-33) より，

$$W = \frac{1}{2}CV^2 = \frac{1}{2} \times 0.2 \times 10^{-6} \times 600^2 = \underline{3.6 \times 10^{-2}\,\text{J}}.$$

(4) 電極の電荷密度が変わらないので電界も変化しない．電極の間隔が 2 倍になったので電圧も 2 倍になる．すなわち $V' = E \times 2d$ $= 2 \times Ed = 2V = 2 \times 600 = \underline{1.2 \times 10^3\,\text{V}}$．静電容量は $\frac{1}{2}$ になる，すな

わち式 (4-26) より, $C' = \dfrac{\varepsilon_0 S}{2d} = \dfrac{1}{2}C = 0.1\,\mu\text{F}$. したがって, エネルギーは式 (4-33) より,

$$W' = \frac{1}{2}C'V'^2 = \frac{1}{2} \times 0.1 \times 10^{-6} \times 1200^2 = \underline{7.2 \times 10^{-2}\,\text{J}}.$$

11 (1) 式 (4-25) から $C = \dfrac{Q}{V} = \dfrac{5 \times 10^{-6}}{20} = 2.5 \times 10^{-7}\,\text{F} = \underline{0.25\,\mu\text{F}}$.

(2) $E = \dfrac{V}{d} = \dfrac{20}{0.1 \times 10^{-3}} = \underline{2 \times 10^5\,\text{V/m}}$.

(3) 導体の性質 (4) より,
$\sigma = \varepsilon_0 E = 8.85 \times 10^{-12} \times 2 \times 10^5 = \underline{1.77 \times 10^{-6}\,\text{C/m}^2}$.

(4) $S = \dfrac{Q}{\sigma} = \dfrac{5 \times 10^{-6}}{1.77 \times 10^{-6}} = \underline{2.82\,\text{m}^2}$. または式 (4-26) より,

$S = \dfrac{Cd}{\varepsilon_0} = \dfrac{0.25 \times 10^{-6} \times 0.1 \times 10^{-3}}{8.85 \times 10^{-12}} = \underline{2.82\,\text{m}^2}$ としても得られる.

12 (1) 解図 4-2 に実線で示すように, 導体板の中 ($a < x < a + t$) では電位は一定. それ以外の場所では電位の傾きが E である.

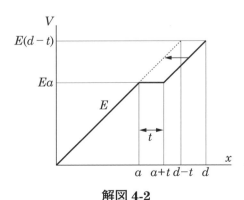

解図 4-2

(2) 導体の性質 (4) より, 電荷密度が $\sigma = \varepsilon_0 E$ であるので,

章末問題解答

$Q = \underline{\sigma S = \varepsilon_0 ES}$ [C].

(3) 解図 4-2 に破線で示すように，$x > a + t$ の直線部分を t だけ左にずらすことによって，$0 < x < d - t$ の範囲で傾き E の直線になる．したがって，$\underline{V = E(d - t)}$ [V].

(4) 式 (4-25) および (2) と (3) の結果から，

$$C = \frac{Q}{V} = \frac{\varepsilon_0 ES}{E(d-t)} = \underline{\frac{\varepsilon_0 S}{d-t}} \text{[F]}.$$

13 (1) 例題 4-2 を参考に考えると，内球の表面 ($r = a$) の電荷は $+Q$，外球の内側の表面 ($r = b$) の電荷は $-Q$，外球の外側の表面 ($r = c$) の電荷は 0 である．したがって，$+Q$ による電位は，

$r > a$ では $V_a = \dfrac{Q}{4\pi\varepsilon_0 r}$, $r < a$ では $V_a = \dfrac{Q}{4\pi\varepsilon_0 a}$. $-Q$ による電位は，

$r > b$ では $V_b = \dfrac{-Q}{4\pi\varepsilon_0 r}$, $r < b$ では $V_b = \dfrac{-Q}{4\pi\varepsilon_0 b}$. V_a と V_b を加え合わ

せることによって，内側の球 ($r < a$) の電位は $V_1 = \dfrac{Q}{4\pi\varepsilon_0 a} + \dfrac{-Q}{4\pi\varepsilon_0 b}$,

外側の球 ($b < r < c$) の電位は $V_2 = \dfrac{Q}{4\pi\varepsilon_0 r} + \dfrac{-Q}{4\pi\varepsilon_0 r} = 0$. よって

内外の球の間の電圧は $V = V_1 - V_2 = \underline{\dfrac{Q}{4\pi\varepsilon_0}\left(\dfrac{1}{a} - \dfrac{1}{b}\right)}$ [V].

別解 積分を用いて電圧を計算する方法を示す．内球と外球の間 ($a < r < b$) では電界は $E = \dfrac{Q}{4\pi\varepsilon_0 r^2}$ であるので，内球と外球の間の電圧は次のように積分によって得られる．

$$V = \int_b^a -E \, dr = \int_b^a -\frac{Q}{4\pi\varepsilon_0 r^2} \, dr = \underline{\frac{Q}{4\pi\varepsilon_0}\left(\frac{1}{a} - \frac{1}{b}\right)} \text{[V]}.$$

(2) 式 (4-25) より,静電容量は $C = \dfrac{Q}{V} = \dfrac{4\pi\varepsilon_0}{\dfrac{1}{a} - \dfrac{1}{b}} = \underline{\dfrac{4\pi\varepsilon_0 ab}{b-a}\,[\text{F}]}$.

(3) $C = \dfrac{3\times 10^{-2}\times 10\times 10^{-2}}{9\times 10^9\times(10-3)\times 10^{-2}} = \underline{4.76\times 10^{-12}\,\text{F}}$.

エネルギーは式 (4-33) より

$W = \dfrac{1}{2}CV^2 = \dfrac{1}{2}\times 4.76\times 10^{-12}\times(5\times 10^3)^2 = \underline{5.95\times 10^{-5}\,\text{J}}$.

14 (1) $E = \underline{\dfrac{Q}{2\pi\varepsilon_0 r}\,[\text{V/m}]}$.

(2) $V = \int_b^a -E\,dr = \int_b^a -\dfrac{Q}{2\pi\varepsilon_0 r}\,dr = \underline{\dfrac{Q}{2\pi\varepsilon_0}\ln\dfrac{b}{a}\,[\text{V}]}$.

(3) $C = \dfrac{Q}{V} = \underline{\dfrac{2\pi\varepsilon_0}{\ln(b/a)}\,[\text{F/m}]}$.

(4) $C = \dfrac{2\pi\times 8.85\times 10^{-12}}{\ln(5/0.8)} = 3.04\times 10^{-11}\,\text{F/m}$. 1 km では

$C' = 3.04\times 10^{-11}\times 10^3 = 3.04\times 10^{-8}\,\text{F}$. エネルギーは

$W = \dfrac{1}{2}C'V^2 = \dfrac{1}{2}\times 3.04\times 10^{-8}\times 15^2 = \underline{3.42\times 10^{-6}\,\text{J}}$.

15 (1) 正電荷を有する導線の中心軸から $x\,[\text{m}]$ の位置に作る電界は $E_+ = \dfrac{Q}{2\pi\varepsilon_0 x}$,他方の導線が同じ位置に作る電界は

$E_- = \dfrac{Q}{2\pi\varepsilon_0(D-x)}$. 両者は同じ向きであるので,求める電界は

$E = E_+ + E_- = \underline{\dfrac{Q}{2\pi\varepsilon_0}\left(\dfrac{1}{x} + \dfrac{1}{D-x}\right)[\text{V/m}]}$.

(2) 積分の下限は負の導体の表面 $x = D - a$,上限は正の導体

の表面 $x = a$ である．したがって，$V = \int_{D-a}^{a} -E dx$

$= \int_{D-a}^{a} -\frac{Q}{2\pi\varepsilon_0}\left(\frac{1}{x} + \frac{1}{D-x}\right)dx = -\frac{Q}{2\pi\varepsilon_0}[\ln x - \ln(D-x)]_{D-a}^{a}$

$= -\frac{Q}{2\pi\varepsilon_0}\left[\ln\frac{a}{D-a} - \ln\frac{D-a}{a}\right] = \underline{\frac{Q}{\pi\varepsilon_0}\ln\frac{D-a}{a}\,[\mathrm{V}]}$.

(3) $C = \dfrac{Q}{V} = \underline{\dfrac{\pi\varepsilon_0}{\ln\dfrac{D-a}{a}}\,[\mathrm{F/m}]}$.

16 (1) 式 (4-29) より $C = C_1 + C_2 + C_3 = 5 + 10 + 25 = \underline{40\,\mu\mathrm{F}}$.

(2) これらのコンデンサに加わる電圧は

$V = \dfrac{Q}{C} = \dfrac{20\times 10^{-6}}{40\times 10^{-6}} = 0.5\,\mathrm{V}$. よって C_2 に蓄えられる電荷は

$Q_2 = C_2 V = 10\times 10^{-6}\times 0.5 = \underline{5\times 10^{-6}\,\mathrm{C}}$.

17 (1) 式 (4-32) より $\dfrac{1}{C} = \dfrac{1}{C_1} + \dfrac{1}{C_2} + \dfrac{1}{C_3} = \dfrac{1}{5} + \dfrac{1}{10} + \dfrac{1}{25} = 0.34$.

よって $C = \underline{2.94\,\mu\mathrm{F}}$.

(2) $C_1 \sim C_3$ のそれぞれのコンデンサに蓄えられる電荷は

$Q = CV = 2.94\times 10^{-6}\times 60 = 1.76\times 10^{-4}\,\mathrm{C}$. よって C_2 に加わる電圧

は $V_2 = \dfrac{Q}{C_2} = \dfrac{1.76\times 10^{-4}}{10\times 10^{-6}} = \underline{17.6\,\mathrm{V}}$.

18 (1) $3\,\mu\mathrm{F}$ のコンデンサの端子電圧は $V_3 = \dfrac{Q_3}{C_3} = \dfrac{6\times 10^{-6}}{3\times 10^{-6}} = 2\,\mathrm{V}$.

並列に接続されている $C_1 = 1\,\mu\mathrm{F}$ のコンデンサにも同じ電圧が加わっているので C_1 に蓄えられている電荷は $Q_1 = C_1 V_3 = 1\times 10^{-6}\times 2 = 2\times 10^{-6}\,\mathrm{C}$. したがって $C_2 = 2\,\mu\mathrm{F}$ のコンデンサに蓄えられている電荷は $Q_2 = Q_1 + Q_3 = 8\times 10^{-6}\,\mathrm{C}$ であるので，コンデンサ C_2 の端

子電圧は $V_2 = \dfrac{Q_2}{C_2} = \dfrac{8 \times 10^{-6}}{2 \times 10^{-6}} = 4\,\text{V}$. よって, AB 間の電圧は $V = V_2 + V_3 = 4 + 2 = \underline{6\,\text{V}}$.

(2) 並列に接続されている C_1 と C_3 の合成静電容量は $C_1 + C_3$. これと C_2 が直列に接続されているので, 求める合成静電容量は

$$\dfrac{1}{C} = \dfrac{1}{C_1 + C_3} + \dfrac{1}{C_2} = \dfrac{1}{1+3} + \dfrac{1}{2} = \dfrac{3}{4}.\ \text{よって}\ C = \dfrac{4}{3} = \underline{1.33\,\mu\text{F}}.$$

または (1) の結果より, 蓄えられている電荷 (端子 A から流れ込む電荷) は $Q_2 = 8 \times 10^{-6}\,\text{C}$ で, AB 間の電圧が $V = 6\,\text{V}$ であるから $C = \dfrac{Q_2}{V} = \dfrac{8 \times 10^{-6}}{6} = \underline{1.33 \times 10^{-6}\,\text{F}}$.

19 (1) 直列に接続すると 2 個のコンデンサにそれぞれ $Q = 20\,\mu\text{C}$ の電荷が蓄えられる. このときの C_1, C_2 の端子電圧は, $V_1 = \dfrac{Q}{C_1} = \dfrac{20 \times 10^{-6}}{5 \times 10^{-6}} = 4\,\text{V},\ V_2 = \dfrac{Q}{C_2} = \dfrac{20 \times 10^{-6}}{10 \times 10^{-6}} = 2\,\text{V}$. したがって必要な電圧は $V = V_1 + V_2 = 4 + 2 = \underline{6\,\text{V}}$.

(2) それぞれのコンデンサに蓄えられているエネルギーは $W_1 = \dfrac{Q^2}{2C_1} = \dfrac{(20 \times 10^{-6})^2}{2 \times 5 \times 10^{-6}} = 4 \times 10^{-5}\,\text{J},\ W_2 = \dfrac{Q^2}{2C_2} = \dfrac{(20 \times 10^{-6})^2}{2 \times 10 \times 10^{-6}} = 2 \times 10^{-5}\,\text{J}$. よってエネルギーの合計は $W = W_1 + W_2 = \underline{6 \times 10^{-5}\,\text{J}}$.

(3) $20\,\mu\text{C}$ の電荷が蓄えられている 2 個のコンデンサを並列に接続すると, 蓄えられている電荷の合計は $Q' = 20 \times 2 = 40\,\mu\text{C}$ である. また合成静電容量は $C' = C_1 + C_2 = 5 + 10 = 15\,\mu\text{F}$ である. よって電圧は $V = \dfrac{Q'}{C'} = \dfrac{40 \times 10^{-6}}{15 \times 10^{-6}} = \underline{2.67\,\text{V}}$.

(4) それぞれのコンデンサに蓄えられているエネルギーは

$W_1 = \dfrac{1}{2}C_1V^2$, $W_2 = \dfrac{1}{2}C_2V^2$. よってエネルギーの合計は

$$W = \dfrac{1}{2}(C_1+C_2)V^2 = \dfrac{1}{2}(5+10)\times 10^{-6}\times 2.667^2 = \underline{5.33\times 10^{-5}\text{J}}.$$

20 (1) コンデンサ C_1 に加わる電圧は $V_1 - V$ であるから $\underline{Q_1 = C_1 \times (V_1 - V)}$. 同様に $\underline{Q_2 = C_2(V_2 - V)}$, $\underline{Q_3 = C_3(V_3 - V)}$ [C].

(2) 解図 **4-3** の四角の破線に含まれる部分は,電極間の隙間によって絶縁されている.したがって,この部分の電荷は充放電によって変化することはない.3個のコンデンサが充電されることによって,四角の破線に含まれる部分の電荷の総量は $-(Q_1 + Q_2 + Q_3)$ であるが,充電される前は0であった.したがって $\underline{Q_1 + Q_2 + Q_3 = 0}$ でなければならない.

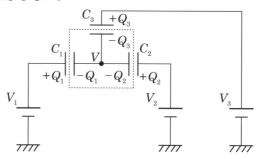

解図 **4-3**

(3) (1) で導いた3本の式の両辺をそれぞれ加え合わせると,$Q_1 + Q_2 + Q_3 = C_1V_1 + C_2V_2 + C_3V_3 - (C_1 + C_2 + C_3)V$ となる.ここで (2) で導いたように左辺は $Q_1 + Q_2 + Q_3 = 0$ であるので,

$$V = \dfrac{C_1V_1 + C_2V_2 + C_3V_3}{C_1 + C_2 + C_3} = \dfrac{(5\times 30 + 10\times 20 + 25\times 10)\times 10^{-6}}{(5 + 10 + 25)\times 10^{-6}}$$

$= \underline{15\,\text{V}}$.

21 導体球 A, B の電荷をそれぞれ Q_A, Q_B と置くと,それぞれの球

の電位は$V_A = \dfrac{Q_A}{4\pi\varepsilon_0 a}$, $V_B = \dfrac{Q_B}{4\pi\varepsilon_0 b}$であるが，両球は導線で接続されていることより，$V_A = V_B$. したがって，$Q_B = \dfrac{b}{a}Q_A$. また，$Q = Q_A + Q_B = \left(1 + \dfrac{b}{a}\right)Q_A$であることから

$Q_A = \dfrac{a}{a+b}Q = \dfrac{10}{10+30} \times 5 \times 10^{-6} = \underline{1.25 \times 10^{-6} \text{C}}$.

$Q_B = \dfrac{b}{a}Q_A = \dfrac{b}{a+b}Q = \dfrac{30}{10+30} \times 5 \times 10^{-6} = \underline{3.75 \times 10^{-6} \text{C}}$.

表面の電界は$E_A = \dfrac{Q_A}{4\pi\varepsilon_0 a^2} = 9 \times 10^9 \times \dfrac{1.25 \times 10^{-6}}{0.1^2} = \underline{1.13 \times 10^6 \text{ V/m}}$, $E_B = \dfrac{Q_B}{4\pi\varepsilon_0 b^2} = 9 \times 10^9 \times \dfrac{3.75 \times 10^{-6}}{0.3^2} = \underline{3.75 \times 10^5 \text{ V/m}}$.

導体球の電位は$V = V_A = \dfrac{Q_A}{4\pi\varepsilon_0 a} = 9 \times 10^9 \times \dfrac{1.25 \times 10^{-6}}{0.1}$

$= 1.13 \times 10^5$ V であるから，静電容量は $C = \dfrac{Q}{V} = \dfrac{5 \times 10^{-6}}{1.125 \times 10^5}$

$= \underline{4.44 \times 10^{-11} \text{ F}}$.

※導体球A，Bの静電容量は，それぞれ$C_A = \dfrac{Q_A}{V_A} = 4\pi\varepsilon_0 a$，$C_B = \dfrac{Q_B}{V_B} = 4\pi\varepsilon_0 b$. 導体球A，Bが導線で並列接続されているので，

$C = C_A + C_B = 4\pi\varepsilon_0(a+b) = \dfrac{(10+30) \times 10^{-2}}{9 \times 10^9} = \underline{4.44 \times 10^{-11} \text{ F}}$

と得ることもできる．

22 (1) $Q_1 = C_0 V_0$ [C]．

(2) スイッチをB側に切り替えたことによって電池E_2から

電荷 q が C_1, C_2 に流れ込む．このことによって C_1 の電荷は $Q_1' = q - Q_1$, C_2 の電荷は $Q_2' = q$ になる．C_1 の電荷が $q + Q_1$ ではなく $q - Q_1$ になる理由は，E_1 と E_2 によって充電される電荷の正負が反対であることである．C_1, C_2 が E_2 と直列に接続されているので，C_1, C_2 の端子電圧の和が E_2 の起電力 V_0 と等しくなければならない．すなわち，

$$V_0 = \frac{Q_1'}{C_1} + \frac{Q_2'}{C_2} = \frac{q - Q_1}{C_0} + \frac{q}{C_0} = \frac{q - C_0 V_0}{C_0} + \frac{q}{C_0}. \tag{4-47}$$

(3) 式 (4-47) より，$q = C_0 V_0$．よって，$Q_1' = C_0 V_0 - q = \underline{0}$, $Q_2' = q = \underline{C_0 V_0}$ [C]．

(4) 2回目もスイッチ SW_1, SW_2 を A 側に接続すると C_1 には $Q_1 = C_0 V_0$ が蓄えられる．そして SW_1, SW_2 を B 側に接続すると，その一部 q が C_2 に流れ込む．このことによって C_1 の電荷は $Q''_1 = q - Q_1$, C_2 の電荷は $Q''_2 = Q_2' + q$ になる．したがって，この場合の式 (4-47) は次のようになる．

$$V_0 = \frac{Q''_1}{C_1} + \frac{Q''_2}{C_2} = \frac{q - Q_1}{C_0} + \frac{Q_2' + q}{C_0} = \frac{q - C_0 V_0}{C_0} + \frac{Q_2' + q}{C_0} \cdots ①$$

(5) 2回目以降もスイッチ SW_1, SW_2 を A 側に接続するときに C_1 に蓄えられる電荷は $Q_1 = C_0 V_0$ から変わらない．一方，(1) と (2) の操作を繰り返すことによって式①の Q_2' は次第に大きくなり，q は小さくなる．(1) と (2) の操作を無限に繰り返すことによって q は 0 になるので，P 点の電位は式①に $q = 0$ を代入することにより，

$$V_p = \frac{Q_2'}{C_2} = 2V_0.$$

23 (1) SW_1 が開いているので C_2 には電荷が流れ込まない．したがって，$\underline{Q_2 = 0}$．C_1 と C_3 が直列に接続されるので，合成静電

容量は $\dfrac{1}{C'} = \dfrac{1}{C_1} + \dfrac{1}{C_3} = \dfrac{1}{1} + \dfrac{1}{3} = \dfrac{4}{3}$ より，$C' = \dfrac{3}{4}\,\mu\text{F}$．これに $U_1 = 12\,\text{V}$ の電圧が加わるので，電荷は

$Q_1 = Q_3 = C'U_1 = \dfrac{3}{4} \times 10^{-6} \times 12 = 9 \times 10^{-6}\,\text{C}$．

(2) SW_2 が開いているので C_3 の電荷は変化しない．したがって，$Q'_3 = Q_3 = 9 \times 10^{-6}\,\text{C}$．電池からさらに充電される電荷を q とすると，C_2 の電荷は $Q'_2 = q$，C_1 の電荷は $Q'_1 = q + Q_1$．C_1，C_2 が U_1，U_2 と直列に接続されているので，C_1，C_2 の端子電圧の和が $U_1 + U_2$ と等しくなければならない．すなわち $U_1 + U_2 = \dfrac{Q'_1}{C_1} + \dfrac{Q'_2}{C_2}$

$= \dfrac{Q_1 + q}{C_1} + \dfrac{q}{C_2}$．したがって $q = \dfrac{C_1 C_2 (U_1 + U_2) - C_2 Q_1}{C_1 + C_2}$

$= \dfrac{1 \times 10^{-6} \times 2 \times 10^{-6} \times (12 + 6) - 2 \times 10^{-6} \times 9 \times 10^{-6}}{(1 + 2) \times 10^{-6}} = 6 \times 10^{-6}$．

よって $Q'_1 = q + Q_1 = (9 + 6) \times 10^{-6} = 15 \times 10^{-6}\,\text{C}$．$Q'_2 = q = 6 \times 10^{-6}\,\text{C}$．

24 (1) SW_2 が開いているので C_2 には電荷が流れ込まない．したがって，$Q_2 = 0$．C_1 と C_3 が直列に接続されるので，合成静電容量は

$\dfrac{1}{C'} = \dfrac{1}{C_1} + \dfrac{1}{C_3} = \dfrac{1}{1} + \dfrac{1}{2} = \dfrac{3}{2}$ より $C' = \dfrac{2}{3}\,\mu\text{F}$．これに $E_1 = 6\,\text{V}$ の電圧が加わるので，電荷は

$Q_1 = Q_3 = C'E_1 = \dfrac{2}{3} \times 10^{-6} \times 6 = 4 \times 10^{-6}\,\text{C}$．

(2) SW_1 が開いているので C_1 の電荷は変化しない．したがって，$Q_1 = 4 \times 10^{-6}\,\text{C}$．$E_2$ から充電される電荷を q とすると，C_2 の電荷は $Q'_2 = q$，C_3 の電荷は $Q'_3 = q + Q_3$．C_2，C_3 が E_2 と直列に接

続されているので，C_2，C_3の端子電圧の和がE_2と等しくなければならない．すなわち$E_2 = \dfrac{Q'_2}{C_2} + \dfrac{Q'_3}{C_3} = \dfrac{q}{C_2} + \dfrac{q+Q_3}{C_3}$．したがって，

$$q = \dfrac{C_2 C_3 E_2 - C_2 Q_3}{C_2 + C_3} = \dfrac{1 \times 10^{-6} \times 2 \times 10^{-6} \times 14 - 1 \times 10^{-6} \times 4 \times 10^{-6}}{(1+2) \times 10^{-6}}$$

$= 8 \times 10^{-6}$ C．よって$Q'_2 = q = \underline{8 \times 10^{-6} \text{ C}}$，$Q'_3 = q + Q_3$
$= (8+4) \times 10^{-6} = \underline{12 \times 10^{-6} \text{ C}}$．

(3) E_1から充電される電荷はC_1の電荷である．これをQ''_1とする．同様にE_2から充電される電荷はC_2の電荷であり，これをQ''_2とする．C_3には両方の電荷が流れ込むので$Q''_3 = Q''_1 + Q''_2 \cdots$ ①．E_1はC_1とC_3の端子電圧の和に等しいので次の関係式が成り立つ．

$$E_1 = \dfrac{Q''_1}{C_1} + \dfrac{Q''_3}{C_3} = \dfrac{Q''_1}{C_1} + \dfrac{Q''_1 + Q''_2}{C_3}．\left(6 = \dfrac{Q''_1}{1 \times 10^{-6}} + \dfrac{Q''_1 + Q''_2}{2 \times 10^{-6}}\right) \cdots ②$$

同様にE_2はC_2とC_3の端子電圧の和に等しいので次の関係式が成り立つ．

$$E_2 = \dfrac{Q''_2}{C_2} + \dfrac{Q''_3}{C_3} = \dfrac{Q''_2}{C_2} + \dfrac{Q''_1 + Q''_2}{C_3}．\left(14 = \dfrac{Q''_2}{1 \times 10^{-6}} + \dfrac{Q''_1 + Q''_2}{2 \times 10^{-6}}\right) \cdots ③$$

式②と式③を，Q''_1とQ''_2を未知数とする連立方程式として解く．すなわち，②×3 − ③より，$\underline{Q''_1 = 1 \text{ μC}}$，これを式②に代入することにより$\underline{Q''_2 = 9 \text{ μC}}$．そして式①より，$\underline{Q''_3 = 10 \text{ μC}}$．

25 (1) $r < a$, $b_1 < r < b_2$, $c_1 < r < c_2$は導体の中なので，$\underline{E = 0 \text{ [V/m]}}$．電荷は導体球Aの表面の$Q$のみなので，$a < r < b_1$，$b_2 < r < c_1$，$r > c_2$では$\underline{E = \dfrac{Q}{4\pi\varepsilon_0 r^2} \text{ [V/m]}}$．

(2) SW_1を閉じることによって導体BとCは同電位になる．よって，$b_1 < r < c_2$の間の電界は存在しなくなる．またSW_1を再び開いても電界の分布に変化は起きない．したがって，$r < a$,

$b_1 < r < c_2$ では $E = 0$ [V/m]. $a < r < b_1$, $r > c_2$ では

$$E = \frac{Q}{4\pi\varepsilon_0 r^2} \text{ [V/m]}.$$

(3) SW_2, SW_3 を閉じる前の電荷分布は, $r = a$ に Q (最初から変わっていない), $r = b_1$ に $-Q$, $r = c_2$ に Q. $r = b_2$ と $r = c_1$ の電荷は 0 ($b_1 < r < c_2$ で $E = 0$ からも明らか). SW_2 と SW_3 を閉じても導体 B が有する電荷 $-Q$ [C] は変わらない.

SW_2, SW_3 を閉じた後の導体 A, C の電荷を x, y と仮定する. SW_3 を閉じることによって, 導体 C の電位は 0 となるので $r > c_2$ の電界も 0 とならなければならない. したがって, c_2 よりも内側の電荷の総計は $x + (-Q) + y = 0$ でなければならない. よって $y = Q - x$ となる. このときの各球の表面の電荷は $r = a$ に x, $r = b_1$ に $-x$, $r = b_2$ に $-Q + x$, $r = c_1$ に $Q - x$, $r = c_2$ に 0. したがって導体 A (接地されている) の電位は例題 4-2 にならって

$$V_A = \frac{x}{4\pi\varepsilon_0 a} + \frac{-x}{4\pi\varepsilon_0 b_1} + \frac{-Q+x}{4\pi\varepsilon_0 b_2} + \frac{Q-x}{4\pi\varepsilon_0 c_1} = 0.$$

これより導体 A の電荷は $x = \dfrac{\dfrac{1}{b_2} + \dfrac{1}{c_1}}{\dfrac{1}{a} - \dfrac{1}{b_1} + \dfrac{1}{b_2} - \dfrac{1}{c_1}} Q$

$= \dfrac{ab_1(c_1 - b_2)}{b_1 b_2 c_1 - ab_2 c_1 + ab_1 c_1 - ab_1 b_2} Q$ [C]. さらに導体 C の電荷は

$y = Q - x = \dfrac{\dfrac{1}{a} - \dfrac{1}{b_1}}{\dfrac{1}{a} - \dfrac{1}{b_1} + \dfrac{1}{b_2} - \dfrac{1}{c_1}} Q$

$= \dfrac{b_2 c_1(b_1 - a)}{b_1 b_2 c_1 - ab_2 c_1 + ab_1 c_1 - ab_1 b_2} Q$ [C]. 上で説明したように, 導体 B の電荷は, $-Q$ [C]. 導体 B の電位として $r = b_1$ の位置の電位を

章末問題解答

計算する.

$$V_\text{B} = \frac{x}{4\pi\varepsilon_0 b_1} + \frac{-x}{4\pi\varepsilon_0 b_1} + \frac{-Q+x}{4\pi\varepsilon_0 b_2} + \frac{Q-x}{4\pi\varepsilon_0 c_1} = -\frac{Q-x}{4\pi\varepsilon_0}\left(\frac{1}{b_2} - \frac{1}{c_1}\right)$$

$$= -\frac{y}{4\pi\varepsilon_0}\frac{c_1-b_2}{b_2 c_1} = -\frac{Q}{4\pi\varepsilon_0}\frac{(b_1-a)(c_1-b_2)}{b_1 b_2 c_1 - ab_2 c_1 + ab_1 c_1 - ab_1 b_2}\,[\text{V}].$$

<第5章>

1 式 (5-3) より，$\varepsilon_r = \dfrac{Cd}{\varepsilon_0 S} = \dfrac{750 \times 10^{-12} \times 0.5 \times 10^{-3}}{8.85 \times 10^{-12} \times 10 \times 10^{-4}} = \underline{42.4}$．

2 (1) 式 (5-3) より，$S = \dfrac{Cd}{\varepsilon_0 \varepsilon_r} = \dfrac{0.03 \times 10^{-6} \times 15 \times 10^{-6}}{8.85 \times 10^{-12} \times 2.1}$

$= \underline{2.42 \times 10^{-2} \, \text{m}^2}$．

(2) $E = \dfrac{V}{d} = \dfrac{480}{15 \times 10^{-6}} = \underline{3.2 \times 10^7 \, \text{V/m}}$．

3 絶縁耐力が $E_m = 20 \, \text{kV/mm} = 20 \times 10^6 \, \text{V/m}$ であるので，必要なフィルムの厚さは $d = \dfrac{V_m}{E_m} = \dfrac{300}{20 \times 10^6} = \underline{1.5 \times 10^{-5} \, \text{m} = 15 \, \mu\text{m}}$．

式 (5-3) より，$S = \dfrac{Cd}{\varepsilon_0 \varepsilon_r} = \dfrac{0.02 \times 10^{-6} \times 1.5 \times 10^{-5}}{8.85 \times 10^{-12} \times 2.3} = \underline{1.47 \times 10^{-2} \, \text{m}^2}$．

4 (1) 例題 5-3 (2) の結果より，$\sigma = \varepsilon_0 E = 8.85 \times 10^{-12} \times 20 \times 10^3$

$= \underline{1.77 \times 10^{-7} \, \text{C/m}^2}$．

(2) 式 (5-1) より，誘電体をはさむと静電容量は 3 倍になる．ここでは電圧が変化していないから電極の電荷（真電荷）が 3 倍になる．したがって，$\sigma_i = 3\sigma = 3 \times 1.77 \times 10^{-7} = \underline{5.31 \times 10^{-7} \, \text{C/m}^2}$．次に式 (5-7) より，$\sigma_p = \sigma_i - \varepsilon_0 E = \sigma_i - \sigma = 2\sigma = \underline{3.54 \times 10^{-7} \, \text{C/m}^2}$．あるいは式 (5-7) より，$\sigma_p = \varepsilon_0(\varepsilon_r - 1)E = (\varepsilon_r - 1) \times \sigma = 2\sigma$ からも得られる．

(3) 真空のときの静電容量は式 (4-25) より $C_0 = \dfrac{Q}{V} = \dfrac{\sigma S}{Ed}$

$= \dfrac{1.77 \times 10^{-7} \times 2}{20 \times 10^3 \times 0.5 \times 10^{-3}} = \underline{3.54 \times 10^{-8} \, \text{F}}$．誘電体をはさむと，式 (5-1) より静電容量は 3 倍になるので，$C = 3C_0 = 3 \times 3.54 \times 10^{-8}$

$= \underline{1.06 \times 10^{-7} \, \text{F}}$．

5 (1) 電束密度の性質 (4) より，電束密度は真電荷密度に等しい．したがって $D = \sigma_i = \dfrac{Q}{S} = \dfrac{3 \times 10^{-6}}{0.5} = \underline{6 \times 10^{-6}\,\text{C/m}^2}$．

(2) 式 (5-5) より，$E = \dfrac{D}{\varepsilon_0 \varepsilon_r} = \dfrac{6 \times 10^{-6}}{8.85 \times 10^{-12} \times 5} = \underline{1.36 \times 10^5\,\text{V/m}}$．
電圧は $V = Ed = 1.355 \times 10^5 \times 1.5 \times 10^{-3} = \underline{203\,\text{V}}$．

(3) 式 (5-7) より，
$\sigma_p = \varepsilon_0(\varepsilon_r - 1)E = 8.85 \times 10^{-12} \times 4 \times 1.36 \times 10^5 = \underline{4.8 \times 10^{-6}\,\text{C/m}^2}$．

(4) 例題 5-5 (2) の結果より，分極の大きさは $P = \sigma_p = \underline{4.8 \times 10^{-6}\,\text{C/m}^2}$．また電気双極子モーメントは式 (5-13) から
$p = P \times Sd = 4.8 \times 10^{-6} \times 0.5 \times 1.5 \times 10^{-3} = \underline{3.6 \times 10^{-9}\,\text{C}\cdot\text{m}}$．

(5) このコンデンサの静電容量は $C = \dfrac{Q}{V} = \dfrac{3 \times 10^{-6}}{203}$
$= \underline{1.48 \times 10^{-8}\,\text{F}}$．誘電体がない場合は静電容量が $\dfrac{1}{5}$ 倍になるので，
$C_0 = \dfrac{C}{\varepsilon_r} = \dfrac{1.476 \times 10^{-8}}{5} = \underline{2.95 \times 10^{-9}\,\text{F}}$．

6 (1) 図 5-10 において，分極 P は断面 A から断面 B に向かっているので，断面 B の電荷は正，断面 A の電荷は負である．また断面 A は分極 P と垂直であるので，例題 5-5 (2) の結果より断面 A の電荷密度は $\underline{\sigma_A = -P\,[\text{C/m}^2]}$．断面 B に現れる電荷と断面 A に現れる電荷の和は 0 でなければならない．すなわち，$\sigma_A \times ab + \sigma_B \times ae = 0$．よって $\sigma_B = -\dfrac{b}{e}\sigma_A = -\dfrac{b}{e}(-P) = \underline{\dfrac{b}{e}P\,[\text{C/m}^2]}$．

(2) 双極子モーメントは式 (5-13) より，$p = \underline{\dfrac{1}{2}(c+d)ba \times P\,[\text{C}\cdot\text{m}]}$．

7 (1) $C = \dfrac{Q}{V} = \dfrac{3 \times 10^{-8}}{12} = \underline{2.5 \times 10^{-9}\,\text{F}}$.

(2) 電束密度の性質 (4) より,

$D = \sigma_i = \dfrac{Q}{S} = \dfrac{3 \times 10^{-8}}{0.5} = \underline{6 \times 10^{-8}\,\text{C/m}^2}$.

(3) 式(5-5) より, $E_1 = \dfrac{D}{\varepsilon_0 \varepsilon_{r1}} = \dfrac{6 \times 10^{-8}}{8.85 \times 10^{-12} \times 2} = \underline{3.39 \times 10^3\,\text{V/m}}$.

(4) $E_2 = \dfrac{D}{\varepsilon_0 \varepsilon_{r2}} = \dfrac{6 \times 10^{-8}}{8.85 \times 10^{-12} \times 4} = \underline{1.69 \times 10^3\,\text{V/m}}$.

(5) $V = E_1 d_1 + E_2 d_2$ の関係より, $d_2 = \dfrac{V - E_1 d_1}{E_2}$

$= \dfrac{12 - 3.388 \times 10^3 \times 2 \times 10^{-3}}{1.694 \times 10^3} = \underline{3.08 \times 10^{-3}\,\text{m} = 3.08\,\text{mm}}$.

8 隙間を δ とすると, 式 (5-16) を応用することによって, 静電容量は $\dfrac{1}{C} = \dfrac{1}{\dfrac{\varepsilon_0 S}{\delta}} + \dfrac{1}{\dfrac{\varepsilon_0 \varepsilon_r S}{t}}$. したがって, $\delta = \dfrac{\varepsilon_0 S}{C} - \dfrac{t}{\varepsilon_r}$

$= \dfrac{8.85 \times 10^{-12} \times 0.2}{6 \times 10^{-9}} - \dfrac{1 \times 10^{-3}}{5} = \underline{9.51 \times 10^{-5}\,\text{m}}$. 隙間と誘電体の中の電界をそれぞれ E_0, E と置くと, 電束密度は式 (5-5) より, $D = \varepsilon_0 E_0 = \varepsilon_0 \varepsilon_r E$ であり, また電束密度の性質 (4) より $D = \dfrac{Q}{S}$

$= \dfrac{CV}{S} = \dfrac{6 \times 10^{-9} \times 3 \times 10^3}{0.2} = 9 \times 10^{-5}$. よって, 隙間の中の電界は $E_0 = \dfrac{D}{\varepsilon_0} = \dfrac{9 \times 10^{-5}}{8.85 \times 10^{-12}} = \underline{1.02 \times 10^7\,\text{V/m}}$, 誘電体の中の電界は

$E = \dfrac{D}{\varepsilon_0 \varepsilon_r} = \dfrac{9 \times 10^{-5}}{8.85 \times 10^{-12} \times 5} = \underline{2.03 \times 10^6\,\text{V/m}}$.

9 (1) $Q = CV = 6 \times 10^{-8} \times 50 = \underline{3 \times 10^{-6} \text{C}}$.

(2) $E = \dfrac{V}{d} = \dfrac{50}{0.5 \times 10^{-3}} = \underline{1 \times 10^5 \text{V/m}}$.

(3) $Q = \sigma S = DS = \varepsilon E \times S$ の関係より

$$\varepsilon = \frac{Q}{E \times S} = \frac{3 \times 10^{-6}}{1 \times 10^5 \times 1.5} = \underline{2 \times 10^{-11} \text{F/m}}.$$ または式 (5-3) より

$$\varepsilon = \frac{Cd}{S} = \frac{6 \times 10^{-8} \times 0.5 \times 10^{-3}}{1.5} = \underline{2 \times 10^{-11} \text{F/m}}.$$

(4) 式 (5-15) を応用することによって，静電容量は $C = \dfrac{\varepsilon_0 S/2}{d}$

$+ \dfrac{\varepsilon S/2}{d} = \dfrac{\varepsilon_0 + \varepsilon}{2d} S = \dfrac{8.85 \times 10^{-12} + 2 \times 10^{-11}}{2 \times 0.5 \times 10^{-3}} \times 1.5 = 4.33 \times 10^{-8}$.

よって，$Q = CV = 4.328 \times 10^{-8} \times 50 = \underline{2.16 \times 10^{-6} \text{C}}$.

10 クーロンの法則により，真空中で働く引力は，

$$F_0 = \frac{e^2}{4\pi\varepsilon_0 r^2} = 9 \times 10^9 \times \frac{(1.6 \times 10^{-19})^2}{(0.282 \times 10^{-9})^2} = \underline{2.9 \times 10^{-9} \text{N}}.$$ 水中では

$$F = \frac{e^2}{4\pi\varepsilon_0 \varepsilon_r r^2} = \frac{9 \times 10^9}{80} \times \frac{(1.6 \times 10^{-19})^2}{(0.282 \times 10^{-9})^2} = \underline{3.62 \times 10^{-11} \text{N}}.$$ 水中で

はクーロン力が非常に小さくなるので，食塩を水に溶かすとナトリウムイオンと塩素イオンに分かれてしまう．

11 電極の間隔（誘電体の厚さ）を t とすると，誘電体を挿入する前の静電容量は $C_0 = \dfrac{\varepsilon_0 S}{t}$. 挿入した誘電体の面積を x とすると，静電容量は式 (5-15) より，$C = \dfrac{\varepsilon_0 \varepsilon_r x}{t} + \dfrac{\varepsilon_0 (S-x)}{t} = \dfrac{\varepsilon_0 (\varepsilon_r - 1) x}{t}$.

$+\dfrac{\varepsilon_0 S}{t}$. これが $2C_0$ と等しいので，$\dfrac{\varepsilon_0(\varepsilon_r-1)x}{t}+\dfrac{\varepsilon_0 S}{t}=2\dfrac{\varepsilon_0 S}{t}$. よって，$x=\dfrac{S}{\varepsilon_r-1}=\dfrac{0.3}{2.5-1}=\underline{0.2\,\mathrm{m}^2}$.

12 例題 5-6 と同様に，誘電体の中と電極の間の空気の部分の電界は等しい．この電界を E とすると，空気の部分と誘電体の中の $1\,\mathrm{m}^3$ あたりの静電エネルギーは式 (5-21) より，それぞれ $w_0=\dfrac{1}{2}\varepsilon_0 E^2$, $w=\dfrac{1}{2}\varepsilon_0\varepsilon_r E^2$ である．誘電体の面積を x，厚さを d とすると，題意より $\dfrac{1}{2}\varepsilon_0\varepsilon_r E^2\times xd=\dfrac{1}{2}\varepsilon_0 E^2\times(S-x)d$. よって

$$x=\dfrac{S}{\varepsilon_r+1}=\dfrac{0.5}{1.5+1}=\underline{0.2\,\mathrm{m}^2}.$$

13 例題 5-7 と同様に，誘電体の中と電極の間の空気の部分の電束密度が等しい．この電束密度を D とすると，空気の部分と誘電体の中の $1\,\mathrm{m}^3$ あたりの静電エネルギーは式 (5-21) より，それぞれ，$w_0=\dfrac{D^2}{2\varepsilon_0}$, $w=\dfrac{D^2}{2\varepsilon_0\varepsilon_r}$ である．誘電体の厚さを x，面積を S とすると，題意より $\dfrac{D^2}{2\varepsilon_0\varepsilon_r}\times xS=\dfrac{D^2}{2\varepsilon_0}\times(d-x)S$. よって，

$$x=\dfrac{\varepsilon_r}{1+\varepsilon_r}d=\dfrac{1.5}{1+1.5}\times 3=\underline{1.8\,\mathrm{mm}}.$$

14 (1) コンデンサに蓄えられるエネルギーは式 (4-33) を用いて計算する．電極の間が真空のときは $W_0=\dfrac{1}{2}C_0 V^2$. 誘電体で満たしたときの静電容量は，式 (5-1) より，$C=\varepsilon_r C_0$. このときコンデンサ

に蓄えられるエネルギーは $W = \dfrac{1}{2}CV^2$. よって，蓄えられるエネルギーの差は，$\Delta W = W - W_0 = \dfrac{1}{2}CV^2 - \dfrac{1}{2}C_0V^2 = \dfrac{1}{2}(C-C_0)V^2 = \dfrac{1}{2} \times (\varepsilon_r - 1)C_0V^2 = \dfrac{1}{2} \times (5-1) \times 2 \times 10^{-6} \times (3 \times 10^3)^2 = \underline{36\,\mathrm{J}}$.

(2) 電池から切り離されているので，コンデンサに蓄えられた電荷 $Q = C_0V$ は，電極の間を誘電体で満たしても変わらない．したがって，誘電体で満たしたときにコンデンサに蓄えられるエネルギーは $W' = \dfrac{Q^2}{2C} = \dfrac{(C_0V)^2}{2C}$. よって蓄えられるエネルギーの差は

$$\Delta W' = W' - W_0 = \dfrac{(C_0V)^2}{2C} - \dfrac{1}{2}C_0V^2 = \dfrac{C_0}{2}\left(\dfrac{C_0}{C} - 1\right)V^2$$

$= \dfrac{C_0}{2}\left(\dfrac{1}{\varepsilon_r} - 1\right)V^2 = \dfrac{2 \times 10^{-6}}{2} \times \left(\dfrac{1}{5} - 1\right) \times (3 \times 10^3)^2 = \underline{-7.2\,\mathrm{J}}$.

15 (1) 導体球と同じ中心の半径 r の球を考えると，この球から出る電束は Q 本，球の表面積が $4\pi r^2$ であるので，電束密度は $D = \dfrac{Q}{4\pi r^2}$. したがって，誘電体の表面の内側における電界は $E = \dfrac{D}{\varepsilon_0 \varepsilon_r} = \dfrac{Q}{4\pi \varepsilon_0 \varepsilon_r (a+t)^2}$. 式 (5-7) より，$\sigma_P = \varepsilon_0(\varepsilon_r - 1)E$

$= \dfrac{(\varepsilon_r - 1)Q}{4\pi \varepsilon_r (a+t)^2} = \dfrac{2 \times 5 \times 10^{-6}}{4\pi \times 3 \times (12 \times 10^{-2})^2} = \underline{1.84 \times 10^{-5}\,\mathrm{C/m^2}}$.

(2) $a < r < b = a + t$ では電界は $E = \dfrac{D}{\varepsilon_0 \varepsilon_r} = \dfrac{Q}{4\pi \varepsilon_0 \varepsilon_r r^2}$, $r > b$ では $E = \dfrac{D}{\varepsilon_0} = \dfrac{Q}{4\pi \varepsilon_0 r^2}$. したがって，導体球の電位は

$$V = \int_\infty^a -E\,dr = \int_\infty^b -\frac{Q}{4\pi\varepsilon_0 r^2}\,dr + \int_b^a -\frac{Q}{4\pi\varepsilon_0\varepsilon_r r^2}\,dr$$

$$= \frac{Q}{4\pi\varepsilon_0}\left[\frac{1}{r}\right]_\infty^b + \frac{Q}{4\pi\varepsilon_0\varepsilon_r}\left[\frac{1}{r}\right]_b^a = \frac{Q}{4\pi\varepsilon_0\varepsilon_r}\left(\frac{\varepsilon_r-1}{b} + \frac{1}{a}\right)$$

$$= \frac{9\times10^9}{3}\times 5\times10^{-6}\times\left(\frac{2}{12\times10^{-2}} + \frac{1}{10\times10^{-2}}\right) = \underline{4\times10^5\ \text{V}}.$$

(3) 導体球の表面に力 F が外向きに働いて,半径が dx だけ大きくなると仮定すると,力 F の仕事は $dW_F = F\,dx$. 一方,静電エネルギーの変化を考えると,厚さ dx の部分には変位の前は,式 (5-21) より,1 m^3 あたり $w_e = \dfrac{D^2}{2\varepsilon}$ のエネルギーが蓄えられていたが,変位の後では導体の中になるので,電界は 0,静電エネルギーも 0 となる.また厚さ dx の部分の体積は $4\pi a^2 dx$ であるから,静電エネルギーの変化は $dW_e = -\dfrac{D^2}{2\varepsilon}\times 4\pi a^2 dx = -\dfrac{1}{2\varepsilon_0\varepsilon_r}\left(\dfrac{Q}{4\pi a^2}\right)^2$

$\times 4\pi a^2 dx = -\dfrac{Q^2}{8\pi\varepsilon_0\varepsilon_r a^2}dx$. よって式 (5-26) から,

$F = -\dfrac{dW_e}{dx} = \dfrac{Q^2}{8\pi\varepsilon_0\varepsilon_r a^2}$. F は正なので仮想変位 dx の向きと一致する.したがって導体の表面の圧力は<u>外向き</u>で

$$\frac{F}{4\pi a^2} = \frac{Q^2}{32\pi^2\varepsilon_0\varepsilon_r a^4} = \frac{(5\times10^{-6})^2}{32\pi^2\times 8.85\times10^{-12}\times 3\times 0.1^4} = \underline{29.8\ \text{Pa}}.$$

(4) 誘電体の表面に力 F が外向きに働いて,半径が dx だけ大きくなると仮定すると,力 F の仕事は $dW_F = F\,dx$. 厚さ dx の部分には変位の前は 1 m^3 あたり $w_{e0} = \dfrac{D^2}{2\varepsilon_0}$,変位の後では $w_e = \dfrac{D^2}{2\varepsilon_0\varepsilon_r}$

の静電エネルギーが蓄えられる．したがって静電エネルギーの変化は $dW_e = \left(\dfrac{D^2}{2\varepsilon_0\varepsilon_r} - \dfrac{D^2}{2\varepsilon_0}\right) \times 4\pi b^2 dx = \dfrac{1}{2\varepsilon_0}\left(\dfrac{1}{\varepsilon_r} - 1\right)\left(\dfrac{Q}{4\pi b^2}\right)^2 4\pi b^2 dx$

$= \left(\dfrac{1}{\varepsilon_r} - 1\right)\dfrac{Q^2}{8\pi\varepsilon_0 b^2} dx$. よって $F = -\dfrac{dW_e}{dx} = \dfrac{Q^2}{8\pi\varepsilon_0 b^2}\left(1 - \dfrac{1}{\varepsilon_r}\right)$.

$F > 0$ なので，力は仮想変位 dx の向きと一致する．したがって，誘電体の表面の圧力は<u>外向き</u>で $\dfrac{F}{4\pi b^2} = \dfrac{Q^2}{32\pi^2\varepsilon_0 b^4}\left(1 - \dfrac{1}{\varepsilon_r}\right)$

$= \dfrac{(5\times 10^{-6})^2}{32\pi^2 \times 8.85\times 10^{-12} \times 0.12^4}\left(1 - \dfrac{1}{3}\right) = \underline{28.7\,\mathrm{Pa}}$.

16 (1) 誘電体 I の中でも II の中でも電束密度は同じ式で表される．円柱導体と同じ中心軸を有する半径 r，長さ 1 m の円柱を考えると，この円柱の側面から出る電束は Q 本，側面積は $2\pi r$ であるので，電束密度は $D = \dfrac{Q}{2\pi r}$. したがって，式 (5-5) より，誘電体 I の中では

$E = \dfrac{D}{\varepsilon_1} = \underline{\dfrac{Q}{2\pi\varepsilon_1 r}}$，誘電体 II の中では $E = \dfrac{D}{\varepsilon_2} = \underline{\dfrac{Q}{2\pi\varepsilon_2 r}}\,[\mathrm{V/m}]$.

そのほかの r の範囲では $\underline{E = 0}$.

(2) 電束の性質 (4) より，内側の導体の表面 ($r = a$) では，$\sigma_a = D = \underline{\dfrac{Q}{2\pi a}}\,[\mathrm{C/m^2}]$，外側の導体の表面 ($r = c$) では，$\sigma_c = -D$

$= \underline{-\dfrac{Q}{2\pi c}}\,[\mathrm{C/m^2}]$，誘電体の境界面 ($r = b$) では，ガウスの法則を適用すると，$\dfrac{\sigma_b}{\varepsilon_0}$ は境界面の 1 m^2 から発生する電気力線に等しい．

したがって $\sigma_b = \varepsilon_0(E_2 - E_1) = \underline{\dfrac{\varepsilon_0 Q}{2\pi b}\left(\dfrac{1}{\varepsilon_2} - \dfrac{1}{\varepsilon_1}\right)}\,[\mathrm{C/m^2}]$．これは誘電

体の境界面に現れる電荷であるから分極電荷である．分極電荷を考えるとき，誘電率は ε_1, ε_2 ではなく ε_0 を用いる．（誘電率 ε_1, ε_2 を用いるときは分極電荷を考えなくてもよい．）

この問題は，誘電体 I と II の境界面における分極電荷の和と考えることもできる．分極の方向を考えると，誘電体 II による境界面の電荷密度 σ_{p2} は負である．したがって，$\sigma_b = \sigma_{p1} + \sigma_{p2} = \varepsilon_0(\varepsilon_{r1}-1) \times E_1 - \varepsilon_0(\varepsilon_{r2}-1)E_2 = \varepsilon_0\varepsilon_{r1}E_1 - \varepsilon_0\varepsilon_{r2}E_2 + \varepsilon_0(E_2-E_1)$．ここで 1 項目と 2 項目は電束密度であり，互いに等しいので打ち消し合う．結局，この式は上で導いた σ_b と一致する．

(3) (1) の結果を用いて $V = \int_c^a -E\,dr = \int_c^b -\dfrac{Q}{2\pi\varepsilon_2 r}dr + \int_b^a -\dfrac{Q}{2\pi\varepsilon_1 r} \times dr = \dfrac{Q}{2\pi}\left(-\dfrac{1}{\varepsilon_2}\Big[\ln r\Big]_c^b - \dfrac{1}{\varepsilon_1}\Big[\ln r\Big]_b^a\right) = \underline{\dfrac{Q}{2\pi}\left(\dfrac{1}{\varepsilon_1}\ln\dfrac{b}{a} + \dfrac{1}{\varepsilon_2}\ln\dfrac{c}{b}\right)\,[\mathrm{V}]}$．

(4) (3) の結果を用いて $C = \dfrac{Q}{V} = \underline{\dfrac{2\pi}{\dfrac{1}{\varepsilon_1}\ln\dfrac{b}{a} + \dfrac{1}{\varepsilon_2}\ln\dfrac{c}{b}}\,[\mathrm{F/m}]}$．

(5) 内側の導体に，円筒の長さ 1 m あたりの力 F が外向きに働いて，半径が dx 増加すると仮定する．力 F の仕事は $dW_F = F\,dx$．15 (3) と同様に，円筒の長さ 1 m あたりの静電エネルギーの変化は $dW_e = -\dfrac{D^2}{2\varepsilon_1}\times 2\pi a\,dx = -\dfrac{1}{2\varepsilon_1}\left(\dfrac{Q}{2\pi a}\right)^2 2\pi a\,dx = -\dfrac{Q^2}{4\pi\varepsilon_1 a}dx$．（導体の半径が大きくなることによって厚さ dx, 体積 $2\pi a$ の部分の静電エネルギーが 0 になる）よって，$F = -\dfrac{dW_e}{dx} = \dfrac{Q^2}{4\pi\varepsilon_1 a}$．$F > 0$ なので力は仮想変位 dx の向きと一致し，内側の導体の 1 m² あたりの力は外向きで $\underline{\dfrac{F}{2\pi a} = \dfrac{Q^2}{8\pi^2\varepsilon_1 a^2}\,[\mathrm{Pa}]}$．

外側の導体に，円筒の長さ 1 m あたりの力 F が外向きに働いて，半径が $\mathrm{d}x$ 増加すると仮定する．力 F の仕事は $\mathrm{d}W_F = F\mathrm{d}x$．円筒の長さ 1 m あたりの静電エネルギーの変化は，上の場合と同様に $\mathrm{d}W_e = \dfrac{D^2}{2\varepsilon_2} 2\pi c \mathrm{d}x = \dfrac{1}{2\varepsilon_2}\left(\dfrac{Q}{2\pi c}\right)^2 2\pi c \mathrm{d}x = \dfrac{Q^2}{4\pi\varepsilon_2 c}\mathrm{d}x$．よって

$$F = -\dfrac{\mathrm{d}W_e}{\mathrm{d}x} = -\dfrac{Q^2}{4\pi\varepsilon_2 c}.$$

$F < 0$ なので，力は仮想変位 $\mathrm{d}x$ の向きと反対になる．したがって，外側の導体の 1 m^2 あたりの力は<u>内向き</u>で

$$\dfrac{F}{2\pi c} = \underline{\dfrac{Q^2}{8\pi^2 \varepsilon_2 c^2}} \;[\mathrm{Pa}].$$

誘電体の境界面に，円筒の長さ 1 m あたりの力 F が外向きに働いて，半径が $\mathrm{d}x$ 増加すると仮定する．力 F の仕事は $\mathrm{d}W_F = F\mathrm{d}x$．円筒の長さ 1 m あたりの静電エネルギーの変化は

$$\mathrm{d}W_e = \left(\dfrac{D^2}{2\varepsilon_1} - \dfrac{D^2}{2\varepsilon_2}\right) \times 2\pi b \mathrm{d}x = \dfrac{1}{2}\left(\dfrac{1}{\varepsilon_1} - \dfrac{1}{\varepsilon_2}\right)\left(\dfrac{Q}{2\pi b}\right)^2 2\pi b \mathrm{d}x$$

$$= \left(\dfrac{1}{\varepsilon_1} - \dfrac{1}{\varepsilon_2}\right)\dfrac{Q^2}{4\pi b}\mathrm{d}x.$$

よって $F = -\dfrac{\mathrm{d}W_e}{\mathrm{d}x} = \left(\dfrac{1}{\varepsilon_2} - \dfrac{1}{\varepsilon_1}\right)\dfrac{Q^2}{4\pi b}$．境界面の 1 m^2 あたりの力は<u>外向き</u>に $\dfrac{F}{2\pi b} = \underline{\left(\dfrac{1}{\varepsilon_2} - \dfrac{1}{\varepsilon_1}\right)\dfrac{Q^2}{8\pi^2 b^2}}$ [Pa]．

17 (1) 境界面と電界が平行なので，例題 5-6 と同様に，誘電体 I の中でも II の中でも電界は同じ式で表される．円筒の中の電界であるから，これを $E = \dfrac{A}{r}$ と置く．そのとき誘電体 I，II に接する内側の導体の表面の電荷密度は $\sigma_1 = \varepsilon_1 E = \dfrac{\varepsilon_1 A}{a}$, $\sigma_2 = \varepsilon_2 E = \dfrac{\varepsilon_2 A}{a}$．さらに $Q = (\sigma_1 + \sigma_2) \times \dfrac{2\pi a}{2} = \left(\dfrac{\varepsilon_1 A}{a} + \dfrac{\varepsilon_2 A}{a}\right) \times \pi a = \pi A(\varepsilon_1 + \varepsilon_2)$ の関係

から $A = \dfrac{Q}{\pi(\varepsilon_1+\varepsilon_2)}$. よって,$a<r<b$ の範囲で $E = \dfrac{Q}{\pi(\varepsilon_1+\varepsilon_2)r}$ [V/m],そのほかの r の範囲では $E=0$. $\sigma_1 = \varepsilon_1 E = \dfrac{\varepsilon_1 Q}{\pi(\varepsilon_1+\varepsilon_2)a}$,

$\sigma_2 = \varepsilon_2 E = \dfrac{\varepsilon_2 Q}{\pi(\varepsilon_1+\varepsilon_2)a}$ [C/m^2].

(2) $V = \displaystyle\int_b^a -E\mathrm{d}r = \int_b^a -\dfrac{Q}{\pi(\varepsilon_1+\varepsilon_2)r}\mathrm{d}r = -\dfrac{Q}{\pi(\varepsilon_1+\varepsilon_2)}\Big[\ln r\Big]_b^a$

$= \dfrac{Q}{\pi(\varepsilon_1+\varepsilon_2)}\ln\dfrac{b}{a}$ [V].

(3) $C = \dfrac{Q}{V} = \dfrac{\pi(\varepsilon_1+\varepsilon_2)}{\ln(b/a)}$ [F/m].

18 (1) 電束の性質 (4) より

$\sigma = D = \varepsilon_0 \varepsilon_r E = 8.85\times 10^{-12}\times 3\times 20\times 10^3 = \underline{5.31\times 10^{-7}\text{ C/m}^2}$.
$\sigma_0 = \varepsilon_0 E = 8.85\times 10^{-12}\times 20\times 10^3 = \underline{1.77\times 10^{-7}\text{ C/m}^2}$.

(2) $\mathrm{d}Q = (\sigma - \sigma_0)a\mathrm{d}x = (5.31 - 1.77)\times 10^{-7}\times 2\times \mathrm{d}x$
$= \underline{7.08\times 10^{-7}\mathrm{d}x\text{ [C]}}$. $\mathrm{d}W_Q = V\mathrm{d}Q = Et\times \mathrm{d}Q$
$= 20\times 10^3\times 0.1\times 10^{-3}\times 7.08\times 10^{-7}\mathrm{d}x = \underline{1.42\times 10^{-6}\mathrm{d}x\text{ [J]}}$.

(3) エネルギーが変化しているのは幅 $\mathrm{d}x$ の領域だけなので,式 (5-21) より $\mathrm{d}W_e = \dfrac{1}{2}(\varepsilon_0\varepsilon_r-\varepsilon_0)E^2 at\mathrm{d}x = \dfrac{1}{2}\times 8.85\times 10^{-12}\times(3-1)$

$\times (20\times 10^3)^2\times 2\times 0.1\times 10^{-3}\mathrm{d}x = \underline{7.08\times 10^{-7}\mathrm{d}x\text{ [J]}}$.

(4) (5.34) 式より $F = -\dfrac{\mathrm{d}W_e - \mathrm{d}W_Q}{\mathrm{d}x} = \underline{7.08\times 10^{-7}\text{ N}}$.

$F>0$ であるから,力の向きは仮想変位 $\mathrm{d}x$ の向きと一致する.すなわち<u>コンデンサの中に向かう方向</u>.

章末問題解答

19 (1) 電束密度の大きさは $D_1 = \sqrt{D_{1//}^2 + D_{1\perp}^2}$
$= \sqrt{(8.66 \times 10^{-8})^2 + (1.5 \times 10^{-7})^2} = 1.73 \times 10^{-7}$. したがって，電界は $E_1 = \dfrac{D_1}{\varepsilon_0 \varepsilon_{r1}} = \dfrac{1.73 \times 10^{-7}}{8.85 \times 10^{-12} \times 2} = \underline{9.78 \times 10^3 \text{ V/m}}$.

(2) 例題 5-8 でも説明したように，境界面の両側の電界の平行成分は等しい．したがって，$D_{2//} = \varepsilon_0 \varepsilon_{r2} \times E_{2//} = \varepsilon_0 \varepsilon_{r2} \times E_{1//}$
$= \varepsilon_0 \varepsilon_{r2} \times \dfrac{D_{1//}}{\varepsilon_0 \varepsilon_{r1}} = \dfrac{\varepsilon_{r2}}{\varepsilon_{r1}} D_{1//} = \dfrac{6}{2} \times 8.66 \times 10^{-8} = \underline{2.6 \times 10^{-7} \text{ C/m}^2}$.
境界面の両側の電束密度の垂直成分は等しいので，
$D_{2\perp} = D_{1\perp} = \underline{1.5 \times 10^{-7} \text{ C/m}^2}$.

(3) $D_2 = \sqrt{D_{2//}^2 + D_{2\perp}^2} = \sqrt{(2.6 \times 10^{-7})^2 + (1.5 \times 10^{-7})^2}$
$= \underline{3 \times 10^{-7} \text{ C/m}^2}$.

(4) $\theta_2 = \tan^{-1} \dfrac{D_{2\perp}}{D_{2//}} = \tan^{-1} \dfrac{1.5 \times 10^{-7}}{2.6 \times 10^{-7}} = \underline{30°}$.

20 (1) 導体球の電位は $V = \dfrac{q}{4\pi\varepsilon_0 a}$. したがって，$dq$ を運ぶエネルギーは $dW = Vdq = \underline{\dfrac{q}{4\pi\varepsilon_0 a} dq \text{ [J]}}$.

(2) $W = \displaystyle\int_0^Q \dfrac{q}{4\pi\varepsilon_0 a} dq = \dfrac{1}{4\pi\varepsilon_0 a} \left[\dfrac{q^2}{2}\right]_0^Q = \underline{\dfrac{Q^2}{8\pi\varepsilon_0 a} \text{ [J]}}$.

(3) 導体球の中心から距離 r の位置の電界は $E = \dfrac{Q}{4\pi\varepsilon_0 r^2}$. 解図 **5-1** に示すような，半径 r，厚さ dr の球殻（体積 $4\pi r^2 dr$）に含まれる静電エネルギーは式 (5-21) より $dW = \dfrac{\varepsilon_0}{2} E^2 \times 4\pi r^2 dr$
$= \dfrac{\varepsilon_0}{2} \left(\dfrac{Q}{4\pi\varepsilon_0 r^2}\right)^2 \times 4\pi r^2 dr = \dfrac{Q^2}{8\pi\varepsilon_0 r^2} dr$. したがって，球の周囲の

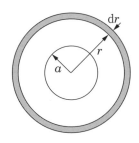

解図 5-1

空間に含まれるエネルギーは次式で得られる．
$$W=\int_a^\infty \frac{Q^2}{8\pi\varepsilon_0 r^2}dr = \frac{Q^2}{8\pi\varepsilon_0}\left[-\frac{1}{r}\right]_a^\infty = \underline{\frac{Q^2}{8\pi\varepsilon_0 a}} \text{ [J]}.$$

このエネルギーは（2）で得られた結果と一致した．このことからも，導体球に電荷を運ぶために要したエネルギーが，導体球のまわりの空間に蓄えられることがわかる．

<第6章>

1 電流の定義から，コンデンサには1秒間あたり I [C/s] の電荷が流れ込む．したがって，t 秒後にコンデンサに蓄えられている電荷は $Q = It$．電圧は $V = \dfrac{Q}{C} = \dfrac{It}{C}$．よって

$$t = \dfrac{C}{I}V = \dfrac{200 \times 10^{-6}}{3 \times 10^{-3}} \times 6 = \underline{0.4 \text{ s}}.$$

2 1時間に陰極に流れ込む電荷の大きさ（絶対値）は $0.5\,[\text{A}] \times 3600\,[\text{s}] = 1800\,[\text{C}]$．したがって発生する水素ガスの体積を x とすると，

$$22.4 : 1.93 \times 10^5 = x : 1800.\ \text{よって，}\ x = \dfrac{22.4 \times 1800}{1.93 \times 10^5} = \underline{0.209\,\text{L}}.$$

3 電子の円軌道上に軌道と垂直な小さな面を考える．電子がこの面を1秒間に通過する回数は $N = \dfrac{v}{2\pi a}$ である．電流の定義より，

$$I = Ne = \dfrac{v}{2\pi a}e = \dfrac{2.19 \times 10^6}{2\pi \times 5.29 \times 10^{-11}} \times 1.6 \times 10^{-19} = \underline{1.05 \times 10^{-3}\,\text{A}}.$$

4 解図 **6-1** に示すように，回転軸を1辺とする面Aを考える．この面を1秒間に通過する電荷の量は，球の電荷 Q の N 倍である．したがって電流の定義より，

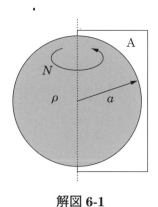

解図 **6-1**

$$I = N \times Q = N \times \frac{4}{3}\pi a^3 \rho = 30 \times \frac{4}{3}\pi \times 0.1^3 \times 0.2 = \underline{2.51 \times 10^{-2} \text{A}}.$$

5 (1) 式 (6-7) より, 合成抵抗は, $R = R_1 + R_2 + R_3 = 5 + 10 + 25$

$= \underline{40\,\Omega}$. コンダクタンスは $G = \dfrac{1}{R} = \dfrac{1}{40} = \underline{2.5 \times 10^{-2}\,\text{S}}$.

(2) 流れる電流は $I = \dfrac{V}{R}$. したがって,

$$V_2 = IR_2 = \frac{V}{R}R_2 = \frac{60}{40} \times 10 = \underline{15\,\text{V}}.$$

6 (1) 式 (6-10b) より, 合成コンダクタンスは, $G = \dfrac{1}{R_1} + \dfrac{1}{R_2} + \dfrac{1}{R_3}$

$= \dfrac{1}{5} + \dfrac{1}{10} + \dfrac{1}{25} = \underline{0.34\,\text{S}}$. 合成抵抗は $R = \dfrac{1}{G} = \dfrac{1}{0.34} = \underline{2.94\,\Omega}$.

(2) 抵抗に加わる電圧は $V = RI$. したがって,

$$I_2 = \frac{V}{R_2} = \frac{RI}{R_2} = \frac{2.94 \times 2}{10} = \underline{0.588\,\text{A}}.$$

7 (1) 1.5 A の電流が流れている 3 Ω の抵抗に発生する電圧は $V_3 = 3 \times 1.5 = 4.5\,\text{V}$. このとき 1 Ω の抵抗にも $V_3 = 4.5\,\text{V}$ の電圧が発生するので, 1 Ω の抵抗には $I_1 = 4.5\,\text{A}$ の電流が流れている. したがって 2 Ω の抵抗には $I = 1.5 + 4.5 = 6\,\text{A}$ の電流が流れているので, $V_2 = 2 \times 6 = 12\,\text{V}$ の電圧が発生する. したがって AB 間の電圧は $V = V_2 + V_3 = 4.5 + 12 = \underline{16.5\,\text{V}}$.

(2) $R = \dfrac{V}{I} = \dfrac{16.5}{6} = \underline{2.75\,\Omega}$. あるいは 3 Ω の抵抗と 1 Ω の抵抗が並列に接続されている合成抵抗は $\dfrac{1}{R'} = \dfrac{1}{3} + 1 = \dfrac{4}{3}$. これに 2 Ω の抵抗が直列に接続されているので, 全体の合成抵抗は

$$R = R_2 + R' = 2 + \frac{3}{4} = \underline{2.75\,\Omega}.$$

8 (1) 電池を開放している（何も接続しない）とき，(a) の等価回路では明らかに端子電圧は U である．(b) の等価回路の端子電圧は IR である．両者が等しいことから $U = IR \cdots$ ①．電池を短絡しているとき，(a) の等価回路では電池から流れる電流は $\dfrac{U}{r}$．(b) の等価回路の電池から流れる電流は I である．両者が等しいことより $\dfrac{U}{r} = I \cdots$ ②．①および②から，$\underline{R = r}$，$\underline{I = \dfrac{U}{r}}$．

(2) 電池を図 6-11 (a) の等価回路で表し，これらを直列に接続すると解図 6-2 (a) のようになる．直列に接続された電池と抵抗をそれぞれ 1 個の電池と抵抗に合成すると，次のようになる．
$U = U_1 + U_2 = 1.5 + 3 = \underline{4.5\,\text{V}}$，$r = r_1 + r_2 = 2 + 4 = \underline{6\,\Omega}$．

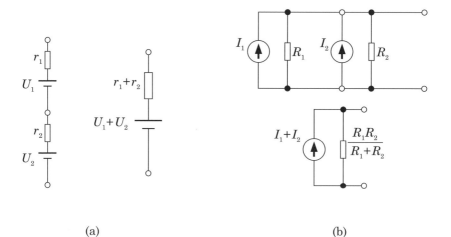

解図 6-2

(3) 電池を図 **6-11**（**b**）の等価回路で表し，これらを並列に接続すると**解図 6-2**（**b**）のようになる．ただし，$R_1 = r_1 = 2$，$R_2 = r_2 = 4$，$I_1 = \dfrac{U_1}{r_1} = \dfrac{1.5}{2} = 0.75$，$I_2 = \dfrac{U_2}{r_2} = \dfrac{3}{4} = 0.75$．並列に接続された2個の電流源を1個の電流源にまとめると，
$I = I_1 + I_2 = 0.75 + 0.75 = 1.5$．2個の抵抗を1個にまとめると
$\dfrac{1}{R} = \dfrac{1}{R_1} + \dfrac{1}{R_2} = \dfrac{1}{2} + \dfrac{1}{4} = \dfrac{3}{4}$．したがって，さらに図 **6-11**（**a**）のような電圧源を用いた等価回路に変換すると，
$r = R = \dfrac{4}{3} = \underline{1.33\,\Omega}$．$U = RI = \dfrac{4}{3} \times 1.5 = \underline{2\,\mathrm{V}}$．

9 式 (6-12) より，抵抗に加えられている電圧は $V = \dfrac{W}{e}$．したがって電流は式 (6-3) より，$I = \dfrac{V}{R} = \dfrac{W}{eR} = \dfrac{5 \times 10^{-16}}{1.6 \times 10^{-19} \times 500} = \underline{6.25\,\mathrm{A}}$．

1秒間に通過する電子の数は

$N = \dfrac{I}{e} = \dfrac{6.25}{1.6 \times 10^{-19}} = \underline{3.91 \times 10^{19}}$ 個/s．

10 $1\,\mathrm{W} = 1\,\mathrm{J/s}$ であるから，$1\,\mathrm{kWh} = 1 \times 10^3\,[\mathrm{W}] \times 3\,600\,[\mathrm{s}] = \underline{3.6 \times 10^6\,\mathrm{J}}$．5℃の水500 gを95℃まで上げるのに必要なエネルギーは $W = (95 - 5) \times 4.18 \times 10^3 \times 0.5 = 188\,\mathrm{J}$．これを電力量に換算すると $W_h = \dfrac{188.1}{3\,600} = \underline{52.3\,\mathrm{Wh}}$．

加熱に必要な時間は，$t = \dfrac{W_h}{P} = \dfrac{52.3}{500} = \underline{0.145\,\mathrm{h} = 376\,\mathrm{s}}$．

11 (1) 式 (6-15) より，$J = \dfrac{I}{S} = \dfrac{10}{0.7 \times 10^{-6}} = \underline{1.43 \times 10^7\,\mathrm{A/m^2}}$．

章末問題解答

(2) 電流の定義より，$N = \dfrac{I}{e} = \dfrac{10}{1.6\times 10^{-19}} = \underline{6.25\times 10^{19}\text{個/s}}$．

(3) $V = RI = 0.369\times 10 = \underline{3.69\text{ V}}$．

(4) $w = eV = 1.6\times 10^{-19}\times 3.69 = \underline{5.9\times 10^{-19}\text{ J}}$．
$W = Nw = 6.25\times 10^{19}\times 5.9\times 10^{-19} = \underline{36.9\text{ J/s}}\,[= \text{W}]$．

(5) $P = I\times V = 10\times 3.69 = \underline{36.9\text{ W}}$．

(6) $E = \dfrac{V}{l} = \dfrac{3.69}{15} = \underline{0.246\text{ V/m}}$．

(7) 電子の電荷は負であるので電子の速度の向きは電流の向きと反対である．よって$\underline{左向き}$．

(8) 式 (6-22) より，

$$v = \dfrac{J}{ne} = \dfrac{1.43\times 10^{7}}{8.46\times 10^{28}\times 1.6\times 10^{-19}} = \underline{1.06\times 10^{-3}\text{m/s} = 1.06\,\text{mm/s}}.$$

(9) 式 (6-23) より，$\mu = \dfrac{v}{E} = \dfrac{1.055\times 10^{-3}}{0.246} = \underline{4.29\times 10^{-3}\text{ m}^2/\text{V}\cdot\text{s}}$．

(10) 式 (6-14a) より，抵抗率は $\rho = \dfrac{RS}{l} = \dfrac{0.369\times 0.7\times 10^{-6}}{15}$

$= \underline{1.72\times 10^{-8}\,\Omega\cdot\text{m}}$．導電率は $\sigma = \dfrac{1}{\rho} = \dfrac{1}{1.72\times 10^{-8}} = \underline{5.81\times 10^{7}\text{ S/m}}$．

(11) 銅線で発生する熱エネルギーは式 (6-11) より，$P = RI^{2}$
$= \rho\dfrac{l}{S}\times (JS)^{2} = \rho J^{2}\times Sl$．したがって，1 m³ あたりでは

$\dfrac{P}{Sl} = \rho J^{2} = 1.722\times 10^{-8}\times (1.4285\times 10^{7})^{2} = \underline{3.51\times 10^{6}\text{ W/m}^3}$．

12 (1) 式 (6-13) より，$P = \dfrac{V^{2}}{R} = \dfrac{100^{2}}{333} = \underline{30\text{ W}}$．

(2) 式 (6-27) より，$R_{0} = \dfrac{R}{1+\alpha(t-t_{0})} = \dfrac{333}{1+5.3\times 10^{-3}\times (2\,000-0)}$

$= \underline{28.7\,\Omega}$.

13 (1) $\underline{I_1 = \dfrac{V_1 - V}{R_1}\ ,\ I_2 = \dfrac{V_2 - V}{R_2}\ ,\ I_3 = \dfrac{V_3 - V}{R_3}\,[\mathrm{A}]}$.

(2) P点に電荷が蓄積されることがないので，$\underline{I_1 + I_2 + I_3 = 0}$．これは**キルヒホッフの第1法則**（任意の点に流入する電流の総計は0になる．）である．

(3) (1) で導いた $I_1,\ I_2,\ I_3$ を (2) の式に代入すると，
$$I_1 + I_2 + I_3 = \dfrac{V_1}{R_1} + \dfrac{V_2}{R_2} + \dfrac{V_3}{R_3} - \left(\dfrac{1}{R_1} + \dfrac{1}{R_2} + \dfrac{1}{R_3}\right)V = 0.\ \text{よって}$$

$$V = \dfrac{\dfrac{V_1}{R_1} + \dfrac{V_2}{R_2} + \dfrac{V_3}{R_3}}{\dfrac{1}{R_1} + \dfrac{1}{R_2} + \dfrac{1}{R_3}} = \dfrac{\dfrac{30}{5} + \dfrac{20}{10} + \dfrac{10}{25}}{\dfrac{1}{5} + \dfrac{1}{10} + \dfrac{1}{25}} = \underline{24.7\,\mathrm{V}}.$$

14 (1) A点の電位を V_A とすると，B点，C点の電位はそれぞれ $V_\mathrm{B} = V_\mathrm{A} + V_1,\ V_\mathrm{C} = V_\mathrm{B} + V_3 = V_\mathrm{A} + V_1 + V_3$．$V_\mathrm{C}$ に V_5 を加えると再び V_A となる．すなわち，$V_\mathrm{A} = V_\mathrm{A} + V_1 + V_3 + V_5$．よって $\underline{V_\mathrm{X} = V_1 + V_3 + V_5 = 0}$ ･･･①．次にD点の電位を V_D とすると，C点，A点，B点，の電位はそれぞれ $V_\mathrm{C} = V_\mathrm{D} + V_4$，$V_\mathrm{A} = V_\mathrm{D} + V_4 + V_5$，$V_\mathrm{B} = V_\mathrm{D} + V_4 + V_5 + V_1$．一方，BD間の電圧は電池の起電力 E に等しい．したがって $V_\mathrm{Y} = V_1 + V_4 + V_5 = V_\mathrm{B} - V_\mathrm{D} = E = \underline{2.6\,\mathrm{V}}$．これは**キルヒホッフの第2法則**（任意のループに沿って電圧を総計すると0になる．）で，式 (3.15) を回路に適用したものである．

(2) 電流 I_1 が I_2 と I_5 に枝分かれするので（キルヒホッフの第1法則より）$I_5 = I_1 - I_2 = 100 - 80 = \underline{20\,\mathrm{mA}}$．

(3) BC間の電圧は $V_3 = -r_3 I_3$ であり，また①式より，$V_3 = -(V_1 + V_5) = -(r_1 I_1 + r_5 I_5)$ でもある．したがって，

$$I_3 = \frac{r_1 I_1 + r_5 I_5}{r_3} = \frac{10 \times 0.1 + 30 \times 0.02}{40} = \underline{0.04 \text{ A} = 40 \text{ mA}}.$$

(4) キルヒホッフの第1法則より，r_4 を流れる電流は $I_4 = I_3 + I_5$. またキルヒホッフの第2法則から $r_3 I_3 + V_4 = E$. したがって $V_4 = E - r_3 I_3$. よって

$$r_4 = \frac{V_4}{I_4} = \frac{E - r_3 I_3}{I_3 + I_5} = \frac{2.6 - 40 \times 0.04}{0.04 + 0.02} = \underline{16.7 \text{ }\Omega}.$$

(5) $I_5 = 0$ になるのはA点とC点の電位が等しいときである．また $I_5 = 0$ であれば，$I_1 = I_2$, $I_3 = I_4$ であるので，$r_1 : r_2 = r_3 : r_4$ のときA点とC点の電位が等しくなる．したがって

$$r_4 = \frac{r_2 r_3}{r_1} = \frac{20 \times 40}{10} = \underline{80 \text{ }\Omega}$$

これは**ホイートストンブリッジ**の原理であり，抵抗値の精密測定に用いられる．

15 解図 6-3 に示すように，最初にA点から電流 $6I$ が流れ込み（**解図 6-3（a）**）網の中を無限遠に向かって流れ去ることを考える．このとき，すべての方向に同じ大きさの電流が流れるので，AからBへも電流 I が流れる．次に網の中を無限遠からB点に電流が集まり（**解図 6-3（b）**），B点から $6I$ の電流が流れ出すことを考える．このときもAからBへ電流 I が流れる．2つの状態を重ね合わせると（**解図 6-3（c）**），$6I$ の電流をA点からB点に流すことに相当する．このときAB間の抵抗には $2I$ の電流が流れるので，AB間の電圧は $2Ir$ となる．したがってAB間の抵抗は $R = \dfrac{2Ir}{6I} = \underline{\dfrac{r}{3}} [\Omega]$.

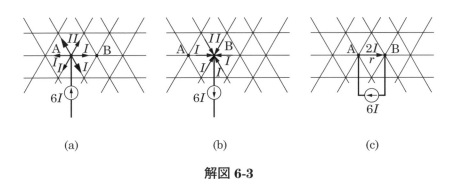

解図 6-3

16 AB 間の抵抗を R とする．無限に続いているので，**解図 6-4（a）** のように AB の前にさらに r_1, r_2 を接続しても，CD 間の抵抗はやはり R である．また AB 間の抵抗が R であるから**解図 6-4（a）**は**解図 6-4（b）**のように描き換えることができる．したがって，図より CD 間の抵抗は $\dfrac{1}{R} = \dfrac{1}{r_1} + \dfrac{1}{r_2 + R}$ と表すことができる．この方程式を R について解くことにより $\underline{R = \dfrac{\sqrt{r_2^2 + 4r_1 r_2} - r_2}{2}}$ [Ω]．

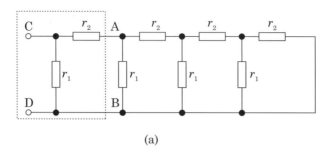

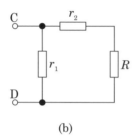

解図 6-4

17 (1) 式 (6-14a) より $R = \rho\dfrac{l}{S} = \rho\dfrac{l}{\pi(a^2-b^2)}\,[\Omega]$.

(2) 解図 6-5 に示すような，半径 r，厚さ $\mathrm{d}r$ の薄い層の抵抗 $\mathrm{d}R$ を考える．電流の方向と垂直な断面積は $2\pi r l$，長さは $\mathrm{d}r$ なので $\mathrm{d}R = \rho\dfrac{\mathrm{d}r}{2\pi r l}$．全体の抵抗は各層の微小抵抗が直列になっているので，すべて加え合わせることによって得られる．したがって，

$$R = \int_b^a \rho\frac{\mathrm{d}r}{2\pi r l} = \frac{\rho}{2\pi l}[\ln r]_b^a = \frac{\rho}{2\pi l}\ln\frac{a}{b}\,[\Omega].$$

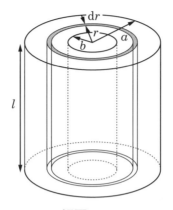

解図 6-5

[18] 解図 6-6 に示すような，半径 r，厚さ dr の薄い層のコンダクタンス dG を考える．電流の方向と垂直な断面積は ldr，長さは πr なので $dG = \dfrac{1}{\rho}\dfrac{ldr}{\pi r}$．全体のコンダクタンスは各層の微小コンダクタンスが並列になっているので，すべて加え合わせることによって得られる．したがって，$G = \displaystyle\int_b^a \dfrac{1}{\rho}\dfrac{ldr}{\pi r} = \dfrac{l}{\pi\rho}[\ln r]_b^a = \dfrac{l}{\pi\rho}\ln\dfrac{a}{b}$ [S]．

よって，抵抗は $R = \dfrac{1}{G} = \dfrac{\pi\rho}{l\ln\dfrac{a}{b}}$ [Ω]．

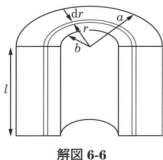

解図 6-6

19 解図 6-7 に示すように，円錐台は高さ H の円錐から切り出されたと考えられる．H は，比 $a:(H-h)=b:H$ から $H=\dfrac{b}{b-a}h$ である．円錐の頂点（P 点）から x の位置に厚さ dx の円板を考える．この円板の半径は，比 $x:r=H:b$ から $r=\dfrac{x}{H}b$ である．したがって，この円板の電流の方向と垂直な面積は $S=\pi r^2=\pi\left(\dfrac{x}{H}b\right)^2$，長さは dx であるので，抵抗は $dR=\rho\dfrac{dx}{\pi\left(\dfrac{x}{H}b\right)^2}=\rho\dfrac{H^2}{\pi b^2 x^2}dx$．円錐台の抵抗は各層の微小抵抗が直列になっているので，すべて加え合わせることによって得られる．したがって，$R=\displaystyle\int_{H-h}^{H}\rho\dfrac{H^2}{\pi b^2 x^2}dx$
$=\rho\dfrac{H^2}{\pi b^2}\left[-\dfrac{1}{x}\right]_{H-h}^{H}=\rho\dfrac{H^2}{\pi b^2}\left(\dfrac{1}{H-h}-\dfrac{1}{H}\right)=\underline{\dfrac{\rho h}{\pi ab}}$ [Ω]．

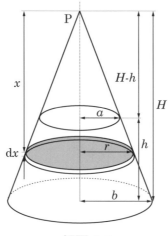

解図 6-7

20 (a) 解図 6-8（a）に示すように，導線の中では正電荷が電流と同じ向き（下向き）に移動していると考える．この電荷の電気影像は地面の中の負電荷で正電荷と反対向き（上向き）に移動している．結局電荷の符号と移動方向の両者が反対なので，<u>影像電流の向きは元の電流と同じ向き（下向き）</u>である．影像電荷および移動速度の絶対値が元の電荷のものと等しいので，<u>電流の大きさも等しい</u> ($I' = I$)．

(b) 解図 6-8（b）に示すように，電気影像の地面の中の深さは導線の高さ h と同じである．影像電荷は負電荷で正電荷と同じ向きに移動している．したがって，<u>影像電流の向きは元の電流と反対向き</u>である．<u>電流の大きさは等しい</u> ($I' = I$)．

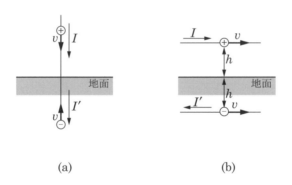

(a)　　　　　　　　　(b)

解図 6-8

21 (1) dt 秒間におけるコンデンサの電荷の変化が dQ のとき，電流は式 (6-1) より，$i = \dfrac{dQ}{dt}$ と表すことができる（dt は微小なので，その間の i は一定とみなせる）．また式 (4-25) より，$Q = Cv$ であるので $i = C\dfrac{dv}{dt}$ となる．図 6-20 より，$0 < t < 0.2$ ms では

$$i = C\frac{\mathrm{d}v}{\mathrm{d}t} = 1\times10^{-6}\times\frac{5}{0.2\times10^{-3}} = 2.5\times10^{-2}\,\mathrm{A} = \underline{25\,\mathrm{mA}}.$$ したがって電流波形は**解図 6-9**に示すような方形波となる．

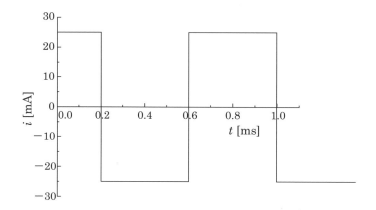

解図 6-9

(2) $\mathrm{d}t$ 秒間におけるコンデンサの電荷の変化 $\mathrm{d}Q$ は，式 (6-1) より，上と同様に $\mathrm{d}Q = i\mathrm{d}t$ と表すことができる．$t = 0$ において $Q = 0$ なので，電荷は $Q = \int i\mathrm{d}t = \int_0^t I_m \cos\omega t\,\mathrm{d}t = \underline{\dfrac{I_m}{\omega}\sin\omega t}\,[\mathrm{C}]$．

<第7章>

1 (1) 力の計算には式 (7-1) を用いる. **解図 7-1** の右側の棒磁石の $-m$ 極には左側の棒磁石の $+m$ 極から受ける引力 $f_1 = \dfrac{m^2}{4\pi\mu_0 x^2}$ と $-m$ 極から受ける反発力 $f_2 = \dfrac{m^2}{4\pi\mu_0 r^2}$ が作用する. ここで $r = \sqrt{x^2 + l^2}$. 右側の棒磁石の $+m$ 極にも同様に f_1 と f_2 が作用する. 2つの f_2 を合成すると f_1 と平行な f_3 となるが, 三角形の相似を利用すると次の比が得られる. $f_2 : r = f_3 : 2x$. よって,

$$f_3 = f_2 \times \dfrac{2x}{r} = \dfrac{m^2}{4\pi\mu_0 r^2} \times \dfrac{2x}{r} = \dfrac{m^2 x}{2\pi\mu_0 r^3} = \dfrac{m^2 x}{2\pi\mu_0 (x^2 + l^2)^{3/2}}.$$

よって棒磁石の間に働く引力は $F = 2f_1 - f_3 = 2 \times \dfrac{m^2}{4\pi\mu_0 x^2} - \dfrac{m^2 x}{2\pi\mu_0 r^3}$

$$= \underline{\dfrac{m^2}{2\pi\mu_0} \left(\dfrac{1}{x^2} - \dfrac{x}{(x^2 + l^2)^{3/2}} \right) [\text{N}]}.$$

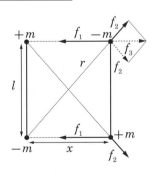

解図 7-1

(2) 棒磁石をさらに dx だけ引き離すのに必要なエネルギーは

$$dW = Fdx = \dfrac{m^2}{2\pi\mu_0} \left(\dfrac{1}{x^2} - \dfrac{x}{(x^2 + l^2)^{3/2}} \right) dx.$$

したがって, 間隔が a [m] の2本の棒磁石を無限にまで引き離すのに必要なエネルギーは

章末問題解答

$$W = \int_a^\infty \frac{m^2}{2\pi\mu_0}\left(\frac{1}{x^2} - \frac{x}{(x^2+l^2)^{3/2}}\right)dx = \frac{m^2}{2\pi\mu_0}\left[-\frac{1}{x} + \frac{1}{\sqrt{x^2+l^2}}\right]_a^\infty$$

$$= \underline{\frac{1}{a} - \frac{1}{\sqrt{a^2+l^2}}} \text{ [J]}.$$

別解 電位と同様に**磁位**を定義する．$x = a$ のとき，左側の棒磁石の $+m$ 極によって右側の棒磁石の $-m$ 極の位置に作られる磁位は $U_1 = \dfrac{m}{4\pi\mu_0 a}$．また同じ位置に，左側の棒磁石の $-m$ 極が作る磁位は $U_2 = -\dfrac{m}{4\pi\mu_0 r}$．よって右側の棒磁石の $-m$ 極の位置エネルギーは $w = -m(U_1+U_2) = -\dfrac{m^2}{4\pi\mu_0}\left(\dfrac{1}{a} - \dfrac{1}{r}\right)$．同様にして，右側の棒磁石の $+m$ 極の位置エネルギーも w であることがわかる．したがって，棒磁石の位置エネルギーは $2w$ である．棒磁石が無限の距離にあるときの位置エネルギーは 0 であるから，無限にまで引き離すのに必要なエネルギーは，

$$W = 0 - 2w = \frac{m^2}{2\pi\mu_0}\left(\frac{1}{a} - \frac{1}{r}\right) = \underline{\frac{1}{a} - \frac{1}{\sqrt{a^2+l^2}}} \text{ [J]}.$$

2 (1) 例題 7-2 と同様に磁界を計算する．左側の磁石の磁極 $+m$ と右側の磁石の $-m$ が O 点に作る磁界は互いに等しく $H_1 = \dfrac{m}{4\pi\mu_0[(d-l)/2]^2}$．また左側の磁石の磁極 $-m$ と右側の磁石の $+m$ が O 点に作る磁界は $H_2 = \dfrac{m}{4\pi\mu_0[(d+l)/2]^2}$．$H_1$ と H_2 は反対向きであるので，O 点の磁界は，

$$H = 2H_1 - 2H_2 = \frac{2m}{\pi\mu_0}\left(\frac{1}{(d-l)^2} - \frac{1}{(d+l)^2}\right) = \frac{2 \times 3 \times 10^{-4}}{\pi \times 4\pi \times 10^{-7}}$$

$$\times \left(\frac{1}{(0.3-0.1)^2} - \frac{1}{(0.3+0.1)^2} \right) = \underline{2.85 \times 10^3 \text{ A/m}}.$$

(2) 左側の磁石の磁極 $+m$ と右側の磁石の $-m$ がP点に作る磁界は互いに等しく $H_3 = \dfrac{m}{4\pi\mu_0 r_1^2}$. 例題7-2 (2) と同様の方法で両者を合成する. **解図 7-2** に示すように三角形の相似関係を用いると $H_3 : r_1 = H_4 : (d-l)$ の比が得られる. これより H_4 が次のように得られる. $H_4 = H_3 \times \dfrac{d-l}{r_1} = \dfrac{m(d-l)}{4\pi\mu_0 r_1^3}$. 同様にして左側の磁石の磁極 $-m$ と右側の磁石の $+m$ がP点に作る磁界は $H_6 = H_5 \times \dfrac{d+l}{r_2} = \dfrac{m(d+l)}{4\pi\mu_0 r_2^3}$. H_4 と H_6 は反対向きなので, P点の磁界は,

$$H = H_4 - H_6 = \frac{m}{4\pi\mu_0} \left(\frac{d-l}{r_1^3} - \frac{d+l}{r_2^3} \right)$$

$$= \frac{m}{4\pi\mu_0} \left(\frac{d-l}{\left[x^2 + \left(\dfrac{d-l}{2} \right)^2 \right]^{3/2}} - \frac{d+l}{\left[x^2 + \left(\dfrac{d+l}{2} \right)^2 \right]^{3/2}} \right)$$

$$= \frac{3 \times 10^{-4}}{4\pi \times 4\pi \times 10^{-7}} \times \left(\frac{0.3-0.1}{\left[0.2^2 + \left(\dfrac{0.3-0.1}{2} \right)^2 \right]^{3/2}} \right.$$

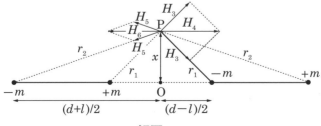

解図 7-2

章末問題解答

$$-\frac{0.3+0.1}{\left[0.2^2+\left(\frac{0.3+0.1}{2}\right)^2\right]^{3/2}}\right)=\underline{4.01\ \text{A/m}}.$$

3 (1) 例題7-3の解答でも説明したように磁極密度 σ は J に等しい．したがって，$m = \sigma \times S = JS = 0.7 \times 2 \times 10^{-4} = \underline{1.4 \times 10^{-4}\ \text{Wb}}$．

(2) 章末問題2 **28** (1) を磁気に置き換えて考えると，磁界は

$$H_0 = \frac{\sigma}{\mu_0} = \frac{J}{\mu_0} = \frac{0.7}{4\pi \times 10^{-7}} = \underline{5.57 \times 10^5\ \text{A/m}}.$$

(3) 隙間の中では式 (7-9) より，$B = \mu_0 H_0 = 4\pi \times 10^{-7} \times 5.57 \times 10^5 = \underline{0.7\ \text{T}}$．磁性体の中では，磁界 $H_d = 0$ なので，式 (7-12) より $B = J = \underline{0.7\ \text{T}}$．

(4) 章末問題2 **28** (2) の場合と同様に，H_0 は向かい合った断面の $+\sigma$ と $-\sigma$ の両者が作り出した磁界の和である．したがって，一方の磁極が受ける力は他方の磁極による磁界 $\frac{H_0}{2}$ からである．

よって，磁極に働く力は $f = m \times \frac{H_0}{2}$．断面が2箇所で向かい合っているので，$F = 2f = mH_0 = 1.4 \times 10^{-4} \times 5.57 \times 10^5 = \underline{78\ \text{N}}$．

4 (1) 式 (7-2) より，$F = mH = 3 \times 10^{-4} \times 5 \times 10^3 = \underline{1.5\ \text{N}}$．

(2) $+m$ と $-m$ には同じ大きさ，反対向きの力 F が作用するので，両者が打ち消し合って棒磁石に働く力は $\underline{0\ [\text{N}]}$ である．（一様な磁界の中に棒磁石を置いても力は働かない）

(3) 解図 **7-3** に示すように，トルクは力 $F = mH$ と F に垂直な腕の長さ $l \sin\theta$ の積であるから $T = F \times l\sin\theta = 1.5 \times 0.1 \times \sin 30° = \underline{7.5 \times 10^{-2}\ \text{N·m}}$．また，この結果を次式のように表すこともできる．$T = mH \times l\sin\theta = MH\sin\theta\ [\text{N·m}]$．ここで $M = ml$ は棒磁石の磁気モーメントである．**磁気双極子に働くトルクは磁気モーメン**

トと磁界に比例することがわかる.

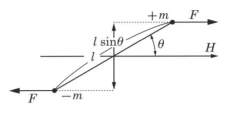

解図 7-3

5 (1) 例題 7-2 (2) と同じ問題である．同様に計算することによって次の解が得られる．$H = \dfrac{ml}{4\pi\mu_0[R^2+(l/2)^2]^{3/2}}$ [A/m].

(2) 赤道上の地磁気の強さは，上式において $R = 6\,400$ km と置くことによって得られる．$R \gg l$ であるので，上式の分母の l を無視すると $H = \dfrac{ml}{4\pi\mu_0 R^3} = \dfrac{M}{4\pi\mu_0 R^3}$ ．ここで $M = ml$ は磁気モーメントである．これより，$M = 4\pi\mu_0 R^3 \times H = 4\pi \times 4\pi \times 10^{-7} \times (6.4\times 10^6)^3 \times 25 = \underline{1.03\times 10^{17}\ \text{Wb}\cdot\text{m}}$．

(3) 式 (7-6) より，$J = \dfrac{M}{\dfrac{4\pi}{3}R^3} = \dfrac{1.035\times 10^{17}}{\dfrac{4\pi}{3}\times (6.4\times 10^6)^3}$
$= \underline{9.42\times 10^{-5}\ \text{Wb/m}^2}$．

(4) N 極が北を指すことから，地磁気は南極から北極に向かっていることがわかる．したがって北極にあるのは S 極 である．

6 棒磁石の長さを l [m]，磁極の大きさを m [Wb] とすると，$M = ml$．$-m$ 極の位置を x とすると，$-m$ 極に働く力は $f_- = -mH = -m\dfrac{H_D}{D}x$．$+m$ 極の位置は $x+l$ であるので，$+m$

極に働く力は $f_+ = mH = m\dfrac{H_D}{D}(x+l)$. したがって棒磁石に働く力は $F = f_+ + f_- = m\dfrac{H_D}{D}(x+l) - m\dfrac{H_D}{D}x = m\dfrac{H_D}{D}l = \underline{M\dfrac{H_D}{D}\,[\text{N}]}$.

$\dfrac{H_D}{D}$ は磁界 H の勾配 $\left(\dfrac{dH}{dx}\right)$ である.よって**棒磁石に働く力は磁気モーメントと磁界の勾配の積**であることがわかる.

7 (1) 式 (7-6) より,$M = J \times \dfrac{4\pi}{3}a^3 = 1.4 \times 10^{-3} \times \dfrac{4\pi}{3} \times (5 \times 10^{-3})^3$
$= \underline{7.33 \times 10^{-10}\,\text{Wb·m}}$.

(2) 式 (7-8) より,$\chi_r = \dfrac{J}{\mu_0 H} = \dfrac{1.4 \times 10^{-3}}{4\pi \times 10^{-7} \times 500} = \underline{2.23}$.

(3) 式 (7-14) より,$\mu_r = \chi_r + 1 = 2.23 + 1 = \underline{3.23}$.

(4) 式 (7-9) から
$B = \mu_0 \mu_r H = 4\pi \times 10^{-7} \times 3.23 \times 500 = \underline{2.03 \times 10^{-3}\,\text{T}}$.

8 磁化は $1\,\text{m}^3$ の磁気モーメントなので,$1\,\text{m}^3$ の中に含まれる磁気モーメントの総和である.したがって,ニッケル原子1個の磁気モーメントを M とすると,$J = nM$.よって $M = \dfrac{J}{n} = \dfrac{0.643}{9.14 \times 10^{28}}$
$= \underline{7.04 \times 10^{-30}\,\text{Wb·m}}$.

9 (1) 例題 7-4 と同様に,磁界が板の面と垂直な場合は,磁性体の中と外の磁束密度は等しい.したがって,磁束密度を B とすると
$H = \dfrac{B}{\mu_0 \mu_r} = \dfrac{\mu_0 H_0}{\mu_0 \mu_r} = \dfrac{H_0}{\mu_r} = \dfrac{2 \times 10^3}{10} = \underline{200\,\text{A/m}}$.

(2) 比磁化率は $\chi_r = \mu_r - 1 = 10 - 1 = 9$.したがって,磁化は
$J = \mu_0 \chi_r H = 4\pi \times 10^{-7} \times 9 \times 200 = \underline{2.26 \times 10^{-3}\,\text{Wb/m}^2}$.

(3) 磁性体の中の磁界 H は,外部磁界 H_0 と反磁界 H_d の重ね

あわせであるので，式 (7-11) より，$H_d = H_0 - H = 2 \times 10^3 - 200$ $= \underline{1.8 \times 10^3 \text{ A/m}}$. あるいは例題 7-4 (3)，(4) より $H_d = \dfrac{\sigma}{\mu_0} = \dfrac{J}{\mu_0}$

$= \dfrac{2.26 \times 10^{-3}}{4\pi \times 10^{-7}} = \underline{1.8 \times 10^3 \text{A/m}}$. $\cdots$ ①

(4) 式 (7-19) および式①より，$N = \dfrac{\mu_0 H_d}{J} = \underline{1}$.

10 (1) **9** (4) より板状磁性体に垂直に磁界を加えたときの反磁界係数は $\underline{N_z = 1}$. 一方 $N_x + N_y + N_z = 1$ の関係より，$\underline{N_x = N_y = 0}$.

(2) 無限に長い円柱には底面がないので，磁化が z 軸と平行なときは磁極が現れない．したがって，反磁界は 0 なので，$\underline{N_z = 0}$. また対称性により $N_x = N_y$. よって，$N_x + N_y + N_z = 1$ の関係から $\underline{N_x = N_y = \dfrac{1}{2}}$.

(3) 球形の場合は $N_x = N_y = N_z$ で，$N_x + N_y + N_z = 1$ であるので，$\underline{N_x = N_y = N_z = \dfrac{1}{3}}$.

11 (1) 反磁界を H_d とすると，式 (7-11) より，$H = H_0 - H_d \cdots$ ①，**10** (3) より，球の反磁界係数は $N = \dfrac{1}{3}$ なので，式 (7-19) より，$H_d = \dfrac{J}{3\mu_0}$. さらに比磁化率を χ_r とすると，式 (7-8) より $H_d = \dfrac{\mu_0 \chi_r H}{3\mu_0} = \dfrac{\chi_r H}{3} \cdots$ ②. 式②を式①に代入することにより次式を得る．$H = H_0 - \dfrac{\chi_r H}{3} \cdots$ ③. 式③より $H = \dfrac{H_0}{1 + \chi_r/3}$. した

がって磁化は $J=\mu_0\chi_r H=\dfrac{\mu_0\chi_r H_0}{1+\chi_r/3}$ … ④で表される.よって,$\mu_r=3$ の場合は式 (7-14) より $\chi_r=\mu_r-1=2$ であるので,磁化は $J=\dfrac{4\pi\times10^{-7}\times2\times2\times10^3}{1+2/3}=\underline{3.02\times10^{-3}\,\text{Wb/m}^2}$.球の中の磁界は $H=\dfrac{H_0}{1+\chi_r/3}=\dfrac{2\times10^3}{1+2/3}=\underline{1.2\times10^3\,\text{A/m}}$.

(2) $\chi_r=\mu_r-1=1000-1=999$.(1) と同様に,

$J=\mu_0\chi_r H=\dfrac{\mu_0\chi_r H_0}{1+\chi_r/3}=\dfrac{4\pi\times10^{-7}\times999\times2\times10^3}{1+999/3}=\underline{7.52\times10^{-3}\,\text{Wb/m}^2}$.したがって式③より,球の中の磁界は $H=\dfrac{H_0}{1+\chi_r/3}=\dfrac{2\times10^3}{1+999/3}=\underline{5.99\,\text{A/m}}$.

$\chi_r\gg1$ のとき式④は $J=\dfrac{\mu_0\chi_r H_0}{1+\chi_r/3}\simeq\dfrac{\mu_0\chi_r H_0}{\chi_r/3}=3\mu_0 H_0$ と近似でき,J は χ と無関係になる.J の近似値は

$J\cong3\mu_0 H_0=3\times4\pi\times10^{-7}\times2\times10^3=\underline{7.54\times10^{-3}\,\text{Wb/m}^2}$.

また,$H=\dfrac{H_0}{1+\chi_r/3}\simeq\dfrac{H_0}{\chi_r/3}=\dfrac{3H_0}{\chi_r}=\dfrac{3\times2\times10^3}{999}=\underline{6.01\,\text{A/m}}$.

いずれも上の値とほぼ一致する.

12 (1) 式 (7-6) より,

$M=J\times\dfrac{4\pi}{3}a^3=0.1\times\dfrac{4\pi}{3}\times(2\times10^{-2})^3=\underline{3.35\times10^{-6}\,\text{Wb}\cdot\text{m}}$.

(2) 式 (7-19) より,$H_d=N\dfrac{J}{\mu_0}=\dfrac{0.1}{3\times4\pi\times10^{-7}}=\underline{2.65\times10^4\,\text{A/m}}$.

章末問題解答

(3) 式 (7-8) より，$H = \dfrac{J}{\mu_0 \chi_r} = \dfrac{0.1}{4\pi \times 10^{-7} \times 20} = \underline{3.98 \times 10^3 \mathrm{A/m}}$．

(4) 式 (7-11) より，

$H_0 = H + H_d = 3.98 \times 10^3 + 2.65 \times 10^4 = \underline{3.05 \times 10^4 \mathrm{A/m}}$．

(5) 式 (7-14) より，$\mu_r = \chi_r + 1 = 20 + 1 = \underline{21}$．

(6) 式 (7-9) より，

$B = \mu_0 \mu_r H = 4\pi \times 10^{-7} \times 21 \times 3.98 \times 10^3 = \underline{0.105 \mathrm{T}}$．

13 (1) 式 (7-6) より，$M = J \times \pi \left(\dfrac{d}{2}\right)^2 l =$

$0.52 \times \pi \times \left(\dfrac{0.1 \times 10^{-6}}{2}\right)^2 \times 1 \times 10^{-6} = \underline{4.08 \times 10^{-21} \mathrm{Wb \cdot m}}$．

(2) 例題 7-3 で導出したように，断面が磁化と垂直なときは磁極密度と磁化の大きさが等しい．したがって磁極は $m = JS$

$= 0.52 \times \pi \times \left(\dfrac{0.1 \times 10^{-6}}{2}\right)^2 = \underline{4.08 \times 10^{-15} \mathrm{Wb}}$．または式 (7-5) より，

$m = \dfrac{M}{l} = \dfrac{4.08 \times 10^{-21}}{1 \times 10^{-6}} = \underline{4.08 \times 10^{-15} \mathrm{Wb}}$．

(3) 磁極に働く力は $F = mH = m\dfrac{B}{\mu_0} = 4.08 \times 10^{-15} \times \dfrac{0.1}{4\pi \times 10^{-7}}$

$= 3.25 \times 10^{-10}$．**解図 7-3** に示すように，トルクは F と F に垂直な腕の長さ $l \sin\theta$ の積であるから $T = F \times l \sin\theta$

$= 3.25 \times 10^{-10} \times 1 \times 10^{-6} \times \sin 30 = \underline{1.63 \times 10^{-16} \mathrm{N \cdot m}}$．

あるいは **4** (3) で導出した式を用いて次のようにも得られる．

$T = MH \sin\theta = 4.084 \times 10^{-21} \times \dfrac{0.1}{4\pi \times 10^{-7}} \sin 30 = \underline{1.63 \times 10^{-16} \mathrm{N \cdot m}}$．

(4) 磁気テープなどでは，磁化の向きによってデータが記録されている．図 **7-6** からもわかるように，保磁力よりも大きな磁界を加

えると磁化の向きは反転するので，記録されたデータを書き換えるのに必要な磁界の大きさは保磁力 $H_c = \underline{30\,\text{kA/m}\,\text{よりも大きな磁界}}$.

14 (1) 式（7-6）より $M = \underline{J \times \dfrac{4\pi}{3}a^3\,[\text{Wb}\cdot\text{m}]}$.

(2) 外部磁界がないので，球の中の磁界は反磁界のみである．したがって式（7-19）より $\underline{H_d = N\dfrac{J}{\mu_0} = \dfrac{J}{3\mu_0}\,[\text{A/m}]}$．向きは磁化と反対向き，したがって下向き．

(3) 式（7-12）より $B = \mu_0 H + J$ であるが，(2) の結果より $H = -H_d = -\dfrac{J}{3\mu_0}$．したがって磁束密度は $B = -\mu_0 H_d + J = -\dfrac{J}{3} + J = \underline{\dfrac{2}{3}J\,[\text{T}]}$．透磁率は式（7-9）より，$\mu = \dfrac{B}{H} = \dfrac{2J/3}{-J/3\mu_0} = \underline{-2\mu_0\,[\text{H/m}]}$．**解図 7-4 (a)** の磁化曲線（減磁曲線）において，磁性体の内部の磁界 $H = -H_d$，磁束密度 $B = \dfrac{2J}{3}$ の点に原点から引いた直線の傾きが透磁率 $\mu (= -2\mu_0)$ である．

(4) P点のまわりの微小な接平面Aを**解図 7-4 (b)** に示す．接平面Aと磁化の間の角度は接弦定理により $90-\theta$ 度である．一方，磁化と垂直な面Bの磁極密度は例題7-3で導出したように磁化と等しく，$-\sigma = -J$ である．また，面Bの面積を dS とすると，面Aの面積は $dS' = \dfrac{dS}{\cos\theta}$ である．面AとBの磁極の総和は0でなければならないので $\sigma' dS' = \sigma dS$．よって $\sigma' = \dfrac{\sigma dS}{dS'} = \sigma\cos\theta = \underline{J\cos\theta\,[\text{Wb/m}^2]}$．

(5) **解図 7-4 (c)** に示すような中心軸から $\theta \sim \theta + d\theta$ の帯の

章末問題解答

部分が球の中心に作る磁界 dH は，章末問題 2 **13** (1) で電界を計算したように得られる．帯の面積は，半径 $a\sin\theta$ の円の円周 $2\pi a\sin\theta$ と帯の幅 $ad\theta$ の積である．したがって帯の磁極（2 **13** の Q に相当）は，$Q \to \sigma' \times 2\pi a^2 \sin\theta d\theta = 2\pi a^2 J \sin\theta \cos\theta d\theta$，さらに $\varepsilon_0 \to \mu_0$, $r \to a$, $a \to a\sin\theta$, $z \to a\cos\theta$，と置き換えることによって次のように得られる．$dH = \dfrac{2\pi a^2 J \sin\theta \cos\theta\, d\theta \times a\cos\theta}{4\pi\mu_0 a^3}$

$= \dfrac{J\cos^2\theta \sin\theta\, d\theta}{2\mu_0}$．これを θ について $0 \sim \pi$ の範囲で積分することによって，球の表面の磁極が球の中心に作る磁界を次のように得る．$H = \displaystyle\int_0^\pi \dfrac{J}{2\mu_0}\cos^2\theta \sin\theta d\theta = \dfrac{J}{3\mu_0}$ [A/m]．この磁界 H は (2) で得た反磁界 H_d と同一である．

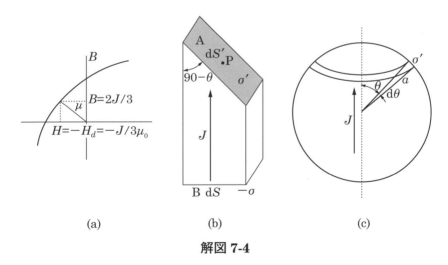

解図 7-4

15 解図 **7-5** に示すように，おおよそ $B_S = 1.4$ T, $B_r = 1.2$ T, $H_c = 600$ A/m．透磁率は原点から $H = 1\,500$ A/m の点まで引いた直線の傾きであるが，このとき $B = 1.4$ T なので，

$$\mu_1 = \frac{B}{H} = \frac{1.4}{1\,500} = \underline{9.3 \times 10^{-4}\,\text{H/m}}. \quad \mu_2 = \frac{B}{H} = \frac{0.5}{-500} = \underline{-1 \times 10^{-3}}$$

H/m. 微分透磁率は接線の傾きであるから$\underline{\mu_d = 5.5 \times 10^{-4}\,\text{H/m}}$.

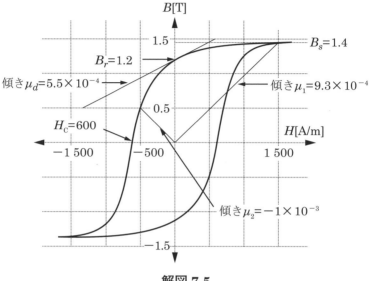

解図 **7-5**

16 章末問題 7 **6** の結果から，棒に働く力は $F = M\dfrac{\mathrm{d}H}{\mathrm{d}x}$ であることがわかる．体積 V の磁性体の磁気モーメント M は式(7-6)，式(7-7)から $M = JV = \chi H \times V$ であるので，これを上式に代入することによって $F = M\dfrac{\mathrm{d}H}{\mathrm{d}x} = \chi HV \times \dfrac{\mathrm{d}H}{\mathrm{d}x}$. したがって棒の 1 m³ あたりに働く力は $\underline{f = \dfrac{F}{V} = \chi H \dfrac{\mathrm{d}H}{\mathrm{d}x}\,[\text{N/m}^3]}$.

17 解図 **7-6** に示すように，磁極を少しずつ磁性体の左端から右端へ運ぶことを考える．磁性体の右端の磁極が m になったとき，例

題 7-3 より，磁化は $J = \dfrac{m}{S}$ … ① なので反磁界は式 (7-19) より $H_d = \dfrac{NJ}{\mu_0} = N\dfrac{m}{\mu_0 S}$ … ②．さらに微小磁極 dm を反磁界 H_d から受ける力 F に逆らって左端から右端までの距離 l を移動させるためには式 (7-2) および式②を用いて $dW = Fl = H_d dm \times l = N\dfrac{m}{\mu_0 S} l\, dm$ … ③ のエネルギーを要する．したがって磁極が $m = JS$ になるまでに必要なエネルギーは，式③を積分することによって得られる．

$$W = \int_0^{JS} N\dfrac{m}{\mu_0 S} l\, dm = \dfrac{Nl}{\mu_0 S}\left[\dfrac{1}{2}m^2\right]_0^{JS} = \dfrac{NJ^2}{2\mu_0}Sl\,[\mathrm{J}].$$

言い換えると，$J\,[\mathrm{Wb/m^2}]$ で磁化している磁性体は $1\,\mathrm{m^3}$ あたり $\dfrac{NJ^2}{2\mu_0}\,[\mathrm{J/m^3}]$ のエネルギーを有している．

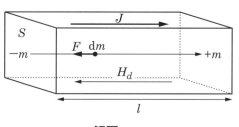

解図 7-6

<第8章>

1 (1) 右ねじの法則を用いて，解図 8-1 のようになる．

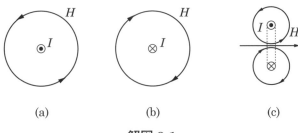

解図 8-1

(2) 式 (8-2) より，$H = \dfrac{I}{2\pi r} = \dfrac{5}{2\pi \times 0.02} = \underline{39.8 \text{ A/m}}$．

(3) 式 (8-9) より，$H = \dfrac{I}{2a} = \dfrac{5}{2 \times 0.3} = \underline{8.33 \text{ A/m}}$．

2 (1) 式 (8-3) より，$I = \dfrac{Hl}{N} = \dfrac{350 \times 0.2}{500} = \underline{0.14 \text{ A}}$．

(2) $\Phi = BS = \mu_0 \mu_r HS = 4\pi \times 10^{-7} \times 800 \times 350 \times 0.5 \times 10^{-4}$
$= \underline{1.76 \times 10^{-5} \text{ Wb}}$．

3 式 (8-7) より，$n = \dfrac{H}{I} = \dfrac{1.5 \times 10^3}{3} = \underline{500 \text{ 回/m}}$．

4 ソレノイドの長さが直径に比べて十分大きい場合，ソレノイドの中心付近の磁界は無限長ソレノイドの磁界とほぼ等しい．したがって式 (8-7) より，$H = nI = \dfrac{N}{l}I = \dfrac{1500}{0.1} \times 0.2 = \underline{3 \times 10^3 \text{ A/m}}$．

5 (1) 式 (8-7) より，$n = \dfrac{H}{I} = \dfrac{8 \times 10^3}{2} = \underline{4000 \text{ 回/m}}$．

(2) 式 (7-6) より，
$M = J \times Sl = 1.2 \times 3 \times 10^{-4} \times 5 \times 10^{-2} = \underline{1.8 \times 10^{-5} \text{ Wb·m}}$．

(3) 章末問題 7 **4** (3) の結果より，

$T = MH\sin\theta = 1.8\times 10^{-5}\times 8\times 10^3\times \sin 30 = \underline{7.2\times 10^{-2}\,\text{N·m}}.$

6 (1) 図 8-15 (a) の上の導線に流れている電流が P 点に作る磁界は式 (8-2) より, $H_1 = \dfrac{I}{2\pi x}$. 下の電流が P 点に作る磁界は $H_2 = \dfrac{I}{2\pi(D-x)}$. 両方の磁界は同じ向きなので, P 点の磁界は $H = H_1 + H_2 = \underline{\dfrac{I}{2\pi}\left(\dfrac{1}{x} + \dfrac{1}{D-x}\right)\,[\text{A/m}]}$. 磁界の向きは**解図 8-2 (a)** に示す通りである.

(2) **解図 8-2 (b)** において, 右ねじの法則を用いると, 左側の導線に流れる電流は H_1, 右側の導線に流れる電流は H_2 の磁界を Q 点に作る. 両者は同じ大きさで, $H_1 = H_2 = \dfrac{I}{2\pi r}$. 2本の導線が Q 点に作る磁界 H は H_1 と H_2 を合成することによって得られ, 向きは**解図 8-2 (b)** に示す通りである. 三角形の相似の関係より次の比が導かれる. $H_1 : r = H : D$. したがって,
$H = \dfrac{H_1 D}{r} = \dfrac{ID}{2\pi r^2} = \underline{\dfrac{ID}{2\pi(y^2 + D^2/4)}\,[\text{A/m}]}.$

(3) **解図 8-2 (a)** において, 長さ 1 m, 幅 dx の中を通る磁束は次の通りである. $d\Phi = \mu_0 H\times dx = \dfrac{\mu_0 I}{2\pi}\left(\dfrac{1}{x} + \dfrac{1}{D-x}\right)dx$. これを積分して, 2本の導線の間を通る磁束が得られる. 積分範囲は, 導線の表面である $x = a$ から $x = D-a$ までである.

$\Phi = \displaystyle\int_a^{D-a} \dfrac{\mu_0 I}{2\pi}\left(\dfrac{1}{x} + \dfrac{1}{D-x}\right)dx = \dfrac{\mu_0 I}{2\pi}\Big[\ln x - \ln(D-x)\Big]_a^{D-a}$
$= \dfrac{\mu_0 I}{2\pi}\left[\ln\dfrac{D-a}{a} - \ln\dfrac{a}{D-a}\right] = \underline{\dfrac{\mu_0 I}{\pi}\ln\dfrac{D-a}{a}\,[\text{Wb/m}]}.$

(4) **解図 8-2 (c)** において, (2) と同様に左側の導線に流れる

電流は H_1, 右側の導線に流れる電流は H_2 の磁界を Q 点に作る.
$H_1 = H_2 = \dfrac{I}{2\pi r}$. H_1 と H_2 を合成することによって H は得られ,
向きは**解図 8-2 (c)** に示すとおり. 三角形の相似の関係から次の
比が導かれる. $H_1 : r = H : 2y$. したがって,

$$H = \dfrac{H_1 \times 2y}{r} = \dfrac{I \times 2y}{2\pi r^2} = \underline{\dfrac{Iy}{\pi(y^2 + D^2/4)}\,[\mathrm{A/m}]}.$$

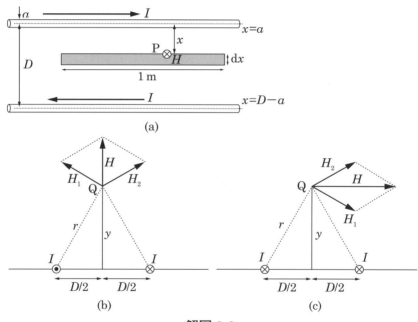

解図 8-2

7 式 (8-10) より, $a = \dfrac{NI}{2H} = \dfrac{30 \times 1.5}{2 \times 0.2 \times 10^3} = \underline{0.113\,\mathrm{m} = 11.3\,\mathrm{cm}}$.

8 (1) $r > a$ の場合, 式 (8-2) より, $\underline{H = \dfrac{I}{2\pi r}\,[\mathrm{A/m}]}$. $r < a$ の場合
は周回積分の法則により, r の位置に磁界を作るのは半径 r の円の

中を流れる電流 I' だけである．電流密度 J を用いて I' を計算すると $I' = \pi r^2 \times J = \pi r^2 \times \dfrac{I}{\pi a^2} = \dfrac{r^2}{a^2} I$ が得られる．したがって，磁界は次のように得られる．

$$H = \dfrac{I'}{2\pi r} = \dfrac{1}{2\pi r} \times \dfrac{r^2}{a^2} I = \underline{\dfrac{Ir}{2\pi a^2}} \; [\text{A/m}]. \quad \cdots \text{①}$$

(2) (1) の結果より，磁界が最大になるのは電線の表面（$r = a$）である．電線の表面の磁界が H_c を超えると，表面の超電導状態が壊れて電流が流れる部分の半径（式①の a）が小さくなり，その結果，磁界の最大値はさらに大きくなる．したがって，もはや電線は超電導でいられなくなる．以上のことから電線に流すことのできる最大の電流を $I_{\max}$ とすると，$H_c = \dfrac{I_{\max}}{2\pi a}$ の関係が得られる．よって，

$I_{\max} = 2\pi a H_c = 2\pi \times 1 \times 10^{-3} \times 63.9 \times 10^3 = \underline{401 \; \text{A}}.$

9 半径 r の円周に沿って磁界 H を周回積分すると $\oint \boldsymbol{H} \cdot d\boldsymbol{l} = 2\pi r \times H = I'$．ここで I' は半径 r の円の中を通る電流である．$r < a$ の場合 $I' = 0$ であるから $\underline{H = 0}$．$a < r < b$ の場合 $\underline{H = \dfrac{I'}{2\pi r}}$

$\underline{= \dfrac{\pi(r^2 - a^2) \times J}{2\pi r} = \dfrac{(r^2 - a^2)J}{2r} \; [\text{A/m}]}$．$r > a$ の場合 $\underline{H = \dfrac{I'}{2\pi r}}$

$\underline{= \dfrac{\pi(b^2 - a^2) \times J}{2\pi r} = \dfrac{(b^2 - a^2)J}{2r} \; [\text{A/m}]}$．

10 章末問題 2 **25** と同様に，空洞のある円柱を，電流密度 J で電流が流れている半径 a の円柱 A と，反対向きに同じ大きさの電流密度 J で電流が流れている半径 b の円柱 B の重ね合わせと考える．最初に x 軸上の点の磁界を考えよう．解図 **8-3**（a）に示すように，円柱の中心軸からの距離を x とすると，円柱 A による磁界は

$H_\mathrm{A} = \dfrac{J \times \pi x^2}{2\pi x} = \dfrac{Jx}{2}$. また，円柱Bによる磁界は $H_\mathrm{B} = \dfrac{J(x-d)}{2}$. H_A と H_B は互いに反対向きである．求めている磁界は両者の重ね合わせであるから，$H = H_\mathrm{A} - H_\mathrm{B} = \dfrac{Jx}{2} - \dfrac{J(x-d)}{2} = \underline{\dfrac{Jd}{2}\,[\mathrm{A/m}]}$.

次に座標 (x, y) のP点の磁界を考える．**解図 8-3 (b)** において，円柱Aの中心軸のO点とP点の間の距離 $r = \sqrt{x^2 + y^2}$ を用いると円柱AがP点に作る磁界は $H_\mathrm{A} = \dfrac{Jr}{2}$ である．H_A の x, y 成分を計算すると $H_{\mathrm{A}x} = -\dfrac{Jy}{2}$, $H_{\mathrm{A}y} = \dfrac{Jx}{2}$ となる．一方，円柱BがP点に作る磁界は $H_\mathrm{B} = \dfrac{Jr'}{2}$ で，x, y 成分を計算すると，$H_{\mathrm{B}x} = \dfrac{Jy}{2}$, $H_{\mathrm{B}y} = -\dfrac{J(x-d)}{2}$. それぞれ成分ごとの和を計算すると，$H_x = H_{\mathrm{A}x} + H_{\mathrm{B}x} = -\dfrac{Jy}{2} + \dfrac{Jy}{2} = 0$, $H_y = H_{\mathrm{A}y} + H_{\mathrm{B}y} = \dfrac{Jx}{2} - \dfrac{J(x-d)}{2} = \dfrac{Jd}{2}$ となる．結局，空洞の中の磁界はどこでも一定で，y 方向に $\underline{H = \dfrac{Jd}{2}\,[\mathrm{A/m}]}$ である．

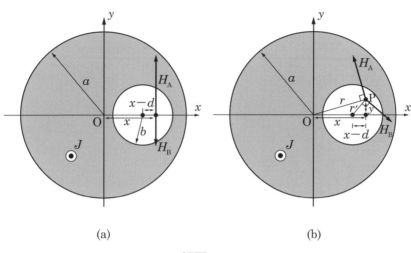

解図 8-3

11 方位磁石が北東を指したとき,円形コイルによる東向きの磁界 H と北向きの地球磁界 H_E が等しいことを意味する.したがって式 (8-10) より $H_E = H = \dfrac{NI}{2a} = \dfrac{100 \times 75 \times 10^{-3}}{0.3} = \underline{25 \text{ A/m}}$.

12 (1) 章末問題6 **3** と同じ問題である.$I = \underline{1.05 \times 10^{-3} \text{ A}}$.

(2) 式 (8-9) より,$H = \dfrac{I}{2a} = \dfrac{1.054 \times 10^{-3}}{2 \times 5.29 \times 10^{-11}} = \underline{9.96 \times 10^6 \text{ A/m}}$.

電子は負電荷を有するので,電流 I の向きは速度 v と反対である.磁界 H の方向は,右ねじの法則により**解図 8-4** に示す向きとなる.

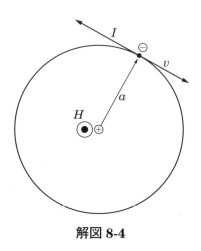

解図 8-4

13 円形コイルを m 等分すると，1個の微小部分の長さは $\Delta l = \dfrac{2\pi a}{m}$.

解図 8-5 において，円形コイルの上部の微小部分 Δl が P 点に作る磁界 ΔH_1 はビオ・サバールの法則の式 (8-8) より $\Delta H_1 = \dfrac{I\Delta l}{4\pi r^2}$.

ここで Δl と r は垂直なので $\sin\theta = 1$ である．ΔH_1 の向きは右ねじの法則による．反対側の位置にある Δl が作る磁界 ΔH_2 は ΔH_1 と同じ大きさである．両者を合成した磁界を ΔH_z とすると，三角形の相似から次の比が成り立つ．$\Delta H_1 : \Delta H_z = r : 2a$. よって

$$\Delta H_z = \frac{2a}{r}\Delta H_1 = \frac{aI\Delta l}{2\pi r^3} = \frac{aI \times (2\pi a/m)}{2\pi(z^2+a^2)^{3/2}} = \frac{a^2 I}{m(z^2+a^2)^{3/2}}.$$

ΔH_z は2個の微小部分によって作られた磁界なので，円形コイル全体が P 点に作る磁界は ΔH_z を $\dfrac{m}{2}$ 倍することによって得られる．

$$H = \frac{a^2 I}{2(z^2+a^2)^{3/2}}\,[\text{A/m}].$$

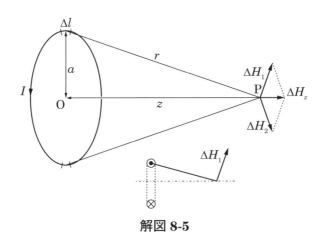

解図 8-5

14 (1) 前問の結果を用いる．図 8-19 の右側と左側のコイルの中心から P 点までの距離は，それぞれ $z-\dfrac{D}{2}$ および $z+\dfrac{D}{2}$ である．前問の結果の式にこれらを代入し，和を計算することによって答が導かれる．

$$H = \frac{R^2 NI}{2}\left\{\frac{1}{[(z-D/2)^2+R^2]^{3/2}} + \frac{1}{[(z+D/2)^2+R^2]^{3/2}}\right\} \text{[A/m]}. \quad \cdots ①$$

(2) $\dfrac{dH}{dz} = -\dfrac{3R^2 NI}{2}\left(\dfrac{z-D/2}{[(z-D/2)^2+R^2]^{5/2}} + \dfrac{z+D/2}{[(z+D/2)^2+R^2]^{5/2}}\right).$

$z=0$ を代入すると D に関わりなく $\dfrac{dH}{dz}=0$ となる．

$\dfrac{d^2H}{dz^2} = -\dfrac{3R^2NI}{2}\left(\dfrac{R^2-4(z-D/2)^2}{[(z-D/2)^2+R^2]^{7/2}} + \dfrac{R^2-4(z+D/2)^2}{[(z+D/2)^2+R^2]^{7/2}}\right).$

$z=0$ を代入すると次のようになる．

$\dfrac{d^2H}{dz^2} = -\dfrac{3R^2NI}{2}\left(\dfrac{R^2-4(D/2)^2}{[(D/2)^2+R^2]^{7/2}} + \dfrac{R^2-4(D/2)^2}{[(D/2)^2+R^2]^{7/2}}\right)$

$$= -3R^2NI \frac{R^2-D^2}{\left[(D/2)^2+R^2\right]^{7/2}} = 0. \quad \text{よって、} \underline{D = R}.$$

(3) 式①に $z = 0$, $D = R$ を代入することにより得られる.

$$H = \frac{R^2NI}{2\left[(R/2)^2+R^2\right]^{3/2}} \times 2 = \underline{\left(\frac{4}{5}\right)^{3/2} \frac{NI}{R} \, [\text{A/m}]}.$$

15 (a) 円の部分が P 点に作る磁界は，式 (8-9) で与えられる．直線部分が P 点に作る磁界は式 (8-2) で与えられる．したがって，P 点の磁界は，これらの磁界（同じ向き）を加え合わせることによって次のように得られる．

$$H = \frac{I}{2a} + \frac{I}{2\pi a} = \frac{I}{2a}\left(1+\frac{1}{\pi}\right) = \frac{5}{2\times 0.3}\left(1+\frac{1}{\pi}\right) = \underline{11 \, \text{A/m}}.$$

(b) 半円の部分が P 点に作る磁界は，式 (8-9) の $\frac{1}{2}$ になることが式 (8-9) を導く過程から明らかである．また同様の考え方で，一方だけが無限に長い（半直線）部分が P 点に作る磁界は式 (8-2) の $\frac{1}{2}$ になることがわかる．(詳細は問 **18**) したがって P 点の磁界は次のように得られる．

$$H = \frac{I}{2a}\times\frac{1}{2} + \frac{I}{2\pi a}\times\frac{1}{2}\times 2 = \frac{I}{2a}\left(\frac{1}{2}+\frac{1}{\pi}\right) = \frac{5}{2\times 0.3}\left(\frac{1}{2}+\frac{1}{\pi}\right)$$
$$= \underline{6.82 \, \text{A/m}}.$$

(c) 同様に考えると，$H = \dfrac{I}{2a}\times\dfrac{1}{4} + \dfrac{I}{2\pi a}\times\dfrac{1}{2}\times 2$

$$= \frac{I}{2a}\left(\frac{1}{4}+\frac{1}{\pi}\right) = \frac{5}{2\times 0.3}\left(\frac{1}{4}+\frac{1}{\pi}\right) = \underline{4.74 \, \text{A/m}}.$$

(d) $H = \dfrac{I}{2a}\times\dfrac{3}{4} + \dfrac{I}{2\pi a}\times\dfrac{1}{2}\times 2 = \dfrac{I}{2a}\left(\dfrac{3}{4}+\dfrac{1}{\pi}\right)$

$$= \frac{5}{2\times 0.3}\left(\frac{3}{4}+\frac{1}{\pi}\right) = \underline{8.9 \text{ A/m}}.$$

16 解図 8-6 に示すように，(a) 章末問題 6 **20** (a) の結果より，影像電流も含めると無限長の直線電流である．したがって，導線から r の P 点の磁界は式（8-2）を用いて，$H = \dfrac{I}{2\pi r} = \dfrac{5}{2\pi \times 0.5} = \underline{1.59 \text{ A/m}}$．

(b) 章末問題 6 **20** (b) の結果より，導線が無限に長い場合，影像電流は地下 h に導線と平行に反対向きに流れる．したがって，地面から y の P 点の磁界は問 **6** と同様に計算して得られる．

$$H = \frac{I}{2\pi(h-y)} + \frac{I}{2\pi(h+y)} = \frac{5}{2\pi\times(2-0.8)} + \frac{5}{2\pi\times(2+0.8)}$$
$$= \underline{0.947 \text{ A/m}}.$$

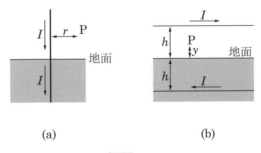

解図 8-6

17 解図 8-7 (a)（上から見た図）に示すように，磁針が北西を指したことは，導線に流れている電流と影像電流による磁界の和 H が西向きで，地磁気の強さ H_E（北向き）と等しい（$H = H_E$）ことを意味する．解図 8-7 (b)（南から見た図）に示すように，右ねじの法則から西向きの磁界を作る電流 I は北向きである．問 **16** (b) と同様に計算することによって H と I の関係が次のように得られる．

$$H = 2 \times \frac{I}{2\pi h} = \frac{I}{\pi h} = H_E.$$ よって，$I = \pi h \times H_E = \pi \times 0.5 \times 36 = \underline{56.5\text{ A}}.$

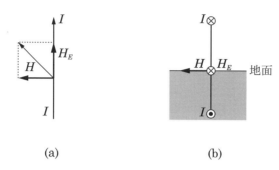

解図 **8-7**

18 (1) ビオ・サバールの法則の式 (8-8) より $\underline{\mathrm{d}H = \dfrac{I\mathrm{d}x}{4\pi r^2}\sin\theta}$.

(2) $\underline{r = \dfrac{d}{\sin\theta}},\ \underline{x = -\dfrac{d}{\tan\theta}},\ \underline{\mathrm{d}x = \dfrac{d}{\sin^2\theta}\mathrm{d}\theta}$. これらを上の式に代入することによって，

$$\mathrm{d}H = \frac{I\mathrm{d}x}{4\pi r^2}\sin\theta = \frac{I \times (d/\sin^2\theta)\mathrm{d}\theta}{4\pi(d/\sin\theta)^2}\sin\theta = \underline{\frac{I}{4\pi d}\sin\theta\,\mathrm{d}\theta}.$$

(3) 上の式を，解図 **8-8** に示す $\theta_2 \sim \theta_1$ の範囲で積分する．

$$H = \int_{\theta_2}^{\theta_1}\frac{I}{4\pi d}\sin\theta\,\mathrm{d}\theta = \frac{I}{4\pi d}\Big[-\cos\theta\Big]_{\theta_2}^{\theta_1} = \frac{I}{4\pi d}(\cos\theta_2 - \cos\theta_1).$$

$\cos\theta_1,\ \cos\theta_2$ を $l_1,\ l_2$ および d で表すと次のように得られる．

$$\underline{H = \frac{I}{4\pi d}\left(\frac{l_2}{\sqrt{l_2^2+d^2}} + \frac{l_1}{\sqrt{l_1^2+d^2}}\right)[\text{A/m}]}.$$

(4) 上の式において，$l_1,\ l_2$ が ∞ に近付くとき，最初の項も 2 番目の項も 1 に近付く．したがって，$\underline{H = \dfrac{I}{4\pi d} \times 2 = \dfrac{I}{2\pi d}[\text{A/m}]}.$ これは式 (8-2) と同じである．

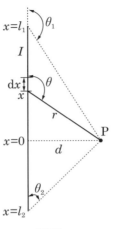

解図 8-8

19 最初に長さ a の辺が P 点に作る磁界 h_a の向きを**解図 8-9（a）**に示す．前問の結果を適用すると $l_1 = l_2 = \dfrac{a}{2}$, $d = \sqrt{c^2+(b/2)^2}$. したがって，$h_a = \dfrac{NI}{4\pi\sqrt{c^2+(b/2)^2}} \dfrac{a/2}{\sqrt{(a/2)^2+c^2+(b/2)^2}} \times 2$

$= \dfrac{NIa}{4\pi\sqrt{c^2+(b/2)^2}\sqrt{(a/2)^2+(b/2)^2+c^2}}$.

他方の辺 a による磁界も一緒に**解図 8-9（b）**に示す．両者を合成した磁界を H_a とすると，次の比が成り立つ．$h_a : d = H_a : b$. よって，

$H_a = \dfrac{b}{d} h_a = \dfrac{b}{\sqrt{c^2+(b/2)^2}} h_a$

$= \dfrac{NIab}{4\pi[c^2+(b/2)^2]\sqrt{(a/2)^2+(b/2)^2+c^2}}$. b の辺が P 点に作る磁界 H_b も同様に計算すると $H_b = \dfrac{NIab}{4\pi[c^2+(a/2)^2]\sqrt{(a/2)^2+(b/2)^2+c^2}}$. H_a

も H_b も同じ向きなので，両者を加え合わせると長方形のコイルによる P 点の磁界が得られる．

$$H = H_a + H_b = \frac{NIab}{4\pi\sqrt{(a/2)^2+(b/2)^2+c^2}}$$
$$\times \left(\frac{1}{[c^2+(b/2)^2]} + \frac{1}{[c^2+(a/2)^2]}\right) = \frac{30\times2\times0.05\times0.1}{4\pi\sqrt{(0.05/2)^2+(0.1/2)^2+0.15^2}}$$
$$\times \left(\frac{1}{[0.15^2+(0.1/2)^2]} + \frac{1}{[0.15^2+(0.05/2)^2]}\right) = \underline{12.4 \text{ A/m}}.$$

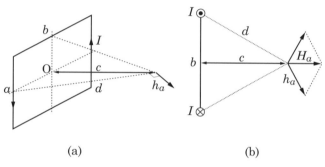

解図 8-9

20 (1) アンペアの周回積分の法則の式 (8-1) より $Hl = NI$. よって

$$I = \frac{Hl}{N} = \frac{350\times0.3}{500} = \underline{0.21 \text{ A}}.$$

(2) 式 (7-9) より，$\Phi = BS = \mu_0\mu_r HS$. よって，

$$\mu_r = \frac{\Phi}{\mu_0 HS} = \frac{4.5\times10^{-4}}{4\pi\times10^{-7}\times350\times5\times10^{-4}} = \underline{2.05\times10^3}.$$

(3) 式 (8-13) より，磁性体の部分の磁気抵抗は

$$R_1 = \frac{l}{\mu_0\mu_r S} = \frac{0.3}{4\pi\times10^{-7}\times2.05\times10^3\times5\times10^{-4}} = \underline{2.33\times10^5 \text{ H}^{-1}}.$$

同様に隙間の磁気抵抗は $R_0 = \dfrac{\delta}{\mu_0 S} = \dfrac{0.15 \times 10^{-3}}{4\pi \times 10^{-7} \times 5 \times 10^{-4}}$

$= \underline{2.39 \times 10^5 \, \mathrm{H}^{-1}}$.

(4) 式 (8-11) より，$\Phi' = \dfrac{NI}{R_1 + R_0} = \dfrac{500 \times 0.21}{(2.329 + 2.387) \times 10^5}$

$= \underline{2.22 \times 10^{-4} \, \mathrm{Wb}}$.

(5) 上の式より，隙間の中の磁界は $H_0 = \dfrac{\Phi'}{\mu_0 S}$

$= \dfrac{2.22 \times 10^{-4}}{4\pi \times 10^{-7} \times 5 \times 10^{-4}} = \underline{3.54 \times 10^5 \, \mathrm{A/m}}$．磁性体の中の磁界は H

$= \dfrac{\Phi'}{\mu_0 \mu_r S} = \dfrac{2.224 \times 10^{-4}}{4\pi \times 10^{-7} \times 2.046 \times 10^3 \times 5 \times 10^{-4}} = 173 \, \mathrm{A/m}$．断面に

現れる磁極密度は磁化と等しいので，式 (7-7)，式 (7-14) を用いて
$m = JS = \mu_0(\mu_r - 1)H_1 S \cong \mu_0 \mu_r H_1 S = \Phi' = \underline{2.22 \times 10^{-4} \, \mathrm{Wb}}$.

21 最初に図 8-24 の磁気回路を左，中心，右の 3 個の部分に分け，それぞれの磁気抵抗を計算する．左 $R_1 = \dfrac{2a + c}{\mu S}$

$= \dfrac{2 \times 0.12 + 0.15}{2.5 \times 10^{-3} \times 5 \times 10^{-4}} = 3.12 \times 10^5$，中心 $R_2 = \dfrac{c}{\mu S} + \dfrac{\delta}{\mu_0 S}$

$= \dfrac{0.15}{2.5 \times 10^{-3} \times 5 \times 10^{-4}} + \dfrac{0.2 \times 10^{-3}}{4\pi \times 10^{-7} \times 5 \times 10^{-4}} = 4.38 \times 10^5$，右

$R_3 = \dfrac{2b + c}{\mu S} = \dfrac{2 \times 0.1 + 0.15}{2.5 \times 10^{-3} \times 5 \times 10^{-4}} = 2.8 \times 10^5 \, \mathrm{H}^{-1}$．直並列回路の分

流の問題．$\Phi = \dfrac{NI}{R_1 + \dfrac{R_2 R_3}{R_2 + R_3}} \times \dfrac{R_2}{R_2 + R_3} = \dfrac{NI \times R_2}{R_1 R_2 + R_2 R_3 + R_3 R_1}$

$$= \frac{300 \times 250 \times 10^{-3} \times 4.38 \times 10^5}{(3.12 \times 4.38 + 4.38 \times 2.8 + 2.8 \times 3.12) \times 10^{10}} = \underline{9.48 \times 10^{-5} \text{Wb}}.$$

同様に中心の磁性体を通る磁束は,

$$\Phi' = \frac{NI}{R_1 + \dfrac{R_2 R_3}{R_2 + R_3}} \times \frac{R_3}{R_2 + R_3} = \frac{NI \times R_3}{R_1 R_2 + R_2 R_3 + R_3 R_1}$$

$$= \frac{300 \times 250 \times 10^{-3} \times 2.8 \times 10^5}{(3.12 \times 4.38 + 4.38 \times 2.8 + 2.8 \times 3.12) \times 10^{10}} = \underline{6.06 \times 10^{-5} \text{Wb}}.$$

よって, $H = \dfrac{\Phi'}{\mu_0 S} = \dfrac{6.06 \times 10^{-5}}{4\pi \times 10^{-7} \times 5 \times 10^{-4}} = \underline{9.64 \times 10^4 \text{ A/m}}.$

22 (1) 解図 8-10 (a) に磁気回路の等価回路を示す. 磁気抵抗 R_1 は前問と同じ, R_2 は前問の R_3. すなわち $R_1 = 3.12 \times 10^5$, $R_2 = 2.8 \times 10^5$. また $R_3 = \dfrac{c}{\mu S} = \dfrac{0.15}{2.5 \times 10^{-3} \times 5 \times 10^{-4}} = 1.2 \times 10^5 \text{ H}^{-1}$. 章末問題 6 **8** において導出した結果を用いて, 電圧源を電流源に変換した結果を解図 8-10 (b) に示す. さらに並列に接続されている 2 個の電流源および抵抗を, それぞれ 1 個の電流源と抵抗にまとめると解図 8-10 (c) になる. 分流の関係式を用いて次の結果を得る.

$$\Phi = \left(\frac{N_1 I_1}{R_1} + \frac{N_2 I_2}{R_2} \right) \times \frac{\dfrac{R_1 R_2}{R_1 + R_2}}{R_3 + \dfrac{R_1 R_2}{R_1 + R_2}} = \frac{N_1 I_1 R_2 + N_2 I_2 R_1}{R_1 R_2 + R_2 R_3 + R_3 R_1}$$

$$= \frac{300 \times 0.25 \times 2.8 \times 10^5 + 500 \times 0.2 \times 3.12 \times 10^5}{(3.12 \times 2.8 + 2.8 \times 1.2 + 1.2 \times 3.12) \times 10^{10}} = \underline{3.3 \times 10^{-4} \text{Wb}}.$$

(2) $\Phi = 0$ になるためには, 上式より, $\dfrac{N_1 I_1}{R_1} + \dfrac{N_2 I_2}{R_2} = 0$. よって

$$I_2 = -\frac{N_1}{N_2} \frac{R_2}{R_1} I_1 = -\frac{300}{500} \times \frac{2.8 \times 10^5}{3.12 \times 10^5} \times 0.25 = \underline{-0.135 \text{ A}}$$

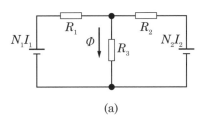

(a)

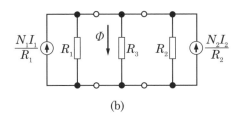

(b)

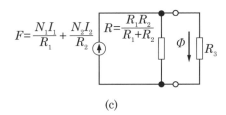

(c)

解図 8-10

$=-135\,\mathrm{mA}$.

23 (1) 隙間の磁界は $H_0 = \dfrac{B}{\mu_0}$ なので，周回積分の法則より次の関係が成り立つ． $\dfrac{B}{\mu_0}\delta + Hl = NI$ ．

(2) 上の式を次のように整理する． $B = \mu_0 \dfrac{l}{\delta}\left(-H + \dfrac{NI}{l}\right) \cdots$ ①．

これは**解図 8-11** に示す直線 P である．すなわち， $H = \dfrac{NI}{l}$

$$= \frac{300 \times 0.5}{0.3} = 500 \text{ A/m} \text{ で横軸と交わり，傾きが } \mu_0 \frac{l}{\delta} = 4\pi \times 10^{-7}$$

$$\times \frac{0.3}{0.2 \times 10^{-3}} = 1.88 \times 10^{-3} \text{ H/m．} B と H の関係は磁化曲線上にあり，$$

さらに式①も同時に満たさなければならないことから，このときの B と H は磁化曲線と直線 P の交点である．解図 **8-11** から $\underline{H_1 = -123 \text{ A/m}}$, $\underline{B_1 = 1.14 \text{ T}}$．

(3) 式①で $I = 0$ とすると，解図 **8-11** において原点を通る直線 Q となる．同様に，磁化曲線と直線 Q の交点より，$\underline{H_0 = -419 \text{ A/m}}$, $\underline{B_0 = 0.76 \text{ T}}$．

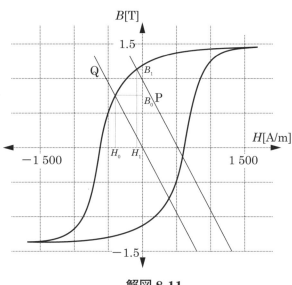

解図 **8-11**

24 (1) $d \gg a$ なので，コイルの中の磁界は一定と見なせる．したがって，$\Phi = \mu_0 HS = \mu_0 \dfrac{I}{2\pi d} ab = 4\pi \times 10^{-7} \times \dfrac{5}{2\pi \times 20} \times 6 \times 10 \times 10^{-4}$

$= 3 \times 10^{-10}$ Wb．

(2) 解図 **8-12** に示すようにコイルの中に，直線導線からの距離

が r の位置に幅 $\mathrm{d}r$ の微小部分を考える．この中を通る磁束は $\mathrm{d}\Phi$
$= \mu_0 H b \mathrm{d}r = \mu_0 \dfrac{I}{2\pi r} b \mathrm{d}r$．これを積分する．$\Phi = \displaystyle\int_d^{d+a} \mu_0 \dfrac{I}{2\pi r} b \mathrm{d}r$

$= \dfrac{\mu_0 I b}{2\pi} \ln \dfrac{d+a}{d}$ … ①．これに数値を代入すると

$\dfrac{\mu_0 I b}{2\pi} \ln \dfrac{d+a}{d} = \dfrac{4\pi \times 10^{-7} \times 5 \times 0.1}{2\pi} \ln \dfrac{2+6}{2} = \underline{1.39 \times 10^{-7}\,\mathrm{Wb}}$．

式①に $d = 20\,\mathrm{m}$ を代入すると，$\dfrac{\mu_0 I b}{2\pi} \ln \dfrac{d+a}{d}$

$= \dfrac{4\pi \times 10^{-7} \times 5 \times 0.1}{2\pi} \ln \dfrac{20+0.06}{20} = \underline{3 \times 10^{-10}\,\mathrm{Wb}}$．(1) の結果と同

じになる．

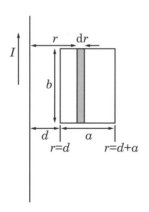

解図 **8-12**

25 (1) 解図 **8-13**（a）に示すように，$z < -\dfrac{d}{2}$ の位置に AB，

$z > \dfrac{d}{2}$ の位置に CD となる長さ l の長方形の経路に沿って磁界を

周回積分することを考える．磁界の向きは右ねじの法則により**解**

図 8-13（a）に示す向き（$z=1$ cm の位置 $-y$ 方向，$z=-1$ cm の位置 y 方向）であり，経路 AB，CD の向きと一致している．長方形 ABCD の中を流れる電流は $I=J\times ld$ なので，経路 AB，CD における磁界の大きさを H とすると，アンペアの周回積分は次のように表わされる．$\oint_{\mathrm{ABCDA}} \boldsymbol{H}\cdot \boldsymbol{dl}=2Hl=I=Jld$．したがって $H=\dfrac{Jd}{2}=\dfrac{5\times 0.01}{2}=\underline{2.5\times 10^{-2}\,\mathrm{A/m}}$．（$z$ に依存しない．）

(2) 解図 8-13（b）に示すように，$0>z>-\dfrac{d}{2}$ の位置に AB，$0<z<\dfrac{d}{2}$ の位置に CD となる長さ l の長方形の経路に沿って磁界を周回積分することを考える．長方形 ABCD の中を流れる電流は $I=J\times l\times 2z$ なので，経路 AB，CD における磁界の大きさを H とすると，アンペアの周回積分により，$\oint_{\mathrm{ABCDA}} \boldsymbol{H}\cdot \boldsymbol{dl}=2Hl=2Jlz$．したがって，$H=Jz=5\times 2\times 10^{-3}=\underline{1\times 10^{-2}\,\mathrm{A/m}}$．

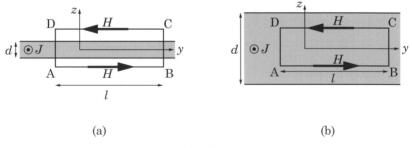

(a)   (b)

解図 8-13

<第9章>

1 フレミングの左手の法則より，**解図 9-1**に示すように南向きの力Fとなる．力の強さは式 (9-1) より，$F = IBl = 5 \times 30 \times 10^{-3} \times 20 = \underline{3\,\text{N}}$.

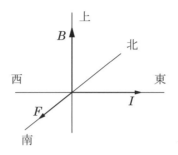

解図 9-1

2 永久磁石による磁界はN極からS極に向かう方向（fの向き）．電流は端子PからQに向かう方向（dの向き）．したがって，フレミングの左手の法則より，力の方向は c.

3 (1) 式 (9-1) より，長さaの辺に働く力は $f_a = NI \times \mu_0 H \times a \times \sin\theta = 200 \times 12 \times 4\pi \times 10^{-7} \times 30 \times 10^3 \times 0.6 \times \sin 30 = \underline{27.1\,\text{N}}$. 長さ$b$の辺に働く力は $f_b = NI \times \mu_0 H \times b \times \cos\theta = 200 \times 12 \times 4\pi \times 10^{-7} \times 30 \times 10^3 \times 0.25 \times \cos 30 = \underline{19.6\,\text{N}}$. 力の向きはフレミングの左手の法則より，**解図 9-2**に示す通り．

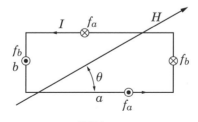

解図 9-2

(2) 式 (9-6) より，$M = \mu_0 NI \times ab = 4\pi \times 10^{-7} \times 200 \times 12 \times 0.6 \times 0.25 = \underline{4.52 \times 10^{-4}\,\text{Wb·m}}$.

(3) 磁気モーメント M の方向はコイルの面と垂直なので，M と H のなす角は 90 度である．したがって，式 (9-4) より $T = MH\sin 90$ $= 4.52 \times 10^{-4} \times 30 \times 10^3 = \underline{13.6\,\mathrm{N\cdot m}}$．

4 電流 I_1 によって，電流 I_2 の導線の位置に発生する磁界の強さは $H = \dfrac{I_1}{2\pi a}$．磁界 H の向きは右ねじの法則により**解図 9-3** に示す通りである．フレミングの左手の法則により，**力 F の方向は解図 9-3** に示すように，**導線の間の引力**となる．力の大きさは $F = I_2 \times \mu_0 H$ $= \dfrac{\mu_0 I_1 I_2}{2\pi a} = \dfrac{4\pi \times 10^{-7} \times 5 \times 15}{2\pi \times 0.7} = \underline{2.14 \times 10^{-5}\,\mathrm{N/m}}$．

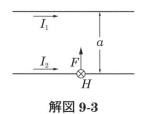

解図 9-3

5 前問の結果より導線の 1 m あたりに働く力は $F = \dfrac{\mu_0 I^2}{2\pi a}$ であるので，$I = \sqrt{\dfrac{2\pi a}{\mu_0} F} = \sqrt{\dfrac{2\pi \times 1 \times 10^{-3}}{4\pi \times 10^{-7}} \times 0.5} = \underline{50\,\mathrm{A}}$．力の向きが反発力なので**解図 9-4** において，I_2 に働く力は下向きで，フレミングの左手の法則より，この位置の磁界 H は**解図 9-4** に示す向きであることがわかる．したがって，右ねじの法則から I_1 の向きは I_2 と**反対向き**である．

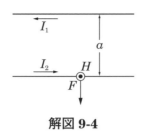

解図 9-4

6 (1) 式 (9-1) より，導線に働く力は $f = IBl$ と表される．したがって電流は，$I = \dfrac{f}{Bl} = \dfrac{5}{0.8 \times 0.5} = \underline{12.5\,\text{A}}$．

(2) $N = n \times Sl = 8.46 \times 10^{28} \times 0.7 \times 10^{-6} \times 0.5 = \underline{2.96 \times 10^{22}}$ 個．

(3) $F = \dfrac{f}{N} = \dfrac{5}{2.96 \times 10^{22}} = \underline{1.69 \times 10^{-22}\,\text{N}}$．

(4) 式 (9-7) より $v = \dfrac{F}{eB} = \dfrac{1.69 \times 10^{-22}}{1.6 \times 10^{-19} \times 0.8} = \underline{1.32 \times 10^{-3}\,\text{m/s}}$
$= \underline{1.32\,\text{mm/s}}$．または式 (6-22) の $J = nev$ の関係より

$v = \dfrac{J}{ne} = \dfrac{I}{neS} = \dfrac{12.5}{8.46 \times 10^{28} \times 1.6 \times 10^{-19} \times 0.7 \times 10^{-6}}$
$= \underline{1.32 \times 10^{-3}\,\text{m/s}}$．

7 導体棒がレールを転がり落ちようとする力は $F = mg\sin\theta$．導体棒が磁界から受ける力は $f = IBd$．F と f が等しいとき導体棒が静止するので，$I = \dfrac{mg\sin\theta}{Bd} = \dfrac{13 \times 10^{-3} \times 9.8 \times \sin 30}{0.2 \times 0.15} = \underline{2.12\,\text{A}}$．

f は上向き（右向き）であるから，フレミングの左手の法則より電池の向きは $\underline{b}$ である．

8 (1) 式 (9-7) より，電子に作用する力は次のように得られる．
$F = evB = 1.6 \times 10^{-19} \times 1.5 \times 10^6 \times 0.12 \times 10^{-3} = \underline{2.88 \times 10^{-17}\,\text{N}}$．電子は負電荷なので，電流の向きは v と反対向き．フレミングの左手の

法則より，力の向き F は**解図 9-5** に示すように y 方向である．

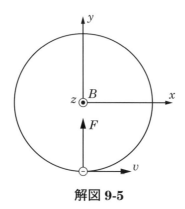

解図 9-5

(2) 電子の質量を m，軌道半径を r と置くと，向心力は

$\dfrac{mv^2}{r} = F = evB$．したがって，

$r = \dfrac{mv}{eB} = \dfrac{9.11\times 10^{-31}\times 1.5\times 10^{6}}{1.6\times 10^{-19}\times 0.12\times 10^{-3}} = \underline{7.12\times 10^{-2}\,\mathrm{m} = 7.12\,\mathrm{cm}}$．

(3) 上式を変形することによって角速度を得る．

$\omega = \dfrac{v}{r} = \dfrac{eB}{m} = \dfrac{1.6\times 10^{-19}\times 0.12\times 10^{-3}}{9.11\times 10^{-31}} = \underline{2.11\times 10^{7}\,\mathrm{rad/s}}$．

この角速度は電子の速度と無関係である．これを**サイクロトロン角周波数**という．

9 (1) 粒子を常に電極間で加速するためには，粒子が 1 秒間に回転する回数と交流電圧の周波数が一致すればよい．前問の (3) で得たサイクロトロン角周波数から回転数を得る．$f = \dfrac{\omega}{2\pi} = \underline{\dfrac{qB}{2\pi m}\,[\mathrm{Hz}]}$．

(2) 前問の (2) で得た式を変形して，$v = \underline{\dfrac{qB}{m}r\,[\mathrm{m/s}]}$．

(3) フレミングの左手の法則より，粒子の運動方向とそれによる

電流の向きが反対である．したがって，粒子の電荷は負である．

10 (1) 電界と磁界から受ける力が反対向きで同じ大きさのとき，粒子は直進する．したがって，粒子の電荷を q と置くと $qE = qvB$ の関係から $\underline{v = \dfrac{E}{B} \, [\text{m/s}]}$．

(2) 領域 Q において，フレミングの左手の法則から粒子が正電荷を有することがわかる．

(3) 問 **8** (2) より $D = 2r = 2\dfrac{mv}{qB}$．よって

$\underline{m = \dfrac{qBD}{2v} = \dfrac{qB^2 D}{2E} \, [\text{kg}]}$．

11 (1) 例題 2-10 と同じ問題である．エネルギー保存則は次のように書かれる．$\dfrac{1}{2}mv^2 - eV = 0$．したがって，$\underline{v = \sqrt{\dfrac{2eV}{m}} \, [\text{m/s}]}$ …①

(2) 向心力が電磁力であることより，$\dfrac{mv^2}{r} = evB$．これに式①を代入して整理すると，$\underline{\dfrac{e}{m} = \dfrac{2V}{r^2 B^2} \, [\text{C/kg}]}$．

(3) 章末問題 8 **14** (3) の結果から次のように得られる．

$B = \mu_0 H = \mu_0 \times \left(\dfrac{4}{5}\right)^{\frac{3}{2}} \dfrac{NI}{R} = 4\pi \times 10^{-7} \times \left(\dfrac{4}{5}\right)^{\frac{3}{2}} \times \dfrac{130 \times 1.5}{0.15}$

$= \underline{1.17 \times 10^{-3} \, \text{T}}$．

(4) (2) で導いた式に値を代入することによって e/m が得られる．$\dfrac{e}{m} = \dfrac{2 \times 300}{0.05^2 \times (1.169 \times 10^{-3})^2} = \underline{1.76 \times 10^{11} \, \text{C/kg}}$．

12 (1) 式 (6-15)，式 (6-22) より，$I = J \times ab = nev \times ab$

$= 1.2 \times 10^{21} \times 1.6 \times 10^{-19} \times 150 \times 6 \times 1 \times 10^{-6} = \underline{0.173 \, \text{A}}$．

(2) フレミングの左手の法則から電子は上向きの力を受けるの

で, 上に電子が集まる. したがって, P端子は−. +になるのはQ端子.

(3) 電磁力と電界による力が等しいことから $eE = evB$. よって
$V_H = Ea = vB \times a = 150 \times 1 \times 6 \times 10^{-3} = \underline{0.9\,\text{V}}$.

(4) 電流の向きが変わらないので, キャリアに作用する力も上向きで変わらない. キャリアが正なので, 上に蓄積されるのは正電荷. したがって, +になるのは P 端子.

13 (1) フレミングの左手の法則を用いると, v_x による磁界から受ける力の向きは $-y$ 方向であるので, $\underline{F_y = -qv_xB}$. 同様に $\underline{F_x = qv_yB,\ F_z = 0}$ [N].

(2) 磁界と垂直な速度の成分 $v_\perp = \sqrt{v_x^2 + v_y^2}$ は, 問 **8** で導いたような円運動を引き起こす. この円運動と磁界に平行な成分 $v_\parallel = v_z$ を重ね合わせると, 解図 9-6 に示すようならせん運動になる. したがって, らせん運動の半径は **8** (2) と同様に, $\dfrac{mv_\perp^2}{r} = qv_\perp B$

より $\underline{r = \dfrac{mv_\perp}{qB} = \dfrac{m}{qB}\sqrt{v_x^2 + v_y^2}}$ [m]. …①

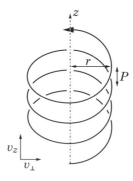

解図 9-6

(3) ピッチは, 粒子が 1 回転して, xy 座標における元の位置に戻るまでに z 方向に進む距離である. 粒子が 1 回転するのに要

する時間 T は 8 (3) と同様に, 式①からサイクロトロン角周波数 $\omega_c = \dfrac{qB}{m}$ から得られる. $T = \dfrac{2\pi}{\omega_c} = \dfrac{2\pi m}{qB}$. よって,

$$P = v_z T = \underline{\dfrac{2\pi m}{qB} v_z\,[\mathrm{m}]}.$$

14 (1) 8 (2) と同様に, $\dfrac{mv^2}{r} = evB$ より,

$$r = \dfrac{mv}{eB} = \dfrac{9.11\times 10^{-31}\times 2\times 10^{7}}{1.6\times 10^{-19}\times 0.6\times 10^{-3}} = \underline{0.19\,\mathrm{m}}.$$

(2) 電子の軌道が曲がる角度 θ は円弧 O'P の中心角と等しい. 円弧 O'P の長さは $r\theta \cong l$ とおけるので,

$$\theta \cong \dfrac{l}{r} = \dfrac{2\times 10^{-2}}{0.19} = \underline{0.105\;\mathrm{rad} = 6.04°}.$$

(3) PQ の延長線と x 軸の交点は O 点なので,

$$D = L\tan\theta \cong L\dfrac{l}{r} = 0.3\times \dfrac{2\times 10^{-2}}{0.19} = \underline{3.16\times 10^{-2}\,\mathrm{m} = 3.16\,\mathrm{cm}}.$$

15 (1) 粒子は静止しているので, 電界のみから力を受ける. したがって $\underline{F_x = qE\,[\mathrm{N}]}$.

(2) 13 (1) と同様に考えると, $\underline{F_x = qE - qv_yB,\;F_y = qv_xB\,[\mathrm{N}]}$.

(3) (2) の結果より, 運動方程式は $\dfrac{dv_x}{dt} = \dfrac{q}{m}(E - v_yB)\cdots$①, $\dfrac{dv_y}{dt} = \dfrac{q}{m}v_xB\cdots$②. 式①を t で微分して式②を代入すると

$$\dfrac{d^2v_x}{dt^2} = -\dfrac{qB}{m}\dfrac{dv_y}{dt} = -\left(\dfrac{qB}{m}\right)^2 v_x \cdots ③.$$

この微分方程式における v_x の解は $v_x = C_1\cos\omega t + C_2 \sin\omega t \cdots$④. ここで $\omega = \dfrac{qB}{m}\cdots$⑤. $t = 0$

において $v_x = 0$ であるので,$C_1 = 0$. よって式④は $v_x = C_2 \sin \omega t \cdots$ ⑥.
これを式①に代入すると $\omega C_2 \cos \omega t = \dfrac{q}{m}(E - v_y B) \cdots$ ⑦, さらに $t = 0$ において,$v_y = 0$ であることに注意すると $\omega C_2 = \dfrac{q}{m} E$.
これを式⑥に代入すると,$v_x = \dfrac{qE}{m\omega} \sin \omega t = \dfrac{E}{B} \sin \omega t \cdots$ ⑧. また式⑦より,$v_y = \dfrac{E}{B}(1 - \cos \omega t) \cdots$ ⑨. 式⑧を t で積分すると

$$x = -\dfrac{E}{\omega B} \cos \omega t + C_3 \cdots ⑩.$$ $t = 0$ において $x = 0$ であるので,$C_3 = \dfrac{E}{\omega B}$. よって,式⑩は $x = \dfrac{E}{\omega B}(1 - \cos \omega t) = \dfrac{mE}{qB^2}(1 - \cos \omega t) \cdots$ ⑪.

式⑨を t で積分すると $y = \dfrac{E}{\omega B}(\omega t - \sin \omega t) + C_4 \cdots$ ⑫. $t = 0$ において $y = 0$ であるので,$C_4 = 0$. よって,

$$y = \dfrac{E}{\omega B}(\omega t - \sin \omega t) = \dfrac{E}{B} t - \dfrac{mE}{qB^2} \sin \dfrac{qB}{m} t \cdots ⑬.$$

式⑪と式⑬の 2 項目に注目すると,これは半径 $r = \dfrac{mE}{qB^2}$ の円運動を表す. 式⑬は,これに y 方向へ向かう速度 $v_{/\!/} = \dfrac{E}{B}$ が重ねられていることがわかる. したがって,粒子は円運動の 1 周をする間に $v_{/\!/} \times \dfrac{2\pi}{\omega} = 2\pi \times \dfrac{mE}{qB^2} = 2\pi r$,すなわち円周に等しい距離を移動する. これは**サイクロイド**と呼ばれる曲線で,**解図 9-7** に示すように,半径 r の円が平面の上を転がるとき,円周上の 1 点が描く軌跡に等しい.

(4) 太郎君から静止して見える電子は，地上から見ると速度 v で等速直線運動を続けることになり，矛盾する．相対性理論によると，太郎君の座標系では磁界 H' だけでなく H' に垂直な電界 E' も存在し，電子はサイクロイドを描いて運動する．これならば地上からの観測結果と矛盾しない．**電磁場の相対性**についての詳細はランダウ＝リフシッツ著「場の古典論」（東京図書）3章24節，または「ファインマン物理学Ⅲ 電磁気学」13-6節を参照されたい．

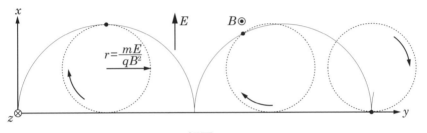

解図 9-7

16 例題 9-5 と同じである．導体棒に発生する電圧は，導体棒が1秒間に切る磁束と等しく $V = vBl = 10 \times 0.1 \times 0.3 = \underline{0.3\,\text{V}}$．棒の上が＋，下が－である．

17 ファラデーの電磁誘導の法則によると，電圧 V は導体棒が1秒間に切る磁束 $\varPhi$ に等しい．**解図 9-8** に示すように，$\varPhi$ は角速度 ω の扇形の面積 S を通る磁束であるので，$V = \varPhi = SB = \dfrac{1}{2}\omega l^2 \times B = \dfrac{1}{2} \times 2\pi n \times l^2 \times B = \pi \times 120 \times 0.3^2 \times 0.1 = \underline{3.39\,\text{V}}$．導体棒の中の＋の電荷に注目すると，磁界から受ける力 F は円の中心から外側に向かう方向である．したがって，外側が＋，中心が－である．

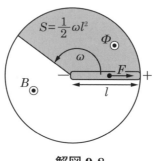

解図 9-8

18 磁性体の透磁率を μ, 電流を $i = \sqrt{2}\,I\sin 2\pi ft$ と置くと，環状ソレノイドの中の磁束は $\Phi = \mu HS = \mu\dfrac{N_1 i}{l}S = \mu\dfrac{N_1}{l}S\times\sqrt{2}\,I\sin 2\pi ft$.

ファラデーの電磁誘導の法則の式(9-10)より，$v = N_2\dfrac{d\Phi}{dt} = \mu\dfrac{N_1 N_2}{l}S$

$\times\sqrt{2}\,I\times 2\pi f\cos 2\pi ft$. 実効値は $V = 2\pi f\mu\dfrac{N_1 N_2 I}{l}S$. したがって，

透磁率は $\mu = \dfrac{Vl}{2\pi f N_1 N_2 IS} = \dfrac{12\times 0.45}{2\pi\times 60\times 30\times 500\times 1.2\times 2\times 10^{-4}}$

$= \underline{3.98\times 10^{-3}\,\text{H/m}}$. 比透磁率は $\mu_r = \underline{3166}$.

19 (1) 例題 9-6 と同じ問題. $V = \dfrac{d\Phi}{dt} = vdB = 10\times 0.25\times 0.2 = \underline{0.5\,\text{V}}$.

(2) 導体棒が滑り落ちると，導体棒および抵抗 R を含む回路と鎖交する磁束が減少するので，レンツの法則により磁束の減少を妨げるために B と同じ向きの磁界を発生するような電流，すなわち <u>b</u> の向きの電流が流れる.

(3) 導体棒の速さが一定であることは，重力によって導体棒が滑り落ちようとする力 f と電磁力 F が釣り合っていることを意味する. ここで $f = mg\sin\theta$, $F = IBd$. したがって，電流は

$$I = \frac{mg\sin\theta}{Bd} = \frac{30\times 10^{-3}\times 9.8\times \sin 30}{0.2\times 0.25} = \underline{2.94\,\text{A}}.$$

(4) $R = \dfrac{V}{I} = \dfrac{0.5}{2.94} = \underline{0.17\,\Omega}$.

(5) $P = IV = 2.94\times 0.5 = \underline{1.47\,\text{W}}$.

(6) 導体棒の高さは1秒間に$v\sin\theta$だけ減少するので，1秒間に失う位置エネルギーは$W = mgv\sin\theta = 30\times 10^{-3}\times 9.8\times 10\times \sin 30 = \underline{1.47\,\text{J/s}}$．これは（5）の結果と一致する．すなわち導体棒の位置エネルギーの減少分が電気エネルギーとなり，さらにそれが抵抗で消費されて熱エネルギーに変化している．

20 (a) N極が近付くので，**解図 9-9**に示すようにソレノイドの中の左向きの磁束Φが増加する．レンツの法則により，磁束の変化を妨げるためにソレノイドは右向きの磁界Hを作ろうとして，右ねじの法則により，ソレノイドの中をPからQに向かう電流Iを流そうとする．このとき，ソレノイドに抵抗Rを接続すると，その抵抗にはQからPに向かう電流が流れる．したがって，＋になるのはQ端子である．

(b) ソレノイドの中の左向きの磁束Φが減少する．ソレノイドはΦと同じ向きの磁界Hを作ろうとして，ソレノイドの中をQか

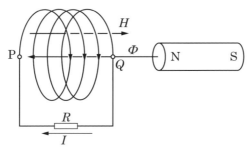

解図 9-9

らPに向かう電流Iを流そうとする．抵抗Rを接続するとPからQに向かう電流が流れるので，+になるのはP端子である．

(c) S極が近付くので，ソレノイドの中の右向きの磁束Φが増加する．(a) の場合とHおよびIの向きが反対になるので，+になるのはP端子である．

(d) ソレノイドの中の右向きの磁束Φが減少する．ソレノイドはΦと同じ右向きの磁界Hを作ろうとして，ソレノイドの中をPからQに向かう電流Iを流そうとする．抵抗Rを接続するとQからPに向かう電流が流れるので，+になるのはQ端子である．

21 (1) 長さaの辺が磁界から受ける力は$f = NIBa$．fに垂直な腕の長さは$b\cos\theta$であるので，トルクは$T = NIBa \times b\cos\theta$
$= 200 \times 1.5 \times 0.1 \times 0.3 \times 0.2 \times \cos 30 = \underline{1.56\,\mathrm{N\cdot m}}$．

(2) コイルが現在の角度からさらに回転するとコイルと鎖交する磁束が増加する．レンツの法則から，磁束の増加を妨げるためBと反対向きの磁界を生じるような電流がコイルに流れる．右ねじの法則により，抵抗RにはP端子からQ端子に向かう方向に電流が流れる．したがって電圧の+になるのは$\underline{\mathrm{P端子}}$である．

(3) 角速度をωとすると，コイルを通る磁束は次のように表される．$\Phi = B \times ab\sin\omega t$．ファラデーの電磁誘導の法則の式 (9-10) より，発生する電圧は$V = N\dfrac{d\Phi}{dt} = NBab\omega\cos\omega t = NBab\omega\cos\theta$

…①．したがって，$\omega = \dfrac{V}{NBab\cos\theta} = \dfrac{RI}{NBab\cos\theta}$

$= \dfrac{300 \times 1.5}{200 \times 0.1 \times 0.3 \times 0.2 \times \cos 30} = \underline{433\,\mathrm{rad/s}}$．

(4) 抵抗Rにおける消費電力は$P = RI^2 = 300 \times 1.5^2 = \underline{675\,\mathrm{W}}$．トルクの仕事率は$W = \omega T = 433 \times 1.56 = \underline{675\,\mathrm{W}}$．両者は等しい．

(5) ①式より，$\cos\theta = 1$ すなわち $\underline{\theta = 0}$ のとき電圧が最大．このとき $V = NBab\omega = 200 \times 0.1 \times 0.3 \times 0.2 \times 433 = \underline{520\,\text{V}}$.

22 (1) 電流の最大値は $i_m = \dfrac{v_m}{R} = \dfrac{100 \times 10^{-3}}{10} = 10 \times 10^{-3}$．したがって，磁束密度の最大値は

$$B_m = \mu_0 \dfrac{N_1}{l_1} i_m = 4\pi \times 10^{-7} \times \dfrac{750}{0.25} \times 10 \times 10^{-3} = \underline{3.77 \times 10^{-5}\,\text{T}}.$$

(2) ソレノイド 2 の中を通る磁束はソレノイド 1 の中を通る磁束と等しく，その最大値は $\varPhi_m = B_m \times \pi r_1^2$．図 9-21 (b) から，最初の $\Delta t = 0.2$ ms の間に磁束は $\varPhi_m$ 変化しているので，ファラデーの電磁誘導の法則の式 (9-10) よりソレノイド 2 に発生する電圧は

$$V_2 = N_2 \dfrac{\varPhi_m}{\Delta t} = N_2 \dfrac{B_m \times \pi r_1^2}{\Delta t} = 500 \times \dfrac{3.77 \times 10^{-5} \times \pi \times 0.01^2}{0.2 \times 10^{-3}}$$

$= 29.6 \times 10^{-3}$ V $= 29.6$ mV で一定．この間，**解図 9-10** に示すように左向きの磁束 $\varPhi$ が増加しているので，レンツの法則により磁束の変化を妨げるためにソレノイド 2 には右向きの磁界 H を発生させるような電流 I を流そうとする．それは CH2 に抵抗 r を接続すると P 端子から流れ出す電流である．したがって，CH2 には正の電圧が発生することがわかる．同様に考えると，$0.2 \sim 0.6$ ms の間は負の電圧が発生することがわかる．したがって，電圧の波形は**解図 9-11** に示す通り．

(3) 磁性体の比透磁率を μ_r とすると，磁性体の中の磁束密度は μ_r 倍になるので，磁束 $\varPhi$ は $\dfrac{\mu_r + 1}{2}$ 倍に増加する．したがって $\dfrac{\mu_r + 1}{2} = 1\,000$ の関係から，$\underline{\mu_r = 1999}$.

章末問題解答

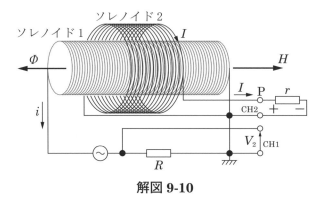

解図 9-10

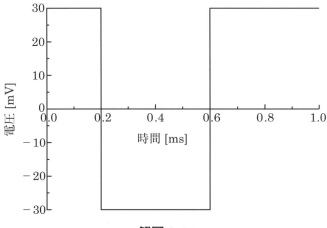

解図 9-11

23 (1) 図 9-24 (b) から，$t = 0$ にコイルの右端が A に到達し，$t = 10$ ms にコイルの左端が A に到達することがわかる．したがって，この $\Delta t = 10$ ms の間にコイルは a だけ移動したことになるので，$v = \dfrac{a}{\Delta t} = \dfrac{0.2}{10 \times 10^{-3}} = \underline{20 \text{m/s}}$．

(2) コイルが AB の間にあるとき磁束は $\varPhi = Ba^2$．よって

● 422 ●

$$B = \frac{\Phi}{a^2} = \frac{6 \times 10^{-3}}{0.2^2} = \underline{0.15 \text{ T}}.$$

(3) 電圧が現れるのは Φ が変化している $t = 0 \sim 10$ と $t = 20 \sim 30$ ms の間だけである．$t = 0 \sim 10$ ms の間は磁束が増加しているので，レンツの法則によって磁束と反対向きの磁界を作る電流は，**図 9-24（a）**の I の向きと同じである．したがって $t = 0 \sim 10$ ms の間は $I > 0$，$t = 20 \sim 30$ ms の間は $I < 0$．ファラデーの電磁誘導の法則の式（9-10）より，$V = N\dfrac{\Delta\Phi}{\Delta t} = 300 \times \dfrac{6 \times 10^{-3}}{10 \times 10^{-3}} = 180 \text{ V}$．

したがってコイルに流れる電流の大きさは $I = \dfrac{V}{R} = \dfrac{180}{50} = 3.6 \text{ A}$．よって電流と時間の関係は**解図 9-12** に示す通り．

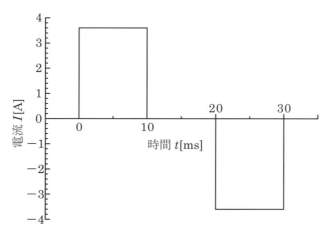

解図 9-12

[24] (1) 図 9-25（b）より電圧の最大値は $V_m = 2.5$ V なので，電流の最大値は $I_m = \dfrac{V_m}{R} = \dfrac{2.5}{10} = \underline{0.25 \text{ A}}$．したがって，実効値は

$I = \dfrac{I_m}{\sqrt{2}} = \dfrac{0.25}{\sqrt{2}} = \underline{0.177\,\text{A}}$. また図 9-25 (b) より周期は $T = 1$ ms. よって,周波数は $f = \dfrac{1}{T} = \dfrac{1}{1\times 10^{-3}} = \underline{1\times 10^3\,\text{Hz} = 1\,\text{kHz}}$.

(2)　$B_m = \mu_0 H_m = \mu_0 \dfrac{N_1}{l_1} I_m = 4\pi \times 10^{-7} \times \dfrac{750}{0.25} \times 0.25$
$= \underline{9.42\times 10^{-4}\,\text{T}}$.

(3)　ソレノイド 2 と鎖交する磁束はソレノイド 1 の中の磁束である.したがって,$\Phi = B_m \sin \omega t \times \pi a^2$. ソレノイド 2 に発生する電圧は,ファラデーの電磁誘導の法則の式 (9-10) より,$v_2 = N_2 \dfrac{d\Phi}{dt}$
$= N_2 B_m \omega \cos \omega t \times \pi a^2$. よって最大値は,$V_m = N_2 B_m \omega \times \pi a^2$
$= 500 \times 9.42\times 10^{-4} \times 2\pi \times 10^3 \times \pi \times 0.01^2 = \underline{0.93\,\text{V}}$.

(4)　磁性体で満たすことにより B_m および Φ が比透磁率 μ_r 倍になるので,V_m も $\mu_r = 500$ 倍になる.よって,$V'_m = \underline{465\,\text{V}}$.

(5)　磁性体の断面積 πc^2 の中では磁束密度が $\mu_r B_m$,残りの断面積 $\pi(a^2 - c^2)$ の中では B_m なので,磁束は $\Phi' = B_m \times [\pi(a^2 - c^2) + \mu_r \times \pi c^2] \times \sin \omega t$. よって,電圧は $V''_m = N_2 B_m \omega [\pi(a^2 - c^2) + \mu_r \times \pi c^2] = N_2 B_m \omega \times \pi [a^2 + (\mu_r - 1)c^2] = 500 \times 9.42 \times 10^{-4} \times 2\pi \times 10^3 \times \pi [0.01^2 + (500 - 1) \times 0.005^2] = \underline{117\,\text{V}}$.

25　リングの抵抗は $R = \rho \times \dfrac{2\pi r}{S}$. 電圧はファラデーの電磁誘導の法則の式 (9-10) より,$V = \dfrac{d\Phi}{dt} = \dfrac{d}{dt}(B_m \sin \omega t \times \pi r^2) = B_m \omega \cos \omega t \times \pi r^2$. したがって電流の最大値は $I_m = \dfrac{V_m}{R} = \dfrac{B_m \omega \times \pi r^2}{2\pi r \rho / S} = \dfrac{B_m \omega r S}{2\rho}$

$$= \frac{3\times 10^{-3}\times 377\times 0.05\times 0.5\times 10^{-6}}{2\times 2.75\times 10^{-8}} = \underline{0.514\,\text{A}}.$$

26 (1) $B_m = \mu_0\mu_r \times nI_m$. したがって,

$$I_m = \frac{B_m}{\mu_0\mu_r\times n} = \frac{50\times 10^{-3}}{4\pi\times 10^{-7}\times 500\times 1500} = \underline{5.31\times 10^{-2}\,\text{A} = 53.1\,\text{mA}}.$$

(2) このリングに発生する電圧は

$$V = \frac{d\Phi}{dt} = \frac{d}{dt}(B_m\sin\omega t\times \pi c^2) = \omega B_m\cos\omega t\times \pi c^2.$$ 次に例題 9-7 と同様に,半径 r,幅 dr,高さ h のリングを考える.このリングの抵抗は $R = \rho\dfrac{2\pi r}{hdr}$ であるので,このリングに流れる電流の最大値は

$$di_m = \frac{V_m}{R} = \frac{\omega B_m\times \pi c^2}{\dfrac{\rho\times 2\pi r}{hdr}} = \frac{\omega B_m hc^2}{2\rho r}dr.$$ これを積分することにより,導体の全体を流れる電流が次のように得られる.

$$i_m = \int_a^b \frac{\omega B_m hc^2}{2\rho r}dr = \frac{\omega B_m hc^2}{2\rho}\left[\ln r\right]_a^b = \frac{\omega B_m hc^2}{2\rho}\ln\frac{b}{a}$$

$$= \frac{600\times 50\times 10^{-3}\times 0.12\times 0.02^2}{2\times 5\times 10^{-5}}\ln\frac{10}{5} = \underline{9.98\,\text{A}}.$$

27 抵抗率 ρ の導体に電流密度 J が流れているとき,導体の $1\,\text{m}^3$ あたりで消費される電力は,章末問題 6 **11** (11) の結果より $P = \rho J^2$ である.これに式 (9-12) を代入すると,$P = \rho\times\left(\dfrac{\sigma r}{2}\dfrac{dB}{dt}\right)^2$

$= \sigma\left(\dfrac{r}{2}\dfrac{dB}{dt}\right)^2$ となる.ここで $\rho = \dfrac{1}{\sigma}$ の関係を用いた.さらに $\dfrac{dB}{dt}$ は f に比例するので,P は f の 2 乗と σ に比例することがわかる.

28 N 極から出ている下向きの磁束が弱くなるので,銅板には下向き

章末問題解答

（磁束と同じ向き）の磁界を発生させるような渦電流が流れる．右ねじの法則から電流の向きはb．

29 (1) 円板が回転しているのでAの位置は磁石から遠ざかる．したがって，Aの領域の磁束が減少するので，レンツの法則により磁束の変化を妨げるようにHと同じ向きの磁界を発生させるような渦電流が流れる．よって右ねじの法則により(b)の向きに流れる．Bの位置は磁石に近付くので磁束が増加する．渦電流はHと反対向きの磁界を発生させる向きで(a)．

(2) 磁界の位置では，A，Bの渦電流はいずれも右向きであることがわかる．したがってフレミングの左手の法則により，力の向きは下向き，すなわちeである．

30 (1) S極の上もN極の下も，磁石球によるアルミパイプの中の磁界は下向きである．磁石球の落下によってS極の上では磁界が減少するので，レンツの法則により下向きの磁界を発生するような電流が流れる．したがって右ねじの法則により電流の向きはb．N極の下では磁界が増加するので，上向きの磁界を発生するようなcの向きの電流が流れる．

(2) S極の上には電流による下向きの磁界が発生するのでS極は上向きの力を受ける．またN極の下には電流による上向きの磁界が発生するのでN極は上向きの力を受ける．したがって磁石球には上向きの力が作用する．（その結果，磁石球は非常にゆっくり落下する）

31 (1) Pの位置では磁石が遠ざかるので磁束が減少する．レンツの法則により磁束の変化を妨げるようにBと同じ向きの磁界を発生させるような渦電流が流れる．よって，右ねじの法則によりAの向きに流れる．Qの位置では磁石が近付くので，レンツの法則によりBと反対向きの磁界を発生させるようなBの向きに渦電流が流

れる.

(2) 磁界の位置では，P，Q の渦電流はいずれも左向きであることがわかる．したがって，フレミングの左手の法則により，導体板が受ける力の向きは下向き，すなわち $\underline{e}$ である．磁石は導体板から反作用として反対向きの力を受けるので，$\underline{a}$ である．

(3) 抵抗率が低いほど大きな渦電流が流れ，大きな力（v と反対向き）を磁石に与える．したがって，最も速く磁石が滑り落ちるのはプラスチック，銅が最も遅い．

32 直流の場合は銅線の中の電流密度は一定である．したがって，抵抗は式（6-14）より，$R = \rho \dfrac{l}{S} = \rho \dfrac{l}{\pi(d/2)^2}$

$= 1.72 \times 10^{-8} \times \dfrac{30}{\pi \times (0.5 \times 10^{-3})^2} = \underline{0.657\,\Omega}$.

1 MHz の交流電流の場合は電流の流れる断面積は

$S = \pi \left(\dfrac{d}{2}\right)^2 - \pi \left(\dfrac{d}{2} - \delta\right)^2 = \pi \times [0.5^2 - (0.5 - 0.066)^2] \times 10^{-6}$

$= 1.94 \times 10^{-7}\,\mathrm{m}^2$．よって，$R = \rho \dfrac{l}{S} = 1.72 \times 10^{-8} \times \dfrac{30}{1.94 \times 10^{-7}}$

$= \underline{2.66\,\Omega}$．高周波数の交流では導線の抵抗が高くなる．導線の直径が大きくなるほど表皮効果の影響は顕著である．

章末問題解答

<第10章>

1 (1) 式 (10-1) より，$V_{AA} = L_A \dfrac{\Delta I_A}{\Delta t}$ である．よって

$$L_A = \dfrac{\Delta t}{\Delta I_A} V_{AA} = \dfrac{10 \times 10^{-3}}{5} \times 50 = \underline{0.1\,\text{H} = 100\,\text{mH}}.$$

(2) 式 (10-3) より，$V_{BA} = M \dfrac{\Delta I_A}{\Delta t}$ であるから，

$$M = \dfrac{\Delta t}{\Delta I_A} V_{BA} = \dfrac{10 \times 10^{-3}}{5} \times 15 = \underline{3 \times 10^{-2}\,\text{H} = 30\,\text{mH}}.$$

(3) (1) と同様に $L_B = \dfrac{\Delta t}{\Delta I_B} V_{BB} = \dfrac{10 \times 10^{-3}}{6} \times 30 = \underline{5 \times 10^{-2}\,\text{H}}$

$\underline{= 50\,\text{mH}}.$

(4) 式 (10-3) より，$V_{AB} = M \dfrac{\Delta I_B}{\Delta t} = 3 \times 10^{-2} \times \dfrac{6}{10 \times 10^{-3}} = \underline{18\,\text{V}}.$

(5) 式 (10-9) より，$k = \dfrac{M}{\sqrt{L_A L_B}} = \dfrac{30}{\sqrt{100 \times 50}} = \underline{0.424}.$

2 (1) 式 (10-1) より，$V_1 = L_1 \dfrac{\Delta I_1}{\Delta t} = 0.8 \times \dfrac{10}{0.1} = \underline{80\,\text{V}}.$

(2) 式 (10-3) より，$V_2 = M \dfrac{\Delta I_1}{\Delta t}$ である．よって，

$$M = \dfrac{\Delta t}{\Delta I_1} V_2 = \dfrac{0.1}{10} \times 40 = \underline{0.4\,\text{H}}.$$

(3) 式 (10-9) より，$k^2 = \dfrac{M^2}{L_1 L_2} = 1$ である．したがって

$$L_2 = \dfrac{M^2}{L_1} = \dfrac{0.4^2}{0.8} = \underline{0.2\,\text{H}}.$$

(4) 磁心の透磁率を μ [H/m]，平均磁路長を l [m]，断面積を S [m^2] と置き，例題10-3と同様に計算すると $L_1 = \dfrac{\mu N_1^2 S}{l}$,

$L_2 = \dfrac{\mu N_2^2 S}{l}$ [H]. したがって， $\dfrac{L_1}{L_2} = \dfrac{N_1^2}{N_2^2}$ となるので，

$N_2 = \sqrt{\dfrac{L_2}{L_1}} N_1 = \sqrt{\dfrac{0.2}{0.8}} \times 400 = \underline{200 \text{回}}.$

(5) 式 (10-23) より， $W = \dfrac{1}{2} L_1 I_1^2 = \dfrac{1}{2} \times 0.8 \times 10^2 = \underline{40 \text{ J}}.$

3 (1) アンペアの周回積分の法則を用いて，式 (8-3) より，

$I_1 = \dfrac{Hl}{N_1} = \dfrac{500 \times 0.4}{100} = \underline{2 \text{ A}}.$

(2) $\Phi = \mu HS = 2 \times 10^{-3} \times 500 \times 5 \times 10^{-4} = \underline{5 \times 10^{-4} \text{ Wb}}.$

(3) 式 (10-26) を用いて計算する．

$W = w_H \times Sl = \dfrac{1}{2} \mu H^2 \times Sl = \dfrac{1}{2} \times 2 \times 10^{-3} \times 500^2 \times 5 \times 10^{-4} \times 0.4$

$= \underline{5 \times 10^{-2} \text{ J}}.$

(4) 式 (10-2) より， $L_1 = \dfrac{N_1 \Phi}{I_1} = \dfrac{100 \times 5 \times 10^{-4}}{2} = \underline{2.5 \times 10^{-2} \text{ H}}$

$= \underline{25 \text{ mH}}. \cdots \text{①}$　または式 (10-23) より，

$L_1 = \dfrac{2W}{I_1^2} = \dfrac{2 \times 5 \times 10^{-2}}{2^2} = \underline{2.5 \times 10^{-2} \text{ H}}.$

(5) $N_2 = \dfrac{Hl}{I_2} = \dfrac{500 \times 0.4}{1} = \underline{200 \text{回}}.$

(6) (4) と同様に $L_2 = \dfrac{N_2 \Phi}{I_2} = \dfrac{200 \times 5 \times 10^{-4}}{1} = \underline{0.1 \text{ H}}$

$= \underline{100 \text{ mH}}.$　または $L_2 = \dfrac{2W}{I_2^2} = \dfrac{2 \times 5 \times 10^{-2}}{1^2} = \underline{0.1 \text{ H}}.$

(7) コイル1で作られた磁束 Φ のすべてがコイル2と鎖交する

ので，式 (10-4) より，$M = \dfrac{N_2 \Phi}{I_1} = \dfrac{200 \times 5 \times 10^{-4}}{2} = \underline{5 \times 10^{-2} \mathrm{H}}$
$= \underline{50\,\mathrm{mH}}$．…② または式 (10-9) より，
$M = \sqrt{L_1 L_2} = \sqrt{2.5 \times 10^{-2} \times 0.1} = \underline{5 \times 10^{-2}\,\mathrm{H}}$．

(8) コイル 1 に電流 I_1 が流れるとき，コイル 1 および 2 に発生する電圧はそれぞれ，$V_1 = L_1 \dfrac{dI_1}{dt}$…③, $V_2 = M \dfrac{dI_1}{dt}$…④．また式①，②より，$\dfrac{M}{L_1} = \dfrac{N_2}{N_1}$．したがって式③，④より，$V_2 = \dfrac{N_2}{N_1} V_1$
$= \dfrac{200}{100} \times 100 = \underline{200\,\mathrm{V}}$．この導出の過程から，**変圧器のコイルに発生する電圧は巻き数に比例する**ことがわかる．

(9) A 端子から流出した電流が B 端子に流入すると，コイル 1 と 2 によって作られる磁界は反対向き，すなわち差動結合となる．式 (10-13) より，$L = L_1 + L_2 - 2M = 25 + 100 - 2 \times 50 = \underline{25\,\mathrm{mH}}$．

(10) 和動結合の場合，磁性体の中の磁界はコイル 1 と 2 による磁界の和であるので $H_+ = \dfrac{N_1 I_1}{l} + \dfrac{N_2 I_2}{l} = \dfrac{100 \times 2}{0.4} + \dfrac{200 \times 0.5}{0.4}$
$= 750$．したがって，式 (10-26) より，$W_+ = \dfrac{1}{2} \mu H_+^2 \times Sl = \dfrac{1}{2} \times 2 \times 10^{-3}$
$\times 750^2 \times 5 \times 10^{-4} \times 0.4 = \underline{0.113\,\mathrm{J}}$．一方 $W_+ = \dfrac{1}{2} L_1 I_1^2 + \dfrac{1}{2} L_2 I_2^2$
$+ M I_1 I_2 = \dfrac{1}{2} \times 2.5 \times 10^{-2} \times 2^2 + \dfrac{1}{2} \times 0.1 \times 0.5^2 + 5 \times 10^{-2} \times 2 \times 0.5$
$= \underline{0.113\,\mathrm{J}}$．

差動結合の場合，磁性体の中の磁界はコイル 1 と 2 による磁界の

差なので, $H_- = \dfrac{N_1 I_1}{l} - \dfrac{N_2 I_2}{l} = \dfrac{100 \times 2}{0.4} - \dfrac{200 \times 0.5}{0.4} = 250.$

$W_- = \dfrac{1}{2}\mu H_-^2 \times Sl = \dfrac{1}{2} \times 2 \times 10^{-3} \times 250^2 \times 5 \times 10^{-4} \times 0.4 = \underline{1.25}$

$\underline{\times 10^{-2}}$J. 一方 $W_- = \dfrac{1}{2}L_1 I_1^2 + \dfrac{1}{2}L_2 I_2^2 - MI_1 I_2 = \dfrac{1}{2} \times 2.5 \times 10^{-2}$

$\times 2^2 + \dfrac{1}{2} \times 0.1 \times 0.5^2 - 5 \times 10^{-2} \times 2 \times 0.5 = \underline{1.25 \times 10^{-2}}$J.

4 前問 (1), (2), (4) から, $L = \dfrac{N\varPhi}{I} = \dfrac{N}{I} \times \mu HS = \dfrac{N}{I} \times \mu \dfrac{NI}{l} S$

$= \dfrac{\mu N^2 S}{l}$. したがって,

$\mu = \dfrac{Ll}{N^2 S} = \dfrac{30 \times 10^{-3} \times 30 \times 10^{-2}}{300^2 \times 2 \times 10^{-4}} = \underline{5 \times 10^{-4} \text{H/m}}.$

5 前問と同様に $L = \dfrac{\mu N^2 S}{l}$. したがって, $N^2 = \dfrac{Ll}{\mu S}$

$= \dfrac{0.3 \times 0.3}{5 \times 10^{-3} \times 2 \times 10^{-4}} = 90\,000.$ よって $N = \underline{300}$ 回.

6 (1) 式 (8-7) より, $I = \dfrac{H}{n} = \dfrac{1 \times 10^3}{2000} = \underline{0.5\text{A}}.$

(2) コイルと鎖交する磁束は $\varPhi = \mu_0 H \times \pi b^2 = \mu_0 nI \times \pi b^2.$ 式

(10-4) より, $M = \dfrac{N\varPhi}{I} = \mu_0 nN \times \pi b^2.$ したがって,

$N = \dfrac{M}{\mu_0 n \times \pi b^2} = \dfrac{10 \times 10^{-3}}{4\pi \times 10^{-7} \times 2000 \times \pi \times (3 \times 10^{-2})^2} = \underline{1407}.$

(3) コイルとソレノイドの中心軸が θ 傾くことによって, コイルと鎖交する磁束は $\varPhi' = \varPhi \cos\theta$ となる. したがって相互インダクタ

ンスは $M' = \dfrac{N\varPhi'}{I} = \dfrac{N\varPhi\cos\theta}{I} = M\cos\theta = 10 \times \cos 30 = \underline{8.66\,\mathrm{mH}}$.

7 (1) 2個のコイルの自己インダクタンスを，それぞれ L_1, L_2. 相互インダクタンスを M と置くと，式 (10-12), 式 (10-13) より $L_+ = L_1+L_2+2M$, $L_- = L_1+L_2-2M$. 両式より $L_+ - L_- = 4M$. よって $M = \dfrac{L_+ - L_-}{4} = \dfrac{900-500}{4} = \underline{100\,\mathrm{mH}}$.

(2) $M = 0$ のとき，式 (10-12) または式 (10-13) より，合成インダクタンスは $L_0 = L_1+L_2 = L_+ - 2M = 900-200 = \underline{700\,\mathrm{mH}}$.

8 (1) 式 (10-9) より，$k = \dfrac{M}{\sqrt{L_1 L_2}} = \dfrac{25}{\sqrt{40\times 30}} = \underline{0.722}$.

(2) 式 (10-12) より，
$L = L_1+L_2+2M = 40+30+2\times 25 = \underline{120\,\mathrm{mH}}$.

(3) 式 (10-16) より，$\dfrac{1}{L} = \dfrac{1}{L_1} + \dfrac{1}{L_2} = \dfrac{1}{40} + \dfrac{1}{30} = 0.058\,33$.

よって $L = \underline{17.1\,\mathrm{mH}}$.

9 (1) 式 (10-9) より，$M^2 = k^2 L^2$. したがって，
$L = \dfrac{M}{k} = \dfrac{30}{0.8} = \underline{37.5\,\mathrm{mH}}$.

(2) $V_1 = L\dfrac{\mathrm{d}I}{\mathrm{d}t}$ の関係を満たしながら I は変化する．したがって，他方のコイルに発生する電圧は，
$V_2 = M\dfrac{\mathrm{d}I}{\mathrm{d}t} = \dfrac{M}{L}V_1 = \dfrac{30}{37.5}\times 1.5 = \underline{1.2\,\mathrm{V}}$.

(3) 例題 10-4 と同じ問題．各コイルに発生する電圧は
$V_1 = V_2 = (L-M)\dfrac{\mathrm{d}I}{\mathrm{d}t}$. したがって合成インダクタンスは
$L_- = 2(L-M) = 2\times(37.5-30) = \underline{15\,\mathrm{mH}}$.

(4) 例題 10-6 と同じ問題．各コイルに発生する電圧は

$V = (L-M)\dfrac{\mathrm{d}i}{\mathrm{d}t} = \dfrac{1}{2}(L-M)\dfrac{\mathrm{d}I}{\mathrm{d}t}$. よって，

$L' = \dfrac{L-M}{2} = \dfrac{37.5-30}{2} = \underline{3.75\,\mathrm{mH}}$.

10 (1) 式 (8-10) より，$H = \dfrac{N_A I}{2a} = \dfrac{200 \times 10}{2 \times 0.3} = \underline{3.33 \times 10^3\,\mathrm{A/m}}$.

(2) $a \gg b$ より，コイル B の中では磁界が一定とみなせる．したがって $\Phi = \mu_0 H \times \pi b^2 = 4\pi \times 10^{-7} \times 3.33 \times 10^3 \times \pi \times 0.02^2$
$= \underline{5.26 \times 10^{-6}\,\mathrm{Wb}}$.

(3) 式 (10-4) より，

$M = \dfrac{N_B \Phi}{I} = \dfrac{50 \times 5.26 \times 10^{-6}}{10} = \underline{2.63 \times 10^{-5}\,\mathrm{H}}$.

(4) 電流の瞬時値を $i = I_m \sin \omega t$ と置くと，式 (10-3) より，

$v = M\dfrac{\mathrm{d}i}{\mathrm{d}t} = M\dfrac{\mathrm{d}}{\mathrm{d}t}(I_m \sin \omega t) = M\omega I_m \cos \omega t$. よって電圧の最大値は $V_m = M\omega I_m = 2.63 \times 10^{-5} \times 2\pi \times 10 \times 10^3 \times 5 = \underline{8.26\,\mathrm{V}}$.

11 無限長ソレノイドに流す電流を I と置くと，コイルと鎖交する磁束は無限長ソレノイドの中の磁束なので $\Phi = \mu_0 \mu_r H \times \pi R^2$
$= \mu_0 \mu_r n I \times \pi R^2$. したがって式 (10-4) より，$M = \dfrac{N\Phi}{I} = \mu_0 \mu_r n N$
$\times \pi R^2 = 4\pi \times 10^{-7} \times 2\,000 \times 1\,500 \times 500 \times \pi \times 0.03^2 = \underline{5.33\,\mathrm{H}}$.

12 (1) コイル 1, 2 および中心の柱の部分の磁気抵抗をそれぞれ

R_1, R_2, R_3 と置くと，式 (8-13) より，$R_1 = \dfrac{2a+c}{\mu S}$

$= \dfrac{2 \times 0.3 + 0.5}{7 \times 10^{-4} \times 5 \times 10^{-4}} = 3.143 \times 10^6$,

$$R_2 = \frac{2b+c}{\mu S} = \frac{2 \times 0.2 + 0.5}{7 \times 10^{-4} \times 5 \times 10^{-4}} = 2.571 \times 10^6,$$

$$R_3 = \frac{c-\delta}{\mu S} + \frac{\delta}{\mu_0 S} = \frac{0.5 - 1 \times 10^{-3}}{7 \times 10^{-4} \times 5 \times 10^{-4}} + \frac{1 \times 10^{-3}}{4\pi \times 10^{-7} \times 5 \times 10^{-4}} =$$

$= 3.017 \times 10^6$. コイル 1 に電流 I_1 を流すとき,コイル 1 と鎖交する磁束は $\Phi_{11} = \dfrac{N_1 I_1}{R_1 + \dfrac{R_2 R_3}{R_2 + R_3}}$. よって自己インダクタンスは,

$$L_1 = \frac{N_1 \Phi_{11}}{I_1} = \frac{N_1^2}{R_1 + \dfrac{R_2 R_3}{R_2 + R_3}} = \frac{500^2}{\left(3.143 + \dfrac{2.571 \times 3.017}{2.571 + 3.017}\right) \times 10^6}$$

$= \underline{5.52 \times 10^{-2} \text{H}}$. 同様に $L_2 = \dfrac{N_2^2}{R_2 + \dfrac{R_1 R_3}{R_1 + R_3}}$

$$= \frac{300^2}{\left(2.571 + \dfrac{3.143 \times 3.017}{3.143 + 3.017}\right) \times 10^6} = \underline{2.19 \times 10^{-2} \text{H}}.$$

(2) コイル 1 に電流 I_1 を流すとき,コイル 2 と鎖交する磁束は

$$\Phi_{21} = \frac{N_1 I_1}{R_1 + \dfrac{R_2 R_3}{R_2 + R_3}} \times \frac{R_3}{R_2 + R_3} = \frac{N_1 I_1 \times R_3}{R_1 R_2 + R_2 R_3 + R_1 R_3}.$$ よって相

互インダクタンスは $M = \dfrac{N_2 \Phi_{21}}{I_1} = \dfrac{N_1 N_2 \times R_3}{R_1 R_2 + R_2 R_3 + R_1 R_3}$

$$= \frac{500 \times 300 \times 3.017 \times 10^6}{(3.143 \times 2.571 + 2.571 \times 3.017 + 3.143 \times 3.017) \times 10^{12}} = \underline{1.79 \times 10^{-2} \text{H}}.$$

(3) 式 (10-9) より,$k = \dfrac{M}{\sqrt{L_1 L_2}} = \dfrac{0.01787}{\sqrt{0.055174 \times 0.0219}} = \underline{0.514}$.

13 円形コイルに電流 I を流すとき,コイルの中心軸上で,中心から

z の位置の磁界は，8章**13**の結果より $H = \dfrac{Na^2 I}{2(a^2+z^2)^{3/2}}$．$b \ll a$ であることから，ソレノイドの中の磁界は z にのみ依存し，z の位置でソレノイドと鎖交する磁束は $\varPhi = \mu_0 H \times \pi b^2 = \dfrac{\mu_0 Na^2 I}{2(a^2+z^2)^{3/2}} \times \pi b^2$．$z$ の位置における幅 $\mathrm{d}z$ の中に含まれるソレノイドの導線（巻き数 $n\mathrm{d}z$）に発生する電圧はファラデーの電磁誘導の法則の式（9-10）より $\mathrm{d}V = n\mathrm{d}z \times \dfrac{\mathrm{d}\varPhi}{\mathrm{d}t} = \dfrac{\mu_0 Na^2}{2(a^2+z^2)^{3/2}} \times \pi b^2 \dfrac{\mathrm{d}I}{\mathrm{d}t} n\mathrm{d}z$．これを積分することによってソレノイドに発生する電圧が得られる．

$$V = \int_d^{l+d} \dfrac{\mu_0 Na^2 \pi b^2}{2(a^2+z^2)^{3/2}} n\mathrm{d}z \times \dfrac{\mathrm{d}I}{\mathrm{d}t} = \dfrac{\mu_0 n Na^2 \pi b^2}{2} \left[\dfrac{z}{a^2 \sqrt{z^2+a^2}} \right]_d^{d+l}$$

$$\times \dfrac{\mathrm{d}I}{\mathrm{d}t} = \dfrac{\pi \mu_0 n N b^2}{2} \left(\dfrac{d+l}{\sqrt{(d+l)^2 + a^2}} - \dfrac{d}{\sqrt{d^2 + a^2}} \right) \dfrac{\mathrm{d}I}{\mathrm{d}t}．\text{したがって，}$$

相互インダクタンスは式（10-3）より，$M = \dfrac{\pi \mu_0 n N b^2}{2}$

$$\times \left(\dfrac{d+l}{\sqrt{(d+l)^2+a^2}} - \dfrac{d}{\sqrt{d^2+a^2}} \right) = \dfrac{\pi \times 4\pi \times 10^{-7} \times 3000 \times 500 \times 0.01^2}{2}$$

$$\times \left(\dfrac{0.05+0.1}{\sqrt{(0.05+0.1)^2 + 0.15^2}} - \dfrac{0.05}{\sqrt{0.05^2 + 0.15^2}} \right) = 1.16 \times 10^{-4}\,\mathrm{H}.$$

14 最初にコイル2を開放にした状態で，コイル1の電流 i_1 を0から I_1 まで変化させることを考えると，これは例題10-7（4）と全く同じである．したがって，その間にコイル1に供給されるエネルギーは式（10-23）で表され，$W_1 = \dfrac{1}{2} L_1 I_1^2$．次にコイル1の電流 i_1 を I_1 に保った状態でコイル2の電流 i_2 を0から I_2 まで変化させる

ことを考える．このとき，コイル2に発生する電圧は$V_2 = L_2 \dfrac{di_2}{dt}$であるから，その間にコイル2に供給されるエネルギーは同様に$W_2 = \dfrac{1}{2} L_2 I_2^2$．このときコイル1にも$V_1 = M \dfrac{di_2}{dt}$の電圧が発生するのでコイル1に次式で表されるエネルギーがさらに供給される．

$$W_{12} = \int I_1 V_1 dt = \int I_1 M \dfrac{di_2}{dt} dt = I_1 M \int_0^{I_2} di_2 = M I_1 I_2.$$

よってL_1にI_1，L_2にI_2の電流を流したとき，2つのコイルに蓄えられる全磁気エネルギーは，回路に供給されたエネルギーの合計であるから次式で表される．

$$W = W_1 + W_2 + W_{12} = \underline{\dfrac{1}{2} L_1 I_1^2 + \dfrac{1}{2} L_2 I_2^2 + M I_1 I_2 \, [\mathrm{J}]}.$$

15 (1) 最初コンデンサには$W = \dfrac{1}{2} CV^2$のエネルギーが蓄えられている．接続したコイルを通って電荷が減少し，コンデンサの電圧およびエネルギーが減少する．コンデンサの電圧が0になったとき，エネルギー保存則によりコンデンサのエネルギーWのすべてがコイルのエネルギーとなり，このとき電流は最大になる．したがって式 (10-23) より，$\dfrac{1}{2} L I_m^2 = \dfrac{1}{2} CV^2$の関係が成り立つ．よって，

$$I_m = \sqrt{\dfrac{C}{L}} V = \sqrt{\dfrac{0.3 \times 10^{-6}}{20 \times 10^{-3}}} \times 100 = \underline{0.387 \, \mathrm{A}}.$$

(2) 電流が$\dfrac{I_m}{2}$のときコイルのエネルギーは$\dfrac{1}{2} L \left(\dfrac{I_m}{2}\right)^2 = \dfrac{1}{8} CV^2$なので，エネルギー保存則より，$\dfrac{1}{2} CV^2 = \dfrac{1}{2} CV'^2 + \dfrac{1}{2} L \left(\dfrac{I_m}{2}\right)^2$

$$= \frac{1}{2}CV'^2 + \frac{1}{8}CV^2. \text{ したがって,} \frac{1}{2}CV'^2 = \frac{3}{8}CV^2. \text{ よって,}$$

$$V' = \sqrt{\frac{3}{4}}V = \sqrt{\frac{3}{4}} \times 100 = \underline{86.6 \text{ V}}.$$

16 (1) 解図 **10-1**（**a**）に示すように，中心軸からの距離が r の位置に幅 dr の微小部分を考える．この位置の磁界は，周回積分の法則により $H = \dfrac{NI}{2\pi r}$ なので，この微小部分を通る磁束は

$d\Phi = \mu H \times c\,dr = \dfrac{\mu NI}{2\pi r} c\,dr$．これを積分することにより磁性体を

通る磁束が得られる．$\Phi = \displaystyle\int_a^b \dfrac{\mu NI}{2\pi r} c\,dr = \underline{\dfrac{\mu NIc}{2\pi}\ln\dfrac{b}{a}}\,[\text{Wb}]$．

(2) 解図 **10-1**（**b**）に示すように，中心軸からの距離 r の位置に幅 dr の薄いリングを考える．リングの体積は $2\pi r \times c\,dr$ であるから，この中に含まれる静磁エネルギーは式（10-26）より

$dW = \dfrac{1}{2}\mu H^2 \times 2\pi rc\,dr = \dfrac{1}{2}\mu\left(\dfrac{NI}{2\pi r}\right)^2 \times 2\pi rc\,dr = \dfrac{\mu N^2 I^2}{4\pi r}c\,dr$．これ

を積分することにより磁性体の中に蓄えられているエネルギーが次

のように得られる．$W = \displaystyle\int_a^b \dfrac{\mu N^2 I^2}{4\pi r} c\,dr = \underline{\dfrac{\mu N^2 I^2 c}{4\pi}\ln\dfrac{b}{a}}\,[\text{J}]$．

(3) (1) の結果および式（10-2）から

$$L = \frac{N\Phi}{I} = \underline{\frac{\mu N^2 c}{2\pi}\ln\frac{b}{a}} = \frac{2 \times 10^{-3} \times 300^2 \times 0.03}{2\pi} \times \ln\frac{20}{10} = \underline{0.596 \text{ H}}.$$

(2) の結果および式（10-23）からも同じ結果が得られる．$L = \dfrac{2W}{I^2}$

$= \underline{\dfrac{\mu N^2 c}{2\pi}\ln\dfrac{b}{a}}$．

章末問題解答

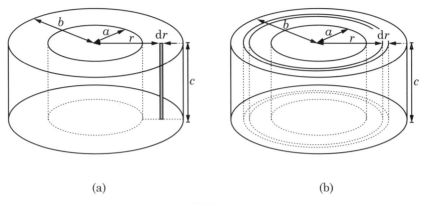

解図 10-1

17 (1) 解図 10-1（a）に示すように，中心軸からの距離が r の位置に幅 $\mathrm{d}r$ の微小部分を考える．直線電流による磁界は $H = \dfrac{I}{2\pi r}$ なので，この微小部分を通る磁束は $\mathrm{d}\varPhi = \mu H \times c\,\mathrm{d}r = \dfrac{\mu I}{2\pi r}c\,\mathrm{d}r$．これを積分することにより磁性体を通る磁束が得られる．

$\varPhi = \displaystyle\int_a^b \dfrac{\mu I}{2\pi r} c\,\mathrm{d}r = \dfrac{\mu I c}{2\pi}\ln\dfrac{b}{a}$．よって，式 (10-4) より，

$M = \dfrac{N\varPhi}{I} = \underline{\dfrac{\mu N c}{2\pi}\ln\dfrac{b}{a}}\,[\mathrm{H}]$．

(2) 式 (10-3) より，$V = M\dfrac{\Delta I}{\Delta t} = \dfrac{\mu N c}{2\pi}\ln\dfrac{b}{a}\times\dfrac{\Delta I}{\Delta t}$

$= \dfrac{2\times 10^{-3}\times 500 \times 0.2}{2\pi}\ln\dfrac{30}{10}\times\dfrac{0.15}{2\times 10^{-3}} = \underline{2.62\,\mathrm{V}}$．

18 (1) $D \gg a$ なので，コイルの中の磁界 H は一定と見なせる．したがって直線導線に流れている電流を I とすると，$\varPhi = \mu_0 H a b$

$= \mu_0 \dfrac{I}{2\pi D} ab$. よって相互インダクタンスは式(10-4)より，$M = \dfrac{N\varPhi}{I}$

$= \mu_0 \dfrac{N}{2\pi D} ab = 4\pi \times 10^{-7} \times \dfrac{3000}{2\pi \times 20} \times 0.01 \times 0.02 = \underline{6 \times 10^{-9}\,\mathrm{H}}$.

(2) 解図 **8-12** のように，コイルの中の直線導線から r 離れた位置に $\mathrm{d}r$ の幅を考えると，この微小部分を通る磁束は $\mathrm{d}\varPhi = \mu_0 H b \mathrm{d}r$

$= \mu_0 \dfrac{I}{2\pi r} b \mathrm{d}r$. これを積分することにより $\varPhi = \displaystyle\int_D^{D+a} \mu_0 \dfrac{I}{2\pi r} b \mathrm{d}r$

$= \mu_0 \dfrac{Ib}{2\pi} \ln \dfrac{D+a}{D}$. よって $M = \dfrac{N\varPhi}{I} = \mu_0 \dfrac{Nb}{2\pi} \ln \dfrac{D+a}{D}$ $\cdots$ ①. これに数値を代入すると $M = 4\pi \times 10^{-7} \times \dfrac{3000 \times 0.02}{2\pi} \ln \dfrac{5+10}{5} = \underline{1.32 \times 10^{-5}\,\mathrm{H}}$. 式①に $D = 20$ を代入して計算しても，(1) と同じ結果が得られる．すなわち $M = 4\pi \times 10^{-7} \times \dfrac{3000 \times 0.02}{2\pi} \ln \dfrac{20+0.01}{20} = \underline{6 \times 10^{-9}\,\mathrm{H}}$.

(3) 式 (10-3) より，$V = M \dfrac{\varDelta I}{\varDelta t}$. したがって，

$\varDelta I = \dfrac{V \varDelta t}{M} = \dfrac{1.2 \times 3 \times 10^{-3}}{1.318 \times 10^{-5}} = \underline{273\,\mathrm{A}}$.

19 (1) 解図 **10-1（a）** と同様に，中心軸から r 離れた位置に $\mathrm{d}r$ の幅を考えると，長さ $1\,\mathrm{m}$，幅 $\mathrm{d}r$ の微小部分を通る磁束は $\mathrm{d}\varPhi = \mu_0 H \mathrm{d}r = \mu_0 \dfrac{I}{2\pi r} \mathrm{d}r$. これを積分することにより

$\varPhi = \displaystyle\int_a^b \dfrac{\mu_0 I}{2\pi r} \mathrm{d}r = \underline{\dfrac{\mu_0 I}{2\pi} \ln \dfrac{b}{a}}\,[\mathrm{Wb/m}]$. 電流は導体の表面のみを流れるので，導体の中には磁束がない．

(2) 解図 10-1 (b) と同様に，中心軸からの距離が r の位置に幅 dr の薄いリングを考える．長さ 1 m，幅 dr のリングの体積は $2\pi r dr$ であるから，この中に含まれる静磁エネルギーは式 (10-26) より，

$$dW = \frac{1}{2}\mu_0 H^2 \times 2\pi r dr = \frac{1}{2}\mu_0\left(\frac{I}{2\pi r}\right)^2 \times 2\pi r dr = \frac{\mu_0 I^2}{4\pi r}dr.$$

これを積分することにより同軸ケーブルの長さ 1 m の中に蓄えられているエネルギーが次のように得られる．

$$W = \int_a^b \frac{\mu_0 I^2}{4\pi r}dr = \underline{\frac{\mu_0 I^2}{4\pi}\ln\frac{b}{a}}\;[\text{J/m}].$$

(3) (1) の結果および式 (10-2) より，$L = \dfrac{\Phi}{I} = \underline{\dfrac{\mu_0}{2\pi}\ln\dfrac{b}{a}}$

$= \dfrac{4\pi\times 10^{-7}}{2\pi}\ln\dfrac{2.5}{0.4} = \underline{3.67\times 10^{-7}\,\text{H/m}}$．(2) の結果および式 (10-23) からも同じ結果が得られる．$L = \dfrac{2W}{I^2} = \underline{\dfrac{\mu_0}{2\pi}\ln\dfrac{b}{a}}$．

20 (1) 両方の電流は同じ向きの磁界を作るから，

$$H = \underline{\frac{I}{2\pi x} + \frac{I}{2\pi(D-x)} = \frac{I}{2\pi}\left(\frac{1}{x} + \frac{1}{D-x}\right)}\;[\text{A/m}].$$

(2) 解図 10-2 (a) に示すように，x の位置に幅 dx，長さ 1 m の帯を考える．この微小面積を通る磁束は $d\Phi = \mu_0 H\times dx = \dfrac{\mu_0 I}{2\pi}\times\left(\dfrac{1}{x} + \dfrac{1}{D-x}\right)dx$．これを積分することにより，2 本の導線の間を通る磁束が得られる．積分範囲は，導線の表面 $x = a$ および $x = D-a$ である．

$$\Phi = \int_a^{D-a}\frac{\mu_0 I}{2\pi}\left(\frac{1}{x} + \frac{1}{D-x}\right)dx = \frac{\mu_0 I}{2\pi}[\ln x - \ln(D-x)]_a^{D-a}$$

$$= \frac{\mu_0 I}{2\pi} \times \left[\ln\frac{D-a}{a} - \ln\frac{a}{D-a}\right] = \underline{\frac{\mu_0 I}{\pi}\ln\frac{D-a}{a}\,[\text{Wb/m}]}.$$

(3) 式（10.2）より，$L_e = \frac{\Phi}{I} = \underline{\frac{\mu_0}{\pi}\ln\frac{D-a}{a}\,[\text{H/m}]}.$

(4) 導線の中の電流密度は $J = \frac{I}{\pi a^2}$ であるから，半径 r の円の中を流れる電流は $I' = \pi r^2 \times \frac{I}{\pi a^2} = \frac{r^2}{a^2}I$. したがって，$r$ の位置の磁界は $H = \frac{(r^2/a^2)I}{2\pi r} = \underline{\frac{Ir}{2\pi a^2}\,[\text{A/m}]}.$

(5) 解図 10-2（b）に示すように，r の位置に厚さ dr の薄い層を考える．この中に蓄えられるエネルギーは式（10-26）より，

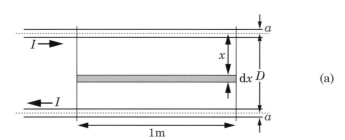

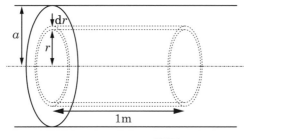

解図 10-2

$$dW = \frac{1}{2}\mu_0 H^2 \times 2\pi r dr = \frac{1}{2}\mu_0 \left(\frac{Ir}{2\pi a^2}\right)^2 2\pi r dr = \frac{\mu_0 I^2 r^3}{4\pi a^4} dr.$$ これを積分することにより導線の長さ 1 m の中に蓄えられているエネルギーが次のように得られる.

$$W = \int_0^a \frac{\mu_0 I^2 r^3}{4\pi a^4} dr = \underline{\frac{\mu_0 I^2}{16\pi}} \,[\mathrm{J/m}].$$

(6) 式 (10-23) より, $L_i = \dfrac{2W}{I^2} = \underline{\dfrac{\mu_0}{8\pi}}\,[\mathrm{H/m}]$.

(7) 平行 2 線に電流を流すと L_e と L_i の両者による電圧が発生することから, 自己インダクタンスは L_e と $2L_i$ の和となる. (L_i は 1 本の導線のインダクタンスであるから往復であることを考慮すると $2L_i$)

$$L = L_e + 2L_i = \frac{\mu_0}{\pi}\ln\frac{D-a}{a} + 2\times\frac{\mu_0}{8\pi} = \frac{\mu_0}{4\pi}\left(4\ln\frac{D-a}{a}+1\right)$$

$$= \frac{4\pi\times 10^{-7}}{4\pi}\left(4\times\ln\frac{10-0.2}{0.2}+1\right) = \underline{1.66\times 10^{-6}\,\mathrm{H/m}}.$$

平行 2 線のまわりの空間の長さ 1 m に蓄えられているエネルギーは式 (10-23) より

$$W = \frac{1}{2}LI^2 = \frac{1}{2}\times 1.657\times 10^{-6}\times 10^2 = \underline{8.28\times 10^{-5}\,\mathrm{J/m}}.$$

21 (1) ソレノイドに流れている電流を I と仮定すると, ソレノイドの中の磁束は $\Phi = \mu_0 nI \times \pi a^2$. したがって, 1 m あたりの自己インダクタンスは式 (10-2) より, $L_\infty = \dfrac{n\Phi}{I} = \mu_0 n^2\times\pi a^2 = 4\pi\times 10^{-7}\times 2\,000^2\times\pi\times 0.02^2 = \underline{6.32\times 10^{-3}\,\mathrm{H/m}}$. またソレノイドの長さ 1 m に蓄えられているエネルギーは式 (10-26) より, $W = \dfrac{1}{2}\mu_0(nI)^2$

$\times \pi a^2$. したがって，1 m あたりの自己インダクタンスは式（10-23）より $L_\infty = \dfrac{2W}{I^2} = \underline{\mu_0 n^2 \times \pi a^2}$．

(2) 長さ l のソレノイドの自己インダクタンスは $L = \mathcal{L}\left(\dfrac{2a}{l}\right)$

$\times L_\infty \times l$．図 10-17 より，$\dfrac{2a}{l} = \dfrac{2 \times 0.02}{0.03} = 1.33$ の長岡係数は 0.6 程度（正確には 0.623）なので，
$L = 0.623 \times 6.32 \times 10^{-3} \times 0.03 = \underline{1.18 \times 10^{-4} \text{ H}}$．

22 (1) 磁気抵抗は $R = \dfrac{l}{\mu S} + \dfrac{\delta}{\mu_0 S} = \dfrac{0.25}{2.5 \times 10^{-3} \times 2 \times 10^{-4}}$

$+ \dfrac{0.1 \times 10^{-3}}{4\pi \times 10^{-7} \times 2 \times 10^{-4}} = 8.98 \times 10^5$．したがって，

$B = \dfrac{\Phi}{S} = \dfrac{NI}{RS} = \dfrac{300 \times 0.5}{8.98 \times 10^5 \times 2 \times 10^{-4}} = \underline{0.835 \text{ T}}$．

(2) 式 (10-26) より，$W = \dfrac{B^2}{2\mu_0} \times S\delta$

$= \dfrac{0.835^2}{2 \times 4\pi \times 10^{-7}} \times 2 \times 10^{-4} \times 0.1 \times 10^{-3} = \underline{5.55 \times 10^{-3} \text{ J}}$．

(3) 隙間を dx だけ広げると仮定すると，隙間に蓄えられるエネルギーの変化は $dW_H = \dfrac{B^2}{2\mu_0} \times S dx$．よって力は式 (10-29) より

$F = -\dfrac{dW_H}{dx} = -\dfrac{B^2 S}{2\mu_0} = -\dfrac{0.835^2 \times 2 \times 10^{-4}}{2 \times 4\pi \times 10^{-7}} = -55.5$．負の符号は力の向きが隙間を広げる向きと反対，すなわち引力であることを示している．したがって引力は $\underline{55.5 \text{ N}}$．

23 磁気抵抗は $R = \dfrac{l_1}{\mu_1 S} + \dfrac{l_2}{\mu_2 S} + \dfrac{2\delta}{\mu_0 S}$．磁束密度を B と置き，隙間を dx だけ広げると仮定すると，両方の隙間に蓄えられるエネルギー

の変化は $dW = \dfrac{B^2}{2\mu_0} \times 2S dx$. したがって，力は式（10-29）より

$$F = -\dfrac{dW}{dx} = -\dfrac{B^2 S}{\mu_0} = -\left(\dfrac{\Phi}{S}\right)^2 \dfrac{S}{\mu_0} = -\left(\dfrac{NI}{RS}\right)^2 \dfrac{S}{\mu_0}$$

$$= -\left(\dfrac{NI}{\dfrac{l_1}{\mu_1} + \dfrac{l_2}{\mu_2} + \dfrac{2\delta}{\mu_0}}\right)^2 \dfrac{S}{\mu_0}$$

$$= -\left(\dfrac{300 \times 0.2}{\dfrac{0.3}{2.5 \times 10^{-3}} + \dfrac{0.1}{4 \times 10^{-3}} + \dfrac{2 \times 0.2 \times 10^{-3}}{4\pi \times 10^{-7}}}\right)^2 \times \dfrac{3 \times 10^{-4}}{4\pi \times 10^{-7}} = -4.$$

負の符号は前問と同様に，力の向きが隙間を広げる向きと反対，すなわち引力であることを示している．したがって <u>4 N の引力</u>．

24 半径 r の位置の磁界は $H = \dfrac{I}{2\pi r}$ ．したがって内導体の半径が dr だけ大きくなると仮定すると，同軸ケーブルの長さ 1 m あたりに蓄えられるエネルギーの変化は $dW = -\dfrac{1}{2}\mu_0 H^2 \times 2\pi a \, dr = -\dfrac{1}{2}\mu_0$

$\times \left(\dfrac{I}{2\pi a}\right)^2 \times 2\pi a \, dr = -\dfrac{\mu_0 I^2}{4\pi a} dr$．したがって内導体の表面に働く力は式（10-29）より，$F = -\dfrac{dW}{dr} = \dfrac{\mu_0 I^2}{4\pi a}$．よって，$1\,\mathrm{m}^2$ あたりの力は $\dfrac{F}{2\pi a} = \dfrac{\mu_0 I^2}{8\pi^2 a^2} = \dfrac{4\pi \times 10^{-7} \times 0.5^2}{8\pi^2 \times (0.4 \times 10^{-3})^2} = \underline{2.49 \times 10^{-2}\,\mathrm{Pa}}$．$F$ が正であることは力の向きが仮想変位と同じ方向，すなわち<u>外側に向かう力</u>であることを示している．同様に外導体の半径が dr だけ大きくなると仮定すると，同軸ケーブルの長さ 1 m あたりに蓄えられるエネルギーの変化は，

$$dW = \frac{1}{2}\mu_0 H^2 \times 2\pi b\, dr = \frac{1}{2}\mu_0\left(\frac{I}{2\pi b}\right)^2 \times 2\pi b\, dr = \frac{\mu_0 I^2}{4\pi b}\, dr.$$ したがって，外導体の表面に働く力は $F = -\dfrac{dW}{dr} = -\dfrac{\mu_0 I^2}{4\pi b}$. よって，$1\,\mathrm{m}^2$ あたりの力は，

$$\frac{F}{2\pi b} = -\frac{\mu_0 I^2}{8\pi^2 b^2} = -\frac{4\pi \times 10^{-7} \times 0.5^2}{8\pi^2 \times (2.5 \times 10^{-3})^2} = \underline{-6.37 \times 10^{-4}\,\mathrm{Pa}}.$$

F が負であることは力の向きが仮想変位と反対の方向，すなわち内側に向かう力であることを示している．

<第11章>

1 (1) 電極に蓄えられている電荷は $Q = It$. 5-2節で説明したように、電束密度は電極の電荷密度に等しいので、$D = \dfrac{It}{\pi a^2} = \dfrac{5t}{\pi \times 0.1^2} = \underline{159\, t\,[\mathrm{C/m^2}]}$.

(2) 式 (11-2) より、$J = \dfrac{dD}{dt} = \dfrac{I}{\pi a^2} = \underline{159\,\mathrm{A/m^2}}$.

(3) 章末問題 8 **8** (1) と同じ問題.

$r < a$ の場合は $H = \dfrac{J \times \pi r^2}{2\pi r} = \dfrac{Jr}{2} = \dfrac{159.2r}{2} = \underline{79.6\, r\,[\mathrm{A/m}]}$.

$r > a$ の場合は $H = \dfrac{I}{2\pi r} = \dfrac{5}{2\pi r} = \underline{\dfrac{0.796}{r}\,[\mathrm{A/m}]}$.

2 内側の導体の 1 m あたりの電荷を Q とすると、中心軸から r の位置の電界は $E = \dfrac{Q}{2\pi\varepsilon_0\varepsilon_r r}$. これより、電束密度は $D = \varepsilon_0\varepsilon_r E = \dfrac{Q}{2\pi r}$.

したがって、変位電流密度は $J = \dfrac{dD}{dt} = \dfrac{1}{2\pi r}\dfrac{dQ}{dt}$. 変位電流は内側の導体から外側に向かって、半径 r、長さ 1 m の円柱の側面を貫いて流れるので、長さ 1 m あたりの変位電流は $I = 2\pi r \times J = \dfrac{dQ}{dt}$. … ① 式 (3-4) より、次のように E を積分することにより Q と V の関係を得る. $V = \displaystyle\int_b^a -E\,dr = \int_b^a -\dfrac{Q}{2\pi\varepsilon_0\varepsilon_r r}\,dr = \dfrac{Q}{2\pi\varepsilon_0\varepsilon_r}\ln\dfrac{b}{a}$.

したがって、$Q = \dfrac{2\pi\varepsilon_0\varepsilon_r V}{\ln(b/a)}$. 電圧の瞬時値を $v = \sqrt{2}\,V\sin 2\pi ft$ とすると電荷の瞬時値は $q = \dfrac{2\pi\varepsilon_0\varepsilon_r}{\ln(b/a)} \times \sqrt{2}\,V\sin 2\pi ft$. よって、変位電

流の瞬時値は式①より $i = \dfrac{dq}{dt} = \dfrac{2\pi\varepsilon_0\varepsilon_r}{\ln(b/a)} \times \sqrt{2}\,V \times 2\pi f \cos 2\pi f t$. したがって，実効値は $I = \dfrac{2\pi\varepsilon_0\varepsilon_r}{\ln(b/a)} \times 2\pi f V$

$= \dfrac{2\pi \times 8.85 \times 10^{-12} \times 2.25}{\ln(2.5/0.4)} \times 2\pi \times 5 \times 10^6 \times 3 = \underline{6.44 \times 10^{-3}\,\text{A/m}}$.

3 電子がA点から z の位置まで到達したときのA点における電束密度は $D = -\dfrac{e}{4\pi z^2}$. 負の符号は電束密度が左向きであることを示している．したがって，変位電流密度は $J = \dfrac{dD}{dt} = \dfrac{dD}{dz}\dfrac{dz}{dt}$

$= \dfrac{e}{2\pi z^3}(-v)$. $z = a$ のとき J は，$J = -\dfrac{ev}{2\pi a^3}$

$= -\dfrac{1.6 \times 10^{-19} \times 3 \times 10^6}{2\pi \times 0.01^3} = \underline{-7.64 \times 10^{-8}\,\text{A/m}^2}$. 負の符号は左向きの電流であることを示している．

$b \ll a$ なので半径 b の円の中では電流密度が一定とみなせる．したがって，アンペアの周回積分の法則によりB点の磁界は

$H = \dfrac{J \times \pi b^2}{2\pi b} = \dfrac{Jb}{2} = \dfrac{7.64 \times 10^{-8} \times 1 \times 10^{-3}}{2} = \underline{3.82 \times 10^{-11}\,\text{A/m}}$.

4 (1) $I_C = -eN = -1.6 \times 10^{-19} \times 5 \times 10^9 = \underline{-8 \times 10^{-10}\,\text{A}}$.

(2) $Q = eNt = 1.6 \times 10^{-19} \times 5 \times 10^9 t = \underline{8 \times 10^{-10} t\,[\text{C}]}$.

(3) $D = \dfrac{Q}{4\pi r^2} = \dfrac{8 \times 10^{-10}}{4\pi r^2} t = \underline{6.37 \times 10^{-11} \times \dfrac{t}{r^2}\,[\text{C/m}^2]}$.

(4) $J_D = \dfrac{dD}{dt} = \underline{\dfrac{6.37 \times 10^{-11}}{r^2}\,[\text{A/m}^2]}$.

(5) (1)の結果より伝導電流密度は

$$J_C = \frac{I_C}{4\pi r^2} = -\frac{8\times 10^{-10}}{4\pi r^2} = -\frac{6.37\times 10^{-11}}{r^2}\,[\mathrm{A/m^2}].\ \text{よって,}$$

$\underline{J_C + J_D = 0}.$

5 (1) $f = \dfrac{\omega}{2\pi} = \dfrac{1.2\times 10^{10}}{2\pi} = \underline{1.91\times 10^9\,\mathrm{Hz}}.$

(2) 式 (11-14) より, $\lambda = \dfrac{2\pi}{k} = \dfrac{2\pi}{60} = \underline{0.105\,\mathrm{m}}.$

(3) 式 (11-16) より, $v = \dfrac{\omega}{k} = \dfrac{1.2\times 10^{10}}{60} = \underline{2\times 10^8\,\mathrm{m/s}}.$

(4) 式 (11-25) より, $v = \dfrac{1}{\sqrt{\varepsilon_0 \varepsilon_r \mu_0 \mu_r}}.$ $\mu_r = 1$ であるから,

$$\varepsilon_r = \frac{1}{\varepsilon_0 \mu_0 v^2} = \frac{1}{8.85\times 10^{-12} \times 4\pi \times 10^{-7} \times (2\times 10^8)^2} = \underline{2.25}.$$

(5) 式 (11-26) より, $H_m = E_m \sqrt{\dfrac{\varepsilon_0 \varepsilon_r}{\mu_0}}$

$= 15\times 10^{-3} \times \sqrt{\dfrac{8.85\times 10^{-12} \times 2.25}{4\pi\times 10^{-7}}} = 5.97\times 10^{-5}\,\mathrm{A/m}.$ よって

$\underline{H_y = 59.7\cos(1.2\times 10^{10} t - 60z)\,[\mathrm{\mu A/m}]}.$

6 (1) OP は x 軸と平行なので $\mathbf{dl}$ は x 成分のみ. したがって, OP に沿う線積分は $\displaystyle\int_{\mathrm{OP}} \mathbf{H}\cdot\mathbf{dl} = \int_{x}^{x+\Delta x} H_x \mathrm{d}x.\ \cdots\ \text{①}$

OP の長さは微小なので, この間で H_x は直線的に変化するとみなせる. したがって, 3-2-2 でも説明したように, 式①の線積分は**解図 11-1** に示す台形の面積に等しい. また 3-3 節で説明したように, $H_x(x, y)$ と $H_x(x+\Delta x, y)$ の差は直線の傾き $\dfrac{\partial H_x}{\partial x}$ と Δx の積に等しいことから次式が成り立つ. (テーラー展開の 3 項目以下を無視したことに相当)

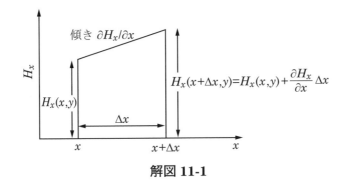

解図 11-1

$$H_x(x+\Delta x,\ y) = H_x(x,\ y) + \frac{\partial H_x}{\partial x}\Delta x \quad \cdots \text{②}$$

したがって，式①は次のようになる．

$$\int_{\text{OP}} \boldsymbol{H}\cdot d\boldsymbol{l} = \frac{1}{2}[H_x(x,\ y)+H_x(x+\Delta x,\ y)]\Delta x$$

$$= \frac{1}{2}\left[H_x(x,\ y)+\left\{H_x(x,\ y)+\frac{\partial H_x}{\partial x}\Delta x\right\}\right]\Delta x \quad \cdots \text{③}$$

(2) QO は y 軸と平行なので $d\boldsymbol{l}$ が y 成分のみ．したがって，QO に沿う線積分は $\int_{\text{QO}} \boldsymbol{H}\cdot d\boldsymbol{l} = \int_{y+\Delta y}^{y} H_y dy \quad \cdots \text{④}$

式④を (1) と同様に計算すると次式が得られる．

$$\int_{\text{QO}} \boldsymbol{H}\cdot d\boldsymbol{l} = \frac{1}{2}\left[H_y(x,\ y+\Delta y)+H_y(x,\ y)\right](-\Delta y)$$

$$= -\frac{1}{2}\left[\left\{H_y(x,\ y)+\frac{\partial H_y}{\partial y}\Delta y\right\}+H_y(x,\ y)\right]\Delta y \quad \cdots \text{⑤}$$

負の符号は $d\boldsymbol{l}$ が y の負の方向に向かっていることを示す．

(3) PQ には x 成分と y 成分が含まれるので $\boldsymbol{H}\cdot d\boldsymbol{l} = H_x dx + H_y dy$ である．したがって，$\int_{\text{PQ}} \boldsymbol{H}\cdot d\boldsymbol{l} = \int_{\text{PQ}}(H_x dx + H_y dy) = \frac{1}{2}[H_x(x+\Delta x,\ y)$

$+H_x(x, y+\Delta y)](-\Delta x)+\dfrac{1}{2}[H_y(x+\Delta x, y)+H_y(x, y+\Delta y)]\Delta y$

$=-\dfrac{1}{2}\left[\left\{H_x(x, y)+\dfrac{\partial H_x}{\partial x}\Delta x\right\}+\left\{H_x(x, y)+\dfrac{\partial H_x}{\partial y}\Delta y\right\}\right]\Delta x$

$+\dfrac{1}{2}\left[\left\{H_y(x, y)+\dfrac{\partial H_y}{\partial x}\Delta x\right\}+\left\{H_y(x, y)+\dfrac{\partial H_y}{\partial y}\Delta y\right\}\right]\Delta y.\cdots ⑥$

(4) 式③,⑤,⑥を加え合わせると,次式が得られる.

$\oint_{\text{OPQO}} \boldsymbol{H}\cdot d\boldsymbol{l} = \int_{\text{OP}}\boldsymbol{H}\cdot d\boldsymbol{l}+\int_{\text{PQ}}\boldsymbol{H}\cdot d\boldsymbol{l}+\int_{\text{QO}}\boldsymbol{H}\cdot d\boldsymbol{l}=\dfrac{1}{2}\left(\dfrac{\partial H_y}{\partial x}-\dfrac{\partial H_x}{\partial y}\right)\Delta x\Delta y$

$=\left(\dfrac{\partial H_y}{\partial x}-\dfrac{\partial H_x}{\partial y}\right)\Delta S_z.\cdots ⑦$

(5) アンペアの周回積分の法則により $\oint_{\text{OPQO}} \boldsymbol{H}\cdot d\boldsymbol{l}=I_z=J_z\Delta S_z$.
両辺を ΔS_z で割り,式⑦を用いることにより次の関係が得られる.

$J_z=\dfrac{\oint_{\text{OPQO}}\boldsymbol{H}\cdot d\boldsymbol{l}}{\Delta S_z}=\dfrac{\partial H_y}{\partial x}-\dfrac{\partial H_x}{\partial y}.$

7 (1) $\nabla\times\boldsymbol{E}=\begin{vmatrix} \boldsymbol{i} & \boldsymbol{j} & \boldsymbol{k} \\ \partial/\partial x & \partial/\partial y & \partial/\partial z \\ E_x & E_y & E_z \end{vmatrix}=\begin{vmatrix} \boldsymbol{i} & \boldsymbol{j} & \boldsymbol{k} \\ \partial/\partial x & \partial/\partial y & \partial/\partial z \\ 0 & E_y & 0 \end{vmatrix}$

$=-\dfrac{\partial E_y}{\partial z}\boldsymbol{i}+\dfrac{\partial E_y}{\partial x}\boldsymbol{k}=-kE_m\cos(\omega t-kx)\boldsymbol{k}\cdots ①$

(2) $\dfrac{\partial \boldsymbol{B}}{\partial t}=\mu\dfrac{\partial \boldsymbol{H}}{\partial t}=\omega\mu H_m\cos(\omega t-kx)\boldsymbol{k}\cdots ②$

(3) 式(11-3b)の右辺と左辺に式①と式②をそれぞれ代入することにより,$kE_m=\omega\mu H_m\cdots ③$が得られる.

(4) $\nabla \times \boldsymbol{H} = \begin{vmatrix} \boldsymbol{i} & \boldsymbol{j} & \boldsymbol{k} \\ \partial/\partial x & \partial/\partial y & \partial/\partial z \\ H_x & H_y & H_z \end{vmatrix} = \begin{vmatrix} \boldsymbol{i} & \boldsymbol{j} & \boldsymbol{k} \\ \partial/\partial x & \partial/\partial y & \partial/\partial z \\ 0 & 0 & H_z \end{vmatrix}$

$= \dfrac{\partial H_z}{\partial y}\boldsymbol{i} - \dfrac{\partial H_z}{\partial x}\boldsymbol{j} = kH_m\cos(\omega t - kx)\boldsymbol{j}.\quad \dfrac{\partial \boldsymbol{D}}{\partial t} = \varepsilon\dfrac{\partial \boldsymbol{E}}{\partial t}$

$= \omega\varepsilon E_m\cos(\omega t - kx)\boldsymbol{j}.$ よって，$\underline{kH_m = \omega\varepsilon E_m}$ $\cdots$ ④のとき

$\nabla \times \boldsymbol{H} = \dfrac{\partial \boldsymbol{D}}{\partial t}$ が満たされる．

(5) 式③，④のそれぞれの辺の積を計算すると

$k^2 E_m H_m = \omega^2 \varepsilon\mu E_m H_m$ が得られる．これより $\dfrac{k^2}{\omega^2} = \varepsilon\mu$．この式およ

び式（11-16）より，$\underline{v = \dfrac{\omega}{k} = \dfrac{1}{\sqrt{\varepsilon\mu}}\,[\text{m/s}]}$.

(6) 式③，④のそれぞれの辺を割り算すると $\dfrac{E_m}{H_m} = \dfrac{\mu}{\varepsilon}\dfrac{H_m}{E_m}$ が

得られる．これより $\left(\dfrac{E_m}{H_m}\right)^2 = \dfrac{\mu}{\varepsilon}$．よって，$\underline{Z = \dfrac{E_m}{H_m} = \sqrt{\dfrac{\mu}{\varepsilon}}\,[\Omega]}$.

8 式（11-3a）より，$\boldsymbol{J} = \nabla \times \boldsymbol{H} = \begin{vmatrix} \boldsymbol{i} & \boldsymbol{j} & \boldsymbol{k} \\ \partial/\partial x & \partial/\partial y & \partial/\partial z \\ H_x & H_y & 0 \end{vmatrix}$

$= -\dfrac{\partial H_y}{\partial z}\boldsymbol{i} + \dfrac{\partial H_x}{\partial z}\boldsymbol{j} + \left(\dfrac{\partial H_y}{\partial x} - \dfrac{\partial H_x}{\partial y}\right)\boldsymbol{k}.$

(1) $J_x = -\dfrac{\partial H_y}{\partial z} = \underline{0}$, $J_y = \dfrac{\partial H_x}{\partial z} = \underline{0}$, $\dfrac{\partial H_y}{\partial x} = A,$

$\dfrac{\partial H_x}{\partial y} = -A.$ よって $\underline{J_z = 2A\,[\text{A/m}^2]}$.

(2) 同様に $\underline{J_x = J_y = 0}$.

章末問題解答

$$\frac{\partial H_y}{\partial x} = A\frac{\partial}{\partial x}\left(\frac{x}{r}\right) = A\frac{\partial}{\partial x}\left(\frac{x}{\sqrt{x^2+y^2}}\right) = A\frac{y^2}{(x^2+y^2)^{3/2}} = A\frac{y^2}{r^3}.$$

同様に $\dfrac{\partial H_x}{\partial y} = -A\dfrac{x^2}{r^3}$. よって, $J_z = A\dfrac{y^2+x^2}{r^3} = \dfrac{A}{r}\,[\text{A/m}^2]$.

(3) 同様に $J_x = J_y = 0$.

$$\frac{\partial H_y}{\partial x} = A\frac{\partial}{\partial x}\left(\frac{x}{r^2}\right) = A\frac{\partial}{\partial x}\left(\frac{x}{x^2+y^2}\right) = A\frac{y^2-x^2}{(x^2+y^2)^2} = A\frac{y^2-x^2}{r^4}.$$

同様に $\dfrac{\partial H_x}{\partial y} = -A\dfrac{x^2-y^2}{(x^2+y^2)^2} = \dfrac{\partial H_y}{\partial x}$.

よって, $J_z = \dfrac{\partial H_y}{\partial x} - \dfrac{\partial H_x}{\partial y} = 0\,[\text{A/m}^2]$.

9 (1) 式 (11-26) より, $H = \sqrt{\dfrac{\varepsilon_0}{\mu_0}}\,E = \sqrt{\dfrac{8.85\times10^{-12}}{4\pi\times10^{-7}}} \times 10\times10^{-3}$

$= 2.65\times10^{-5}\,\text{A/m}$.

(2) 式 (11-29) より, $S = EH = 10\times10^{-3} \times 2.65\times10^{-5}$
$= 2.65\times10^{-7}\,\text{W/m}^2$.

(3) $P = S\times\pi a^2 = 2.65\times10^{-7}\times\pi\times0.5^2 = 2.08\times10^{-7}\,\text{W}$.

(4) 式 (11-23) より, $v = \dfrac{1}{\sqrt{\varepsilon_0\varepsilon_r\mu_0}} = \dfrac{c}{\sqrt{\varepsilon_r}} = \dfrac{3\times10^8}{\sqrt{2.25}}$

$= 2\times10^8\,\text{m/s}$. $\lambda = \dfrac{v}{f} = \dfrac{2\times10^8}{3\times10^6} = 66.7\,\text{m}$.

10 (1) $E = \dfrac{V}{d} = \dfrac{15}{1\times10^{-3}} = 1.5\times10^4\,\text{V/m}$. 導体板の電荷密度 σ は

電束密度 D と等しく, $\sigma = D = \varepsilon_0\varepsilon_r E$. したがって, $Q = \sigma\times w$
$= \varepsilon_0\varepsilon_r Ew = 8.85\times10^{-12}\times5\times1.5\times10^4\times0.1 = 6.64\times10^{-8}\,\text{C/m}$.

静電容量は $C = \dfrac{Q}{V} = \dfrac{\varepsilon_0\varepsilon_r Ew}{Ed} = \dfrac{\varepsilon_0\varepsilon_r w}{d} = \dfrac{8.85\times10^{-12}\times5\times0.1}{1\times10^{-3}}$

$= 4.43 \times 10^{-9}$ F/m.

(2) 式（11-26）より $H = \sqrt{\dfrac{\varepsilon_0 \varepsilon_r}{\mu_0}} E = \sqrt{\dfrac{8.85 \times 10^{-12} \times 5}{4\pi \times 10^{-7}}} \times 1.5 \times 10^4 = \underline{89\,\text{A/m}}$. ポインティングベクトル S は電波の進行方向すなわち z 方向であるので，11-5 節の左手の法則を用いると，磁界 H の向きは $\underline{c}$.

(3) 導体板の下の磁界の向きが c なので，電流の向きは右ねじの法則により $\underline{e}$. 一方の導体の電流のみによる磁界 H' はアンペアの周回積分の法則により $\oint H' \cdot dl = H' \times 2\omega = I$. （章末問題 8 ㉕（1）と同じ）磁界 H は，上下の導体板の電流による磁界 H' の和であるので，$H = 2H'$. よって，$I = 2wH' = wH = 0.1 \times 89 = \underline{8.9\,\text{A}}$.

(4) 長さ 1 m の導体板の間を通る磁束は，$\Phi = \mu_0 H \times d$
$= \mu_0 \sqrt{\dfrac{\varepsilon_0 \varepsilon_r}{\mu_0}} E \times d = \sqrt{\mu_0 \varepsilon_0 \varepsilon_r}\, V = \sqrt{4\pi \times 10^{-7} \times 8.85 \times 10^{-12} \times 5} \times 15$

$= \underline{1.12 \times 10^{-7}\,\text{Wb/m}}$. したがって，$L = \dfrac{\Phi}{I} = \dfrac{\mu_0 H d}{wH} = \dfrac{\mu_0 d}{w}$

$= \dfrac{4\pi \times 10^{-7} \times 1 \times 10^{-3}}{0.1} = \underline{1.26 \times 10^{-8}\,\text{H/m}}$.

(5) 式（11-23）より，$v = \dfrac{1}{\sqrt{\varepsilon_0 \varepsilon_r \mu_0}}$

$= \dfrac{1}{\sqrt{8.85 \times 10^{-12} \times 5 \times 4\pi \times 10^{-7}}} = \underline{1.34 \times 10^8\,\text{m/s}}$.

(6) (2), (3) の結果より $I = Hw = \sqrt{\dfrac{\varepsilon_0 \varepsilon_r}{\mu_0}} Ew$. 一方，(1) の結果より $\Delta Q = \varepsilon_0 \varepsilon_r E w \Delta z$ の関係が導かれる．さらに，$\Delta z = v \Delta t$ の関係および式（11-23）を用いることによって，$\underline{\Delta Q = \varepsilon_0 \varepsilon_r E w}$

$$\times v\Delta t = \varepsilon_0\varepsilon_r Ew\frac{\Delta t}{\sqrt{\varepsilon_0\varepsilon_r\mu_0}} = \sqrt{\frac{\varepsilon_0\varepsilon_r}{\mu_0}}Ew\times\Delta t = \underline{I\Delta t}$$ となり，I によって ΔQ が充電されていることが確認された．

(7) 式 (11-2) より，変位電流密度が $J=\dfrac{\mathrm{d}D}{\mathrm{d}t}$ であるから，長方形 ABCD を貫く電束を ϕ とすると，長方形 ABCD の中を流れる変位電流は，$I=\dfrac{\mathrm{d}\phi}{\mathrm{d}t}=\varepsilon_0\varepsilon_r E\times vw=\varepsilon_0\varepsilon_r E\times\dfrac{w}{\sqrt{\varepsilon_0\varepsilon_r\mu_0}}=\sqrt{\dfrac{\varepsilon_0\varepsilon_r}{\mu_0}}Ew$ である．一方，AB に沿った線積分が $\int_{\mathrm{AB}}\boldsymbol{H}\cdot\boldsymbol{dl}=Hw$ で，ほかの線積分は 0 なので，ループ ABCD に沿った磁界の周回積分は

$$\oint_{\mathrm{ABCDA}}\boldsymbol{H}\cdot\boldsymbol{dl}=Hw=\sqrt{\frac{\varepsilon_0\varepsilon_r}{\mu_0}}Ew.$$ よって，アンペアの周回積分の法則

$\underline{\oint_{\mathrm{ABCDA}}\boldsymbol{H}\cdot\boldsymbol{dl}=I}$ が確認された．

(8) 長方形 OPQR の中を通る磁束の変化の割合は，

$$\frac{\mathrm{d}\Phi}{\mathrm{d}t}=\mu_0 H\times vd=\mu_0\sqrt{\frac{\varepsilon_0\varepsilon_r}{\mu_0}}E\times\frac{d}{\sqrt{\varepsilon_0\varepsilon_r\mu_0}}=Ed.$$ 一方，RO に沿った線積分が $\int_{\mathrm{RO}}\boldsymbol{E}\cdot\boldsymbol{dl}=-Ed$ で，ほかの線積分は 0 なので，ループ OPQR に沿った電界の周回積分は $\oint_{\mathrm{OPQRO}}\boldsymbol{E}\cdot\boldsymbol{dl}=-Ed$．よって，ファラデーの電磁誘導の法則 $\underline{\dfrac{\mathrm{d}\Phi}{\mathrm{d}t}=-\oint_{\mathrm{OPQRO}}\boldsymbol{E}\cdot\boldsymbol{dl}=-V}$ が確認された．

(9) (1), (3) より，$Z_c=\dfrac{V}{I}=\dfrac{Ed}{Hw}=\sqrt{\dfrac{\mu_0}{\varepsilon_0\varepsilon_r}}\dfrac{d}{w}$．一方 (1), (4) より，

$$\sqrt{\frac{L}{C}} = \sqrt{\frac{\mu_0 d/w}{\varepsilon_0 \varepsilon_r w/d}} = \sqrt{\frac{\mu_0}{\varepsilon_0 \varepsilon_r}} \frac{d}{w}. \text{ よって } \underline{Z_c = \sqrt{\frac{L}{C}}}. \text{ また}$$

$$Z_c = \sqrt{\frac{\mu_0}{\varepsilon_0 \varepsilon_r}} \frac{d}{w} = \sqrt{\frac{4\pi \times 10^{-7}}{8.85 \times 10^{-12} \times 5}} \times \frac{1 \times 10^{-3}}{0.1} = \underline{1.68\,\Omega}.$$

(10) 式 (11-29) より,$S = EH = 1.5 \times 10^4 \times 89 = \underline{1.34 \times 10^6\ \text{W/m}^2}$.$S$ は断面の 1 m^2 あたりを 1 秒間に通過するエネルギーであるから,$P = S \times dw = 1.34 \times 10^6 \times 1 \times 10^{-3} \times 0.1 = \underline{134\ \text{W}}$. (1) および (3) の結果より,$\underline{IV = Hw \times Ed = S \times dw = P}$.

(11) 式 (11-3b) より,$-\dfrac{\partial \boldsymbol{B}}{\partial t} = \nabla \times \boldsymbol{E} = \begin{vmatrix} \boldsymbol{i} & \boldsymbol{j} & \boldsymbol{k} \\ \partial/\partial x & \partial/\partial y & \partial/\partial z \\ E_x & E_y & E_z \end{vmatrix}$

$$= \begin{vmatrix} \boldsymbol{i} & \boldsymbol{j} & \boldsymbol{k} \\ \partial/\partial x & \partial/\partial y & \partial/\partial z \\ E_x & 0 & 0 \end{vmatrix} = \frac{\partial E_x}{\partial z}\boldsymbol{j} - \frac{\partial E_x}{\partial y}\boldsymbol{k} = -kE_m \cos(\omega t - kz)\boldsymbol{j}.$$

この式を t で積分し,$-\mu_0$ で割ることにより磁界が次式のように得られる.$\underline{\boldsymbol{H} = \dfrac{k}{\mu_0 \omega} E_m \sin(\omega t - kz)\boldsymbol{j}\ [\text{A/m}]}$.

11 (1) E を積分することによって電圧が得られる.$V = \displaystyle\int_b^a -\frac{A}{r}\,dr$

$= \underline{A \ln \dfrac{b}{a}\ [\text{V}]}$. $\cdots$ ① このとき内側の導体の表面における電界が $E = \dfrac{A}{a}$ であるので,電荷密度は $\sigma = \varepsilon E = \varepsilon \dfrac{A}{a}$. したがって,内側の導体の長さ 1 m あたりの電荷は $Q = 2\pi a \times \sigma = 2\pi a \times \varepsilon \dfrac{A}{a} = 2\pi \varepsilon A$.

よって静電容量は $C = \dfrac{Q}{V} = \underline{\dfrac{2\pi\varepsilon}{\ln(b/a)}\ [\text{F/m}]}$. $\cdots$ ②

章末問題解答

(2) 電流は右ねじの法則により，<u>手前から奥へ向かう方向⊗</u>．伝搬の方向は 11-5 節の左手の法則を用いると，<u>手前から奥へ向かう方向⊗</u>．

(3) 電流はアンペアの周回積分により $I = 2\pi rH = \underline{2\pi B}$ [A]．
··· ③　磁束は磁束密度 $\mu_0 H$ を積分して得られる．（章末問題 10 **19**

(1) と同じ）$\varPhi = \int_a^b \mu_0 \dfrac{B}{r} \mathrm{d}r = \underline{\mu_0 B \ln \dfrac{b}{a}}$ [Wb/m]．自己インダクタンスは $L = \dfrac{\varPhi}{I} = \dfrac{\mu_0 B \ln \dfrac{b}{a}}{2\pi B} = \underline{\dfrac{\mu_0}{2\pi} \ln \dfrac{b}{a}}$ [H/m]．··· ④

(4) 式①，③より，$Z_c = \dfrac{V}{I} = \dfrac{A}{2\pi B} \ln\left(\dfrac{b}{a}\right)$．式 (11-26) より，$Z = \dfrac{E}{H} = \dfrac{A}{B} = \sqrt{\dfrac{\mu_0}{\varepsilon}}$．··· ⑤ したがって $\underline{Z_c = \dfrac{1}{2\pi}\sqrt{\dfrac{\mu_0}{\varepsilon}} \ln\left(\dfrac{b}{a}\right)}$．一方，式②，④より，$\sqrt{\dfrac{L}{C}} = \dfrac{1}{2\pi}\sqrt{\dfrac{\mu_0}{\varepsilon}} \ln\left(\dfrac{b}{a}\right)$．よって Z_c と $\sqrt{\dfrac{L}{C}}$ は等しい．

(5) 式 (11-23) より，$v = \underline{\dfrac{1}{\sqrt{\varepsilon\mu_0}}}$ [m/s]．

(6) 式 (11-29) より，ポインティングベクトルの大きさは $S = EH = \dfrac{A}{r} \times \dfrac{B}{r} = \dfrac{AB}{r^2}$．これを断面全体について積分することによって，1 秒間に通過するエネルギーの大きさが得られる．$P = \int_a^b \dfrac{AB}{r^2} 2\pi r \mathrm{d}r = \underline{2\pi AB \ln \dfrac{b}{a}}$ [W]．また式①，③より，

$IV = 2\pi B \times A \ln \dfrac{b}{a}$ [W]. よって，$P = IV$.

(7) 式②より，$\varepsilon_r = \dfrac{C}{2\pi\varepsilon_0} \ln \dfrac{b}{a} = \dfrac{67 \times 10^{-12}}{2\pi \times 8.85 \times 10^{-12}} \ln \dfrac{3.1}{0.5} = \underline{2.2}$.

(8) $\lambda = \dfrac{v}{f} = \dfrac{1}{f\sqrt{\varepsilon_0 \varepsilon_r \mu_0}}$

$= \dfrac{1}{30 \times 10^6 \times \sqrt{8.85 \times 10^{-12} \times 2.2 \times 4\pi \times 10^{-7}}} = \underline{6.74\,\text{m}}$.

(9) 式⑤より，$B = A\sqrt{\dfrac{\varepsilon_0 \varepsilon_r}{\mu_0}} = 10 \times 10^{-3} \times \sqrt{\dfrac{8.85 \times 10^{-12} \times 2.197}{4\pi \times 10^{-7}}}$

$= \underline{3.93 \times 10^{-5}\,\text{A}}$.

(10) $1\,\text{m}^3$ あたりに蓄えられている静電エネルギーは式 (5-21) より $w_E = \dfrac{\varepsilon}{2}E^2 = \dfrac{\varepsilon}{2}\left(\dfrac{A}{r}\right)^2$. 半径 r，厚さ $\mathrm{d}r$，長さ $1\,\text{m}$ の薄い層に蓄えられるエネルギーは $\mathrm{d}W_E = w_E \times 2\pi r \mathrm{d}r = \dfrac{\varepsilon}{2}\left(\dfrac{A}{r}\right)^2 \times 2\pi r \mathrm{d}r$

$= \dfrac{\varepsilon \times \pi A^2}{r}\mathrm{d}r$. これを積分することによって，$W_E = \displaystyle\int_a^b \dfrac{\varepsilon \times \pi A^2}{r}\mathrm{d}r$

$= \pi\varepsilon A^2 \ln\dfrac{b}{a} = \pi \times 8.85 \times 10^{-12} \times 2.2 \times (10 \times 10^{-3})^2 \times \ln\dfrac{3.1}{0.5}$

$= \underline{1.12 \times 10^{-14}\,\text{J/m}}$. または式②より，$W_E = \dfrac{1}{2}CV^2 = \dfrac{1}{2} \times \dfrac{2\pi\varepsilon}{\ln(b/a)}$

$\times \left(A\ln\dfrac{b}{a}\right)^2 = \pi\varepsilon A^2 \ln\dfrac{b}{a}$.

$1\,\text{m}^3$ あたりの静磁エネルギーは式 (10-26) より，$w_H = \dfrac{\mu_0}{2}H^2$

$= \dfrac{\mu_0}{2}\left(\dfrac{B}{r}\right)^2$. W_E の計算と同様に $W_H = \displaystyle\int_a^b \dfrac{\mu_0 \times \pi B^2}{r}\mathrm{d}r = \pi\mu_0 B^2 \ln\dfrac{b}{a}$.

これに⑤式を代入すると, $W_H = \pi\mu_0 \left(A\sqrt{\dfrac{\varepsilon}{\mu_0}}\right)^2 \ln\dfrac{b}{a} = \pi\varepsilon A^2 \ln\dfrac{b}{a}$

$= W_E = \underline{1.12\times 10^{-14}\,\mathrm{J/m}}$. または④式より $W_H = \dfrac{1}{2}LI^2 = \dfrac{1}{2}\times\dfrac{\mu_0}{2\pi}$

$\times \ln\dfrac{b}{a}\times(2\pi B)^2 = \pi\mu_0 B^2 \ln\dfrac{b}{a} = \pi\varepsilon A^2 \ln\dfrac{b}{a}$. 例題 11-2 でもそうであったように, 電磁波に含まれる静磁エネルギーと静電エネルギーは常に等しい.

(11) $t = \dfrac{l}{v} = l\sqrt{\varepsilon\mu_0} = 4\times 10^7 \times \sqrt{8.85\times 10^{-12}\times 2.2\times 4\pi\times 10^{-7}}$

$= \underline{0.198\,\mathrm{s}}$.

12 (1) 導線の間の電界は 2 本の導線の電荷による電界の和であるので, 一方の導線からの距離 x の位置における電界は次式で表される.

$E = \dfrac{A}{x} + \dfrac{A}{D-x}$. ⋯ ① ただし, A は未知の定数である. P 点における電界が E_P であることから①式より $E_\mathrm{P} = 2\dfrac{A}{D/2} = \dfrac{4A}{D}$.

したがって $A = \dfrac{E_\mathrm{P} D}{4}$. よって, $E = \dfrac{E_\mathrm{P} D}{4}\left(\dfrac{1}{x} + \dfrac{1}{D-x}\right)$. ⋯ ②

式②を用いることにより, 電圧は

$V = \displaystyle\int_{D-a}^{a} -E\,\mathrm{d}x = \int_{D-a}^{a} -\dfrac{E_\mathrm{P} D}{4}\left(\dfrac{1}{x} + \dfrac{1}{D-x}\right)\mathrm{d}x$

$= -\dfrac{E_\mathrm{P} D}{4}[\ln x - \ln(D-x)]_{D-a}^{a} = \underline{\dfrac{E_\mathrm{P} D}{2}\ln\dfrac{D-a}{a}}\,\mathrm{[V]}$.

(2) 式 (11-26) より, $Z = \dfrac{E}{H} = \sqrt{\dfrac{\mu_0}{\varepsilon_0}}$. したがって, $H_P = \underline{\sqrt{\dfrac{\varepsilon_0}{\mu_0}} E_P}$ [A/m].

(3) 導線の間の磁界は 2 本の導線の電流による磁界の和であるので, x の位置における磁界は電界と同様に次式で表される. $H = \dfrac{B}{x} + \dfrac{B}{D-x}$. ただし, B は未知の定数である. (1) と同様に B を算出すると磁界が得られる. $B = \dfrac{H_P D}{4}$, $H = \dfrac{H_P D}{4}\left(\dfrac{1}{x} + \dfrac{1}{D-x}\right)$. 磁束は磁束密度 $\mu_0 H$ を積分することによって得られる.

$\phi = \displaystyle\int_a^{D-a} \dfrac{\mu_0 H_P D}{4}\left(\dfrac{1}{x} + \dfrac{1}{D-x}\right)dx = \dfrac{\mu_0 H_P D}{2}\ln\dfrac{D-a}{a}$

$= \dfrac{\mu_0 D}{2}\sqrt{\dfrac{\varepsilon_0}{\mu_0}} E_P \ln\dfrac{D-a}{a} = \underline{\dfrac{D}{2}\sqrt{\varepsilon_0 \mu_0} E_P \ln\dfrac{D-a}{a}}$ [Wb/m].

(4) 右ねじの法則により, 上の導線の電流は左向き, 下の導線の電流は右向き. H_P は 2 本の導線による磁界の和であることに注意して, アンペアの周回積分の法則より $H_P = \dfrac{I}{2\pi(D/2)} \times 2$. したがって $I = \dfrac{\pi D}{2} H_P = \underline{\dfrac{\pi D}{2}\sqrt{\dfrac{\varepsilon_0}{\mu_0}} E_P}$ [A].

(5) 式 (11-29) よりポインティングベクトルの大きさは $S = E_P H_P = E_P \times \sqrt{\dfrac{\varepsilon_0}{\mu_0}} E_P = \underline{\sqrt{\dfrac{\varepsilon_0}{\mu_0}} E_P^2}$ [W/m²]. 方向は, 11-5 節の左手の法則を用いると 右向き.

(6) 図 11-11 (b) において電磁波は右に進むので辺 **イロ** には電磁波が到達しており **イロ** の間には (1) で導出した電圧 V が発生しているが, 辺 **ハニ** には電磁波が到達していないので電圧は 0 である.

したがってループCに発生する電圧は V である．（1）の結果より

$$-\oint_{イロハニイ} \boldsymbol{E}\cdot d\boldsymbol{l} = V = \underline{\frac{E_{\mathrm{P}}D}{2}\ln\frac{D-a}{a}\;[\mathrm{V}]}.$$

（7）電磁波の進行にともなってループCの中の磁束 $\varPhi$ は（3）で得られた 1 m あたりの磁束 ϕ と v の積 ϕv の割合で増加する．したがって電磁誘導によってループCに発生する電圧は $V = \dfrac{d\varPhi}{dt}$

$$= \phi v = \frac{D}{2}\sqrt{\varepsilon_0\mu_0}\,E_{\mathrm{P}}\ln\frac{D-a}{a}\times\frac{1}{\sqrt{\varepsilon_0\mu_0}} = \underline{\frac{E_{\mathrm{P}}D}{2}\ln\frac{D-a}{a}\;[\mathrm{V}]}.$$

これは（6）で得られた結果と一致する．したがって電磁波の先端において，ファラデーの電磁誘導の法則が成立していることがわかる．

13 式 (11-29)，式 (11-26) を用いて P は次のように表される．

$$P = A\times S = A\times EH = A\times\sqrt{\frac{\varepsilon_0}{\mu_0}}\,E^2.\quad\text{したがって}$$

$$E^2 = \sqrt{\frac{\mu_0}{\varepsilon_0}}\frac{P}{A} = \sqrt{\frac{4\pi\times 10^{-7}}{8.85\times 10^{-12}}}\times\frac{10\times 10^{-6}}{0.5} = 7.53\times 10^{-3}.$$

よって，$E = \underline{8.68\times 10^{-2}\,\mathrm{V/m} = 86.8\,\mathrm{mV/m}}$．

14 アンテナを中心とする半径 $R = 5\,\mathrm{km}$ の球を考える．アンテナから放出された電波のエネルギーは一様な強さで球面から出て行く．球面の 1 m^2 あたり，1 秒間に出て行くエネルギーはポインティングベクトル S であるので，アンテナから放出される電波のエネルギーは $P = 4\pi R^2\times S$ で表される．式 (11-29)，式 (11-26) を用いることによって，$P = 4\pi R^2\times EH = 4\pi R^2\times\sqrt{\dfrac{\varepsilon_0}{\mu_0}}\,E^2$

$$= 4\pi\times(5\times 10^3)^2\times\sqrt{\frac{8.85\times 10^{-12}}{4\pi\times 10^{-7}}}\times(1\times 10^{-3})^2 = \underline{0.834\,\mathrm{W}}.$$

15 (1) $P = \underline{RI^2\;[\mathrm{W}]}$．

(2) アンペアの周回積分の法則より，$H = \dfrac{I}{2\pi a}\,[\mathrm{A/m}]$.

(3) 導線の中も表面も同じ電界である．電界は 1 m あたりの電圧であるから $E = \dfrac{RI}{l}\,[\mathrm{V/m}]$.

(4) 電界は電流と同じ向きなので c，右ねじの法則により磁界の向きは i，11-5 節の左手の法則を用いると，ポインティングベクトルの向きは e．

(5) 式 (11-29) より，$S = EH = \dfrac{RI^2}{2\pi al}\,[\mathrm{W/m^2}]$.

(6) ポインティングベクトルに導線の長さ $l\,[\mathrm{m}]$ の表面積 $2\pi al$ をかけることにより得られる．$P = RI^2\,[\mathrm{W}]$．(1)で得た消費電力と一致する．

16 前問から抵抗線の中で消費されるエネルギーは導線の中を伝わるのではなく，抵抗線の周囲の空間から表面と垂直に進入して来ると考えられる．同様に電池から供給されるエネルギーも電池の表面から垂直に空間に放出されると推測される．したがって**解図 11-2** に示すように，電池の側面からエネルギーが放出されて，空間の中を伝わり，抵抗線の表面から中に進入して行く．

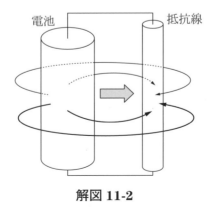

解図 11-2

〈参考文献〉

1. ファインマン，レイトン，サンズ著，宮島龍興訳：ファインマン物理学Ⅲ　電磁気学，岩波書店，(1969).
2. ファインマン，レイトン，サンズ著，戸田盛和：ファインマン物理学Ⅵ　電磁波と物性，岩波書店，(1971).
3. ランダウ，リフシッツ著，井上健男，安河内昂，佐々木健訳：理論物理学教程　電磁気学，東京図書，(1965).
4. ランダウ，リフシッツ著，広重徹，恒藤敏彦訳：理論物理学教程　場の古典論，東京図書，(1964).
5. 小塚洋司著：電気磁気学，森北出版，(1998).
6. 安達三郎，大貫繁雄著：電気磁気学，森北出版，(1993).
7. パーセル著，飯田修一監訳：バークレー物理学コース2　電磁気，丸善，(1971).
8. 山田直平著：電気磁気学（改訂版），電気学会，(1966).
9. ゾンマーフェルト著，伊藤大介訳：理論物理学講座Ⅲ　電磁気学，講談社，(1969).
10. デッカー著，酒井善雄，山中俊一訳：電気物性論入門，丸善，(1951).
11. 石井良博：電気磁気学，コロナ社，(2000).

索　引

アルファベット

B
B-H 曲線 ………………………………… 168

C
curl ……………………………………… 267

D
div ………………………………………… 56

G
grad ……………………………………… 52

R
rot ………………………………… 267, 278
rotation ………………………………… 267

あ
アース（earth）………………………… 72
アポロニウス（Apollonius）の円
　………………………………………… 82
アンペア［A］………………………… 133
アンペア（Ampere）の周回積分の
　法則 …………………………… 180, 269

い
イオン化エネルギー …………………… 33
位置エネルギー ………………………… 23
移動度 ………………………………… 140
インダクタンス（inductance）… 235

う
ウェーバ［Wb］……………………… 158
渦電流 ………………………………… 213

え
影像電荷 ………………………………… 80
影像電流 ……………………………… 152

お
オーム［Ω］…………………………… 134
オーム（Ohm）の法則 ……… 134, 139
温度係数 ……………………………… 141

か
回転 …………………………………… 267
ガウス（Gauss）の線束定理 ……… 57
ガウスの法則 …………………… 17, 54
重ね合わせの原理 ……………………… 4
仮想変位法 ……………………… 117, 246
環状ソレノイド（solenoid）……… 181

き
起磁力 ………………………………… 186
起電力 ………………………………… 137
キャパシタ（capacitor）…………… 83
キャリア（carrier）………………… 139
強磁性体 ……………………………… 167
キルヒホッフ（Kirchhoff）
　の第 1 法則 …………………… 148, 369
キルヒホッフの第 2 法則 ………… 369

く
空間電荷層 ……………………………… 66
クーロン（Coulomb）力 ……………… 2
グラウンド（ground）………………… 72
クーロンの法則 ………………… 2, 158

け
結合係数 ……………………………… 241

索 引

減磁率 …………………………… 172

こ
勾配（gradient）……………… 52
固有インピーダンス（impedance）
　………………………………… 274
固有抵抗 ………………………… 137
コンダクタンス（conductance）
　………………………………… 134
コンデンサ（condenser）……… 83

さ
サイクロイド（cycloid）……… 416
サイクロトロン（cyclotron）
　……………………………… 41, 219
サイクロトロン角周波数 ……… 412
鎖交 ……………………………… 212
差動結合 ………………………… 242
残留磁束密度 …………………… 168

し
磁位 ……………………………… 378
ジーメンス［S］……………… 134
磁化 ……………………………… 162
磁界 ……………………………… 159
磁化曲線 ………………………… 168
磁化率 …………………………… 162
磁気回路 ………………………… 186
磁気双極子 ……………………… 162
磁気抵抗 ………………………… 187
磁気モーメント ………… 162, 208
磁極 ……………………………… 158
自己インダクタンス ………… 237
自己誘導 ………………………… 237
磁性体 …………………………… 162
磁束 ……………………………… 164
磁束鎖交数 ……………………… 212

磁束密度 ………………………… 164
質量分析器 ……………………… 220
周回積分 …………………… 53, 267
自由電荷 ………………………… 71
ジュール（Joule）の法則 …… 136
ジュール熱 ……………………… 136
磁力線 …………………………… 159
磁路 ……………………………… 186
真空の透磁率 …………………… 158
真空の誘電率 …………………… 2
真電荷 …………………………… 106

す
ステラジアン［sterad］……… 43
ストークス（Stokes）の定理 … 269
ストリップ（strip）線路……… 280

せ
静磁エネルギー ………………… 244
静電エネルギー ………………… 117
静電遮蔽（shield）……………… 72
静電偏向 ………………………… 42
静電誘導 ………………………… 71
静電容量 ………………………… 83
静電力 …………………………… 2
接地 ……………………………… 72
線積分 ……………………… 53, 268

そ
相互インダクタンス ………… 238
走行時間 …………………… 39, 62
相互誘導 ………………………… 238
相反定理 …………………… 90, 239

て
抵抗率 …………………………… 137
テスラ［T］…………………… 164
電圧 ……………………………… 25

● 465 ●

索引

電圧源 ……………………… 146
電位 ………………………… 23
電位係数 …………………… 87
電位差 ……………………… 25
電荷 ………………………… 1
電界 ………………………… 13
電荷密度 ………………… 19, 21
電気影像法 ………………… 80
電気双極子 …………… 64, 111
電気双極子モーメント …… 65, 112
電気抵抗 …………………… 134
電気伝導度 ………………… 138
電気力線 …………………… 15
電子銃 ………………… 42, 220
電磁波 ……………………… 272
電磁偏向 …………………… 223
電子ボルト [eV] ………… 26
電磁誘導 …………………… 210
電磁力 ………………… 205, 209
電束 ………………………… 106
電束密度 …………………… 106
伝導電流 …………………… 266
電流 ………………………… 133
電流源 ……………………… 146
電流密度 …………………… 138
電力 ………………………… 137
電力量 ……………………… 137

と

同軸ケーブル
　……… 94, 258, 261, 277, 282
透磁率 ……………………… 164
導体 ………………………… 71
導電率 ……………………… 138
特性インピーダンス（impedance）
　……………………………… 274
トロイダルコイル（toroidal coil）
　……………………………… 181

な

長岡係数 …………………… 259
ナブラ（nabla） ……… 52, 56, 267

は

はく検電器 ………………… 73
発散（divergence） ……… 56
発電機 ……………………… 226
波動方程式 ………………… 272
反磁界 ……………………… 165
反磁界係数 ………………… 172

ひ

ビオ・サバール（Biot-Savart）の
　法則 ……………………… 184
比磁化率 …………………… 163
ヒステリシス（hysteresis） … 168
ヒステリシス曲線 ………… 168
比電荷 ……………………… 220
比透磁率 …………………… 164
微分透磁率 ………………… 168
比誘電率 …………………… 105
表皮効果 …………………… 215

ふ

ファラデー（Faraday）の電磁誘導
　の法則 ……………… 212, 269
ファラド [F] ……………… 83
フレミング（Fleming）の左手の法
　則 ………………………… 205
分極 …………………… 106, 110
分極電荷 …………………… 106

へ

平均磁路長 ………………… 181

索 引

平行 2 線 ·················· 95, 258
ヘルムホルツコイル（Helmholtz coil）·············· 197, 220
変圧器 ····················· 251
変位電流 ··················· 266
ヘンリー［H］··············· 237

ほ
ポアソン（Poisson）の方程式···· 60
ホイートストンブリッジ（Wheatstone bridge）·············· 370
ポインティングベクトル（Poynting vector）·················· 275
飽和 ······················· 168
飽和磁束密度 ··············· 168
ホール（Hall）効果 ········· 221
保磁力 ····················· 168
保存場 ······················ 53
ボルト［V］·················· 23

ま
マクスウェル（Maxwell）の方程式 ·························· 267

み
右ねじの法則 ··············· 179

む
無限長ソレノイド（solenoid）··· 183

め
面積ベクトル ········ 57, 189, 268

も
モータ（motor）············· 207

ゆ
誘電体 ····················· 105
誘電率 ····················· 106
誘導係数 ···················· 88

よ
容量係数 ···················· 88

ら
ラプラシアン（Laplacian）····· 59
ラプラス（Laplace）の方程式··· 60

り
立体角 ······················ 43
履歴 ······················· 168

れ
レッヘル（Lecher）線 ········ 95
レンツ（Lentz）の法則 ······ 212

ろ
ローレンツ（Lorentz）力 ···· 210

わ
ワット［W］················· 137
ワット時［Wh］·············· 137
和動結合 ··················· 242

―― 著者略歴 ――

石井　良博（いしい　よしひろ）

●著者略歴
1972年　北海道大学工学部電子工学科卒業
1974年　北海道大学工学研究科電子工学専攻修士課程修了
1981年　函館工業高等専門学校助教授
1990年　工学博士（北海道大学）
1992年　函館工業高等専門学校教授
2013年　函館工業高等専門学校名誉教授

Ⓒ Yoshihiro Ishii 2016

よくわかる電気磁気学

2016年12月5日　第1版第1刷発行
2022年3月10日　第1版第2刷発行

著　者　石　井　良　博
発行者　田　中　聡

発　行　所
株式会社　電気書院
ホームページ　www.denkishoin.co.jp
（振替口座　00190-5-18837）
〒101-0051　東京都千代田区神田神保町1-3 ミヤタビル2F
電話(03)5259-9160／FAX(03)5259-9162

印刷　創栄図書印刷株式会社
Printed in Japan／ISBN978-4-485-30086-2

- 落丁・乱丁の際は，送料弊社負担にてお取り替えいたします．
- 正誤のお問合せにつきましては，書名・版刷を明記の上，編集部宛に郵送・FAX（03-5259-9162）いただくか，当社ホームページの「お問い合わせ」をご利用ください．電話での質問はお受けできません．

JCOPY 〈出版者著作権管理機構　委託出版物〉

本書の無断複写（電子化含む）は著作権法上での例外を除き禁じられています．複写される場合は，そのつど事前に，出版者著作権管理機構（電話：03-5244-5088, FAX：03-5244-5089, e-mail: info@jcopy.or.jp）の許諾を得てください．また本書を代行業者等の第三者に依頼してスキャンやデジタル化することは，たとえ個人や家庭内での利用であっても一切認められません．

―― 著者略歴 ――

石井　良博（いしい　よしひろ）

●著者略歴
1972年　北海道大学工学部電子工学科卒業
1974年　北海道大学工学研究科電子工学専攻修士課程修了
1981年　函館工業高等専門学校助教授
1990年　工学博士（北海道大学）
1992年　函館工業高等専門学校教授
2013年　函館工業高等専門学校名誉教授

Ⓒ Yoshihiro Ishii 2016

よくわかる電気磁気学

2016年12月 5日　　第1版第1刷発行
2022年 3 月10日　　第1版第2刷発行

著　者　石　井　良　博
発行者　田　中　　聡

発　行　所
株式会社　電　気　書　院
ホームページ　www.denkishoin.co.jp
（振替口座　00190-5-18837）
〒101-0051　東京都千代田区神田神保町1-3 ミヤタビル2F
電話(03)5259-9160／FAX(03)5259-9162

印刷　創栄図書印刷株式会社
Printed in Japan／ISBN978-4-485-30086-2

• 落丁・乱丁の際は、送料弊社負担にてお取り替えいたします。
• 正誤のお問合せにつきましては、書名・版刷を明記の上、編集部宛に郵送・FAX (03-5259-9162) いただくか、当社ホームページの「お問い合わせ」をご利用ください。電話での質問はお受けできません。

JCOPY〈出版者著作権管理機構　委託出版物〉
本書の無断複写（電子化含む）は著作権法上での例外を除き禁じられています。複写される場合は、そのつど事前に、出版者著作権管理機構（電話: 03-5244-5088, FAX: 03-5244-5089, e-mail: info@jcopy.or.jp）の許諾を得てください。また本書を代行業者等の第三者に依頼してスキャンやデジタル化することは、たとえ個人や家庭内での利用であっても一切認められません。